普通高等教育"十三五"规划教材

电力系统分析

主　编　孙丽华
主　审　盛四清

U0218066

机械工业出版社

本书以电力系统的潮流、故障等常规计算为主线，论述了电力系统的基础理论知识和基本计算方法。全书共分 9 章，包括电力系统的基本概念、电力系统的元件参数和等效电路、简单电力系统的潮流计算、电力系统潮流的计算机算法、电力系统的有功功率平衡和频率调整、电力系统的无功功率平衡和电压调整、电力系统三相短路的分析与计算、电力系统简单不对称故障的分析与计算、电力系统的稳定性。

本书配有免费电子课件和习题解答，欢迎选用本书作教材的老师登录机械工业出版社的教育服务网（www.cmpedu.com）注册后下载。

本书可作为普通高校电气工程及其自动化专业本科学生的教材，也可作为高职高专、成人教育电力类专业学生的参考教材，还可作为电气工程技术人员的参考书。

图书在版编目（CIP）数据

电力系统分析/孙丽华主编 . —北京：机械工业出版社，2019.1
（2023.12 重印）

普通高等教育"十三五"规划教材

ISBN 978-7-111-61242-1

Ⅰ. ①电… Ⅱ. ①孙… Ⅲ. ①电力系统-系统分析-高等学校-教材

Ⅳ. ①TM711

中国版本图书馆 CIP 数据核字（2018）第 249849 号

机械工业出版社（北京市百万庄大街 22 号　邮政编码 100037）
策划编辑：王雅新　责任编辑：王雅新　韩　静
责任校对：陈　越　封面设计：陈　沛
责任印制：邓　博
北京盛通数码印刷有限公司印刷
2023 年 12 月第 1 版第 8 次印刷
184mm×260mm · 16 印张 · 393 千字
标准书号：ISBN 978-7-111-61242-1
定价：39.80 元

电话服务　　　　　　　　　网络服务
客服电话：010-88361066　机 工 官 网：www.cmpbook.com
　　　　　010-88379833　机 工 官 博：weibo.com/cmp1952
　　　　　010-68326294　金 书 网：www.golden-book.com
封底无防伪标均为盗版　机工教育服务网：www.cmpedu.com

前　言

"电力系统分析"是电气工程类专业的一门重要的专业课程，既是考研课程，又是国家电网考试的主干课程，理论性和工程性均较强。本书是按照当前高等院校"厚基础、宽口径、重能力"的应用型人才培养目标，结合地方经济建设对电力人才的需求进行编写的。

现有的《电力系统分析》教材多数是由国内重点大学的教师编写，其特点是内容多、理论深，所要求的授课学时相对较多，而地方院校该课程的学时普遍较少，且学生水平不同，使用现有教材授课一直面临着老师难讲、学生难懂的局面。本书本着内容精炼、重点突出、面向工程实际的原则进行编写，以电力系统的潮流、故障等常规计算为主线，论述了电力系统的基础理论知识和基本计算方法。本书在叙述上力求做到由浅入深，文字简练，结合例题进行讲解，便于学生理解和掌握；在内容上力求做到重点突出，简化理论推导，注重实践应用，除了每章有小结、思考题和习题外，还在部分章节增加了 MATLAB 语言程序或 MATLAB/Simulink 仿真内容。本书既可作为普通高校电气工程及其自动化专业本科学生的教材，也可作为高职高专、成人教育电力类专业学生的参考教材，还可作为电气工程技术人员的参考书。

本书由孙丽华担任主编，负责全书的构思、编写组织和统稿工作。全书共分九章，其中第一～三章由孙丽华编写；第四章第一～四节由秦鹏编写；第四章第五节和附录由韩晓慧编写；第五章由闫根弟编写；第六章由刘亚林编写；第七章由王慧编写；第八章由王庆芬编写；第九章由高晓芝编写。本书由华北电力大学盛四清教授担任主审。

本书在编写过程中查阅了大量的相关书籍，在此向所有参考文献的作者致以衷心的感谢！本书的编写还得到了机械工业出版社的大力协助，得到了兄弟院校及电力部门同行的大力支持和帮助，在此一并向他们表示真诚的感谢！

由于编者水平有限，书中难免存在错误和不妥之处，敬请读者批评指正。

编　者

目 录

电力系统的基本概念

本章主要阐述电力系统的组成、接线方式、额定电压、中性点运行方式等基本内容。这些内容是电力系统分析的基础。通过对本章的学习，可了解电力系统的重要性和整体性。

第一节　电力系统概述

一、电力系统的组成

电能是现代社会的主要能源，它在国民经济和人民生活中起着极其重要的作用。

电能是由发电厂生产的。各种类型的发电厂（火电厂、水电厂、核电厂等）里的发电设备将其他形式的能量（煤燃烧的化学能、水的动能、核能等）转换成电能，经升压变压器和高压输电线路传输至负荷中心，再由降压变压器和配电线路分配至用户，然后通过各种用电设备将电能转换成适合用户需要的其他形式的能量，如机械能、热能、光能等。由这些生产、输送、分配和消耗电能的各种电气设备连接在一起组成的统一整体称为电力系统。电力系统加上发电厂的动力部分（如火电厂的汽轮机和锅炉、水电厂的水轮机和水库、核电厂的汽轮机和核反应堆等）称为动力系统。电力系统中传输和分配电能的部分称为电力网，它由升、降压变压器和各级电压的电力线路组成。可见，电力系统是动力系统的一部分，电力网又是电力系统的一部分。

电力网按其职能可分为输电网和配电网两种类型。输电网的作用是将各种发电厂发出的电能通过升压变压器升到一个较高的电压等级后传输至负荷中心；配电网的作用是将负荷中心的电能通过降压变压器降到一个较低的电压等级后分配给各个电力用户。就我国而言，通常将220kV及以上的电网称为输电网，将110kV及以下的电网称为配电网。图1-1所示为动力系统、电力系统和电力网示意图。

二、电力系统的特点和对运行的基本要求

1. 电力系统运行的特点

电力系统的运行与其他工业系统相比，具有以下特点：

（1）电能不能大量存储　电能的生产、输送、分配和消耗的全过程，几乎是同时进行的。发电厂在任何时刻生产的电能必须等于该时刻用电设备消耗的电能与输送分配过程中损耗的电能之和。这个产销平衡关系是电能生产的最大特点。

（2）过渡过程十分短暂　电能是以电磁波的形式传播的，其传播速度非常快，所以，当电

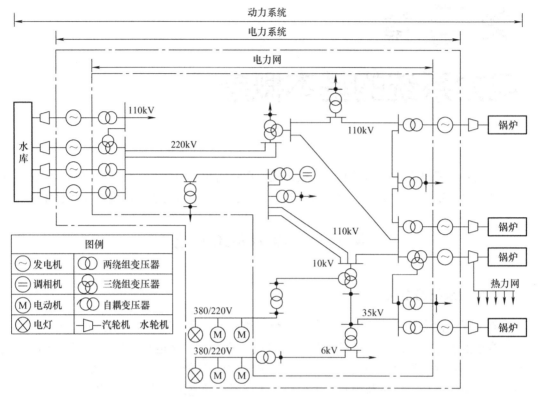

图 1-1　动力系统、电力系统和电力网示意图

力系统运行情况发生变化时所引起的过渡过程是十分短暂的。例如运行中的正常操作，又如发电机、变压器、线路、用电设备的投入或退出以及电网发生故障等过程，都是在瞬间完成的。

（3）与国民经济各部门和人民日常生活的关系密切　作为当今社会生产与生活的主要能源，电能的使用无处不在。电能供应不足或中断不仅会给国民经济造成巨大损失，给人们生活带来诸多不便，甚至还会酿成极其严重的社会性灾难。

2. 对电力系统的基本要求

根据以上特点，对电力系统运行提出了以下基本要求：

（1）保证安全可靠地供电　供电中断将会使生产停顿、生活混乱，甚至危及人身和设备安全，给国民经济带来严重的损失。因此，电力系统运行的首要任务是满足用户对供电可靠性的要求。为此，供电部门一方面应保证电力设备的产品质量，努力做好设备的正常运行维护；另一方面应提高电力系统的监视、控制能力及自动化水平，防止和减少事故的发生，采取措施增强系统的稳定性。

（2）保证良好的电能质量　电能质量是指电压、频率和波形的质量。电能质量的优劣对设备寿命和产品质量等有较大的影响。为了保证电力系统安全经济运行，我国已先后颁布了七项电能质量的国家标准，包括频率偏差、电压偏差、电压波动与闪变、公用电网谐波、公用电网间谐波、三相电压不平衡度、暂时过电压和瞬态过电压。在电力系统设计和运行中都不允许超出这些标准。

（3）保证系统运行的经济性　电能是国民经济各生产部门的主要动力，电能生产消耗的能源在我国能源总消耗中占的比重也很大，因此提高电能生产的经济性具有十分重要的意义。电力系统的经济指标一般是指火电厂的煤耗、电力网的网损率和电厂的厂用电率。为了提高运行的经济性，对发电部门而言，主要是合理分配各发电厂所承担的负荷，降低燃料消耗率和厂用电率，尽可能地多发电、少耗电；对供电部门而言，主要是加强电网管理，降低电力网的电能损耗。

第二节　电力系统的负荷

一、负荷的构成与分类

电力系统中所有用户的用电设备所消耗的功率总和，称为电力系统的综合用电负荷，简称负荷。综合用电负荷加上电力网的功率损耗，称为电力系统的供电负荷，即发电机应该送出的负荷。供电负荷加上各发电厂的厂用电消耗的功率，称为电力系统的发电负荷，即发电厂发电机的输出功率。这些负荷之间的关系如图1-2所示。

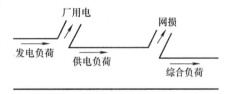

图1-2　电力系统负荷间的关系

电力用户的用电设备主要为异步电动机、同步电动机、整流设备、电热设备、电解设备、照明设备。根据用户的性质不同，用电负荷又可分为工业负荷、农业负荷、交通运输业负荷和人民生活用电负荷等。对于不同行业，各类用电设备消耗功率所占比重是不同的。

在电力系统的规划、设计和运行中，按照负荷对供电可靠性的要求不同，可将用电负荷分为三级（或称三类）：

1）一级负荷：为重要负荷，此类负荷中断供电将造成人身伤亡、设备损坏、产品报废，给国民经济造成重大损失，或产生严重政治影响，使市政生活发生紊乱等。

2）二级负荷：为较重要负荷，此类负荷中断供电将造成生产部门大量减产、交通停顿、工人窝工，或产生较大政治影响，使人民生活受到较大影响等。

3）三级负荷：为一般负荷，是指所有不属于一级和二级的负荷。

通常对一级负荷要保证不间断供电，一般由两个或两个以上的独立电源供电。对二级负荷，如有可能也要保证不间断供电。当系统中出现电能不足时，可以对三级负荷短时断电。

二、负荷曲线

负荷曲线是指某一时间段内负荷随时间变化的曲线。一般绘制在直角坐标上，横坐标表示时间，纵坐标表示负荷。负荷曲线按负荷种类可分为有功负荷曲线和无功负荷曲线；按时间的长短可分为年负荷曲线和日负荷曲线等；按计量地点可分为个别用户、电力线路、变电站、发电厂、电力系统的负荷曲线等。将上述三种特征相结合，就确定了某一种特定的负荷曲线，如电力系统的有功日负荷曲线。下面介绍几种常用的负荷曲线。

1. 日负荷曲线

日负荷曲线表示一天（24h）内负荷变动的情况，一般多采用有功功率日负荷曲线。为了简化计算和便于绘制，通常把负荷曲线画成阶梯形，如图1-3所示。

负荷曲线的形状与负荷类型、工作制度、气候条件以及地域等因素有关。不同行业、不同季节的日负荷曲线差别很大。通过有功日负荷曲线，可以表明负荷的性质（如单班制、两班制还是三班制），反映负荷在一天内的变化情况，还可以计算出用户在一天内消耗的电能。

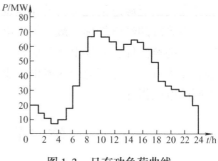

图 1-3　日有功负荷曲线

有功日负荷曲线对电力系统的运行有很重要的意义，它是各发电厂制定日发电负荷计划及系统调度运行的重要依据。

2. 年负荷曲线

年负荷曲线表示全年（8760h）内负荷变动的情况，可用两种方法来表示。

（1）年最大负荷曲线　亦称运行年负荷曲线，表示一年中每月（或每日）最大有功负荷的变动情况，如图 1-4 所示。这种负荷曲线主要用来安排发电机组的检修计划，确定发电厂运行机组的容量，也为有计划地扩建发电机组或新建发电厂提供依据。从图 1-4 可以看出，为了保证供电的可靠性，系统中装设的机组总容量应大于系统的最大负荷，并保持足够的备用容量。检修机组应安排在负荷最小的时段，而且随着负荷的增大，还应不断装设新的发电设备。图中 a 为系统机组检修的时间，b 为系统扩建或新建的机组容量。

（2）全年时间负荷曲线　亦称年负荷持续曲线，它是按一年中系统负荷的数值大小及其持续时间，按递减的顺序排列绘制而成的曲线，如图 1-5 所示。

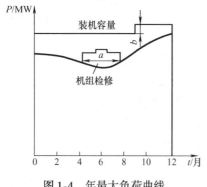

图 1-4　年最大负荷曲线

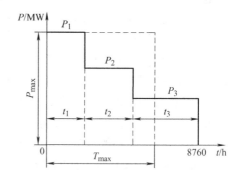

图 1-5　全年时间负荷曲线

年负荷持续曲线主要用来安排发电计划和进行可靠性计算。

根据年负荷持续曲线，可以计算出用户全年消耗的电能为

$$W_a = \int_0^{8760} P\mathrm{d}t \tag{1-1}$$

如果负荷始终等于最大负荷 P_{max}，则经 T_{max} 所消耗的电能恰好等于全年的实际耗电量，故称 T_{max} 为年最大负荷利用小时数，即

$$T_{max} = \frac{W_a}{P_{max}} = \frac{\int_0^{8760} P\mathrm{d}t}{P_{max}} \tag{1-2}$$

年最大负荷利用小时数 T_{max} 的大小反映了实际负荷在一年内的变化程度。T_{max} 值较大，

则全年负荷变化较小；反之，则全年负荷变化较大。同时，T_{max} 在一定程度上还反映了用户用电的特点。根据电力系统运行经验统计，对于各种不同类型的负荷，其 T_{max} 值有一个大致范围，从有关手册中可以查得。

第三节　电力系统的接线方式和额定电压

一、电力系统的接线方式

电力系统的接线方式对于保证系统运行的安全性、经济性和对用户供电的可靠性具有重要的作用。它包括发电厂、变电所的主接线和电力网的接线。发电厂、变电所的主接线一般有单母线、单母线分段、双母线、桥形、角形等接线方式；电力网的接线按可靠性不同可分为无备用接线和有备用接线。本节仅对电力网的接线方式进行介绍。

1. 无备用接线

无备用接线是指负荷只能从一条路径取得电源的接线方式，包括放射式、干线式、链式，如图 1-6 所示。

无备用接线方式的优点是简单、经济、运行操作方便；缺点是供电可靠性差，且当线路较长时，线路末端电压较低。

2. 有备用接线

有备用接线是指负荷可以从两条及以上路径取得电源的接线方式，包括双回路放射式、双回路干线式、双回路链式、环式和两端供电等，如图 1-7 所示。

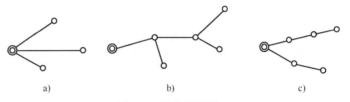

图 1-6　无备用接线

a）单回路放射式　b）单回路干线式　c）单回路链式

图中：◎—电源点　○—负荷点

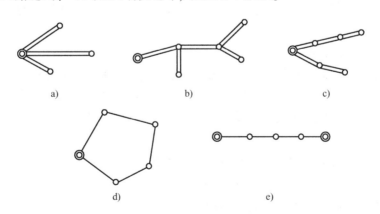

图 1-7　有备用接线

a）双回路放射式　b）双回路干线式　c）双回路链式　d）环式　e）两端供电

图中：◎—电源点　○—负荷点

有备用接线方式的优点是供电可靠性高，电压质量好；缺点是运行操作和继电保护复杂，经济性较差。其中环式供电和两端供电方式较为普遍。

在电力系统潮流计算中，常将电力网分为开式网和闭式网。开式网是指负荷只能从一个方向取用电能的网络；闭式网是指负荷可从两个或两个以上方向取用电能的网络。因此，放射式、干线式、链式属于开式网，环式和两端供电属于闭式网。

二、电力系统的额定电压

电力系统的额定电压等级，是根据国民经济的发展需要和电力工业的发展水平，经全面的技术经济分析后，由国家制定颁布的。发电机、变压器以及各种用电设备在额定电压运行时，将获得最佳技术经济效果。我国公布 1kV 以上三相交流系统的额定电压见表 1-1。

表 1-1 1kV 以上交流电力系统的额定电压　　　　　　（单位：kV）

电力线路和用电设备的额定电压	电力线路的平均额定电压	发电机额定电压	变压器额定电压	
			一次绕组	二次绕组
3	3.15	3.15	3，3.15	3.15，3.3
6	6.3	6.3	6，6.3	6.3，6.6
10	10.5	10.5	10，10.5	10.5，11
—	—	13.8，15.75，18，20，22，24，26	13.8，15.75，18，20，22，24，26	—
35	37	—	35	38.5
60	63	—	60	66
110	115	—	110	121
220	230	—	220	242
330	345	—	330	363
500	525	—	500	550
750	788	—	750	825

注：20kV 电压等级已在江苏南部电网使用。

由表 1-1 可以看出，在同一电压等级下，各种电气设备的额定电压并不完全相同。为了使各种互相连接的电气设备都能在较有利的电压水平下运行，各电气设备的额定电压之间应相互配合。

1. 用电设备的额定电压

电力线路输送功率时，沿线的电压分布往往是始端高于末端。但成批生产的用电设备不可能按设备使用处线路的实际电压来制造，而只能按线路始端与末端的平均电压即电力线路的额定电压来制造。因此，规定用电设备的额定电压与线路的额定电压相同。

2. 发电机的额定电压

由于用电设备允许的电压偏差一般为 ±5%，即线路允许的电压损失为 10%，因此，应使线路始端电压比额定电压高 5%，而末端电压比额定电压低 5%，如图 1-8 所示。由于发电机多接于线路始端，因此其额定电压应比线路额定电压高 5%。

3. 变压器的额定电压

变压器的一次绕组相当于用电设备，其额定电压

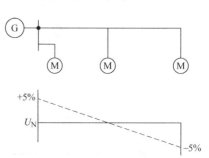

图 1-8　供电线路上的电压变化示意图

应等于电网的额定电压；对于直接与发电机连接的升压变压器，其额定电压应等于发电机的额定电压。

变压器的二次绕组的额定电压是指在变压器一次绕组加额定电压而二次绕组开路时的电压，即空载电压。而变压器在满载运行时，二次绕组内约有 5% 的阻抗压降。又因变压器的二次绕组对于用电设备而言相当于电源，其额定电压应比同级电网额定电压高 5%，因此变压器二次绕组的额定电压应比线路额定电压高 10%。只有当变压器内阻抗较小，或二次侧直接（包括通过短距离线路）与用电设备相连时，才可比线路额定电压高 5%。

表 1-1 中所列电力线路的平均额定电压，通常取线路额定电压的 1.05 倍，有些值适当取整，即 $U_{av} \approx 1.05 U_N$。

为了调压需要，双绕组变压器的高压侧和三绕组变压器的高、中压侧除了主抽头外，还有若干个分接头可供使用。例如，一台变压器的额定电压为 $110 \times (1 \pm 2 \times 2.5\%)/6.3kV$，表明其高压侧有 5 个分接头，对应的电压分别为 $110 \times (1 + 5\%)kV$、$110 \times (1 + 2.5\%)kV$、$110kV$、$110 \times (1 - 2.5\%)kV$ 和 $110 \times (1 - 5\%)kV$，其中 110kV 对应的分接头称为主抽头。变压器的电压比有额定电压比与实际电压比之分，其中额定电压比为主抽头电压与低压侧额定电压之比；实际电压比为变压器高、中压侧实际使用的分接头电压与低压侧额定电压之比。

电力线路的电压等级越高，可传输的电能容量越大，传输的距离也越远。根据设计和运行经验，电力网的额定电压与传输功率和传输距离之间的关系见表 1-2。

表 1-2　电力网的额定电压与传输功率和传输距离之间的关系

线路电压/kV	传输功率/MW	传输距离/km	线路电压/kV	传输功率/MW	传输距离/km
3	0.1 ~ 1	1 ~ 3	110	10 ~ 50	50 ~ 150
6	0.1 ~ 1.2	4 ~ 15	220	100 ~ 500	100 ~ 300
10	0.2 ~ 2	6 ~ 20	330	200 ~ 1000	200 ~ 600
35	2 ~ 10	20 ~ 50	500	1000 ~ 1500	250 ~ 850
60	3.5 ~ 30	30 ~ 100	750	2000 ~ 2500	500 以上

不同电压等级的适用范围大致为：220kV 及以上电压等级多用于大电力系统的主干网和相邻电网间的联络线；220kV 和 110kV 用于大电力系统的二级输电网；35kV 既可用于城市和农村的配电网，也可用于大型工业企业内部电网；10kV 是城乡电网最常用的较低一级的高压配电电压等级，只有当负荷中高压电动机的比重很大时，才考虑 6kV 配电方案；3kV 仅限于工业企业内部采用。

第四节　电力系统中性点的运行方式

一、概述

电力系统的中性点是指星形联结的变压器或发电机的中性点。这些中性点的运行方式涉及系统的电压等级、绝缘水平、通信干扰、接地保护方式及保护整定等许多方面，是一个综合性的复杂问题。电力系统的中性点运行方式可分为两大类：

1）中性点有效接地（或称大电流接地系统）：包括中性点直接接地和经小电阻接地。

2）中性点非有效接地（或称小电流接地系统）：包括中性点不接地和经消弧线圈接地。

我国目前采用的中性点接地方式主要为不接地、经消弧线圈接地和直接接地，近年来在城网供电中，经小电阻接地方式也采用较多。

二、中性点运行方式的分析

1. 中性点不接地系统

正常运行时，由于三相电压 $\dot{U}_A$、$\dot{U}_B$、$\dot{U}_C$ 是对称的，三相导线对地电容电流也是对称的，其数值为 $I_{C0}=\omega C U_\varphi$（$U_\varphi$ 为各相相电压有效值，C 为每相导线的对地电容），所以三相电容电流相量之和等于零，地中没有电容电流，中性点对地电压 $\dot{U}_N=0$。

当发生单相（如 A 相）接地短路时，如图 1-9a 所示，则故障相（A 相）对地电压降为零，中性点对地电压 $\dot{U}_N=-\dot{U}_A$，即中性点对地电压由原来的零升高为相电压，此时，非故障相（B、C 两相）对地电压分别为

$$\left.\begin{array}{l}\dot{U}_B'=\dot{U}_B+\dot{U}_N=\dot{U}_B-\dot{U}_A=\dot{U}_{BA}\\\dot{U}_C'=\dot{U}_C+\dot{U}_N=\dot{U}_C-\dot{U}_A=\dot{U}_{CA}\end{array}\right\} \tag{1-3}$$

式(1-3) 说明，此时 B 相和 C 相对地电压升高为原来的 $\sqrt{3}$ 倍，即变为线电压，如图 1-9b 所示。此时三相之间的线电压仍然对称，因此用户的三相用电设备仍能照常运行，但此时应发出信号，工作人员应尽快查出故障并予以排除。这种情况下一般允许继续运行的时间不能超过 2h。

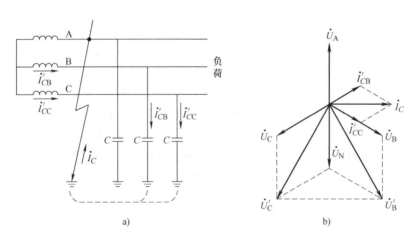

图1-9 中性点不接地系统发生 A 相接地故障时的电路图和相量图

a) 电路图 b) 相量图

当 A 相接地时，流过故障点的接地电流（电容电流）为 B、C 两相的对地电容电流 $\dot{I}_{CB}'$、$\dot{I}_{CC}'$ 之和，即

$$\dot{I}_C=(\dot{I}_{CB}'+\dot{I}_{CC}') \tag{1-4}$$

从图 1-9 所示的相量图可知，由 $\dot{U}'_B$ 和 $\dot{U}'_C$ 产生的 $\dot{I}'_{CB}$ 和 $\dot{I}'_{CC}$ 分别超前它们 90°，大小为正常运行时各相对地电容电流的 $\sqrt{3}$ 倍，而 $I_C = \sqrt{3}\,I'_{CB}$，因此，短路点的接地电流有效值为

$$I_C = \sqrt{3}\,I'_{CB} = \sqrt{3}\,\frac{U'_B}{X_C} = \sqrt{3}\,\frac{\sqrt{3}\,U_B}{X_C} = 3I_{C0} \tag{1-5}$$

即单相接地的电容电流为正常情况下每相对地电容电流的 3 倍，且超前 $\dot{U}_N$ 90°。

从式(1-5) 可以看出，单相接地电流的大小与网络电压和每相对地电容（即线路长度）有关。网络电压等级越高、线路越长，单相接地电流就越大。当电流大到一定程度时，电弧将难以熄灭，形成稳定性电弧或间歇性电弧。稳定性电弧可能烧毁电气设备或引起多相相间短路；间歇性电弧可能使电网中电感、电容形成谐振回路而产生弧光接地过电压，从而危及设备的绝缘安全，所以都必须设法解决。

2. 中性点经消弧线圈接地

当中性点不接地系统的单相接地电流较大时，为了避免接地点形成稳定或间歇性的电弧，就必须减小接地点的接地电流，使电弧易于自行熄灭。为此，可采用中性点经消弧线圈接地（也称中性点谐振接地）的方式。

消弧线圈实际上是一个铁心可调的电感线圈，安装在变压器或发电机中性点与大地之间，如图 1-10 所示。

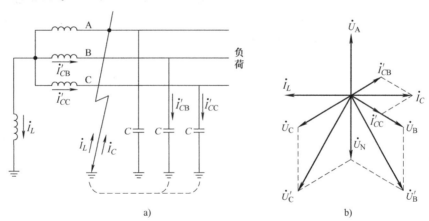

图 1-10 中性点经消弧线圈接地系统发生单相接地故障时的电路图和相量图

a) 电路图 b) 相量图

正常运行时，因中性点对地电压 $\dot{U}_N = 0$，消弧线圈中没有电流流过。当发生 A 相接地故障时，中性点对地电压 $\dot{U}_N = -\dot{U}_A$，即升高为电源相电压，消弧线圈中将有电感电流 $\dot{I}_L$（滞后于 $\dot{U}_N$ 90°）流过。由图 1-10b 所示的相量图可见，该电流与接地电容电流 $\dot{I}_C$（超前于 $\dot{U}_N$ 90°）方向相反，所以 $\dot{I}_L$ 和 $\dot{I}_C$ 在接地点互相补偿，使接地点的总电流减小，易于熄弧。

电力系统经消弧线圈接地时，有三种补偿方式，即全补偿、欠补偿和过补偿。

1）当 $I_L = I_C$ 时，接地点的电流为零，称为全补偿方式。此时系统中会产生串联谐振过电压，危及电网的绝缘，这是不允许的。

2）当 $I_L < I_C$ 时，接地点有未被补偿的电容电流流过，称为欠补偿方式。这种方式一般不采用，原因是当电网运行方式改变而切除部分线路时，会使接地点的电容电流减小，有可能发展成为全补偿而产生谐振过电压。

3）当 $I_L > I_C$ 时，接地点有剩余的电感电流流过，称为过补偿方式。这种方式可避免谐振过电压的产生，因此得到广泛应用。

需要指出，与中性点不接地的电力系统类似，中性点经消弧线圈接地的电力系统发生单相接地故障时，非故障相的对地电压也升高了 $\sqrt{3}$ 倍，三相导线之间的线电压也仍然平衡，电力用户也可以继续运行 2h。

3. 中性点直接接地

中性点直接接地的电力系统示意图如图 1-11 所示。在该系统中发生单相接地故障时即形成单相短路，用 $k^{(1)}$ 表示。此时，线路上将流过很大的单相短路电流 $I_k^{(1)}$，继电保护装置立即动作，将故障线路切除，不会产生稳定或间歇性电弧。同时中性点电位仍为零，非故障相对地电压也不会升高，仍为相电压，因此电气设备的绝缘水平只需按电网的相电压考虑，故可以降低工程造价。

4. 中性点经小电阻接地

在现代化城市的配网改造工程中，为了提高供电可靠性以及美化城市的要求，广泛用电缆线路代替架空线路，从而使单相接地电容电流增大，因此采取经消弧线圈接地的方式往往仍不能完全消除接地故障点的间歇性电弧，也无法抑制由此引起的弧光接地过电压。这时，可采用中性点经小电阻（一般小于 10Ω）接地的运行方式，如图 1-12 所示。

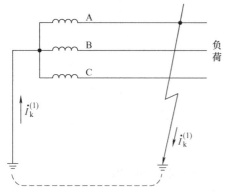
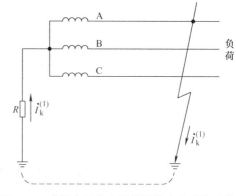

图 1-11　中性点直接接地的电力系统示意图　　　图 1-12　中性点经小电阻接地的电力系统示意图

在这种接地方式中，装有零序电流互感器和零序电流保护，当发生单相接地故障时，将经小电阻流过较大的单相接地（短路）电流，保护动作于跳闸，将故障线路切除。这样非故障相的电压一般也不会升高，因此电网的绝缘水平较采用消弧线圈的接地方式要低。可见，这种接地方式的运行性能接近于上述中性点直接接地方式，应当属于"有效接地系统"或"大电流接地系统"。

三、中性点不同接地方式的比较

（1）小电流接地系统　其优点是供电可靠性高，因为系统单相接地时不是单相短路，接地电流是比较小的电容电流，达不到继电保护装置的动作电流值，故障线路不跳闸，只发出接地报警信号，规程规定电力系统单相接地故障后仍可继续运行 2h，若在 2h 内排除了故障就可以不停电，从而提高了供电的可靠性。其缺点是经济性差，因为系统单相接地时，非故障相对地电压升高了 $\sqrt{3}$ 倍，即为线电压，因此系统的绝缘水平应按线电压设计。由于电压等级较高的系统中绝缘费用在设备总价格中占有较大的比重，所以这种接地方式对电压较高的系统就不宜采用。此外，小电流系统单相接地时，易出现间歇性电弧引起的谐振过电压，其幅值可达 $(2.5 \sim 3)U_{\varphi}$，将危及整个电网的绝缘安全。

（2）大电流接地系统　其优点是快速切除故障，安全性好。因为系统单相接地时即为单相短路，继电保护装置可立即动作切除故障；其次是经济性好，因为中性点直接接地系统在任何情况下，中性点电压都不会升高，也不会出现不接地系统单相接地时的电弧过电压问题，所以系统的绝缘水平可按相电压设计，从而可提高其经济性。其缺点是供电可靠性差，因为系统发生单相接地时会在继电保护作用下使故障线路的断路器立即跳闸，所以降低了供电的可靠性。

为了提高其供电可靠性，可在线路上装设自动重合闸装置。现在城市配网系统已逐步形成"手拉手"、环网供电网络，一些重要用户由两路或多路电源供电，对供电的可靠性不再是依靠允许带着单相接地故障继续运行 2h 来保证，而是靠加强电网结构、调度控制和配网自动化来保证。

四、各种接地方式的适用范围

目前在我国，220kV 及以上的电力网均采用中性点直接接地的方式；110kV 电力网大部分采用中性点直接接地方式，只有在个别雷击活动强烈的地区采用中性点经消弧线圈接地方式，以提高供电可靠性；20 ~ 60kV 电力网一般采用中性点经消弧线圈接地方式，当接地电流小于 10A 时也可采用中性点不接地方式，但对大量采用电缆供电的城市电网，则可采用经小电阻接地的方式；3 ~ 10kV 电力网一般采用中性点不接地方式，当接地电流大于 30A 时也可采用经消弧线圈接地方式，同样，当城市电网使用电缆线路时，有时也采用经小电阻接地的方式；1kV 以下的电力网可以采用中性点接地或不接地的方式，但对电压为 380/220V 的三相四线制电力网，为保证人身安全，其中性点必须直接接地。

本 章 小 结

本章阐述了电力系统的几个基本问题：

（1）电力系统是由发电厂、变电所、输配电线路和电力用户组成的整体；电力系统加上发电厂的动力部分，称为动力系统；电力系统中传输和分配电能的部分称为电力网。可见，电力系统是动力系统的一部分，电力网又是电力系统的一部分。

（2）电力系统的负荷是指电力系统中所有用户的用电设备所消耗的功率总和。负荷曲线描述了负荷随时间变化的规律，电力系统中最常用的是有功日负荷曲线、年最大负荷曲线和年负荷持续曲线。

（3）额定电压是指用电设备处于最佳运行状态时的工作电压。在同一电压等级下，各种电气设备的额定电压并不完全相同。用电设备的额定电压与同级电网的额定电压相同；发电机的额定电压比同级电网的额定电压高5%；变压器一次绕组的额定电压等于电网的额定电压（降压变压器）或发电机的额定电压（升压变压器）；变压器二次绕组的额定电压一般比电网额定电压高10%，但当变压器内阻抗较小或二次侧直接与用电设备相连时可以高5%。

（4）电力系统中性点的运行方式可分为两大类：中性点有效接地（或称大电流接地系统）和中性点非有效接地（或称小电流接地系统）。在小电流接地系统中发生单相接地时，故障相对地电压为零，非故障相对地电压升高$\sqrt{3}$倍，此时三相之间的线电压仍然对称，允许继续运行不得超过2h；大电流接地系统发生单相接地时形成单相短路，引起保护装置动作跳闸，切除接地故障。

（5）消弧线圈的补偿方式有全补偿、欠补偿和过补偿，一般都采用过补偿方式。

思考题与习题

1-1　什么是电力系统？什么是动力系统？什么是电力网？

1-2　电力系统运行的特点是什么？对电力系统有哪些基本要求？

1-3　何谓负荷曲线？电力系统的负荷曲线有哪些？什么是年最大负荷利用小时数？

1-4　什么是"无备用接线"？什么是"有备用接线"？各有几种形式？各自的优缺点是什么？

1-5　目前我国1kV以上三相交流系统的额定电压等级有哪些？系统各元件的额定电压如何确定？什么叫电力系统的平均额定电压？

1-6　电力系统中性点运行方式有哪些？它们各有什么特点？

1-7　中性点不接地系统发生单相接地故障时，各相对地电压如何变化？这时为何可以暂时继续运行，但又不允许长期运行？

1-8　消弧线圈的作用原理是什么？它有几种补偿方式？电力系统一般采用哪种补偿方式？

1-9　某一负荷的年持续负荷曲线如图1-13所示，试求其年最大负荷利用小时数T_{max}。

1-10　电力系统接线图如图1-14所示，图中标明了各级电力线路的额定电压，试求：

（1）发电机和各变压器的额定电压；

（2）设变压器T_1工作于$+2.5\%$抽头，T_2工作于主抽头，T_3工作于-2.5%抽头，T_4工作于-5%抽头，求各变压器的实际电压比。

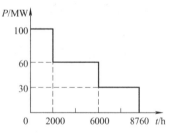

图1-13　习题1-9图

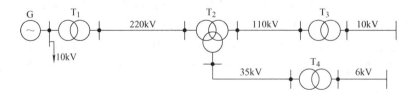

图1-14　习题1-10图

电力系统的元件参数和等效电路

要对电力系统运行状态进行分析研究，首先必须掌握电力系统中各元件的电气特性，建立它们的数学模型。本章首先介绍电力系统中各主要元件（电力线路、变压器、发电机、负荷）的参数计算和等效电路，然后介绍多级电压网络电力系统等效网络的绘制方法。本章是进行电力系统分析和计算的基础。

第一节　电力线路的参数及其等效电路

一、电力线路简介

电力线路按结构可分为架空线路和电缆线路两大类。架空线路是将导线架设在杆塔上，造价较低，维护检修方便，是构成电网的首选；电缆线路是将电缆埋设在地下或敷设在沟道中，造价较高，维护检修相对困难，主要在不适合采用架空线路的场合使用。通常，在输电网中以架空线路为主；在城市配电网中则更多地采用了地下电缆线路，这样既可保持市容美观，又可提高供电可靠性。

1. 架空线路

架空线路由导线、避雷线、杆塔、绝缘子和金具等部件组成，如图 2-1 所示。其中，导线用来传输电能；避雷线用来保护导线不受直接雷击；杆塔用来支撑导线和避雷线，并使之保持一定的安全距离；绝缘子用来使导线与杆塔之间保持绝缘；金具是起悬挂、耐张、固定、防振、连接等作用的金属元件。

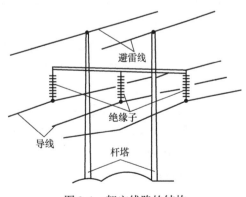

图 2-1　架空线路的结构

导线常用的材料有铜、铝、铝合金和钢等。铜的导电性能好、耐腐蚀、抗拉强度高，是理想的导线材料，但因其用途广、产量少、成本高，除特殊需要外，一般不用铜作为导线。铝的导电性能也比较好（仅次于铜），且质轻价廉，但铝机械强度差，一般用于档距较小的 10kV 及以下电压的线路上。钢的价格便宜、机械强度高，但其导电性能差且为磁性材料，感抗大、趋肤效应显著，不宜单独用作导线，一般用作避雷线或拉线。

架空线路导线的结构型式主要有单股线、多股绞线和钢芯铝绞线三种。由于多股线优于单股线，所以架空线路一般均采用多股绞线。但是，多股铝绞线（LJ）的机械强度差，一般只用于 10kV 及以下线路，而在 35kV 及以上的架空线路上，则多采用钢芯铝绞线（LGJ）。钢芯铝绞线是将铝线绕在钢线的外层，由于趋肤效应，电流主要从铝线部分流过，而导线的机械负荷则主要由钢线负担，由于它结合了铝和钢的优点，在某些方面甚至较铜线的性能更为优越，故目前在架空线路上应用最广，是架空线路的主要型式。图 2-2 所示为钢芯铝绞线的截面示意图。

图 2-2　钢芯铝绞线
截面示意图

为了减小电晕损耗或线路电抗，220kV 及以上的输电线路常采用分裂导线（见图 2-3）或扩径导线（见图 2-4）。

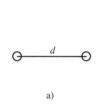
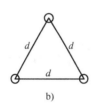
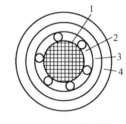

图 2-3　分裂导线
a）二分裂　b）三分裂　c）四分裂

图 2-4　扩径导线
1—钢芯　2—支撑层　3—内层　4—外层

分裂导线又称复导线，就是将每相导线分裂成若干根，根与根之间保持一定距离，并用金具支撑。每相导线分裂根数一般为 2~6 根，各根导线的轴心对称布置在一外接圆上，轴心间的连线形成正多边形。导线的这种分裂可使每相导线的等效半径增大，并使导线周围的电磁场发生很大变化，因此可减小电晕损耗和线路电抗。

扩径导线是人为地扩大导线直径，但又不增大载流部分的导线截面。它与普通钢芯铝绞线的区别在于支撑层并不为铝线所填满，仅有 6 股起架空支撑作用。

架空线路的三相导线在空中的位置不对称将引起三相参数的不平衡。为了减小三相参数的不平衡，三相导线应进行换位（换位杆塔就是用来使导线换位的）。图 2-5 所示为线路的一次整循环换位。

2. 电缆线路

电缆的结构一般包括导体、绝缘层和保护包皮三部分。

电缆的导体通常采用多股铜绞线或铝绞

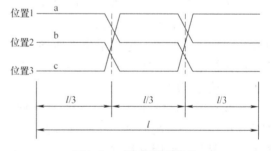

图 2-5　一次整循环换位

线，以便于弯曲存放和施工。根据电缆中导体的数目不同，电缆可分为单芯、三芯和四芯等种类。单芯电缆的导体截面是圆形的；三芯或四芯电缆的导体截面除圆形外，更多是采用扇形，以便充分利用电缆的截面积，如图 2-6 所示。

二、电力线路的参数计算

电力线路的参数是指其电阻、电抗、电导和电纳。电阻反映线路通过电流时产生的有功功率损失效应；电抗反映载流导线周围产生的磁场效应；电导反映电晕现象产生的有功功率损失效应；电纳反映载流导线周围产生的电场效应。

电缆的参数计算较为复杂，一般从手册中查取或从试验中测得，这里不予讨论。本节主要介绍架空线路的参数计算。

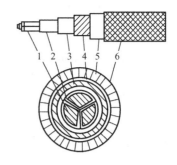

图 2-6 扇形三芯电缆

1—导体 2—纸绝缘 3—铝包皮 4—麻衬
5—钢带铠甲 6—麻被

1. 电阻

每相导线单位长度的电阻按下式计算：

$$r_1 = \frac{\rho}{S} \tag{2-1}$$

式中，ρ 为导线材料的电阻率（$\Omega \cdot mm^2/km$）；S 为导线载流部分标称的截面积（mm^2）。

在电力系统计算中，导线材料铜和铝的电阻率的取值分别为 $18.8\Omega \cdot mm^2/km$ 和 $31.5\Omega \cdot mm^2/km$。它们略大于这些材料的直流电阻率，其原因是：①通过导线的是三相工频交流电流，由于趋肤效应和邻近效应的影响，交流电阻比直流电阻略大；②由于所用导线为多股绞线，使每股导线的实际长度比线路长度增大 2%～3%；③导线的额定截面积（即标称截面积）一般略大于实际截面积。

工程计算中，可以直接从手册中查出各种导线单位长度（km）电阻值 r_1。但手册中给出的 r_1 值都是指温度为20℃时的导线电阻，当线路实际运行的温度不等于20℃时，θ℃时的电阻值应按下式进行修正，即

$$r_\theta = r_{20}[1 + \alpha(\theta - 20)] \tag{2-2}$$

式中，r_{20}、r_θ 为环境温度为20℃和θ℃时导体单位长度的电阻（Ω/km）；α 为电阻的温度系数（1/℃），铜的 α 取 0.00382（1/℃），铝的 α 取 0.0036（1/℃）。

2. 电抗

线路电抗是由于导线中有交流电流流过时，在导线周围产生磁场形成的。对于三相线路，每相线路都存在自感和互感，当三相导线对称排列，或虽排列不对称但经完全换位后，每相导线单位长度的等效电抗相等，其计算方法如下：

（1）单导线每相单位长度的电抗为

$$x_1 = 2\pi f\left(4.6\lg\frac{D_m}{r} + 0.5\mu_r\right) \times 10^{-4} \tag{2-3}$$

式中，μ_r 为导体的相对磁导率，铜和铝的 $\mu_r = 1$；r 为导线半径（m）；D_m 为三相导线的几何均距（m），其表达式为 $D_m = \sqrt[3]{D_{ab}D_{bc}D_{ca}}$。

将 $f = 50Hz$、$\mu_r = 1$ 代入式(2-3)，可得

$$x_1 = 0.1445\lg\frac{D_m}{r} + 0.0157 \tag{2-4}$$

在式(2-4)中，前一部分为架空线路的外电抗，后一部分为其内电抗。经过对数运算

后，式(2-4) 又可写成

$$x_1 = 0.1445 \lg \frac{D_{\mathrm{m}}}{r'} \tag{2-5}$$

式中，$r' = 0.779r$，称为导线的几何平均半径。

由于电抗与导线的几何均距、导体半径之间成对数关系，因此导线在杆塔上的布置方式及导线截面积的大小对线路电抗值影响不大。通常架空线路的电抗值都在 $0.4\Omega/\mathrm{km}$ 左右。

（2）分裂导线每相单位长度的电抗　分裂导线改变了导线周围的磁场分布，等效地增大了导线的半径，从而减少了每相导线单位长度的电抗，其计算公式为

$$x_1 = 0.1445 \lg \frac{D_{\mathrm{m}}}{r_{\mathrm{eq}}} + \frac{0.0157}{n} \tag{2-6}$$

其中

$$r_{\mathrm{eq}} = \sqrt[n]{r \prod_{i=2}^{n} d_{1i}}$$

式中，r_{eq} 为分裂导线的等值半径；n 为每相分裂根数；r 为分裂导线中每一根导线的半径；d_{1i} 为一相分裂导线中第 1 根与第 i 根之间的距离，$i = 2$，3，$\cdots$，n；$\prod$ 为表示连乘运算的符号。

对于二分裂导线，其等值半径为 $r_{\mathrm{eq}} = \sqrt{rd}$；对于三分裂导线，$r_{\mathrm{eq}} = \sqrt[3]{rd^2}$；对于四分裂导线，$r_{\mathrm{eq}} = \sqrt[4]{r\sqrt{2}d^3}$。

显然，分裂导线的根数越多，电抗下降得越多，但分裂导线的根数超过 4 根时，电抗的下降就不明显了，而线路结构、电力线路的架设和运行大为复杂，电力线路的造价也将因此增加，故实际运行中分裂导线的根数 n 一般取 2~4 为宜。例如，我国 500kV 线路采用的是四分裂导线。

对于同杆架设的双回输电线路，由于在导线中流过三相对称电流时两回路之间的互感影响较小，可以略去不计，因此，每回输电线路的电抗仍可按式(2-4) 计算。

3. 电导

架空线路的电导主要是由沿绝缘子的泄漏电流和电晕现象决定的。通常，由于线路的绝缘水平较高，泄漏电流很小，可以忽略不计，只有在雨天或严重污秽等情况下，泄露电导才会有所增大，所以线路的电导主要取决于电晕现象。

所谓电晕现象，就是架空线路带有高电压的情况下，当导线表面的电场强度超过空气的击穿强度时，导线周围的空气被电离而产生局部放电的现象。这时可听到明显的"嘶嘶"放电声，并产生臭氧，夜间还可看到蓝紫色的晕光。电晕产生的条件与导线表面的光滑程度、导线周围的空气密度、导线的布置方式及所处的气象状况等因素有关，而与线路的电流值无关。

线路开始出现电晕的电压称为临界电压。如果线路正常运行时的电压低于电晕临界电压，则不会产生电晕损耗；当线路电压高于电晕临界电压时，将出现电晕损耗，与电晕相对应的导线单位长度的电导（S/km）为

$$g_1 = \frac{\Delta P_{\mathrm{g}}}{U^2} \times 10^{-3} \tag{2-7}$$

式中，ΔP_{g} 为实测三相线路单位长度的电晕损耗功率（kW/km）；U 为线路的额定电压。

实际上，在设计架空线路时一般不允许在正常的气象条件下（晴天）发生电晕，并依

据电晕临界电压规定了不需要验算电晕的导线最小外径，例如，110kV 的导线外径不应小于 9.6mm，220kV 的导线外径不应小于 21.3mm 等。对于 220kV 以上的线路，为了减少电晕损耗，常常采用分裂导线或扩径导线，以增大每相导线的等值半径。

一般情况下，由于架空线路的泄露损耗值很小，而电晕损耗已在设计时采取了各种措施加以限制，所以在一般的电力系统计算中可忽略电导，即近似认为 $g_1 = 0$。

4. 电纳

在架空线路中，三相导线的相与相之间及相与地之间存在分布电容，反映电容效应的参数就是线路的电纳。三相导线对称排列，或虽排列不对称但经完全换位后，每相导线单位长度的电容相等，其计算方法如下：

（1）单导线每相单位长度的电纳　　每相单位长度的电容（F/km）为

$$C_1 = \frac{0.0241}{\lg \dfrac{D_m}{r}} \times 10^{-6} \tag{2-8}$$

那么，单导线每相单位长度的电纳（S/km）为

$$b_1 = \omega C_1 = \frac{7.58}{\lg \dfrac{D_m}{r}} \times 10^{-6} \tag{2-9}$$

在实用计算时，b_1 的值可以从有关的手册中查出，一般架空线路的 b_1 值为 2.85×10^{-6} S/km 左右。

（2）分裂导线每相单位长度的电纳为

$$b_1 = \frac{7.58}{\lg \dfrac{D_m}{r_{eq}}} \times 10^{-6} \tag{2-10}$$

采用分裂导线改变了导线周围的电场分布，等效地增大了导线的半径，从而增大了每相导线单位长度的电纳。

三、电力线路的等效电路

由于正常情况下三相线路是对称的，故可以用单相等效电路来代表三相。电力线路的等效电路以其电阻、电抗、电导和电纳来表示。严格地讲，电力线路的参数是沿线路均匀分布的，但是，为便于计算，对于长度不超过 300km 的架空线路，可用集中参数代替分布参数，替换后引起的误差很小，可以满足工程计算的精度要求；而对于长度超过 300km 的架空线路，计算时则应采用分布参数。

按上所述，一条长度为 l 的架空线路，采用集中参数表示时，对应的线路电阻 R（Ω）、电抗 X（Ω）、电导 G（S）、电纳 B（S）可按下式计算

$$R = r_1 l; X = x_1 l; G = g_1 l; B = b_1 l \tag{2-11}$$

式中，l 为线路长度（km）。在电力系统计算中，一般取 $g_1 = 0$，故 $G = 0$。

电力线路按长度一般可分为短线路、中等长度线路和长线路，其等效电路有所不同。

1. 短线路的等效电路

短线路是指长度不超过 100km，且电压在 35kV 及以下的架空线路。由于电压不高，这

种线路电纳的影响不大，可略去不计。因此，短线路的参数只有一个串联阻抗 $Z = R + jX$，其等效电路为一字形等效电路，如图 2-7 所示。

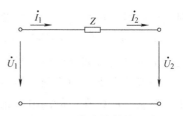

图 2-7　短线路的等效电路

2. 中等长度线路的等效电路

中等长度线路是指电压为 110 ~ 220kV、长度在 100 ~ 300km 的架空线路。这种线路的电纳不可忽略，通常采用 π 形或 T 形等效电路，如图 2-8 所示。图中 $Y = G + jB$ 为线路的导纳，当 $G = 0$ 时，$Y = jB$。

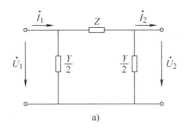　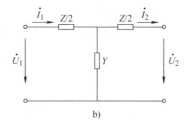

a)　　　　　　　　　　　　　　　b)

图 2-8　中等长度线路的等效电路
a) π 形　b) T 形

π 形等效电路是将线路的导纳平分为两半，分别并联在线路的始末两端，而 T 形等效电路是将线路的阻抗平分为两半，分别串联在线路的两侧。

π 形等效电路和 T 形等效电路都只是电力线路的一种近似等效电路，相互之间并不等值，因此两者之间不能用 Y-△变换公式进行等效变换。此外，由于 T 形等效电路中间增加了一个节点，从而增加了电网计算的工作量，因此，在电力系统计算中，常用的是 π 形等效电路。

3. 长线路的等效电路

长线路是指电压为 330kV 及以上、长度大于 300km 的架空线路。这种线路属于远距离输电线路，需要考虑它们的分布参数特性。

设有长度为 l 的电力线路，其参数沿线均匀分布，单位长度的阻抗和导纳分别为 $z_1 = r_1 + jx_1$、$y_1 = g_1 + jb_1$，在距线路末端 x 处取一微段 dx，可作出其等效电路如图 2-9 所示。

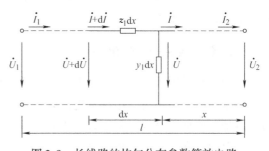

图 2-9　长线路的均匀分布参数等效电路

长线路的基本方程（略去推导）为

$$\begin{pmatrix} \dot{U} \\ \dot{I} \end{pmatrix} = \begin{pmatrix} \operatorname{ch}\gamma x & Z_c\operatorname{sh}\gamma x \\ \dfrac{\operatorname{sh}\gamma x}{Z_c} & \operatorname{ch}\gamma x \end{pmatrix} \begin{pmatrix} \dot{U}_2 \\ \dot{I}_2 \end{pmatrix} \tag{2-12}$$

式中，$\dot{U}_2$、$\dot{I}_2$ 为线路末端的电压和电流；γ 为线路的传播系数，$\gamma = \sqrt{z_1 y_1}$；Z_c 为线路的特性阻抗，$Z_c = \sqrt{z_1/y_1}$。

运用式(2-12)，可在已知末端电压 $\dot{U}_2$、电流 $\dot{I}_2$ 时，计算沿线路任意点的电压和电流。

当 $x = l$ 时，可得线路首端电压 $\dot{U}_1$、电流 $\dot{I}_1$ 的表达式为

$$\begin{pmatrix} \dot{U}_1 \\ \dot{I}_1 \end{pmatrix} = \begin{pmatrix} \text{ch}\gamma l & Z_c\text{sh}\gamma l \\ \dfrac{\text{sh}\gamma l}{Z_c} & \text{ch}\gamma l \end{pmatrix}\begin{pmatrix} \dot{U}_2 \\ \dot{I}_2 \end{pmatrix} \qquad (2\text{-}13)$$

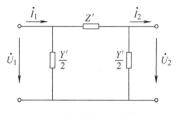

图 2-10　长线路的 π 形等效电路

如果只需要分析计算长线路始、末端的电压、电流、功率等，线路仍可采用 π 形等效电路，如图 2-10 所示。图中分别以 Z'、Y' 表示它们集中参数的阻抗、导纳。

根据图 2-10，可列出 π 形等效电路首端与末端电压、电流的关系式为

$$\left.\begin{aligned} \dot{U}_1 &= \left(\dot{I}_2 + \frac{Y'}{2}\dot{U}_2\right)Z' + \dot{U}_2 = \left(\frac{Z'Y'}{2} + 1\right)\dot{U}_2 + Z'\dot{I}_2 \\ \dot{I}_1 &= \frac{Y'}{2}\dot{U}_1 + \frac{Y'}{2}\dot{U}_2 + \dot{I}_2 = Y'\left(\frac{Z'Y'}{4} + 1\right)\dot{U}_2 + \left(\frac{Z'Y'}{2} + 1\right)\dot{I}_2 \end{aligned}\right\} \qquad (2\text{-}14)$$

用矩阵表示为

$$\begin{pmatrix} \dot{U}_1 \\ \dot{I}_1 \end{pmatrix} = \begin{pmatrix} \dfrac{Z'Y'}{2} + 1 & Z' \\ Y'\left(\dfrac{Z'Y'}{4} + 1\right) & \dfrac{Z'Y'}{2} + 1 \end{pmatrix}\begin{pmatrix} \dot{U}_2 \\ \dot{I}_2 \end{pmatrix} \qquad (2\text{-}15)$$

对比式(2-13) 和式(2-15)，对应项系数相等，可得

$$\left.\begin{aligned} Z' &= Z_c\text{sh}\gamma l \\ Y' &= \frac{2(\text{ch}\gamma l - 1)}{Z_c\text{sh}\gamma l} \end{aligned}\right\} \qquad (2\text{-}16)$$

在 Z'、Y' 的表达式中，由于 Z_c、γ 都是复数，计算比较麻烦。在工程计算中，常利用简化公式对计算参数进行修正，将分布参数乘以适当的修正系数变为集中参数，即

$$\left.\begin{aligned} Z' &\approx k_r R + \text{j}k_x X \\ Y' &\approx \text{j}k_b B \end{aligned}\right\} \qquad (2\text{-}17)$$

式中，R、X、B 为全线路一相的集中参数；k_r、k_x、k_b 分别是电阻、电抗及电纳的修正系数，这些修正系数分别为

$$\left.\begin{aligned} k_r &= 1 - x_1 b_1 \frac{l^2}{3} \\ k_x &= 1 - \left(x_1 b_1 - \frac{r_1^2 b_1}{x_1}\right)\frac{l^2}{6} \\ k_b &= 1 + x_1 b_1 \frac{l^2}{12} \end{aligned}\right\} \qquad (2\text{-}18)$$

长线路的简化 π 形等效电路如图 2-11 所示。

【例 2-1】　某 500kV 输电线路选用 LGJ—4 × 300 分裂导线，导线直径为 24.2mm，分裂间距为 450mm。三相导线水平排列，相间距离为 13m，设线路长度为 600km，试计算该线路参数，并作出等效电路。要求：①不考虑线路的分布参数特性（近似值）；②近似考

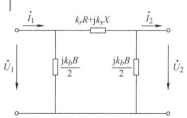

图 2-11　长线路的简化 π 形等效电路

虑线路的分布参数特性（修正值）；③精确考虑线路的分布参数特性（精确值）。

解： 先计算该电力线路单位长度的参数：

$$r_1 = \frac{\rho}{S} = \frac{31.5}{4 \times 300}\Omega/km = 0.02625\Omega/km$$

$$D_m = \sqrt[3]{D_{ab}D_{bc}D_{ca}} = \sqrt[3]{D \cdot D \cdot 2D} = 1.26D = 1.26 \times 13000mm = 16380mm$$

$$r_{eq} = \sqrt[4]{r\sqrt{2}d^3} = \sqrt[4]{12.1 \times \sqrt{2} \times 450^3}\,mm = 198.7mm$$

$$x_1 = 0.1445\lg\frac{D_m}{r_{eq}} + \frac{0.0157}{n} = \left(0.1445\lg\frac{16380}{198.7} + \frac{0.0157}{4}\right)\Omega/km = 0.281\Omega/km$$

$$b_1 = \frac{7.58}{\lg\dfrac{D_m}{r_{eq}}} \times 10^{-6} = \frac{7.58}{\lg\dfrac{16380}{198.7}} \times 10^{-6}S/km = 3.956 \times 10^{-6}S/km$$

（1）不考虑线路的分布参数特性

$$R = r_1 l = 0.02625 \times 600\Omega = 15.75\Omega$$

$$X = x_1 l = 0.281 \times 600\Omega = 168.6\Omega$$

$$B = b_1 l = 3.956 \times 10^{-6} \times 600S = 2.374 \times 10^{-3}S$$

由此可作出等效电路如图 2-12a 所示。

（2）近似考虑线路的分布参数特性

$$k_r = 1 - x_1 b_1 \frac{l^2}{3} = 1 - 0.281 \times 3.956 \times 10^{-6} \times \frac{600^2}{3} = 0.867$$

$$k_x = 1 - \left(x_1 b_1 - \frac{r_1^2 b_1}{x_1}\right)\frac{l^2}{6} = 1 - \left(0.281 \times 3.956 \times 10^{-6} - \frac{0.02625^2 \times 3.956 \times 10^{-6}}{0.281}\right)\frac{600^2}{6} = 0.934$$

$$k_b = 1 + x_1 b_1 \frac{l^2}{12} = 1 + 0.281 \times 3.956 \times 10^{-6} \times \frac{600^2}{12} = 1.033$$

于是

$$k_r R = 0.867 \times 15.75\Omega = 13.66\Omega$$

$$k_x X = 0.934 \times 168.6\Omega = 157.47\Omega$$

$$k_b B = 1.033 \times 2.374 \times 10^{-3}S = 2.452 \times 10^{-3}S$$

由此可作出等效电路如图 2-12b 所示。

（3）精确考虑线路的分布参数特性

$$z_1 = r_1 + jx_1 = (0.02625 + j0.281)\Omega/km = 0.282e^{j84.66°}\Omega/km$$

$$y_1 = jb_1 = j3.956 \times 10^{-6}S/km = 3.956 \times 10^{-6}e^{j90°}S/km$$

$$Z_c = \sqrt{z_1/y_1} = \sqrt{\frac{0.282e^{j84.66°}}{3.956 \times 10^{-6}e^{j90°}}}\Omega = 267e^{-j2.67°}\Omega$$

$$\gamma l = \sqrt{z_1 y_1}\,l = 600 \times \sqrt{0.282e^{j84.66°} \times 3.956 \times 10^{-6}e^{j90°}} = 0.634e^{j87.33°} = 0.0295 + j0.6333$$

$$sh\gamma l = sh(0.0295 + j0.6333) = sh0.0295\cos0.6333 + jch0.0295\sin0.6333$$

$$= 0.0295 \times 0.806 + j1.0004 \times 0.592 = 0.0238 + j0.592 = 0.5925e^{j87.7°}$$

$$ch\gamma l = ch(0.0295 + j0.6333) = ch0.0295\cos0.6333 + jsh0.0295\sin0.6333$$

$$= 1.0004 \times 0.806 + j0.0295 \times 0.592 = 0.806 + j0.0175 = 0.806e^{j1.24°}$$

于是可得 π 形等效电路的精确参数为

$$Z' = Z_c sh\gamma l = 267e^{-j2.67°} \times 0.5925e^{j87.7°}\Omega = 158.2e^{j85.03°}\Omega = (13.7 + j157.6)\Omega$$

$$Y' = \frac{2(\mathrm{ch}\gamma l - 1)}{Z_c \mathrm{sh}\gamma l} = \frac{2 \times (0.806 + \mathrm{j}0.0175 - 1)}{267\mathrm{e}^{-\mathrm{j}2.67°} \times 0.5925\mathrm{e}^{\mathrm{j}87.7°}}\mathrm{S}$$

$$= \frac{2 \times 0.1948\mathrm{e}^{\mathrm{j}174.85°}}{158.2\mathrm{e}^{\mathrm{j}85.03°}}\mathrm{S} = 0.00246\mathrm{e}^{\mathrm{j}89.82°}\mathrm{S} \approx \mathrm{j}2.46 \times 10^{-3}\mathrm{S}$$

由此可作出等效电路如图 2-12c 所示。

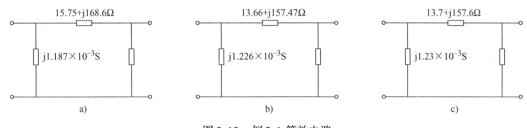

图 2-12　例 2-1 等效电路

a) 近似值　b) 修正值　c) 精确值

由例 2-1 的计算结果可见，对于长线路，如果不考虑其分布参数特性，将给计算结果带来很大的误差，且线路越长，误差越大。其中电阻的误差最大，电抗次之，电纳最小。近似考虑线路的分布参数特性得到的修正值与精确值相差不大，可以满足工程计算中的精度要求，且这种近似考虑只需进行简单的算术运算，不必像精确考虑那样要进行复数运算和双曲函数的复杂计算，从而使计算大为简化。因此，在工程计算中，对长线路，通常只计算线路参数的修正值。

四、波阻抗和自然功率

长线路或分布参数电路的特性阻抗 Z_c 和传播系数 γ 是两个很有用的概念，它们常被用以估计超高压线路的运行特性。由于超高压线路的电阻往往远小于电抗，电导又可略去不计，即可设 $r_1 = 0$，$g_1 = 0$。显然，这种情况就相当于线路上没有有功功率损耗，即属于"无损耗"线路，此时，特性阻抗和传播系数分别为

$$Z_c = \sqrt{L_1/C_1}；\quad \gamma = \mathrm{j}\omega\sqrt{L_1 C_1} = \mathrm{j}\beta$$

可见，这时的特性阻抗是一个纯电阻，称为波阻抗，而传播系数则仅有虚部 β，称为相位系数。

对于无损耗线路，当负荷阻抗为波阻抗时，该负荷所消耗的功率，称为自然功率（也称波阻抗负荷），属于有功功率。如果负荷端电压为线路额定电压，则相应的自然功率为

$$S_n = P_n = \frac{U_N^2}{Z_c} \tag{2-19}$$

电力线路的波阻抗变动幅度不大。例如，220kV 线路如果采用单导线，其波阻抗约为 380Ω，则自然功率为 127MW；500kV 线路如果采用四分裂导线，其波阻抗约为 260Ω，则自然功率为 962MW（约 1000MW）。自然功率常用来衡量输电线路的输电能力，220kV 及以上电压等级输电线路的输电能力大致接近自然功率。

无损耗线路末端连接的负荷阻抗为波阻抗时，由式（2-13）可得

$$\begin{bmatrix} \dot{U}_1 \\ \dot{I}_1 \end{bmatrix} = \begin{bmatrix} \cos\beta l & \mathrm{j}Z_c\sin\beta l \\ \mathrm{j}\dfrac{\sin\beta l}{Z_c} & \cos\beta l \end{bmatrix}\begin{bmatrix} \dot{U}_2 \\ \dot{I}_2 \end{bmatrix} \tag{2-20}$$

计及 $\dot{U}_2 = Z_c \dot{I}_2$，又可得

$$\left.\begin{array}{l} \dot{U}_1 = (\cos\beta l + \mathrm{j}\sin\beta l)\,\dot{U}_2 = \dot{U}_2\mathrm{e}^{\mathrm{j}\beta l} \\ \dot{I}_1 = (\cos\beta l + \mathrm{j}\sin\beta l)\,\dot{I}_2 = \dot{I}_2\mathrm{e}^{\mathrm{j}\beta l} \end{array}\right\} \tag{2-21}$$

由式(2-21)可见，这时线路上任何一点的电压大小都相等，且功率因数都等于 1，即通过各点的无功功率都为零，说明此时线路中每一单位长度中电感消耗的无功功率与对地电容提供的无功功率完全平衡。而线路两端电压的相位差则正比于线路长度，相应的比例系数就是相位系数。

超高压线路大致接近于无损耗线路，在粗略估计他们的运行特性时，可参考上述结论。例如，长度超过 300km 的 500kV 线路，输送的功率常约等于自然功率 1000MW，因而线路末端电压接近始端。当输送功率不等于自然功率时，线路各点的电压有效值将不再相同。对于单侧电源线路，当输送功率大于自然功率时，线路末端电压将低于始端；当输送功率小于自然功率时，线路末端电压将高于始端。这两种现象随线路长度的增大而愈加严重，所以长线路必须采取措施解决这一问题。

第二节　变压器的参数及其等效电路

一、双绕组变压器

在电机学中，双绕组变压器一般用 Γ 形等效电路表示，但在电力系统计算中，为了减少网络的节点数，通常将励磁支路前移到电源侧，并将变压器二次绕组的阻抗折算到一次侧后，再和一次绕组的阻抗合并，用等效阻抗 $Z_T = R_T + jX_T$ 表示，便得到双绕组变压器的 Γ 形等效电路，如图 2-13a 所示。变压器的励磁支路一般用导纳 $Y_T = G_T - jB_T$ 表示（负号表明该支路是感性的），但在实际计算中，常将励磁支路用励磁功率 $\Delta P_0 + j\Delta Q_0$ 表示，如图 2-13b 所示。

双绕组变压器的参数包括等效电路中的电阻 R_T、电抗 X_T、电导 G_T 和电纳 B_T。这四个参数可以根据变压器铭牌上四个代表电气特性的数据来计算，这四个数据是：短路损耗 ΔP_k、短路电压百分数 $U_k\%$、空载损耗 ΔP_0 和空载电流百分数 $I_0\%$。前两个数据由短路试验得到，用于确定 R_T 和 X_T；后两个数据由空载试验得到，用于确定 G_T 和 B_T。

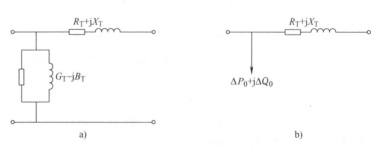

图 2-13　双绕组变压器的 Γ 形等效电路
a) 励磁支路用导纳表示　b) 励磁支路用功率表示

1. 电阻 R_T

做短路试验时，通常将变压器低压侧短接，高压侧经调压器接入电源，使低压短路绕组

的电流达到额定值，此时测得的变压器有功功率损耗即为短路损耗 ΔP_k。由于外加电压很小，相应的铁耗也很小，可近似认为短路损耗等于变压器通过额定电流时一、二次绕组电阻中的总损耗（铜耗），即

$$\Delta P_k = 3I_N^2 R_T = 3\left(\frac{S_N}{\sqrt{3}\,U_N}\right)^2 R_T = \frac{S_N^2}{U_N^2}R_T \tag{2-22}$$

所以变压器的每相电阻为

$$R_T = \frac{\Delta P_k U_N^2}{S_N^2} \tag{2-23}$$

上式中各物理量的单位均为基本单位，U_N、S_N、ΔP_k 的单位分别为 V、V·A 和 W。在电力系统计算中，变压器额定容量单位常取 MV·A，额定电压的单位取 kV，则可得

$$R_T = \frac{\Delta P_k U_N^2}{10^3 S_N^2} \tag{2-24}$$

式中，R_T 为变压器高低压绕组的总电阻（Ω）；U_N 为变压器的额定电压（kV）；S_N 为变压器的额定容量（MV·A）；ΔP_k 为变压器的短路损耗（kW）。

2. 电抗 X_T

变压器铭牌上给出的短路电压百分数 $U_k\%$，是变压器通过额定电流时在阻抗上产生的电压降的百分数。对于大容量变压器，其绕组电阻比电抗小得多，于是

$$U_k\% = \frac{\sqrt{3}\,I_N Z_T}{U_N}\times 100 \approx \frac{\sqrt{3}\,I_N X_T}{U_N}\times 100 = \frac{S_N X_T}{U_N^2}\times 100$$

所以变压器的每相电抗为

$$X_T = \frac{U_k\% \, U_N^2}{100 S_N} \tag{2-25}$$

式中，X_T 为高低压绕组的总电抗（Ω）；U_N 为变压器的额定电压（kV）；S_N 为变压器的额定容量（MV·A）；$U_k\%$ 为变压器的短路电压百分数。

3. 电导 G_T

变压器的电导是用来表示铁心损耗的，可由空载损耗求得。做空载试验时，通常将变压器高压侧开路，低压侧加额定电压，此时测得的变压器有功功率损耗即为空载损耗 ΔP_0。由于空载电流很小，绕组中的损耗也很小，所以，可近似认为变压器的空载损耗等于铁耗，即 $\Delta P_0 \approx \Delta P_{Fe}$，于是

$$G_T = \frac{\Delta P_0}{10^3 U_N^2} \tag{2-26}$$

式中，G_T 为变压器的电导（S）；ΔP_0 为变压器空载损耗（kW）；U_N 为变压器的额定电压（kV）。

4. 电纳 B_T

电纳是用来表征变压器的励磁特性的。变压器的励磁功率 ΔQ_0 与变压器的电纳相对应，即

$$B_T = \frac{\Delta Q_0}{U_N^2}\times 10^{-3}$$

变压器的空载电流包括有功分量和无功分量，与励磁功率对应的是无功分量。由于有功分量很小，所以其无功分量近似等于空载电流，因此 $\Delta Q_0 \approx \sqrt{3} U_N I_0$。由于

$$I_0\% = \frac{I_0}{I_N} \times 100 = \frac{\sqrt{3} U_N I_0}{\sqrt{3} U_N I_N} \times 100 = \frac{\Delta Q_0}{S_N} \times 100$$

则

$$\Delta Q_0 = \frac{I_0\%}{100} S_N$$

所以变压器的电纳为

$$B_T = \frac{I_0\% S_N}{100 U_N^2} \qquad (2\text{-}27)$$

式中，B_T 为变压器电纳（S）；S_N 为变压器的额定容量（MV·A）；$I_0\%$ 为变压器的空载电流百分数；U_N 为变压器的额定电压（kV）。

二、三绕组变压器

三绕组变压器的等效电路如图 2-14 所示，图中所有参数都是折算到一次侧的值。三绕组变压器导纳支路参数 G_T 和 B_T 的计算公式与双绕组变压器完全相同，下面主要讨论各绕组电阻和电抗的计算方法。

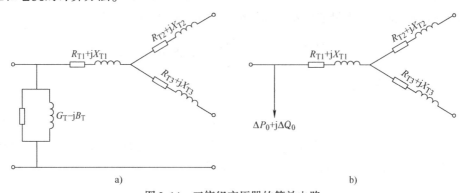

图 2-14　三绕组变压器的等效电路

a）励磁支路用导纳表示　b）励磁支路用功率表示

1. 电阻 R_{T1}、R_{T2}、R_{T3}

三绕组变压器按三个绕组的容量比不同有三种不同类型。第一种为 100/100/100，即三个绕组的额定容量均等于变压器的额定容量；第二种为 100/100/50，即第三个绕组的容量为变压器额定容量的 50%；第三种为 100/50/100，即第二个绕组的容量为变压器额定容量的 50%。

三绕组变压器铭牌上提供的三个短路试验数据 ΔP_{k12}、ΔP_{k23}、ΔP_{k31} 是在一个绕组开路、另外两个绕组中容量较小的一侧达到其额定电流时的短路损耗。因此，对于不同容量比的变压器，在计算电阻时要加以注意。

（1）容量比相同（100/100/100）

根据短路试验提供的短路损耗 ΔP_{k12}、ΔP_{k23}、ΔP_{k31}，可按下式计算各绕组的短路损耗为

$$\left.\begin{array}{l} \Delta P_{k1} = \dfrac{1}{2}\left(\Delta P_{k12} + \Delta P_{k31} - \Delta P_{k23}\right) \\[2mm] \Delta P_{k2} = \dfrac{1}{2}\left(\Delta P_{k12} + \Delta P_{k23} - \Delta P_{k31}\right) \\[2mm] \Delta P_{k3} = \dfrac{1}{2}\left(\Delta P_{k23} + \Delta P_{k31} - \Delta P_{k12}\right) \end{array}\right\} \tag{2-28}$$

然后，用和双绕组变压器相似的公式计算出各绕组的电阻

$$\left.\begin{array}{l} R_{T1} = \dfrac{\Delta P_{k1} U_N^2}{10^3 S_N^2} \\[4mm] R_{T2} = \dfrac{\Delta P_{k2} U_N^2}{10^3 S_N^2} \\[4mm] R_{T3} = \dfrac{\Delta P_{k3} U_N^2}{10^3 S_N^2} \end{array}\right\} \tag{2-29}$$

（2）容量比不同（100/100/50 和 100/50/100）

对于三个绕组容量比不同的变压器来说，由于短路试验时受 50% 容量绕组的限制，故有两组数据是按 50% 容量的绕组达到额定容量时测量的值。因此，应先将各绕组的短路损耗按变压器的额定容量进行折算，然后再按式（2-28）和式（2-29）计算电阻。例如，对于容量比为 100/100/50 的变压器，其折算公式为

$$\left.\begin{array}{l} \Delta P_{k23} = \Delta P'_{k23}\left(\dfrac{S_N}{S_{N3}}\right)^2 = \Delta P'_{k23}\left(\dfrac{100}{50}\right)^2 = 4\Delta P'_{k23} \\[4mm] \Delta P_{k31} = \Delta P'_{k31}\left(\dfrac{S_N}{S_{N3}}\right)^2 = \Delta P'_{k31}\left(\dfrac{100}{50}\right)^2 = 4\Delta P'_{k31} \end{array}\right\} \tag{2-30}$$

式中，$\Delta P'_{k23}$、$\Delta P'_{k31}$ 为未折算的绕组间短路损耗（铭牌数据）；ΔP_{k23}、ΔP_{k31} 为折算到变压器额定容量下的绕组间短路损耗。

2. 电抗 X_{T1}、X_{T2}、X_{T3}

三绕组变压器电抗的计算与电阻的计算方法相似，首先根据变压器铭牌上给出的各绕组间的短路电压百分数 $U_{k12}\%$、$U_{k23}\%$、$U_{k31}\%$，分别求出各绕组的短路电压百分数，即

$$\left.\begin{array}{l} U_{k1}\% = \dfrac{1}{2}\left(U_{k12}\% + U_{k31}\% - U_{k23}\%\right) \\[2mm] U_{k2}\% = \dfrac{1}{2}\left(U_{k12}\% + U_{k23}\% - U_{k31}\%\right) \\[2mm] U_{k3}\% = \dfrac{1}{2}\left(U_{k23}\% + U_{k31}\% - U_{k12}\%\right) \end{array}\right\} \tag{2-31}$$

然后，按与双绕组变压器相似的公式计算出各绕组的电抗

$$\left.\begin{array}{l} X_{T1} = \dfrac{U_{k1}\% U_N^2}{100 S_N} \\[4mm] X_{T2} = \dfrac{U_{k2}\% U_N^2}{100 S_N} \\[4mm] X_{T3} = \dfrac{U_{k3}\% U_N^2}{100 S_N} \end{array}\right\} \tag{2-32}$$

值得注意的是，制造厂家给出的短路电压百分数已归算到变压器的额定容量，因此在计算电抗时，不论变压器各绕组的容量比如何，其短路电压百分数不必再进行折算。

需要指出，三绕组变压器按其三个绕组排列方式不同有升压结构和降压结构两种型式。对升压结构的变压器，从绕组最外层至铁心的排列顺序为高压绕组、低压绕组和中压绕组，由于高、中压绕组相隔最远，二者间的漏抗最大，因此短路电压百分数 $U_{k12}\%$ 最大，而 $U_{k23}\%$、$U_{k31}\%$ 都较小。而对于降压结构的变压器，从绕组最外层至铁心的排列顺序为高压绕组、中压绕组和低压绕组，因此 $U_{k31}\%$ 最大，而 $U_{k12}\%$、$U_{k23}\%$ 都较小。

三、自耦变压器

普通变压器绕组之间只有磁路耦合，而自耦变压器除了磁路耦合外，还有电的联系。自耦变压的等效电路和参数计算方法与普通变压器相同。需要说明的是，三绕组自耦变压器的第三绕组总是接成三角形，以消除由于铁心饱和引起的三次谐波，并且其容量 S_{N3} 总是小于变压器的额定容量 S_N。此外，制造厂家铭牌所提供的技术数据中，不仅短路损耗未经归算，有时短路电压百分数也未归算，因此，其归算公式为

$$\left.\begin{array}{l} \Delta P_{k23} = \Delta P'_{k23}\left(\dfrac{S_N}{S_{N3}}\right)^2 \\[3mm] \Delta P_{k31} = \Delta P'_{k31}\left(\dfrac{S_N}{S_{N3}}\right)^2 \end{array}\right\} \tag{2-33}$$

$$\left.\begin{array}{l} U_{k23}\% = U'_{k23}\%\dfrac{S_N}{S_{N3}} \\[3mm] U_{k31}\% = U'_{k31}\%\dfrac{S_N}{S_{N3}} \end{array}\right\} \tag{2-34}$$

【例 2-2】 某变电所装有一台 OSFPSL—90000/220 型三相三绕组自耦变压器，容量比为 100/100/50，额定电压为 220/121/38.5kV。实测的空载和短路试验数据为 $\Delta P_{k12} = 333\text{kW}$，$\Delta P'_{k23} = 277\text{kW}$，$\Delta P'_{k31} = 265\text{kW}$；$U_{k12}\% = 9.09$，$U'_{k23}\% = 10.75$，$U'_{k31}\% = 16.45$；$\Delta P_0 = 59\text{kW}$；$I_0\% = 0.332$。求该自耦变压器的参数，并作出其等效电路。

解：首先将各绕组的短路损耗归算至变压器的额定容量，即

$$\Delta P_{k23} = \Delta P'_{k23}\left(\frac{S_N}{S_{N3}}\right)^2 = 277 \times \left(\frac{100}{50}\right)^2 \text{kW} = 1108\text{kW}$$

$$\Delta P_{k31} = \Delta P'_{k31}\left(\frac{S_N}{S_{N3}}\right)^2 = 265 \times \left(\frac{100}{50}\right)^2 \text{kW} = 1060\text{kW}$$

各绕组的短路损耗为

$$\Delta P_{k1} = \frac{1}{2}(\Delta P_{k12} + \Delta P_{k31} - \Delta P_{k23}) = \frac{1}{2}(333 + 1060 - 1108)\text{kW} = 142.5\text{kW}$$

$$\Delta P_{k2} = \frac{1}{2}(\Delta P_{k12} + \Delta P_{k23} - \Delta P_{k31}) = \frac{1}{2}(333 + 1108 - 1060)\text{kW} = 190.5\text{kW}$$

$$\Delta P_{k3} = \frac{1}{2}(\Delta P_{k23} + \Delta P_{k31} - \Delta P_{k12}) = \frac{1}{2}(1108 + 1060 - 333)\text{kW} = 917.5\text{kW}$$

因此，各绕组的电阻为

$$R_{T1} = \frac{\Delta P_{k1} U_N^2}{10^3 S_N^2} = \frac{142.5 \times 220^2}{10^3 \times 90^2} \Omega = 0.85\Omega$$

$$R_{T2} = \frac{\Delta P_{k2} U_N^2}{10^3 S_N^2} = \frac{190.5 \times 220^2}{10^3 \times 90^2} \Omega = 1.14\Omega$$

$$R_{T3} = \frac{\Delta P_{k3} U_N^2}{10^3 S_N^2} = \frac{917.5 \times 220^2}{10^3 \times 90^2} \Omega = 5.48\Omega$$

归算短路电压

$$U_{k23}\% = U'_{k23}\% \frac{S_N}{S_{N3}} = 10.75 \times \frac{100}{50} = 21.5$$

$$U_{k31}\% = U'_{k31}\% \frac{S_N}{S_{N3}} = 16.45 \times \frac{100}{50} = 32.9$$

各绕组的短路电压百分数为

$$U_{k1}\% = \frac{1}{2}(U_{k12}\% + U_{k31}\% - U_{k23}\%) = \frac{1}{2}(9.09 + 32.9 - 21.5) = 10.245$$

$$U_{k2}\% = \frac{1}{2}(U_{k12}\% + U_{k23}\% - U_{k31}\%) = \frac{1}{2}(9.09 + 21.5 - 32.9) = -1.155$$

$$U_{k3}\% = \frac{1}{2}(U_{k23}\% + U_{k31}\% - U_{k12}\%) = \frac{1}{2}(21.5 + 32.9 - 9.09) = 22.655$$

因此，各绕组的电抗为

$$X_{T1} = \frac{U_{k1}\% U_N^2}{100 S_N} = \frac{10.245 \times 220^2}{100 \times 90}\Omega = 55.1\Omega$$

$$X_{T2} = \frac{U_{k2}\% U_N^2}{100 S_N} = \frac{-1.155 \times 220^2}{100 \times 90}\Omega = -6.21\Omega$$

$$X_{T3} = \frac{U_{k3}\% U_N^2}{100 S_N} = \frac{22.655 \times 220^2}{100 \times 90}\Omega = 121.83\Omega$$

励磁支路的电导和电纳为

$$G_T = \frac{\Delta P_0}{10^3 U_N^2} = \frac{59}{10^3 \times 220^2}S = 1.22 \times 10^{-6}S$$

$$B_T = \frac{I_0\% S_N}{100 U_N^2} = \frac{0.332 \times 90}{100 \times 220^2}S = 6.17 \times 10^{-6}S$$

对应的等效电路如图 2-15 所示。

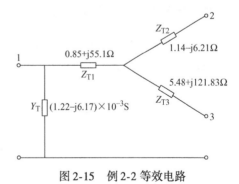

图 2-15　例 2-2 等效电路

第三节　发电机和负荷的参数及其等效电路

发电机和负荷是电力系统中的两个重要元件，它们的运行特性很复杂，这里仅介绍最基本的概念和计算公式。

一、发电机的参数和等效电路

由于发电机定子绕组的电阻远小于其电抗，因此，在电力系统计算中，可不计发电机的电阻，只考虑电抗。制造厂家一般给出以发电机额定参数为基准的电抗百分数，其定义为

$$X_{\mathrm{G}}\% = \frac{\sqrt{3}\,I_{\mathrm{N}}X_{\mathrm{G}}}{U_{\mathrm{N}}} \times 100$$

从而可得到发电机的电抗值（Ω）为

$$X_{\mathrm{G}} = \frac{X_{\mathrm{G}}\%}{100} \times \frac{U_{\mathrm{N}}}{\sqrt{3}\,I_{\mathrm{N}}} = \frac{X_{\mathrm{G}}\%}{100} \times \frac{U_{\mathrm{N}}^2}{S_{\mathrm{N}}} = \frac{X_{\mathrm{G}}\%}{100} \times \frac{U_{\mathrm{N}}^2\cos\varphi_{\mathrm{N}}}{P_{\mathrm{N}}} \qquad (2\text{-}35)$$

式中，U_{N} 为发电机的额定电压（kV）；S_{N} 为发电机的额定视在功率（MV·A）；P_{N} 为发电机的额定有功功率（MW）；$\cos\varphi_{\mathrm{N}}$ 为发电机的额定功率因数。

发电机的等效电路有两种表示形式，即图 2-16a 所示的以电压源表示的等效电路和图 2-16b 所示的以电流源表示的等效电路。显然这两种等效电路是可以互换的。

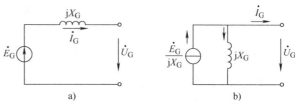

图 2-16 中的电压平衡关系为

$$\dot{E}_{\mathrm{G}} = \dot{U}_{\mathrm{G}} + \mathrm{j}\dot{I}_{\mathrm{G}}X_{\mathrm{G}} \qquad (2\text{-}36)$$

图 2-16b 中的电流平衡关系为

图 2-16　发电机的等效电路
a）以电压源表示　b）以电流源表示

$$\dot{I}_{\mathrm{G}} = \frac{\dot{E}_{\mathrm{G}}}{\mathrm{j}X_{\mathrm{G}}} - \frac{\dot{U}_{\mathrm{G}}}{\mathrm{j}X_{\mathrm{G}}} \qquad (2\text{-}37)$$

式中，$\dot{E}_{\mathrm{G}}$ 为发电机电动势（kV）；$\dot{U}_{\mathrm{G}}$ 为发电机端电压（kV）；$\dot{I}_{\mathrm{G}}$ 为发电机定子电流（kA）。

二、负荷的参数和等效电路

在电力系统分析计算中，负荷常用恒定的复功率表示（见图 2-17a），有时也用恒定阻抗（见图 2-17b）或恒定导纳表示（见图 2-17c）。

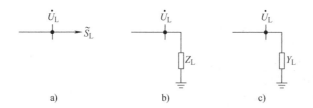

图 2-17　负荷的等效电路
a）用恒定复功率表示　b）用恒定阻抗表示　c）用恒定导纳表示

1. 用恒定复功率表示

按照国际电工委员会推荐的约定，通常取 $\tilde{S} = \dot{U}\,\dot{I}^{*}$ 表示复功率，因此，负荷用恒定复功率表示时，感性负荷功率可表示为

$$\tilde{S}_{\mathrm{L}} = \dot{U}_{\mathrm{L}}\,\dot{I}_{\mathrm{L}}^{*} = U_{\mathrm{L}}I_{\mathrm{L}}\mathrm{e}^{\mathrm{j}(\varphi_u - \varphi_i)} = U_{\mathrm{L}}I_{\mathrm{L}}\mathrm{e}^{\mathrm{j}\varphi_{\mathrm{L}}} = S_{\mathrm{L}}(\cos\varphi_{\mathrm{L}} + \mathrm{j}\sin\varphi_{\mathrm{L}}) = P_{\mathrm{L}} + \mathrm{j}Q_{\mathrm{L}} \qquad (2\text{-}38)$$

容性负荷功率可表示为

$$\tilde{S}_{\mathrm{L}} = \dot{U}_{\mathrm{L}} \overset{*}{I}_{\mathrm{L}} = U_{\mathrm{L}} I_{\mathrm{L}} \mathrm{e}^{\mathrm{j}(\varphi_u - \varphi_i)} = U_{\mathrm{L}} I_{\mathrm{L}} \mathrm{e}^{-\mathrm{j}\varphi_{\mathrm{L}}} = S_{\mathrm{L}}(\cos\varphi_{\mathrm{L}} - \mathrm{j}\sin\varphi_{\mathrm{L}}) = P_{\mathrm{L}} - \mathrm{j}Q_{\mathrm{L}} \qquad (2\text{-}39)$$

式中，S_{L} 为单相负荷视在功率（MV·A）；P_{L} 为单相负荷有功功率（MW）；Q_{L} 为单相负荷无功功率（Mvar）；φ_{L} 为负荷相电压超前相电流的相位角，$\varphi_{\mathrm{L}} = \varphi_u - \varphi_i$（$\varphi_{\mathrm{L}} > 0$）。

2. 用恒定阻抗或导纳表示

负荷用恒定阻抗表示时，由 $\tilde{S}_{\mathrm{L}} = \dot{U}_{\mathrm{L}} \overset{*}{I}_{\mathrm{L}} = \dot{U}_{\mathrm{L}} \left(\dfrac{\overset{*}{U}_{\mathrm{L}}}{\overset{*}{Z}_{\mathrm{L}}} \right) = \dfrac{U_{\mathrm{L}}^2}{\overset{*}{Z}_{\mathrm{L}}}$ 得，感性负荷的阻抗表达式为

$$Z_{\mathrm{L}} = \frac{U_{\mathrm{L}}^2}{\overset{*}{S}_{\mathrm{L}}} = \frac{U_{\mathrm{L}}^2}{P_{\mathrm{L}} - \mathrm{j}Q_{\mathrm{L}}} = \frac{U_{\mathrm{L}}^2}{S_{\mathrm{L}}^2}(P_{\mathrm{L}} + \mathrm{j}Q_{\mathrm{L}}) = \frac{U_{\mathrm{L}}^2}{S_{\mathrm{L}}^2}P_{\mathrm{L}} + \mathrm{j}\frac{U_{\mathrm{L}}^2}{S_{\mathrm{L}}^2}Q_{\mathrm{L}} = R_{\mathrm{L}} + \mathrm{j}X_{\mathrm{L}} \qquad (2\text{-}40)$$

显然

$$\left.\begin{aligned} R_{\mathrm{L}} &= \frac{U_{\mathrm{L}}^2}{S_{\mathrm{L}}^2}P_{\mathrm{L}} \\ X_{\mathrm{L}} &= \frac{U_{\mathrm{L}}^2}{S_{\mathrm{L}}^2}Q_{\mathrm{L}} \end{aligned}\right\} \qquad (2\text{-}41)$$

负荷用恒定导纳表示时，由 $\tilde{S}_{\mathrm{L}} = \dot{U}_{\mathrm{L}} \overset{*}{I}_{\mathrm{L}} = \dot{U}_{\mathrm{L}}(\overset{*}{U}_{\mathrm{L}} \overset{*}{Y}_{\mathrm{L}}) = U_{\mathrm{L}}^2 \overset{*}{Y}_{\mathrm{L}}$ 得，感性负荷的导纳表达式为

$$Y_{\mathrm{L}} = \frac{\overset{*}{S}_{\mathrm{L}}}{U_{\mathrm{L}}^2} = \frac{P_{\mathrm{L}} - \mathrm{j}Q_{\mathrm{L}}}{U_{\mathrm{L}}^2} = \frac{1}{U_{\mathrm{L}}^2}(P_{\mathrm{L}} - \mathrm{j}Q_{\mathrm{L}}) = G_{\mathrm{L}} - \mathrm{j}B_{\mathrm{L}} \qquad (2\text{-}42)$$

显然

$$\left.\begin{aligned} G_{\mathrm{L}} &= \frac{P_{\mathrm{L}}}{U_{\mathrm{L}}^2} \\ B_{\mathrm{L}} &= \frac{Q_{\mathrm{L}}}{U_{\mathrm{L}}^2} \end{aligned}\right\} \qquad (2\text{-}43)$$

同理，可推导出容性负荷的阻抗和导纳的表达式为

$$\left.\begin{aligned} Z_{\mathrm{L}} &= R_{\mathrm{L}} - \mathrm{j}X_{\mathrm{L}} \\ Y_{\mathrm{L}} &= G_{\mathrm{L}} + \mathrm{j}B_{\mathrm{L}} \end{aligned}\right\} \qquad (2\text{-}44)$$

其中，R_{L}、X_{L} 的表达式与式（2-41）相同，G_{L}、B_{L} 的表达式与式（2-43）相同。

第四节　电力系统的等值网络

电力系统是由发电机、变压器、输电线路和负荷等元件连接而成的一个整体，因此，电力系统的等值网络就由这些单个元件的等效电路组成。考虑到电力系统中可能有多个变压器存在，也就有不同的电压等级，因此必须先将不同电压级的元件参数归算到同一电压级，才能按各元件的连接关系将它们各自的等效电路连接起来，构成电力系统的等值网络。

究竟将参数归算到哪一个电压等级，要视具体情况而定，归算到哪一级，就称其为基本级。

电力系统的等值网络是进行电力系统各种电气计算的基础。在电力系统的等值网络中，其元件参数可以用有名值表示，也可以用标幺值表示，这取决于计算的需要。

一、以有名制表示的等效电路

采用有名制进行电力系统计算时，系统中所有元件参数和运行参数都要有量纲（单

位）。绘制整个电力系统的等值网络时，先选择某一个电压级作为归算的基本级，再将不同电压级的元件参数归算到基本级。基本级的选择原则上是任意的，但通常取最高电压级或问题所要研究的电压级。例如，在电力系统稳态计算时，一般选最高电压等级为基本级；在进行短路计算时，则选短路点所在的电压级为基本级。

设某电压级与基本级之间串联有电压比为 K_1、K_2、$\cdots$、K_n 的 n 台变压器，则该电压级中元件阻抗、导纳、电压、电流归算到基本级的计算式分别为

$$Z = K^2 Z' ; \quad Y = \frac{Y'}{K^2} ; \quad U = K U' ; \quad I = \frac{I'}{K} \tag{2-45}$$

式中，$K = K_1 K_2 \cdots K_n$；Z'、Y'、U'、I' 为归算前的有名值；Z、Y、U、I 为归算后的有名值。

归算中各变压器的电压比取基本级侧的电压与待归算级侧的电压之比。精确计算时，取变压器的实际额定电压比；近似计算时，取变压器两侧平均额定电压之比。

引入平均额定电压后，电力系统各元件参数的归算可大为简化，其表达式为

$$Z = K_{av}^2 Z' ; \quad Y = \frac{Y'}{K_{av}^2} ; \quad U = K_{av} U' ; \quad I = \frac{I'}{K_{av}} \tag{2-46}$$

式中，$K_{av} = U_{av.b}/U_{av}$ 为变压器的平均额定电压比。其中 $U_{av.b}$ 为基本侧的平均额定电压；U_{av} 为待归算级侧的平均额定电压。

如图 2-18 所示的电力系统给出了变压器两侧的额定电压，末端负荷以恒定阻抗 Z'_L 表示，选 220kV 为基本级，精确计算时，变压器 T_1、T_2、T_3 的实际额定电压比分别为 $K_1 = 242/10.5$、$K_2 = 220/121$、$K_3 = 110/11$，则 Z'_L 归算到 220kV 侧的阻抗为

$$Z_L = Z'_L K_3^2 K_2^2 = Z'_L \left(\frac{110}{11}\right)^2 \times \left(\frac{220}{121}\right)^2$$

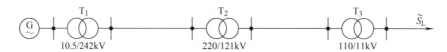

图 2-18　电力系统接线图

近似计算时，变压器 T_1、T_2、T_3 的平均额定电压比分别为 $K_1 = 230/10.5$、$K_2 = 230/115$、$K_3 = 115/10.5$，则 Z'_L 归算到 220kV 侧的阻抗为

$$Z_L = Z'_L K_3^2 K_2^2 = Z'_L \left(\frac{115}{10.5}\right)^2 \times \left(\frac{230}{115}\right)^2 = Z'_L \left(\frac{230}{10.5}\right)^2$$

可见，采用平均额定电压时，归算过程中中间电压等级的电压可以上下抵消，元件参数的归算值只与基本级和待归算级的电压有关。显然，近似归算法较精确归算法计算过程大为简化，尤其对于经过多个变压器电压比才能归算到基本级的情况，近似归算法的优越性更为显著。

二、以标幺制表示的等效电路

采用标幺制进行电力系统计算时，系统中所有元件参数和运行参数都是没有量纲的相对值，即标幺值。标幺值的定义为

$$\text{标幺值} = \frac{\text{有名值}}{\text{基准值}} \tag{2-47}$$

1. 基准值的选取

在进行标幺值计算时，首先要选定基准值。在电力系统计算中，各元件参数及变量之间的基准值之间存在以下关系

$$
\left.\begin{array}{l}
S_{\mathrm{B}} = \sqrt{3}\, U_{\mathrm{B}} I_{\mathrm{B}} \\[4pt]
U_{\mathrm{B}} = \sqrt{3}\, Z_{\mathrm{B}} I_{\mathrm{B}} \\[4pt]
Y_{\mathrm{B}} = 1/Z_{\mathrm{B}}
\end{array}\right\} \tag{2-48}
$$

式中，S_{B} 为三相功率的基准值；U_{B}、I_{B} 为线电压、线电流的基准值；Z_{B}、Y_{B} 为每相阻抗、导纳的基准值。

式(2-48) 中的五个基准值，其中两个可以任意选定，其余三个必须由式(2-48) 确定。在电力系统计算中，通常先选定 S_{B} 和 U_{B}，则由式(2-48) 可得到其他三个量的基准值分别为

$$
\left.\begin{array}{l}
I_{\mathrm{B}} = \dfrac{S_{\mathrm{B}}}{\sqrt{3}\, U_{\mathrm{B}}} \\[10pt]
Z_{\mathrm{B}} = \dfrac{U_{\mathrm{B}}}{\sqrt{3}\, I_{\mathrm{B}}} = \dfrac{U_{\mathrm{B}}^{2}}{S_{\mathrm{B}}} \\[10pt]
Y_{\mathrm{B}} = \dfrac{1}{Z_{\mathrm{B}}} = \dfrac{S_{\mathrm{B}}}{U_{\mathrm{B}}^{2}}
\end{array}\right\} \tag{2-49}
$$

基准值 S_{B} 和 U_{B} 原则上是可以任意选取的。功率的基准值一般可选定电力系统中某一发电厂的总容量或系统总容量，也可以取某发电机或变压器的额定容量，而较多的是选定为 100MV·A 或 1000MV·A 等。而电压的基准值一般选基本级的额定电压或该电压级的平均额定电压。

2. 不同基准值标幺值之间的换算

在电力系统计算中，制定标幺值的等效电路时，各元件的参数必须按统一的基准值进行归算。然而，从手册或产品样本中查得的发电机、变压器、电抗器等电气设备的阻抗值，都是以其本身的额定容量和额定电压为基准的标幺值或百分值，即额定标幺值。由于各电气设备的额定值往往不尽相同，因此，必须把不同基准值的标幺值换算成统一基准值的标幺值，才能在同一个等效电路中进行分析和计算。

换算的方法是：先将以额定值为基准的标幺值还原为有名值，例如对于电抗，若已知其额定标幺值为 X_{N}^{*}，则其有名值 X 为

$$
X = X_{\mathrm{N}}^{*} X_{\mathrm{N}} = X_{\mathrm{N}}^{*}\, \frac{U_{\mathrm{N}}^{2}}{S_{\mathrm{N}}} \tag{2-50}
$$

在选定了基准功率 S_{B} 和基准电压 U_{B} 后，则以此为基准的电抗标幺值为

$$
X_{\mathrm{B}}^{*} = X\, \frac{S_{\mathrm{B}}}{U_{\mathrm{B}}^{2}} = X_{\mathrm{N}}^{*}\, \frac{U_{\mathrm{N}}^{2} S_{\mathrm{B}}}{S_{\mathrm{N}} U_{\mathrm{B}}^{2}} \tag{2-51}
$$

下面结合电力系统实际，把发电机、变压器、电抗器等主要元件电抗标幺值的转换再做一些具体说明。

(1) 发电机　通常给出 S_{N}、U_{N} 和额定电抗标幺值 X_{GN}^{*}，则可按式(2-51) 将其转换成

以 S_B 和 U_B 为基准的标幺值，即

$$X_G^* = X_{GN}^* \frac{U_N^2}{S_N} \frac{S_B}{U_B^2} \tag{2-52}$$

（2）变压器　通常给出 S_N、U_N 和短路电压百分数 $U_k\%$，由于

$$U_k\% = \frac{U_k}{U_N} \times 100 \approx \frac{\sqrt{3} I_N X_T}{U_N} \times 100 = \frac{X_T}{X_N} \times 100 = X_{TN}^* \times 100$$

所以

$$X_T^* = X_{TN}^* \frac{U_N^2}{S_N} \frac{S_B}{U_B^2} = \frac{U_k\%}{100} \frac{U_N^2}{S_N} \frac{S_B}{U_B^2} \tag{2-53}$$

（3）电抗器　通常给出额定电压 U_{NL}、额定电流 I_{NL} 和电抗百分数 $X_L\%$，其中

$$X_L\% = \frac{\sqrt{3} I_{NL} X_L}{U_{NL}} \times 100 = \frac{X_L}{X_N} \times 100 = X_{LN}^* \times 100$$

所以

$$X_L^* = X_{LN}^* \frac{U_{NL}}{\sqrt{3} I_{NL}} \frac{S_B}{U_B^2} = \frac{X_L\%}{100} \frac{U_{NL}}{I_{NL}} \frac{I_B}{U_B} = \frac{X_L\%}{100} \frac{S_B}{S_{NL}} \left(\frac{U_{NL}}{U_B} \right)^2 \tag{2-54}$$

式中，S_{NL} 为电抗器的额定容量，$S_{NL} = \sqrt{3} U_{NL} I_{NL}$。

（4）输电线路　通常给出线路长度和每千米的电抗值，可按下式求出其电抗标幺值

$$X_l^* = \frac{X_l}{X_B} = x_1 l \frac{S_B}{U_B^2} \tag{2-55}$$

3. 多级电压网络标幺值的计算

实际电力系统一般是由许多不同电压等级的线路通过变压器连接组成的。多级电压网络标幺值的计算方法通常有两种：精确计算法和近似计算法。

（1）精确计算法（按变压器实际电压比计算）

1）方法一：将各电压级参数的有名值归算到基本级，在基本级选取统一的基准功率 S_B 和基准电压 U_B，然后除以与基本级相对应的基准值，即可得到各元件参数的标幺值。

如图 2-18 中，选 220kV 为基本级，取 $S_B = 100\text{MV} \cdot \text{A}$，$U_B = 220\text{kV}$，负荷阻抗 Z_L' 归算到 220kV 侧的阻抗为 $Z_L = Z' K_3^2 K_2^2 = Z_L' \left(\frac{110}{11} \right)^2 \times \left(\frac{220}{121} \right)^2$，则其标幺值为

$$Z_L^* = Z_L \frac{S_B}{U_B^2} = Z_L' \left(\frac{110}{11} \right)^2 \times \left(\frac{220}{121} \right)^2 \times \frac{100}{220^2}$$

2）方法二：在基本级选定基准功率 S_B 和基准电压 U_B，将基准电压归算到各电压级，然后用每电压级未归算的各元件有名值除以和本级对应的基准值，即可得到各元件参数的标幺值。

如图 2-18 中，选 220kV 为基本级，取 $S_B = 100\text{MV} \cdot \text{A}$，$U_{B2} = 220\text{kV}$，将基准电压归算到各电压级，则 $U_{B1} = \frac{U_{B2}}{K_1}$，$U_{B3} = \frac{U_{B2}}{K_2}$，$U_{B4} = \frac{U_{B2}}{K_2 K_3}$，负荷阻抗 Z_L' 的标幺值为

$$Z_L^* = Z_L' \frac{S_B}{U_{B4}^2} = Z_L' \frac{100}{\left(\frac{U_{B2}}{K_2 K_3} \right)^2} = Z_L' K_2^2 K_3^2 \frac{S_B}{U_{B2}^2} = Z_L' \left(\frac{220}{121} \right)^2 \times \left(\frac{110}{11} \right)^2 \times \frac{100}{220^2}$$

可见，以上两种方法都是按变压器实际电压比进行计算的，最后得到的各元件标幺值及等效电路是完全一样的。其中第二种方法比较常用。

（2）近似计算法（按平均额定电压之比计算）

在工程计算中常采用此方法，即用平均额定电压之比代替变压器的实际电压比，将各个电压级都以其平均额定电压作为基准电压，然后在各个电压级将有名值换算成标幺值。此时，各元件电抗标幺值计算公式可简化为

$$
\left.
\begin{aligned}
X_G^* &= X_{GN}^* \frac{S_B}{S_N} \\
X_T^* &= \frac{U_k\%}{100} \frac{S_B}{S_N} \\
X_l^* &= x_1 l \frac{S_B}{U_{av}^2} \\
X_L^* &= \frac{X_L\%}{100} \frac{U_{NL}}{\sqrt{3} I_{NL}} \frac{S_B}{U_{av}^2}
\end{aligned}
\right\}
\tag{2-56}
$$

式中，U_{av} 为元件所在电压级下的平均额定电压。

但需注意，电抗器的额定电压不等于所在电压级的平均额定电压，这样只是为了减少电抗器电抗的计算误差。

【例2-3】　某电力系统如图2-19所示，试用精确计算和近似计算法求各元件的电抗标幺值，并标示于等效电路中。

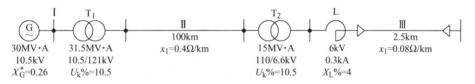

图2-19　例2-3 系统接线图

解：（1）精确计算法

方法一：选110kV为基本侧，各元件参数归算到110kV侧的有名值为

发电机 G：　　$X_1 = X_G^* \dfrac{U_N^2}{S_N} K_{T1}^2 = 0.26 \times \dfrac{10.5^2}{30} \times \left(\dfrac{121}{10.5}\right)^2 \Omega = 126.89\Omega$

变压器 T_1：　　　　$X_2 = \dfrac{U_k\% U_N^2}{100 S_N} = \dfrac{10.5 \times 121^2}{100 \times 31.5}\Omega = 48.8\Omega$

输电线路：　　　　　$X_3 = x_1 l = 0.4 \times 100\Omega = 40\Omega$

变压器 T_2：　　　　$X_4 = \dfrac{U_k\% U_N^2}{100 S_N} = = \dfrac{10.5 \times 110^2}{100 \times 15}\Omega = 84.7\Omega$

电抗器 L：　　$X_5 = \dfrac{X_L\%}{100} \dfrac{U_{NL}}{\sqrt{3} I_{NL}} K_{T2}^2 = \dfrac{4}{100} \times \dfrac{6}{\sqrt{3} \times 0.3} \times \left(\dfrac{110}{6.6}\right)^2 \Omega = 128.3\Omega$

电缆线路：　　$X_6 = x_1 l K_{T2}^2 = 0.08 \times 2.5 \times \left(\dfrac{110}{6.6}\right)^2 \Omega = 55.56\Omega$

选 $S_B = 100\text{MV·A}$，$U_B = 110\text{kV}$，则各元件电抗标幺值为

发电机 G：　　　　$X_1^* = X_1 \dfrac{S_B}{U_B^2} = 126.89 \times \dfrac{100}{110^2} = 1.05$

变压器 T_1: $\qquad X_2^* = X_2 \dfrac{S_B}{U_B^2} = 48.8 \times \dfrac{100}{110^2} = 0.4$

输电线路: $\qquad X_3^* = X_3 \dfrac{S_B}{U_B^2} = 40 \times \dfrac{100}{110^2} = 0.33$

变压器 T_2: $\qquad X_4^* = X_4 \dfrac{S_B}{U_{B2}^2} = 84.7 \times \dfrac{100}{110^2} = 0.7$

电抗器 L: $\qquad X_5^* = X_5 \dfrac{S_B}{U_{B3}^2} = 128.3 \times \dfrac{100}{110^2} = 1.06$

电缆线路: $\qquad X_6^* = X_6 \dfrac{S_B}{U_B^2} = 55.56 \times \dfrac{100}{110^2} = 0.46$

方法二：选 110kV 为基本级，取 $S_B = 100\mathrm{MV \cdot A}$，$U_{B2} = 110\mathrm{kV}$，将基准电压归算到各电压级，则 $U_{B1} = \dfrac{U_{B2}}{K_{T1}} = \dfrac{110}{121/10.5}\mathrm{kV} = 9.55\mathrm{kV}$，$U_{B3} = \dfrac{U_{B2}}{K_{T2}} = \dfrac{110}{110/6.6}\mathrm{kV} = 6.6\mathrm{kV}$。

各元件的电抗标幺值为

发电机 G: $\qquad X_1^* = X_{GN}^* \dfrac{U_N^2}{S_N} \dfrac{S_B}{U_{B1}^2} = 0.26 \times \dfrac{10.5^2}{30} \times \dfrac{100}{9.55^2} = 1.05$

变压器 T_1: $\qquad X_2^* = \dfrac{U_k\%}{100 S_N} \dfrac{U_N^2}{U_{B2}^2} S_B = \dfrac{10.5 \times 121^2}{100 \times 31.5} \times \dfrac{100}{110^2} = 0.4$

输电线路: $\qquad X_3^* = x_1 l \dfrac{S_B}{U_{B2}^2} = 0.4 \times 100 \times \dfrac{100}{110^2} = 0.33$

变压器 T_2: $\qquad X_4^* = \dfrac{U_k\%}{100 S_N} \dfrac{U_N^2}{U_{B2}^2} S_B = \dfrac{10.5 \times 110^2}{100 \times 15} \times \dfrac{100}{110^2} = 0.7$

电抗器 L: $\qquad X_5^* = \dfrac{X_L\%}{100} \dfrac{U_{NL}}{\sqrt{3} I_{NL}} \dfrac{S_B}{U_{B3}^2} = \dfrac{4}{100} \times \dfrac{6}{\sqrt{3} \times 0.3} \times \dfrac{100}{6.6^2} = 1.06$

电缆线路: $\qquad X_6^* = x_1 l \dfrac{S_B}{U_{B3}^2} = 0.08 \times 2.5 \times \dfrac{100}{6.6^2} = 0.46$

（2）近似计算法

取 $S_B = 100\mathrm{MV \cdot A}$，$U_{B1} = U_{av1} = 10.5\mathrm{kV}$，$U_{B2} = U_{av2} = 115\mathrm{kV}$，$U_{B3} = U_{av3} = 6.3\mathrm{kV}$。则各元件的电抗标幺值为

发电机 G: $\qquad X_1^* = X_{GN}^* \dfrac{S_B}{S_N} = 0.26 \times \dfrac{100}{30} = 0.87$

变压器 T_1: $\qquad X_2^* = \dfrac{U_k\%}{100} \dfrac{S_B}{S_N} = \dfrac{10.5}{100} \times \dfrac{100}{31.5} = 0.333$

输电线路: $\qquad X_3^* = x_1 l \dfrac{S_B}{U_{av2}^2} = 0.4 \times 100 \times \dfrac{100}{115^2} = 0.3$

变压器 T_2: $\qquad X_4^* = \dfrac{U_k\%}{100} \dfrac{S_B}{S_N} = \dfrac{10.5}{100} \times \dfrac{100}{15} = 0.7$

电抗器 L: $\qquad X_5^* = \dfrac{X_L\%}{100} \dfrac{U_{NL}}{\sqrt{3} I_{NL}} \dfrac{S_B}{U_{av3}^2} = \dfrac{4}{100} \times \dfrac{6}{\sqrt{3} \times 0.3} \times \dfrac{100}{6.3^2} = 1.164$

电缆线路：
$$X_6^* = x_1 l \frac{S_B}{U_{av3}^2} = 0.08 \times 2.5 \times \frac{100}{6.3^2} = 0.504$$

两种方法计算的用标幺值表示的等效电路如图2-20所示。

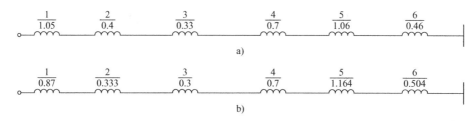

图 2-20　例 2-3 等效电路

a) 精确计算等效电路　b) 近似计算等效电路

三、应用等效变压器模型的电力系统等效电路

在上述有名制和标幺制的等效电路中，因变压器采用 Γ 形等效电路，非基本侧的所有参数都要按变压器的电压比进行归算。在实际电力系统中，往往需要改变某些变压器的分接头以达到调压的目的。当变压器电压比发生变化时，这些折算好的有名值或标幺值参数都需要重新计算，计算工作量很大，且很不方便。对于多级电力网，如果变压器电压比变化时，只需改动变压器等效电路中的参数，而不必计算其他参数，将使计算大为简化。为此，可在变压器等效电路中增添只反映变压器电压比的理想变压器。所谓理想变压器就是无损耗、无漏磁、无需励磁电流的变压器，它仅对电压、电流起变换作用，因此只有一个参数，那就是电压比 K。

图 2-21a 为电压比为 K 的双绕组变压器，在忽略变压器的励磁支路的前提下，其等效电路可以用其阻抗 Z_T 与一个理想变压器串联表示，如图 2-21b 所示。图中变压器的阻抗 Z_T 是归算到低压侧的值，$K = U_1/U_2$ 是变压器的实际电压比。

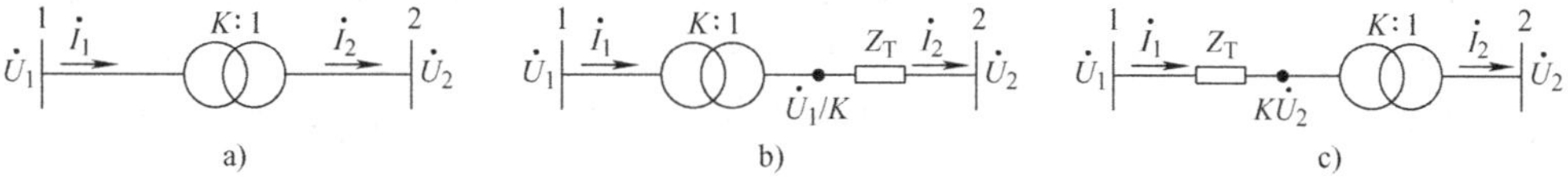

图 2-21　带理想变压器的等效电路

a) 原理接线图　b) Z_T 归算到低压侧　c) Z_T 归算到高压侧

由图 2-21b 可得

$$\left. \begin{aligned} \dot{I}_1 &= \frac{\dot{I}_2}{K} \\[2mm] \frac{\dot{U}_1}{K} &= \dot{U}_2 + \dot{I}_2 Z_T \end{aligned} \right\} \tag{2-57}$$

由式（2-57）可以解出

$$
\left.\begin{array}{l}
\dot{I}_1 = \dfrac{1-K}{K^2 Z_T}\dot{U}_1 + \dfrac{1}{KZ_T}(\dot{U}_1 - \dot{U}_2) \\[4mm]
\dot{I}_2 = -\dfrac{K-1}{KZ_T}\dot{U}_2 + \dfrac{1}{KZ_T}(\dot{U}_1 - \dot{U}_2)
\end{array}\right\} \tag{2-58}
$$

根据式(2-58)，可作出用阻抗表示的 π 形等效电路如图 2-22a 所示。

若将 $Y_T = \dfrac{1}{Z_T}$ 代入式(2-58)，则有

$$
\left.\begin{array}{l}
\dot{I}_1 = \dfrac{(1-K)Y_T}{K^2}\dot{U}_1 + \dfrac{Y_T}{K}(\dot{U}_1 - \dot{U}_2) \\[4mm]
\dot{I}_2 = -\dfrac{(K-1)Y_T}{K}\dot{U}_2 + \dfrac{Y_T}{K}(\dot{U}_1 - \dot{U}_2)
\end{array}\right\} \tag{2-59}
$$

根据式(2-59)，可作出用导纳表示的 π 形等效电路如图 2-22b 所示。

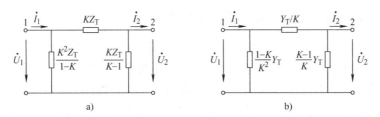

图 2-22 双绕组变压器的 π 形等效电路 (Z_T 归算到低压侧)

a) 用阻抗表示的等效电路　b) 用导纳表示的等效电路

变压器的这种 π 形等效电路中，三个支路中的阻抗（导纳）仅是数学上的等值，没有任何物理意义。各个支路的阻抗（导纳）均与变压器的电压比有关，两条并联支路的阻抗（导纳）的符号总是相反的（负号总是出现在电压等级较高一侧的支路中），且三个支路的阻抗（导纳）之和恒等于零，即它们构成了谐振三角形。三角形内产生的谐振环流在一、二次绕组间的阻抗上（π 形电路的串联支路）产生的电压降，实现了一、二次侧的变压，而谐振电流本身又完成了一、二次电流的变换，从而使等效电路起到了变压器的作用。

变压器的 π 形等效电路也称等效变压器模型。由上面的推导过程可知，变压器用其 π 形等效电路表示时，两侧的电压、电流都是实际电压等级下的值，不存在归算问题。这一特点使其在电力系统计算中处理变压器电压比变化和多电压环网问题非常有效。

如果双绕组变压器的阻抗归算到高压侧，如图 2-21c 所示，也可按上述类似的方法推导，得到图 2-23 所示的 π 形等效电路。

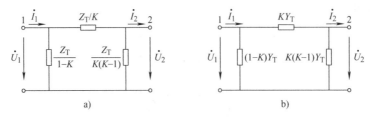

图 2-23 双绕组变压器的 π 形等效电路 (Z_T 归算到高压侧)

a) 用阻抗表示的等效电路　b) 用导纳表示的等效电路

对于三绕组变压器，高、中压侧都有分接头，其接入理想变压器的电路如图2-24a 所示。图中变压器的阻抗参数均为归算到低压侧的值。略去三绕组变压器的励磁支路后，可得三绕组变压器用阻抗表示的 π 形等效电路如图2-24b 所示。

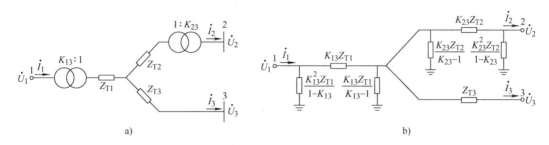

图2-24　三绕组变压器的 π 形等效电路

a）原理接线图　b）用阻抗表示的等效电路

图2-25a 所示为由两条不同电压等级的输电线路和一个电压比为 K 的双绕组变压器构成的网络，若忽略变压器的励磁支路和输电线路的对地导纳，且变压器的阻抗归算到低压侧（Ⅱ侧），便可得到图2-25b 所示的等效电路，图2-25c 为该网络用阻抗表示的 π 形等效电路。

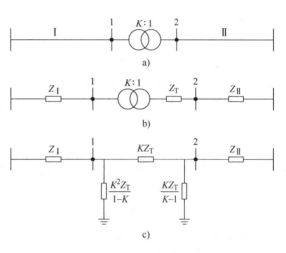

图2-25　多级电压电力网的等效电路

a）原始多级电力网　b）接入理想变压器的等效电路

c）用阻抗表示的 π 形等效电路

下面结合电力系统不同的计算情况，讨论理想变压器电压比的确定问题。

1）采用有名制，线路参数都未经归算，变压器参数归算到低压侧：这种情况如图2-25 所示，理想变压器的电压比就是变压器的实际电压比，即

$$K = \frac{U_{\text{I}}}{U_{\text{II}}}$$

式中，U_{I}、U_{II} 为变压器高、低压绕组的实际电压。

2）采用有名制，线路参数已按变压器的额定电压比 $K_{\text{N}} = U_{\text{I N}}/U_{\text{II N}}$ 归算到了基本级（Ⅰ侧）：这种情况下理想变压器的电压比应取

$$K_* = \frac{K}{K_{\text{N}}} = \frac{U_{\text{I}}/U_{\text{II}}}{U_{\text{I N}}/U_{\text{II N}}}$$

式中，K 为实际电压比；K_{N} 为额定电压比（标准电压比）；K_* 为非标准电压比（标幺值电压比）。

理想变压器的电压比这样取值，其效果就如同将已经归算到Ⅰ侧的线路Ⅱ和变压器阻抗按额定电压比 $K_{\text{N}} = U_{\text{I N}}/U_{\text{II N}}$ 归算回Ⅱ侧，然后再按实际电压比归算至Ⅰ侧。

3）采用标幺制，线路参数已折算到以 S_{B}、U_{B} 为基准下的标幺值，参数计算中取变压器电压比 $K_{\text{B}} = U_{\text{I B}}/U_{\text{II B}}$（近似算法）：这种情况下理想变压器的电压比应取

$$K_* = \frac{K}{K_B} = \frac{U_{\mathrm{I}}/U_{\mathrm{II}}}{U_{\mathrm{IB}}/U_{\mathrm{IIB}}}$$

式中，K 为实际电压比；K_B 为标准电压比；K_* 为非标准电压比。

理想变压器的电压比这样取值，其效果就如同将已经折算为标幺值的线路 II 和变压器阻抗折回有名值，然后再按实际电压比归算至 I 侧，并在 I 侧折算为标幺值。

综上所述，变压器的 π 形等效电路是一个便于修改的模型，当变压器电压比发生变化时，只需用一个 K 或 K_* 值修正变压器自身的参数就行了，其他元件的参数保持不变，且计算所得的电压、电流均为实际电压等级下的值。在用计算机进行电力系统计算时，常采用这种处理方法。

本 章 小 结

本章阐述了电力系统各主要元件（电力线路、变压器、发电机和负荷）的参数计算和等效电路，并介绍了多级电压网络电力系统等值网络的绘制方法。

电力线路的参数主要有电阻、电抗、电导和电纳。电力线路的等效电路严格说应采用均匀分布参数表示。但工程上为便于计算，短线路一般采用一字形等效电路；中等长度线路采用 π 形等效电路；长线路则采用修正值表示的简化 π 形等效电路。采用分裂导线相当于扩大了导线的等值半径，因而能减小电感，增大电容。

双绕组变压器的参数也包括电阻、电抗、电导和电纳，可由变压器铭牌上给出的短路损耗、短路电压百分数、空载损耗和空载电流百分数这四个数据分别算出。变压器通常采用 Γ 形等效电路，即将励磁支路前移到电源侧。对容量比不同的三绕组变压器和自耦变压器，要根据情况对给出的短路损耗和短路电压百分数先进行折算，并将折算值分配给各绕组，然后才能按有关公式计算电阻和电抗。

发电机的参数主要是额定电抗百分数，其等效电路有电压源和电流源两种表示形式。负荷一般用恒定的复功率表示，有时也可用恒定阻抗或导纳表示。要注意区别感性和容性负荷的功率表示方法及阻抗或导纳的表示方法。

在制定多电压等级电力网的等效电路时，必须将不同电压级的元件参数归算到同一电压级。采用有名制时，先确定基本级，再将不同电压级的元件参数的有名值归算到基本级。采用标幺制时，元件标幺值的计算有精确计算和近似计算两种方法。精确计算时，归算中各变压器的电压比取变压器的实际额定电压比；近似计算时，取变压器两侧平均额定电压之比。工程上多采用近似算法以标幺制表示的等效电路。

思考题与习题

2-1 架空线路的参数有哪些？这几个参数分别由什么物理原因而产生？

2-2 分裂导线的作用是什么？如何计算分裂导线的等值半径？

2-3 电力线路一般以什么样的等效电路来表示？

2-4 双绕组和三绕组变压器一般以什么样的等效电路表示？变压器的导纳支路与电力线路的导纳支路有何不同？

2-5　发电机的等效电路有几种形式？它们等效吗？

2-6　电力系统负荷有几种表示方式？

2-7　多级电压电网的等值网络是如何建立的？参数折算时变压器的电压比如何确定？

2-8　有一条110kV的双回架空线路，长度为100km，导线型号为LGJ—150，计算外径为16.72mm，水平等距离排列，线间距离为4m，试计算线路参数并作出其π形等效电路。

2-9　有一条220kV的架空线路，采用LGJ—2×185的双分裂导线，每一根导线的计算外径为19mm，分裂间距为400mm，三相导线以不等边三角形排列，线间距离 $D_{12} = 9m$，$D_{23} = 8.5m$，$D_{31} = 6.1m$，试计算该线路每千米的参数。

2-10　某变电所装有一台SFL1—20000/110型的三相双绕组变压器，其铭牌数据为：额定容量为20MV·A，额定电压为110/11kV，$\Delta P_k = 135kW$，$U_k\% = 10.5$，$\Delta P_0 = 22kW$；$I_0\% = 0.8$。求该变压器归算到高压侧的参数，并作出其等效电路。

2-11　一台SFSL1—31500/110型三绕组变压器，容量比为100/100/100，其铭牌数据如下：额定容量为31.5MV·A，额定电压为110/38.5/10.5kV，$\Delta P_{k12} = 212kW$，$\Delta P_{k23} = 181.6kW$，$\Delta P_{k31} = 220kW$；$U_{k12}\% = 10.5$，$U_{k23}\% = 6.5$，$U_{k31}\% = 18$；$\Delta P_0 = 38.4kW$；$I_0\% = 0.8$。求该变压器归算到高压侧的参数，并作出其等效电路。

2-12　三相自耦变压器的型号为OSSPSL—120000/220，容量比为100/100/50，额定电压为220/121/38.5kV。实测的空载和短路试验数据为 $\Delta P_{k12} = 417kW$，$\Delta P'_{k23} = 314kW$，$\Delta P'_{k31} = 318.5kW$；$U_{k12}\% = 8.98$，$U'_{k23}\% = 10.85$，$U'_{k31}\% = 16.65$；$\Delta P_0 = 57.7kW$；$I_0\% = 0.712$。求该自耦变压器的参数。

2-13　如图2-26所示的电力系统，各元件参数标于图中，试求以下三种情况下的各元件电抗标幺值：（1）精确计算：将各电压级参数归算到基本级；（2）精确计算：将基本级电压归算到各电压级；（3）近似计算。

2-14　将图2-27所示的变压器支路，作出以导纳和阻抗表示的π形等效电路。

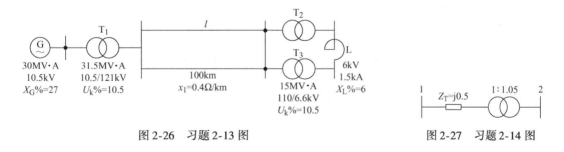

图2-26　习题2-13图　　　　　　　　　　　图2-27　习题2-14图

2-15　如图2-28所示的电力系统，元件参数标于图中，用近似法计算各元件的电抗标幺值。（$S_B = 100MV·A$，$U_B = U_{av}$）

图2-28　习题2-15图

第三章

简单电力系统的潮流计算

潮流计算是电力系统分析中最基本的计算，其任务是根据给定的运行条件确定网络中的功率分布、功率损耗及各母线的电压。本章主要介绍电力网的功率损耗、电压降落和简单电力系统潮流分布的计算方法，并结合实例分析，加深对潮流计算物理概念的理解。

第一节　电力网的功率损耗和电压降落

一、电力线路的功率损耗和电压降落

（一）电力线路的功率损耗

图 3-1 所示为电力线路的 π 形等效电路，其中 $Z = R + jX$、$Y = G + jB$ 分别为线路的每相阻抗和导纳；$\dot{U}_1$、$\dot{U}_2$ 分别为线路始、末端相电压；$\tilde{S}_1$、$\tilde{S}_2$ 分别为线路始、末端的单相复功率。

电力线路的功率损耗包括串联阻抗中的功率损耗和始、末端并联导纳中的功率损耗。

1. 阻抗中的功率损耗

当阻抗支路末端输出功率 $\tilde{S}'_2$ 和末端电压 $\dot{U}_2$ 已知时，电流在线路阻抗上的功率损耗为

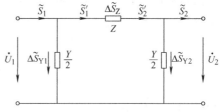

图 3-1　电力线路的 π 形等效电路

$$\Delta \tilde{S}_Z = I^2 Z = \left(\frac{\tilde{S}'_2}{U_2}\right)^2 (R + jX) = \frac{P_2'^2 + Q_2'^2}{U_2^2}(R + jX) = \Delta P_Z + j\Delta Q_Z \tag{3-1}$$

则有

$$\left.\begin{array}{l} \Delta P_Z = \dfrac{P_2'^2 + Q_2'^2}{U_2^2}R \\[3mm] \Delta Q_Z = \dfrac{P_2'^2 + Q_2'^2}{U_2^2}X \end{array}\right\} \tag{3-2}$$

同理，当阻抗支路始端输入功率 $\tilde{S}'_1$ 和始端电压 $\dot{U}_1$ 已知时，线路阻抗上的功率损耗为

$$\Delta \tilde{S}_Z = \frac{P_1'^2 + Q_1'^2}{U_1^2}(R + jX) \tag{3-3}$$

$$\left.\begin{array}{l} \Delta P_{Z} = \dfrac{P_1'^2 + Q_1'^2}{U_1^2} R \\[4mm] \Delta Q_{Z} = \dfrac{P_1'^2 + Q_1'^2}{U_1^2} X \end{array}\right\} \tag{3-4}$$

则有

由式(3-1)~式(3-4)可知，电力线路阻抗支路中的功率损耗与传输功率的大小有关，传输的功率越大，功率损耗越大。该无功功率为感性无功功率。

2. 导纳中的功率损耗

线路末端导纳支路中的功率损耗为

$$\Delta \tilde{S}_{Y2} = \dot{U}_2 \left(\frac{Y}{2} \dot{U}_2 \right)^* = \frac{1}{2} \overset{*}{Y} U_2^2 = \frac{1}{2}(G - jB)U_2^2 = \Delta P_{Y2} - j\Delta Q_{Y2} \tag{3-5}$$

$$\left.\begin{array}{l} \Delta P_{Y2} = \dfrac{1}{2} G U_2^2 \\[4mm] \Delta Q_{Y2} = \dfrac{1}{2} B U_2^2 \end{array}\right\} \tag{3-6}$$

则有

而线路始端导纳支路中的功率损耗为

$$\Delta \tilde{S}_{Y1} = \dot{U}_1 \left(\frac{Y}{2} \dot{U}_1 \right)^* = \frac{1}{2} \overset{*}{Y} U_1^2 = \frac{1}{2}(G - jB)U_1^2 = \Delta P_{Y1} - j\Delta Q_{Y1} \tag{3-7}$$

$$\left.\begin{array}{l} \Delta P_{Y1} = \dfrac{1}{2} G U_1^2 \\[4mm] \Delta Q_{Y1} = \dfrac{1}{2} B U_1^2 \end{array}\right\} \tag{3-8}$$

则有

一般电力线路的 $G = 0$，故 $\Delta P_{Y1} = \Delta P_{Y2} = 0$，那么式(3-5)~式(3-8)变为

$$\left.\begin{array}{l} \Delta \tilde{S}_{Y2} = -j\Delta Q_{Y2} = -j\dfrac{1}{2} B U_2^2 \\[4mm] \Delta \tilde{S}_{Y1} = -j\Delta Q_{Y1} = -j\dfrac{1}{2} B U_1^2 \end{array}\right\} \tag{3-9}$$

式(3-9)中的负号表明电力线路导纳支路中的功率损耗为容性无功功率，即供给感性功率。该无功功率也称为电力线路的充电功率，它与线路电压的二次方成正比，而与传输的功率基本无关。

（二）电力线路的电压降落

电力线路的电压降落是指线路始、末端电压的相量差，即 $d\dot{U} = \dot{U}_1 - \dot{U}_2$。设以末端电压 $\dot{U}_2$ 为参考电压，即 $\dot{U}_2 = U_2$，由图3-1可知，电压降落可表示为

$$d\dot{U} = \dot{I}Z = \left(\frac{\tilde{S}_2'}{\dot{U}_2} \right)^* (R + jX) = \frac{P_2' - jQ_2'}{U_2}(R + jX) = \frac{P_2'R + Q_2'X}{U_2} + j\frac{P_2'X - Q_2'R}{U_2} = \Delta U + j\delta U$$

$$\left.\begin{array}{l} \Delta U = \dfrac{P_2'R + Q_2'X}{U_2} \\[4mm] \delta U = \dfrac{P_2'X - Q_2'R}{U_2} \end{array}\right\} \tag{3-10}$$

其中

式中，ΔU 称为电压降落的纵分量；δU 称为电压降落的横分量。

则线路始端电压为

$$\dot{U}_1 = \dot{U}_2 + d\dot{U} = (U_2 + \Delta U) + \mathrm{j}\delta U$$

从而得出

$$U_1 = \sqrt{(U_2 + \Delta U)^2 + (\delta U)^2} \qquad (3\text{-}11)$$

取 $\dot{U}_2$ 与实轴重合，可作出电力线路的电压相量图，如图 3-2 所示。图中的相位角（或称功率角）δ 为

$$\delta = \arctan \frac{\delta U}{U_2 + \Delta U} \qquad (3\text{-}12)$$

类似地，也可以推导出由始端电压 $\dot{U}_1$、始端功率 $\tilde{S}_1'$ 求取电压降落 $d\dot{U}'$ 和末端电压 $\dot{U}_2$ 的计算公式。此时，令 $\dot{U}_1 = U_1$，相应的计算公式为

$$d\dot{U}' = \Delta U' + \mathrm{j}\delta U'$$

$$\left. \begin{aligned} \Delta U' &= \frac{P_1'R + Q_1'X}{U_1} \\ \delta U' &= \frac{P_1'X - Q_1'R}{U_1} \end{aligned} \right\} \qquad (3\text{-}13)$$

其中

$$\dot{U}_2 = \dot{U}_1 - d\dot{U}' = (U_1 - \Delta U') - \mathrm{j}\delta U'$$

$$U_2 = \sqrt{(U_1 - \Delta U')^2 + (\delta U')^2} \qquad (3\text{-}14)$$

$$\delta = \arctan \frac{-\delta U'}{U_1 - \Delta U'} \qquad (3\text{-}15)$$

取 $\dot{U}_1$ 与实轴重合，对应的电压相量图如图 3-3 所示。

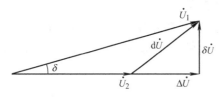

图 3-2　电力线路的电压相量图（$\dot{U}_2 = U_2$）

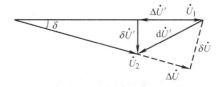

图 3-3　电力线路的电压相量图（$\dot{U}_1 = U_1$）

应用上述公式时应注意以下问题：

1）上述公式均为单相形式，但也完全适合于三相形式。此时公式中的电压为线电压，功率为三相功率，Z、Y 仍为每相阻抗和导纳。

2）上述公式既可用于标幺制，也可用于有名制。用有名制计算时，Z、Y 的单位为 Ω、S；功率的单位为 MV·A、MW、Mvar；电压的单位为 kV。

3）使用上述公式计算线路阻抗中的功率损耗和电压降落的纵、横分量时，应采用同一点的功率和电压值。

4）上述公式均是在负荷为感性的假设下推导的，若负荷为容性，上述各公式中无功功

率前面的符号应变号。

5）近似计算时，可忽略电压降落的横分量，此时，式(3-11) 和式(3-14) 可简化为

$$\left.\begin{array}{l} U_1 \approx U_2 + \Delta U \\ U_2 \approx U_1 - \Delta U' \end{array}\right\} \tag{3-16}$$

在讨论电力网的电压水平和电能质量时，还常用到电压损耗和电压偏移两个概念，定义如下：

电压损耗是指线路始、末端电压的数值差（$U_1 - U_2$）。一般近似计算时可认为电压损耗等于电压降落的纵分量，即 $U_1 - U_2 \approx \Delta U$。电压损耗通常以线路额定电压的百分数表示，即

$$\Delta U\% = \frac{U_1 - U_2}{U_N} \times 100 \tag{3-17}$$

电压偏移是指网络中某节点的实际电压与线路额定电压的数值差（$U - U_N$）。电压偏移也常以百分数表示。始端电压偏移为

$$\Delta U_{1N}\% = \frac{U_1 - U_N}{U_N} \times 100 \tag{3-18}$$

末端电压偏移为

$$\Delta U_{2N}\% = \frac{U_2 - U_N}{U_N} \times 100 \tag{3-19}$$

电压偏移是电能质量的一个重要指标，国家标准规定了不同电压等级的允许电压偏移值。

二、变压器的功率损耗和电压降落

变压器的等效电路如图 3-4 所示。图中 $Z_T = R_T + jX_T$、$Y_T = G_T - jB_T$，Z_T 和 Y_T 分别为变压器的每相阻抗和导纳。

变压器的功率损耗和电压降落的计算与电力线路基本类似，不同之处在于：①计算中变压器是以 Γ 形等效电路表示，而电力线路常以 π 形等效电路表示；②变压器的导纳支路为感性，而电力线路的导纳支路为容性。

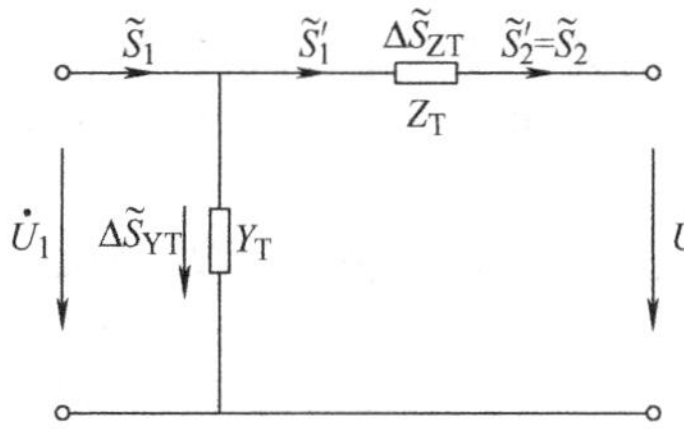

在图 3-4 中，变压器阻抗支路的功率损耗 $\Delta \tilde{S}_{ZT}$ 为

图 3-4　变压器的等效电路

$$\Delta \tilde{S}_{ZT} = \frac{P_2'^2 + Q_2'^2}{U_2^2}(R_T + jX_T) = \Delta P_{ZT} + j\Delta Q_{ZT} \tag{3-20}$$

变压器导纳支路（励磁支路）的功率损耗 $\Delta \tilde{S}_{YT}$ 为

$$\Delta \tilde{S}_{YT} = \dot{U}_1(Y_T \dot{U}_1)^* = \overset{*}{Y}_T U_1^2 = (G_T + jB_T)U_1^2 = \Delta P_{YT} + j\Delta Q_{YT} \tag{3-21}$$

其中

$$\left.\begin{array}{l} \Delta P_{YT} = G_T U_1^2 \\ \Delta Q_{YT} = B_T U_1^2 \end{array}\right\} \tag{3-22}$$

变压器阻抗支路中电压降落的纵分量和横分量分别为

$$\left. \begin{aligned} \Delta U &= \frac{P_2' R_T + Q_2' X_T}{U_2} \\ \delta U &= \frac{P_2' X_T - Q_2' R_T}{U_2} \end{aligned} \right\} \tag{3-23}$$

变压器电源端的电压 U_1 为

$$U_1 = \sqrt{(U_2 + \Delta U_T)^2 + (\delta U_T)^2} \tag{3-24}$$

变压器两端电压的夹角 δ_T 为

$$\delta_T = \arctan \frac{\delta U_T}{U_2 + \Delta U_T} \tag{3-25}$$

上述公式适用于变电所的变压器，而对于发电厂的变压器，因电源侧的功率为已知，所以应从电源侧算起。计算公式参见式(3-13)~式(3-15)。

变压器的功率损耗也可由变压器铭牌上的试验数据求得。近似计算中一般取 $U_1 \approx U_2 \approx U_N$，并计及 $S_2 \approx S_2'$，将变压器阻抗、导纳参数的计算公式代入式(3-20)、式(3-21)，经整理得

$$\Delta \tilde{S}_{ZT} = \frac{\Delta P_k}{1000} \left(\frac{S_2}{S_N} \right)^2 + j \frac{U_k \% S_N}{100} \left(\frac{S_2}{S_N} \right)^2 = \Delta P_{ZT} + j \Delta Q_{ZT} \tag{3-26}$$

$$\Delta \tilde{S}_{YT} = \frac{\Delta P_0}{1000} + j \frac{I_0 \% S_N}{100} = \Delta P_{YT} + j \Delta Q_{YT} \tag{3-27}$$

由式(3-26)~式(3-27)可见，变压器阻抗支路中的功率损耗与所带负荷功率或传输功率有关，它随着负荷功率的增大而增大，所以，该功率损耗也称为变压器的可变损耗。变压器励磁支路中的功率损耗取决于电压的大小，基本上与负荷功率无关。考虑到在稳态运行情况下，变压器电压接近额定电压，则励磁支路的功率损耗基本不变，近似等于空载损耗，所以，该功率损耗也称为变压器的不变损耗或固定损耗。

需要强调的是，式(3-26)~式(3-27)中变压器空载损耗 ΔP_0 和短路损耗 ΔP_k 的单位为 kW，而功率损耗的单位为 MW 和 Mvar。

三、运算负荷和运算功率

在电力网潮流计算中，通常先绘出电力网的等效电路，然后对发电厂和变电所进行简化处理，得到一个只有线路阻抗和集中负荷的简化等效电路，为此引入运算负荷和运算功率。

1. 变电所的运算负荷

所谓运算负荷，实际上是变电所高压母线从系统吸取的等值功率，它等于变电所二次侧的负荷功率加上变压器阻抗、导纳中的功率损耗，再减去变电所高压母线所连线路导纳无功功率的一半。如图 3-5 所示，设变压器二次侧的负荷功率为 $\tilde{S}_2$，变压器的功率损耗为 $\Delta \tilde{S}_T$，变电所高压母线所高压连线路末端导纳中的功率为 $\Delta \tilde{S}_{Y1}$，则变电所的运算负荷为

$$\tilde{S}_1' = \tilde{S}_1 + \Delta \tilde{S}_{Y1} = \tilde{S}_2 + \Delta \tilde{S}_T - j \Delta Q_{Y1}$$

其中，$\tilde{S}_1 = \tilde{S}_2 + \Delta \tilde{S}_T$ 称为变电所的等值负荷功率，它实际上是变电所从网络中吸取的功率。

2. 发电厂的运算功率

所谓运算功率，实际上是发电厂高压母线输入系统的等值功率，它等于发电机低压母线

送出的功率减去变压器阻抗、导纳中的功率损耗，再加上发电厂高压母线所连线路导纳无功功率的一半。如图 3-6 所示，设发电机送出的功率为 $\tilde{S}_1$，发电厂高压母线所连线路始端导纳中的功率为 $\Delta\tilde{S}_{Y2}$，则发电厂的运算功率为

$$\tilde{S}_2' = \tilde{S}_2 - \Delta\tilde{S}_{Y2} = \tilde{S}_1 - \Delta\tilde{S}_T + j\Delta Q_{Y2}$$

其中，$\tilde{S}_2 = \tilde{S}_1 - \Delta\tilde{S}_T$ 称为发电厂的等值电源功率，它实际上是电源向网络注入的功率。

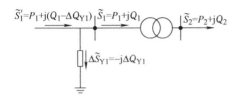 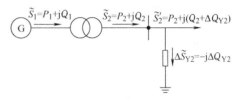

图 3-5　变电所的运算负荷　　　　　　图 3-6　发电厂的运算功率

在计算运算负荷功率或电源功率时，常采用工程近似方法，即变压器损耗和线路导纳功率都是按电网额定电压计算的。

第二节　开式网的潮流计算

开式网是一种结构最简单的电力网，网络中任何一个负荷点只能由一个方向获得电能，可分为无变压器的同一电压等级的开式网和有变压器的多级电压开式网。

一、简单开式网潮流计算的内容和步骤

简单开式网的潮流计算有两类基本过程：

（1）已知同一端的电压和功率：这种类型的计算比较简单，若已知末端电压和末端功率，可利用适当公式"齐头并进"由末端逐段向首端计算功率和电压，最终求出首端电压和首端功率，其潮流计算过程如图 3-7 所示。

（2）已知不同端的电压和功率（常见的是已知首端电压和末端负荷）：这种类型的计算比较复杂，常采用"一来、二去"分两步进行的逐步逼近法来求解网络的功率和电压分布。"一来"是指假设网络中所

图 3-7　已知末端电压和末端功率的潮流计算示意图

有节点的电压（首端节点除外）为线路额定电压，由末端向首端逐段进行功率计算，直到推出首端节点的功率；"二去"是指用已知的首端电压和推得的首端功率，从首端开始往回逐段计算电压降落，从而求出各节点的电压。上述潮流计算过程如图 3-8 所示。

在潮流计算中，上述计算过程一般只需做一次即可。但当一次"来、去"过程结束后求得的末端电压（图 3-8 中节点 d 的电压）与初始假设电压相差较大时，可再一次假设各节点电压（首端节点除外）为刚刚求得的节点 d 的电压值，继续进行"来、去"计算，直到前后两次同一点的电压值相差不大为止。

简单开式网的潮流计算步骤如下：

1）按精确计算法计算网络中各元件的参数；

2）由已知系统接线图作出系统的等值网络图，并进行简化；

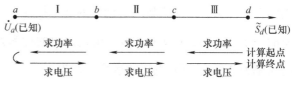

图 3-8　已知末端功率和首端电压的潮流计算示意图

3）求各节点的运算功率或运算负荷；

4）根据已知条件的具体情况，在简化的等效电路上，选用前述"两类过程"之一，计算网络的功率和电压分布。

二、同一电压等级开式网的潮流计算

图 3-9a 所示为一个由三段线路、三个集中负荷组成的开式网，各负荷点的功率和线路参数已知，每段线路均用一个π型等效电路表示，整个开式网可用图 3-9b 所示的串联等值网络表示。简化后的等效电路如图 3-9c 所示。

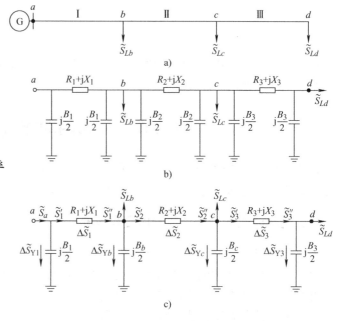

1. 已知末端电压和末端功率

其潮流计算过程如下（参见图 3-9c）：

第一步：设 $\dot{U}_d$ 为参考电压，即 $\dot{U}_d = U_d$，则

（1）第Ⅲ段线路末端电纳中的功率损耗为

图 3-9　同一电压等级开式网
a）系统图　b）等效电路　c）简化后的等效电路

$$\Delta \tilde{S}_{Y3} = -j\Delta Q_{Y3} = -j\frac{B_3}{2}U_d^2$$

（2）第Ⅲ段线路阻抗支路末端流出的功率为

$$\tilde{S}_3'' = \tilde{S}_{Ld} + \Delta \tilde{S}_{Y3} = \tilde{S}_{Ld} - j\Delta Q_{Y3} = P_3'' + jQ_3''$$

（3）第Ⅲ段线路阻抗支路中的功率损耗及电压降落为

$$\Delta \tilde{S}_3 = \frac{P_3''^2 + Q_3''^2}{U_d^2}(R_3 + jX_3) = \Delta P_3 + j\Delta Q_3$$

$$\mathrm{d}\dot{U}_3 = \Delta U_3 + j\delta U_3 = \frac{P_3''R_3 + Q_3''X_3}{U_d} + j\frac{P_3''X_3 - Q_3''R_3}{U_d}$$

（4）第Ⅲ段线路阻抗支路首端流入的功率为

$$\tilde{S}_3' = \tilde{S}_3'' + \Delta \tilde{S}_3 = P_3' + jQ_3'$$

（5）c 点电压为

$$\dot{U}_c = \dot{U}_d + d\dot{U}_3 = (U_d + \Delta U_3) + \mathrm{j}\delta U_3$$

$$U_c = \sqrt{(U_d + \Delta U_3)^2 + (\delta U_3)^2}$$

第二步：由于 $\dot{U}_c$ 和 $\tilde{S}'_3$ 已知，可仿照第一步的计算方法对第Ⅱ段线路做同样计算，即求 c 点电纳中的功率损耗 $\Delta\tilde{S}_{Yc}$，第Ⅱ段线路阻抗支路末端流出的功率 $\tilde{S}''_2$，第Ⅱ段线路阻抗中的功率损耗 $\Delta\tilde{S}_2$ 及电压降落 $d\dot{U}_2$；再求出 b 点电压 $\dot{U}_b$ 及第Ⅱ段线路阻抗支路首端流入的功率 $\tilde{S}'_2$。

第三步：利用 $\dot{U}_b$ 和 $\tilde{S}'_2$ 对第Ⅰ段线路做与第二步相同的计算，得到 a 点电压 $\dot{U}_a$ 和第Ⅰ段线路阻抗支路首端流入的功率 $\tilde{S}'_1$。最后求出 a 点送出的功率 $\tilde{S}_a$ 为

$$\tilde{S}_a = \tilde{S}'_1 + \Delta\tilde{S}_{Y1} = \tilde{S}'_1 - \mathrm{j}\frac{B_1}{2}U_a^2$$

如果已知首端电压和功率，可采用相同的方法由首端逐段向末端推算，求出末端电压和功率。

2. 已知首端电压和末端功率

第一步：首先假定 b、c、d 各点电压等于网络的额定电压，按图 3-9c 的等值网络计算 b、c、d 各点对地电纳中的功率损耗，并将它们与接在同一节点的负荷合并，将图 3-9 的等值网络简化成图 3-10 所示的等效电路。合并后 b、c、d 各点的负荷为

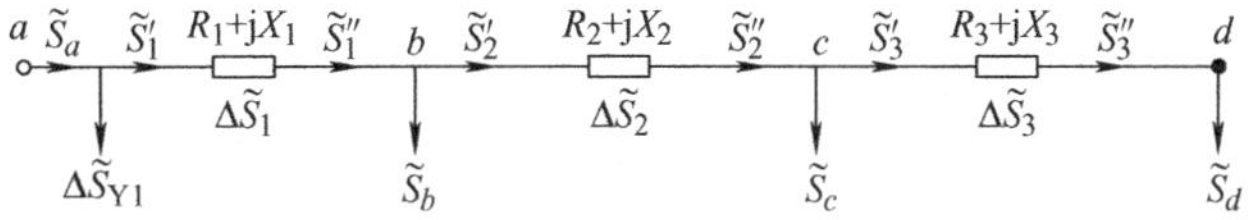

图 3-10　图 3-9c 的简化等效电路

$$\tilde{S}_b = \tilde{S}_{Lb} + \Delta\tilde{S}_{Yb} = \tilde{S}_{Lb} - \mathrm{j}\frac{1}{2}(B_1 + B_2)U_N^2$$

$$\tilde{S}_c = \tilde{S}_{Lc} + \Delta\tilde{S}_{Yc} = \tilde{S}_{Lc} - \mathrm{j}\frac{1}{2}(B_2 + B_3)U_N^2$$

$$\tilde{S}_d = \tilde{S}_{Ld} + \Delta\tilde{S}_{Y3} = \tilde{S}_{Ld} - \mathrm{j}\frac{1}{2}B_3 U_N^2$$

然后用末端功率 $\tilde{S}_d$ 和额定电压 U_N，由末端向首端逐段进行功率计算，此时不计算电压，从而求出各段功率分布和首端功率。对于第Ⅲ段线路

$$\tilde{S}''_3 = \tilde{S}_d$$

$$\Delta\tilde{S}_3 = \frac{P_3''^2 + Q_3''^2}{U_N^2}(R_3 + \mathrm{j}X_3)$$

$$\tilde{S}'_3 = \tilde{S}''_3 + \Delta\tilde{S}_3$$

对于第Ⅱ段线路

$$\tilde{S}''_2 = \tilde{S}'_3 + \tilde{S}_c$$

$$\Delta \tilde{S}_2 = \frac{P_2''^2 + Q_2''^2}{U_N^2}(R_2 + jX_2)$$

$$\tilde{S}_2' = \tilde{S}_2'' + \Delta \tilde{S}_2$$

对于第 I 段线路

$$\tilde{S}_1'' = \tilde{S}_2' + \tilde{S}_b$$

$$\Delta \tilde{S}_1 = \frac{P_1''^2 + Q_1''^2}{U_N^2}(R_1 + jX_1)$$

$$\tilde{S}_1' = \tilde{S}_1'' + \Delta \tilde{S}_1$$

a 点送出的功率 $\tilde{S}_a$ 为

$$\tilde{S}_a = \tilde{S}_1' + \Delta \tilde{S}_{Y1} = \tilde{S}_1' - j\frac{B_1}{2}U_N^2$$

第二步：用给定的首端电压 $\dot{U}_a$ 和求得的首端功率，由首端向末端逐段计算电压降落，从而求出包括末端在内的各节点电压。如第 I 段线路的电压降落为

$$d\dot{U}_1 = \Delta U_1 + j\delta U_1 = \frac{P_1'R_1 + Q_1'X_1}{U_a} + j\frac{P_1'X_1 - Q_1'R_1}{U_a}$$

b 点电压为

$$\dot{U}_b = \dot{U}_a - d\dot{U}_1 = (U_a - \Delta U_1) + j\delta U_1$$

$$U_b = \sqrt{(U_a - \Delta U_1)^2 + (\delta U_1)^2}$$

若略去电压降落的横分量，b 点电压可近似表示为

$$U_b \approx U_a - \Delta U_1$$

类似地，可以求得其余节点的电压。这样经过一个往返的计算，即可求得该网络的潮流分布。

三、不同电压等级开式网的潮流计算

图 3-11 所示是一个含两级电压的开式网及其等效电路。降压变压器的实际电压比为 K，变压器的阻抗及导纳均折算到高压侧，末端功率已知。这种网络的特殊性在于变压器的表示方式，一旦变压器的表示方式确定后，即可制定电力网的等值网络，再根据已知条件，按计算同一等级电力网的类似方法进行潮流计算。

变压器通常有以下两种表示方法：

1）将变压器用折算后的阻抗和具有电压比为 K 的理想变压器串联来表示，此时开式网的等效电路如图 3-11b 所示。

若已知首端电压 $\dot{U}_a$，欲求 b、c、d 各节点及网络中的功率分布，可先假设上述各点电压等于电力网的额定电压，然后以此电压和末端功率，由末端向首端推算出各段线路的功率损耗及通过各段线路首端的功率，再用已知的首端电压 $\dot{U}_a$ 和求得的首端功率，由首端向末端依次推算出各节点的电压。但在计算中需要注意，经过理想变压器时，两侧的功率不变，但电压需要折算。

2）将变压器只用折算后的阻抗 Z'_T 表示，这时需要将变压器二次侧的线路参数也折算到变压器一次侧。此时已经没有变压器，网络的参数为同一电压等级下的参数，可按照同一电压等级开式网进行计算，但计算结束后，还需将图3-11c 中节点 c'、d' 的电压按电压比 K 进行相反的折算还原成实际电压。

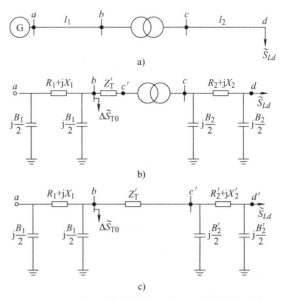

图 3-11　含两级电压的开式网及其等效电路

【例3-1】 有一110kV 的双回输电线路，长度为80km，导线型号为LGJ—120，线路末端接有两台容量为31.5MV·A、电压比为 110/11kV 的变压器，如图3-12所示。已知线路参数为 $r_1 = 0.27\Omega/\text{km}$，$x_1 = 0.416\Omega/\text{km}$，$b_1 = 2.74 \times 10^{-6}\,\text{S/km}$。变压器参数为 $\Delta P_0 = 31.05\text{kW}$，$\Delta P_k = 190\text{kW}$，$I_0\% = 0.7$，$U_k\% = 10.5$。当变压器低压侧负荷为 $\tilde{S}_3 = 40 + j30\text{MV·A}$，线路首端电压为117kV 时，试求潮流分布及变压器低压侧的实际运行电压。

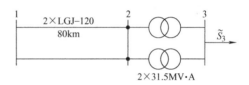

图 3-12　例3-1 系统接线图

解：（1）计算线路及变压器的参数（归算到高压侧）。

电力线路：
$$R = \frac{1}{2}r_1 l = \frac{1}{2} \times 0.27 \times 80\Omega = 10.8\Omega$$

$$X = \frac{1}{2}x_1 l = \frac{1}{2} \times 0.416 \times 80\Omega = 16.64\Omega$$

$$\frac{B}{2} = \frac{1}{2} \times 2b_1 l = 2.74 \times 10^{-6} \times 80\text{S} = 2.19 \times 10^{-4}\text{S}$$

变压器：
$$R_T = \frac{1}{2} \times \frac{\Delta P_k U_N^2}{S_N^2} \times 10^{-3} = \frac{1}{2} \times \frac{190 \times 110^2}{31.5^2} \times 10^{-3}\Omega = 1.16\Omega$$

$$X_T = \frac{1}{2} \times \frac{U_k\% U_N^2}{100 S_N} = \frac{1}{2} \times \frac{10.5 \times 110^2}{100 \times 31.5}\Omega = 20.17\Omega$$

$$G_T = 2 \times \frac{\Delta P_0}{U_N^2} \times 10^{-3} = 2 \times \frac{31.05}{110^2} \times 10^{-3}\text{S} = 5.13 \times 10^{-6}\text{S}$$

$$B_T = 2 \times \frac{I_0\% S_N}{100 U_N^2} = 2 \times \frac{0.7 \times 31.5}{100 \times 110^2}\text{S} = 3.64 \times 10^{-5}\text{S}$$

作出等效电路如图3-13a 所示，化简后的等效电路如图3-13b 所示。
（2）设全网电压为额定电压，由末端向首端逐段计算功率分布。
变压器阻抗中的功率损耗为

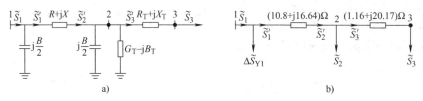

图 3-13 例 3-1 等效电路

$$\Delta \tilde{S}_{ZT} = \frac{P_3^2 + Q_3^2}{U_N^2}(R_T + jX_T) = \frac{40^2 + 30^2}{110^2}(1.16 + j20.17)MV \cdot A = (0.24 + j4.167)MV \cdot A$$

流入变压器阻抗的功率为

$$\tilde{S}'_3 = \tilde{S}_3 + \Delta \tilde{S}_{ZT} = (40 + j30)MV \cdot A + (0.24 + j4.167)MV \cdot A = (40.24 + j34.167)MV \cdot A$$

变压器的励磁功率为

$$\Delta \tilde{S}_{YT} = (G_T + jB_T)U_N^2 = (5.13 + j36.4) \times 10^{-6} \times 110^2 MV \cdot A = (0.062 + j0.44)MV \cdot A$$

输电线路末端的充电功率为

$$\Delta \tilde{S}_{Y2} = -j\frac{B}{2}U_N^2 = -j2.19 \times 10^{-4} \times 110^2 MV \cdot A = -j2.65 MV \cdot A$$

节点 2 的运算负荷为

$$\tilde{S}_2 = \Delta \tilde{S}_{YT} + \Delta \tilde{S}_{Y2} = (0.062 + j0.44)MV \cdot A - j2.65 MV \cdot A = (0.062 - j2.21)MV \cdot A$$

流入节点 2 的功率为

$$S'_2 = \tilde{S}_2 + \tilde{S}'_3 = (0.062 - j2.21)MV \cdot A + (40.24 + j34.167)MV \cdot A$$
$$= (40.302 + j31.957)MV \cdot A$$

线路阻抗中的功率损耗为

$$\Delta \tilde{S}_Z = \frac{P'^2_2 + Q'^2_2}{U_N^2}(R + jX) = \frac{40.302^2 + 31.957^2}{110^2}(10.8 + j16.64)MV \cdot A = (2.361 + j3.638)MV \cdot A$$

流入线路阻抗的功率为

$$\tilde{S}'_1 = \tilde{S}'_2 + \Delta \tilde{S}_Z = (40.302 + j31.957)MV \cdot A + (2.361 + j3.638)MV \cdot A$$
$$= (42.663 + j35.595)MV \cdot A$$

输电线路首端的充电功率为

$$\Delta \tilde{S}_{Y1} = -j\frac{B}{2}U_N^2 = -j2.19 \times 10^{-4} \times 110^2 MV \cdot A = -j2.65 MV \cdot A$$

电源注入网络的功率为

$$\tilde{S}_1 = \tilde{S}'_1 + \Delta \tilde{S}_{Y1} = (42.663 + j35.595)MV \cdot A - j2.65 MV \cdot A = (42.663 + j32.945)MV \cdot A$$

（3）根据给定的电压 $U_1 = 117kV$，由首端向末端求电压分布。

输电线路中的电压降落纵、横分量分别为

$$\Delta U_{12} = \frac{P'_1 R + Q'_1 X}{U_1} = \frac{42.663 \times 10.8 + 35.595 \times 16.64}{117}kV = 9kV$$

$$\delta U_{12} = \frac{P_1'X - Q_1'R}{U_1} = \frac{42.663 \times 16.64 - 35.595 \times 10.8}{117}\text{kV} = 2.78\text{kV}$$

节点 2 的电压为

$$U_2 = \sqrt{(U_1 - \Delta U_{12})^2 + (\delta U_{12})^2} = \sqrt{(117 - 9)^2 + 2.78^2}\text{kV} = 108.04\text{kV}$$

不计电压降落横分量时　$U_2 = U_1 - \Delta U_{12} = 117\text{kV} - 9\text{kV} = 108\text{kV}$

变压器中的电压降落纵分量为

$$\Delta U_{23} = \frac{P_3'R_\text{T} + Q_3'X_\text{T}}{U_2} = \frac{40.24 \times 1.16 + 34.167 \times 20.17}{108}\text{kV} = 6.81\text{kV}$$

归算到高压侧的变压器低压母线电压为

$$U_3' = U_2 - \Delta U_{23} = 108\text{kV} - 6.81\text{kV} = 101.19\text{kV}$$

则变电所低压母线的实际电压为

$$U_3 = \frac{U_3'}{K} = \frac{101.19}{110/11}\text{kV} = 10.12\text{kV}$$

第三节　简单闭式网的潮流计算

简单闭式网是指网络中任何一个负荷点都能从两个方向获得电能，它包括两端供电网和环式网络。闭式网的潮流计算一般分两步进行：首先假设全网电压为额定电压，不考虑网络中的电压损耗和功率损耗，求出网络的初步功率分布；然后按照初步功率分布，将闭式网分解成两个开式网，再对这两个开式网分别进行潮流计算。

一、环式网络中的潮流分布

图 3-14a 所示为一最简单的环式网络，图 3-14b 为其简化等效电路。其中 $\tilde{S}_1$ 为运算功率，$\tilde{S}_2$、$\tilde{S}_3$ 为运算负荷。

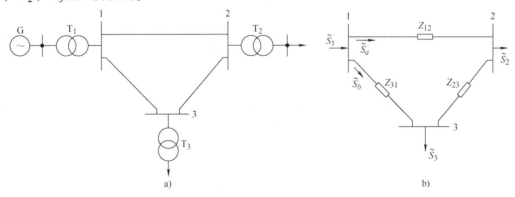

图 3-14　最简单的环式网

a）网络接线图　b）简化等效电路

设流经阻抗 Z_{12} 的电流为 $\dot{I}_a$，则流经阻抗 Z_{23}、Z_{31} 的电流分别为

$$\dot{I}_{23} = \dot{I}_a - \dot{I}_2, \quad \dot{I}_{31} = \dot{I}_{23} - \dot{I}_3 = \dot{I}_a - \dot{I}_2 - \dot{I}_3$$

运用支路电流列回路方程，由图3-14b可得：

$$\dot{I}_a Z_{12} + (\dot{I}_a - \dot{I}_2)Z_{23} + (\dot{I}_a - \dot{I}_2 - \dot{I}_3)Z_{31} = 0 \tag{3-28}$$

式中，$\dot{I}_2$、$\dot{I}_3$ 分别为节点2、3的运算负荷电流。

设全网电压均为额定电压 $\dot{U}_N = U_N$，并计及 $\dot{I} = \overset{*}{\tilde{S}}/\overset{*}{U}_N$，式(3-28) 可变为

$$\overset{*}{\tilde{S}}_a Z_{12} + (\overset{*}{\tilde{S}}_a - \overset{*}{\tilde{S}}_2)Z_{23} + (\overset{*}{\tilde{S}}_a - \overset{*}{\tilde{S}}_2 - \overset{*}{\tilde{S}}_3)Z_{31} = 0 \tag{3-29}$$

从而解得流经阻抗 Z_{12} 的功率 $\tilde{S}_a$ 为

$$\tilde{S}_a = \frac{\tilde{S}_2(\overset{*}{Z}_{23} + \overset{*}{Z}_{31}) + \tilde{S}_3 \overset{*}{Z}_{31}}{\overset{*}{Z}_{12} + \overset{*}{Z}_{23} + \overset{*}{Z}_{31}} = \frac{\tilde{S}_2 \overset{*}{Z}_2 + \tilde{S}_3 \overset{*}{Z}_3}{\overset{*}{Z}_\Sigma} \tag{3-30}$$

式中，$\overset{*}{Z}_2 = \overset{*}{Z}_{23} + \overset{*}{Z}_{31}$，$\overset{*}{Z}_3 = \overset{*}{Z}_{31}$，$\overset{*}{Z}_\Sigma = \overset{*}{Z}_{12} + \overset{*}{Z}_{23} + \overset{*}{Z}_{31}$。

同理，可求出流经 Z_{31} 的功率 $\tilde{S}_b$ 为

$$\tilde{S}_b = \frac{\tilde{S}_2 \overset{*}{Z}_{12} + \tilde{S}_3(\overset{*}{Z}_{12} + \overset{*}{Z}_{23})}{\overset{*}{Z}_{12} + \overset{*}{Z}_{23} + \overset{*}{Z}_{31}} = \frac{\tilde{S}_2 \overset{*}{Z}'_2 + \tilde{S}_3 \overset{*}{Z}'_3}{\overset{*}{Z}_\Sigma} \tag{3-31}$$

式中，$\overset{*}{Z}'_2 = \overset{*}{Z}_{12}$，$\overset{*}{Z}'_3 = \overset{*}{Z}_{12} + \overset{*}{Z}_{23}$。

若在节点1把网络打开，可得到一个两端电压大小相等、相位相同的等值两端供电网络，如图3-15所示。此时，式(3-30) 和式(3-31)与力学中梁的反作用力计算公式相似，故称为力矩法公式。

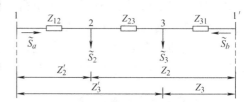

图3-15　等值两端供电网络

对于具有 n 个节点的环式网，以上两式可进一步推广为

$$\left. \begin{aligned} \tilde{S}_a &= \frac{\sum\limits_{m=2}^{n} \overset{*}{Z}_m \tilde{S}_m}{\overset{*}{Z}_\Sigma} \\ \tilde{S}_b &= \frac{\sum\limits_{m=2}^{n} \overset{*}{Z}'_m \tilde{S}_m}{\overset{*}{Z}_\Sigma} \end{aligned} \right\} \tag{3-32}$$

对均一电力网，各段导线截面积相同，即各段线路单位长度参数相同，则式(3-32)可简化为

$$\left. \begin{aligned} \tilde{S}_a &= \frac{\sum\limits_{m=2}^{n} \tilde{S}_m l_m}{l_\Sigma} \\ \tilde{S}_b &= \frac{\sum\limits_{m=2}^{n} \tilde{S}_m l'_m}{l_\Sigma} \end{aligned} \right\} \tag{3-33}$$

需要指出，上述公式是在假设全网电压为额定电压，即不考虑功率损耗的情况下推出的，因此可用下式来校验 $\tilde{S}_a$、$\tilde{S}_b$ 计算结果的正确性：

$$\tilde{S}_a + \tilde{S}_b = \sum_{m=2}^{n} \tilde{S}_m \tag{3-34}$$

求得 $\tilde{S}_a$ 和 $\tilde{S}_b$ 后，即可根据节点功率平衡关系求出环式网各段线路中的功率，并确定功率分点。所谓功率分点，是指功率由两侧流入的节点，通常用"▼"加以标注。如果有功功率和无功功率分点不在同一节点，则以"▼"和"▽"分别表示有功功率和无功功率分点。

二、两端供电网络的潮流计算

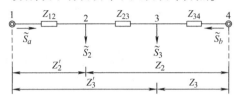

图 3-16　两端供电网络

在图 3-16 所示的两端供电网络中，两端电源电压 $\dot{U}_1 \neq \dot{U}_4$，并令电压降落 $\mathrm{d}\dot{U} = \dot{U}_1 - \dot{U}_4$，于是可列出回路电压方程为

$$\dot{I}_a Z_{12} + (\dot{I}_a - \dot{I}_2) Z_{23} + (\dot{I}_a - \dot{I}_2 - \dot{I}_3) Z_{34} = \mathrm{d}\dot{U} \tag{3-35}$$

设全网电压均为额定电压 $\dot{U}_N = U_N$，并计及 $\overset{*}{\dot{I}} = \dfrac{\overset{*}{S}}{\overset{*}{U}_N}$，式(3-35) 可变为

$$\overset{*}{S}_a Z_{12} + (\overset{*}{S}_a - \overset{*}{S}_2) Z_{23} + (\overset{*}{S}_a - \overset{*}{S}_2 - \overset{*}{S}_3) Z_{34} = U_N \mathrm{d}\dot{U} \tag{3-36}$$

从而解得流经阻抗 Z_{12} 的功率 $\tilde{S}_a$ 为

$$\tilde{S}_a = \frac{\tilde{S}_2 (\overset{*}{Z}_{23} + \overset{*}{Z}_{34}) + \tilde{S}_3 \overset{*}{Z}_{34}}{\overset{*}{Z}_{12} + \overset{*}{Z}_{23} + \overset{*}{Z}_{34}} + \frac{U_N \mathrm{d}\dot{U}}{\overset{*}{Z}_{12} + \overset{*}{Z}_{23} + \overset{*}{Z}_{34}} = \frac{\tilde{S}_2 \overset{*}{Z}_2 + \tilde{S}_3 \overset{*}{Z}_3}{\overset{*}{Z}_\Sigma} + \frac{U_N \mathrm{d}\dot{U}}{\overset{*}{Z}_\Sigma} \tag{3-37}$$

式中，$\overset{*}{Z}_2 = \overset{*}{Z}_{23} + \overset{*}{Z}_{34}$，$\overset{*}{Z}_3 = \overset{*}{Z}_{34}$，$\overset{*}{Z}_\Sigma = \overset{*}{Z}_{12} + \overset{*}{Z}_{23} + \overset{*}{Z}_{34}$。

同理，可求出流经阻抗 Z_{34} 的功率 $\tilde{S}_b$ 为

$$\tilde{S}_b = \frac{\tilde{S}_2 \overset{*}{Z}_{12} + \tilde{S}_3 (\overset{*}{Z}_{12} + \overset{*}{Z}_{23})}{\overset{*}{Z}_{12} + \overset{*}{Z}_{23} + \overset{*}{Z}_{34}} - \frac{U_N \mathrm{d}\dot{U}}{\overset{*}{Z}_{12} + \overset{*}{Z}_{23} + \overset{*}{Z}_{34}} = \frac{\tilde{S}_2 \overset{*}{Z}_2' + \tilde{S}_3 \overset{*}{Z}_3'}{\overset{*}{Z}_\Sigma} - \frac{U_N \mathrm{d}\dot{U}}{\overset{*}{Z}_\Sigma} \tag{3-38}$$

式中，$\overset{*}{Z}_2' = \overset{*}{Z}_{12}$，$\overset{*}{Z}_3' = \overset{*}{Z}_{12} + \overset{*}{Z}_{23}$。

由式(3-37) 和式(3-38) 可见，两端电压不等的两端供电网络中，各线段上的初步功率分布可以看成两个功率分量的叠加：第一部分为两端电压相等时的功率分布；第二部分的值与两端电压降落 $\mathrm{d}\overset{*}{U}$ 和线路总阻抗有关，称为循环功率，用 $\tilde{S}_c$ 表示，即

$$\tilde{S}_c = \frac{U_N \mathrm{d}\overset{*}{U}}{\overset{*}{Z}_\Sigma} \tag{3-39}$$

对于具有 n 个节点的两端电压不等的供电网，式(3-37) 和式(3-38) 可推广为

$$\left.\begin{aligned}
\tilde{S}_a &= \frac{\sum\limits_{m=2}^{n} \tilde{S}_m \overset{*}{Z}_m}{\overset{*}{Z}_\Sigma} + \tilde{S}_c \\[2ex]
\tilde{S}_b &= \frac{\sum\limits_{m=2}^{n} \tilde{S}_m \overset{*}{Z}_m'}{\overset{*}{Z}_\Sigma} - \tilde{S}_c
\end{aligned}\right\} \tag{3-40}$$

循环功率 $\tilde{S}_c$ 的正方向与电压降落 $\mathrm{d}\dot{U}$ 的方向一致。当 $\mathrm{d}\dot{U} = \dot{U}_1 - \dot{U}_4$ 时，循环功率由节

点 1 流向节点 4；若 $d\dot{U} = \dot{U}_4 - \dot{U}_1$，则循环功率由节点 4 流向节点 1。

循环功率不仅在两端供电网络中可能出现，在单电源供电的环式网络中，如果变压器的电压比不匹配也有可能出现。在环式网中，对于无源的外电路，$\tilde{S}_c$ 由高电位流向低电位；对于有源的内电路，$\tilde{S}_c$ 由低电位流向高电位。如图 3-17 所示，设变压器 T_1、T_2 的电压分别为 10.5/242kV、10.5/231kV，则在网络空载时且开环运行时，如将图中的断路器 QF_1 断开时，其左侧电压为 $U_A = 10.5 \times 242/$

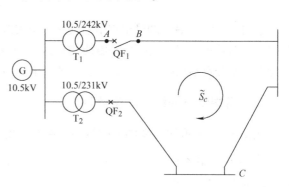

图 3-17　环式网络的循环功率

$10.5\text{kV} = 242\text{kV}$，右侧电压为 $U_B = 10.5 \times 231/10.5\text{kV} = 231\text{kV}$，即 $U_A > U_B$，因此在断路器 QF_1 闭合时，将会产生顺时针方向的循环功率（此时断口处 AB 为外电路，BCA 为内电路）。

三、闭式网的分解及潮流计算

上述功率分布的计算，是在假设全网电压为额定电压，不计网络的电压损耗和功率损耗的情况下求得的初步功率分布，因此，还必须计及网络中各段的电压损耗和功率损耗，才能获得闭式网潮流计算的最终结果。

根据闭式网的初步功率分布，确定出功率分点，在功率分点处将闭式网分解成两个开式网。若有功功率和无功功率分点不在一起，一般应在无功功率分点处进行分解。这是因为高压网络中电抗远大于电阻，电压损耗主要是由无功功率的流动引起的，无功功率分点通常是闭式网络中的电压最低点。

图 3-18a 中，若节点 2 为功率分点，则可在节点 2 处将网络分解，如图 3-18b 所示。两个开式网的末端负荷分别为 $\tilde{S}_a$、$\tilde{S}_{23}$，且 $\tilde{S}_a + \tilde{S}_{23} = \tilde{S}_2$。

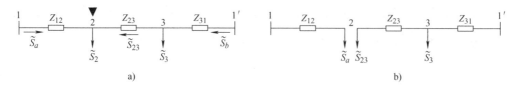

图 3-18　闭式网的分解
a）原电路　b）分解后电路

闭式网被分解成两个开式网后，其潮流分布计算即可按开式网潮流计算的方法进行，包括以下两种情况：

（1）已知功率分点电压　在这种情况下，分解后的两个开式网均可按已知末端电压和末端负荷的开式网进行计算，即从该点分别由两侧逐段向电源端推算电压降落和功率损耗。

（2）已知电源端电压　这种情况一般较多。此时分解后的两个开式网均可按已知首端电压和末端负荷的开式网进行计算，即假设全网电压为额定电压，由功率分点分别由两侧逐段向电源端推算功率损耗，求得电源端功率后，再用已知电源电压和求得的首端功率向功率分点逐段求电压降落，并求出各节点电压。

【**例3-2**】 某 110kV 简单环网如图 3-19a 所示，导线均采用 LGJ—95 型，其参数为 $r_1 = 0.33\Omega/km$，$x_1 = 0.429\Omega/km$。线路 AB、BC、AC 的长度分别为 40km、30km、30km。B、C 两个变电站的运算负荷分别为 $\tilde{S}_B = (20 + j15) MV \cdot A$ 和 $\tilde{S}_C = (10 + j10) MV \cdot A$。设母线 A 的电压为 116kV，求该网络的潮流分布。

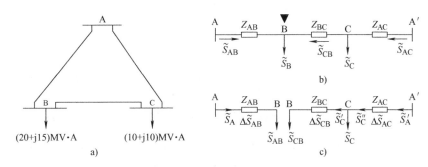

图 3-19 例 3-2 图及其等效电路
a）系统接线图 b）A 点拆开后的两端供电网络 c）功率分点拆开后的等值网络

解：（1）求初步功率分布，并确定功率分点。

从 A 母线将环网拆成两端供电网，如图 3-19b 所示。图中各段线路阻抗为

线路 AB $\qquad R_{AB} = 0.33 \times 40\Omega = 13.2\Omega$

$\qquad\qquad\qquad X_{AB} = 0.429 \times 40\Omega = 17.16\Omega$

线路 BC、AC $\qquad R_{BC} = R_{AC} = 0.33 \times 30\Omega = 9.9\Omega$

$\qquad\qquad\qquad X_{BC} = X_{AC} = 0.429 \times 30\Omega = 12.87\Omega$

由于全网导线型号一致，所以可按均一网络的简化公式进行计算。因此有

$$\tilde{S}_{AB} = \frac{\tilde{S}_B(l_{BC} + l_{AC}) + \tilde{S}_C l_{AC}}{l_\Sigma} = \frac{(20 + j15) \times 60 + (10 + j10) \times 30}{100} MV \cdot A = (15 + j12) MV \cdot A$$

$$\tilde{S}_{AC} = \frac{\tilde{S}_B l_{AB} + \tilde{S}_C(l_{AB} + l_{BC})}{l_\Sigma} = \frac{(20 + j15) \times 40 + (10 + j10) \times 70}{100} MV \cdot A = (15 + j13) MV \cdot A$$

校核 $\qquad \tilde{S}_{AB} + \tilde{S}_{AC} = (15 + j12) MV \cdot A + (15 + j13) MV \cdot A = (30 + j25) MV \cdot A$

$\qquad\qquad \tilde{S}_B + \tilde{S}_C = (20 + j15) MV \cdot A + (10 + j10) MV \cdot A = (30 + j25) MV \cdot A$

可见计算无误。

根据图 3-19b，可得

$$\tilde{S}_{CB} = \tilde{S}_{AC} - \tilde{S}_C = (15 + j13) MV \cdot A - (10 + j10) MV \cdot A = (5 + j3) MV \cdot A$$

可见 B 点是功率分点。在 B 点将网络拆成两个开式网，如图 3-19c 所示。下面对两个开式网分别进行潮流计算（已知末端功率和首端电压）。

（2）A－B 网络潮流计算。

第一步：由 B 点向 A 点计算功率分布。

$$\Delta \tilde{S}_{AB} = \frac{P_{AB}^2 + Q_{AB}^2}{U_N^2}(R_{AB} + jX_{AB}) = \frac{15^2 + 12^2}{110^2}(13.2 + j17.16)\text{MV} \cdot \text{A} = (0.4025 + j0.5233)\text{MV} \cdot \text{A}$$

$$\tilde{S}_A = \tilde{S}_{AB} + \Delta \tilde{S}_{AB} = (15 + j12) + (0.4025 + j0.5233) = (15.4025 + j12.5233)\text{MV} \cdot \text{A}$$

第二步：由 A 点向 B 点求电压分布（忽略横分量）。

$$\Delta U_{AB} = \frac{P_A R_{AB} + Q_A X_{AB}}{U_A} = \frac{15.4025 \times 13.2 + 12.5233 \times 17.16}{116}\text{kV} = 3.6\text{kV}$$

$$U_B = U_A - \Delta U_{AB} = 116\text{kV} - 3.6\text{kV} = 112.4\text{kV}$$

（3）A′- C - B 网络潮流计算。

第一步：由 B 点向 A′点逐段计算功率分布。

$$\Delta \tilde{S}_{CB} = \frac{P_{CB}^2 + Q_{CB}^2}{U_N^2}(R_{BC} + jX_{BC}) = \frac{5^2 + 3^2}{110^2}(9.9 + j12.87)\text{MV} \cdot \text{A} = (0.0278 + j0.0362)\text{MV} \cdot \text{A}$$

$$\tilde{S}_C' = \tilde{S}_{CB} + \Delta \tilde{S}_{CB} = (5 + j3)\text{MV} \cdot \text{A} + (0.0278 + j0.0362)\text{MV} \cdot \text{A} = (5.0278 + j3.0362)\text{MV} \cdot \text{A}$$

$$\tilde{S}_C'' = \tilde{S}_C + \tilde{S}_C' = (10 + j10)\text{MV} \cdot \text{A} + (5.0278 + j3.0362)\text{MV} \cdot \text{A} = (15.0278 + j13.0362)\text{MV} \cdot \text{A}$$

$$\Delta \tilde{S}_{AC} = \frac{P_{AC}^2 + Q_{AC}^2}{U_N^2}(R_{AC} + jX_{AC}) = \frac{15.0278^2 + 13.0362^2}{110^2}(9.9 + j12.87)\text{MV} \cdot \text{A}$$
$$= (0.3238 + j0.421)\text{MV} \cdot \text{A}$$

$$\tilde{S}_A' = \tilde{S}_C'' + \Delta \tilde{S}_{AC} = (15.0278 + j13.0362)\text{MV} \cdot \text{A} + (0.3238 + j0.421)\text{MV} \cdot \text{A}$$
$$= (15.3516 + j13.4572)\text{MV} \cdot \text{A}$$

第二步：由 A′点向 B 点求电压分布（忽略横分量）。

$$\Delta U_{A'C} = \frac{P_A' R_{AC} + Q_A' X_{AC}}{U_A} = \frac{15.3516 \times 9.9 + 13.4572 \times 12.87}{116}\text{kV} = 2.8\text{kV}$$

$$U_C = U_A - \Delta U_{A''C} = 116\text{kV} - 2.8\text{kV} = 113.2\text{kV}$$

$$\Delta U_{CB} = \frac{P_C' R_{BC} + Q_C' X_{BC}}{U_C} = \frac{5.0278 \times 9.9 + 3.0362 \times 12.87}{113.2}\text{kV} = 0.78\text{kV}$$

$$U_B = U_C - \Delta U_{CB} = 113.2\text{kV} - 0.78\text{kV} = 112.42\text{kV}$$

可见，由两侧推算出的 B 点电压基本相等，功率分点 B 点是全网电压最低点。

本 章 小 结

本章主要介绍了电力线路和变压器的功率损耗、电压降落的计算，以及简单电力系统的潮流分布计算方法。

电力线路的功率损耗包括串联阻抗中的功率损耗和并联导纳中的功率损耗。阻抗中的功率损耗与传输功率的大小成正比，其无功功率为感性无功功率；导纳中的功率损耗与线路电压的二次方成正比，为容性无功功率（又称充电功率）。变压器阻抗中的功率损耗与所带负荷大小有关，为可变损耗；导纳中（励磁支路）的功率损耗与负荷大小无关，为不变损耗。

进行潮流计算时，电力线路常用 π 形等效电路表示，其导纳支路为容性；而变压器则用 Γ 形等效电路表示，其导纳支路为感性。在计算变压器与电力线路功率损耗和电压降落时，所有公式中的功率和电压必须采用同一点的值。

电力网潮流计算的基础是开式网的分析与计算。开式网的潮流计算分为两种类型:一种是已知同一端的电压和功率求潮流分布;另一种是已知不同端的电压和功率求潮流分布。在实际工作中,开式网往往是已知首端电压和末端负荷,此时可按额定电压由末端向首端计算功率分布,然后利用求得的首端功率和已知的首端电压由首端向末端推算各元件的电压降落,从而求出各节点电压。

简单闭式网包括两端供电网和环式网络,其潮流计算一般分两步进行:首先计算不计网损的初步功率分布,找出功率分点;然后在功率分点处将闭式网拆成两个开式网,再按开式网的方法计算其潮流分布。此外,当两端供电网的电压不相等或单电源环式网络中的变压器电压比不匹配时,将会产生循环功率,在计算初步功率分布时要加入这部分分量。

思考题与习题

3-1　电力线路和变压器的功率损耗如何计算?二者在导纳支路上的无功功率损耗有什么不同?

3-2　电力线路和变压器阻抗元件上的电压降落如何计算?

3-3　什么叫电压降落、电压损耗、电压偏移?

3-4　什么叫运算功率?什么叫运算负荷?如何计算变电所的运算功率和运算负荷?

3-5　开式网潮流计算分为哪两种类型?分别怎样计算?

3-6　简单闭式网主要有哪几种形式?其潮流计算的步骤是什么?

3-7　有一条110kV的双回架空线路,长度为150km,导线型号为LGJ—120,计算外径为15.2mm,三相导线几何平均距离为5m。已知电力线路末端负荷为 $(30 + j15)MV \cdot A$,末端电压为106kV,求始端电压和功率,并作出电压相量图。

3-8　有一条110kV单回架空线路,长度为80km,导线型号为LGJ—95,计算外径为13.7mm,三相导线几何平均距离为5m。已知电力线路末端负荷为 $(15 + j10)MV \cdot A$,始端电压为116kV,求该电力线路的末端电压和始端功率。

3-9　有一回电压为110kV、长度为140km、导线型号为LGJ—150的输电线路,末端接一台容量为20MV·A的降压变压器,电压比为110/11kV,如图3-20所示。已知线路参数为 $r_1 = 0.21\Omega/km$, $x_1 = 0.409\Omega/$

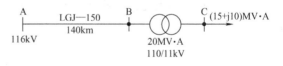

图3-20　习题3-9图

km, $b_1 = 2.79 \times 10^{-6}S/km$。变压器参数为 $\Delta P_0 = 22kW$, $\Delta P_k = 135kW$, $I_0\% = 0.8$, $U_k\% = 10.5$。当变压器低压侧负荷为 $(15 + j10)MV \cdot A$,线路首端电压为116kV时,试求A、C两点间的电压损耗及B点和C点电压。

3-10　某变电所装有一台三绕组变压器,额定电压为110/38.5/6.6kV,其等效电路(参数归算到高压侧)如图3-21所示。其中 $Z_{T1} = (0.7 + j6.5)\Omega$, $Z_{T2} = (1.47 - j1.51)\Omega$, $Z_{T3} = (2.47 + j37.8)\Omega$; $\tilde{S}_2 = (5 + j4)MV \cdot A$, $\tilde{S}_3 = (8 + j6)MV \cdot A$。当

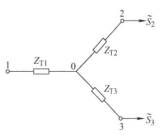

图3-21　习题3-10图

变压器实际电压比为110/38.5(1+5%)/6.6kV时，低压母线电压为6kV，试计算这时高、中压侧的实际电压。

3-11 某均一闭式网如图3-22所示，已知线路阻抗 $Z_1 = (2+j4)\Omega$，$Z_2 = (3+j6)\Omega$，$Z_3 = (4+j8)\Omega$，线路长度分别为10km、15km、20km；各点负荷分别为 $\tilde{S}_B = (10+j5)MV\cdot A$，$\tilde{S}_C = (30+j15)MV\cdot A$；电源电压 $U_A = 110kV$。试求闭式网上的潮流分布及各点电压值。（不计线路上的功率损耗）

3-12 由A、B两端供电的电力网，其线路阻抗和负荷功率如图3-23所示。试求当A、B两端供电电压相等时，各线路的输送功率是多少？（不计线路的功率损耗）

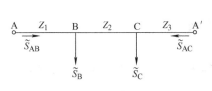

图3-22 习题3-11图

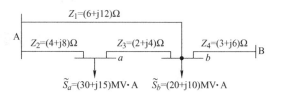

图3-23 习题3-12图

3-13 对图3-24所示环式等值网络进行潮流计算。图中各线路的阻抗为 $Z_{l1} = (10+j17.32)\Omega$，$Z_{l2} = (20+j34.6)\Omega$，$Z_{l3} = (25+j43.3)\Omega$，$Z_{l4} = (10+j17.3)\Omega$；各点的运算负荷为 $\tilde{S}_2 = (90+j40)$ MV·A，$\tilde{S}_3 = (50+j30)$ MV·A，$\tilde{S}_4 = (40+j15)$ MV·A；且已知 $U_1 = 235kV$。

3-14 某系统接线如图3-25所示，发电厂C的输出功率及负荷D、E的负荷功率已知，各段线路的长度及阻抗已标在图中。当 $\dot{U}_C = 112\angle0°kV$，

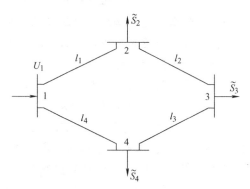

图3-24 习题3-13图

$\dot{U}_A = \dot{U}_B$，并计及线路CE上的功率损耗，但不计其他线路上的功率损耗时，求线路AD、DE及BE上通过的功率。

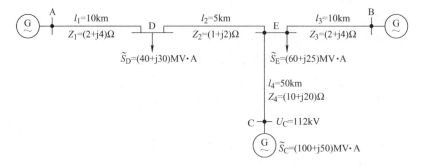

图3-25 习题3-14图

第四章

电力系统潮流的计算机算法

实际电力系统是一个包含大量母线和支路的复杂大系统，其潮流计算必须利用计算机来完成。用计算机进行潮流计算时，一般需要完成以下几个步骤：建立电力网的数学模型；确定求解数学模型的计算方法；制定计算流程图；编制计算程序；上机调试及运算。本章重点介绍潮流计算的数学模型和常用的计算方法，并通过示例对编程思路做了简要介绍。

第一节　电力网的数学模型

电力网的数学模型是指描述电力系统的运行状态、变量和网络参数之间的相互关系，并能反映网络性能的数学方程式，即电力网络方程。电力网络方程可用节点电压方程或回路电流方程来描述。目前运用计算机进行潮流计算时，广泛采用的是节点电压方程，因此本书也仅介绍节点电压方程。

一、节点电压方程

节点电压方程是依据基尔霍夫电流定律，通过节点导纳矩阵或节点阻抗矩阵反映节点电流和节点电压之间关系的数学模型。

1. 节点导纳矩阵的节点电压方程

在电路课程中，已经导出了用节点导纳矩阵表示的节点电压方程为

$$I_B = Y_B U_B \tag{4-1}$$

其展开式为

$$
\begin{pmatrix} \dot{I}_1 \\ \dot{I}_2 \\ \vdots \\ \dot{I}_n \end{pmatrix} = \begin{pmatrix} Y_{11} & Y_{12} & \cdots & Y_{1n} \\ Y_{21} & Y_{22} & \cdots & Y_{2n} \\ \vdots & \vdots & \ddots & \vdots \\ Y_{n1} & Y_{n2} & \cdots & Y_{nn} \end{pmatrix} \begin{pmatrix} \dot{U}_1 \\ \dot{U}_2 \\ \vdots \\ \dot{U}_n \end{pmatrix} \tag{4-2}
$$

式中，I_B 是节点注入电流的列向量，可理解为各节点电源电流与负荷电流之和，并规定注入网络节点的电流为正；U_B 为节点电压的列向量，网络中有接地支路时，通常以大地为参考节点，且编号为零，节点电压就是各节点的对地电压；Y_B 是一个 $n \times n$ 阶的节点导纳矩阵，其阶数 n 等于网络中除参考节点之外的节点数。

节点导纳矩阵的对角元素 Y_{ii}（$i=1，2，\cdots，n$）称为节点 i 的自导纳。由式(4-2)可见，自导纳 Y_{ii} 等于在节点 i 施加单位电压，其他节点全部接地时，经节点 i 注入网络的电

流，可表示为

$$Y_{ii} = \frac{\dot{I}_i}{\dot{U}_i}\bigg|_{(\dot{U}_j=0,\,j\neq i)} \tag{4-3}$$

式（4-3）表明，自导纳 Y_{ii} 是节点 i 以外的所有节点都接地时节点 i 对地的总导纳。显然，Y_{ii} 在数值上就等于与节点 i 直接相连的所有支路导纳之和，即

$$Y_{ii} = \sum_{\substack{j=1 \\ j\neq i}}^{n} y_{ij} + y_{i0} \tag{4-4}$$

式中，y_{i0} 为节点 i 的对地导纳；y_{ij} 为节点 i 与节点 j 之间的支路导纳。

节点导纳矩阵的非对角元素 Y_{ji}（$j=1,\ 2,\ \cdots,\ n$；$i=1,\ 2,\ \cdots,\ n$；$j\neq i$）称为节点 i 和节点 j 之间的互导纳。由式（4-2）可见，互导纳 Y_{ji} 等于在节点 i 施加单位电压，其他节点全部接地时，经节点 j 注入网络的电流，可表示为

$$Y_{ji} = \frac{\dot{I}_j}{\dot{U}_i}\bigg|_{(\dot{U}_j=0,\,j\neq i)} \tag{4-5}$$

在这种情况下，节点 j 的电流实际上是自网络流出（即注入大地），因此，Y_{ji} 在数值上等于节点 i 和 j 之间支路导纳 y_{ij} 的负值，即

$$Y_{ji} = -y_{ji} = -y_{ij} \tag{4-6}$$

显然有 $Y_{ij} = Y_{ji}$，因此网络节点导纳矩阵为对称矩阵。若节点 i、j 之间没有支路直接相连时，则有 $Y_{ij} = Y_{ji} = 0$。这样 Y_B 中将有大量的零元素，因而节点导纳矩阵为稀疏矩阵。一般来说 $|Y_{ii}| > |Y_{ij}|$，即对角元素的绝对值大于非对角元素的绝对值，使节点导纳矩阵成为具有对角线优势的矩阵。因此，节点导纳矩阵是一个对称、稀疏且具有对角线优势的方阵。这将给以后的分析计算带来很大的方便，它有利于节省内存、提高计算速度以及改善收敛等。

2. 节点阻抗矩阵的节点电压方程

将式（4-1）的两边左乘 Y_B^{-1}，可得 $Y_B^{-1}I_B = U_B$，而 $Y_B^{-1} = Z_B$，则可得用节点阻抗矩阵表示的节点电压方程为

$$Z_B I_B = U_B \tag{4-7}$$

其展开式为

$$\begin{pmatrix} Z_{11} & Z_{12} & \cdots & Z_{1n} \\ Z_{21} & Z_{22} & \cdots & Z_{2n} \\ \vdots & \vdots & \ddots & \vdots \\ Z_{n1} & Z_{n2} & \cdots & Z_{nn} \end{pmatrix} \begin{pmatrix} \dot{I}_1 \\ \dot{I}_2 \\ \vdots \\ \dot{I}_n \end{pmatrix} = \begin{pmatrix} \dot{U}_1 \\ \dot{U}_2 \\ \vdots \\ \dot{U}_n \end{pmatrix} \tag{4-8}$$

式中，Z_B 为节点阻抗矩阵，是节点导纳矩阵的逆阵。显然，节点阻抗矩阵也是一个 $n \times n$ 阶矩阵。

节点阻抗矩阵的对角元素 Z_{ii}（$i=1,\ 2,\ \cdots,\ n$）称为节点 i 的自阻抗。由式（4-8）可见，自阻抗 Z_{ii} 等于在节点 i 注入单位电流，其他节点全部开路（即节点注入电流为零）时，

节点 i 的电压，可表示为

$$Z_{ii} = \left. \frac{\dot{U}_i}{\dot{I}_i} \right|_{(\dot{I}_j = 0, j \neq i)} \tag{4-9}$$

可将 Z_{ii} 看成从节点 i 向整个网络看进去的对地等值阻抗。只要网络有接地支路，且节点与电力网络相连，则 Z_{ii} 为非零的有限值。

节点阻抗矩阵的非对角元素 Z_{ji}（$j = 1$，2，$\cdots$，n；$i = 1$，2，$\cdots$，n；$j \neq i$）称为节点 i 和节点 j 之间的互阻抗。由式(4-8)可见，互阻抗 Z_{ji} 等于节点 i 注入单位电流，其他节点全部开路时，节点 j 的电压，可表示为

$$Z_{ji} = \left. \frac{\dot{U}_j}{\dot{I}_i} \right|_{(\dot{I}_j = 0, j \neq i)} \tag{4-10}$$

根据互易原理，可知 $Z_{ij} = Z_{ji}$，故节点阻抗矩阵为对称矩阵。由于电力网络一般是连通的，网络中各节点相互之间总有直接或间接的电磁联系，因此当在节点 i 注入单位电流，而其他节点开路时，网络中所有节点电压都不为零（参考节点除外）。也就是说互阻抗皆为非零元素，所以节点阻抗矩阵是一个满矩阵，矩阵中没有零元素。这样将会增加计算机的内存和运算次数，从而降低了运算速度，因此节点阻抗矩阵的节点电压方程的应用受到了一定限制。此外，节点阻抗矩阵不能直接形成，其求取方法有两种：一是由节点导纳矩阵求取逆矩阵的方法；二是基于物理概念的支路追加法。

下面具体讨论节点导纳矩阵的形成和修改方法。

二、节点导纳矩阵的形成

节点导纳矩阵可根据自导纳和互导纳的物理意义，很容易地由网络接线图（即拓扑结构）和支路参数直接求取。先将节点导纳矩阵的计算归纳总结如下：

1）节点导纳矩阵为 n 阶复数方阵，其阶数等于电力网络中除参考节点之外的节点数。

2）节点导纳矩阵的对角元素（自导纳）Y_{ii} 等于该节点所连支路导纳的总和，非对角元素（互导纳）Y_{ij} 等于节点 i 和 j 之间支路导纳的负值。

3）节点导纳矩阵是稀疏矩阵，其各行非零非对角元素个数等于对应节点所连的不接地支路数。在实际电力系统中，每一节点平均只与 3～5 个线路或变压器相连，因此，导纳矩阵中大量的非对角元素为零，即导纳矩阵是一个高度稀疏的矩阵。而且随着网络中节点数的增多，其稀疏程度也越来越高。

4）节点导纳矩阵是对称矩阵，即 $Y_{ij} = Y_{ji}$。在应用计算机进行计算时，为了节省内存，通常只存储其上三角（或下三角）部分的元素，而且由于它是稀疏矩阵，因此甚至可以只存储其中的非零元素。

5）对于网络中的变压器支路，从原理上说，可先将变压器支路用计及非标准电压比时以导纳表示的 π 形等效电路（见图 2-22b）代替，再按上述原则形成节点导纳矩阵。但在实际程序应用中，往往直接计算变压器支路对节点导纳矩阵的影响。即当在图 4-1 所示的节点 i 和 j 之间接入非标准电压比的变压器支路时，对原来的节点导纳矩阵修正如下：

① 增加非零非对角元素（i、j 之间的互导纳）为

$$Y_{ij} = Y_{ji} = -\frac{y_T}{K} \tag{4-11}$$

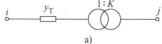

② 节点 i 的自导纳，增加一个改变量为

$$\Delta Y_{ii} = \frac{K-1}{K}y_T + \frac{y_T}{K} = y_T \tag{4-12}$$

③ 节点 j 的自导纳，增加一个改变量为

$$\Delta Y_{jj} = \frac{y_T}{K} + \frac{1-K}{K^2}y_T = \frac{y_T}{K^2} \tag{4-13}$$

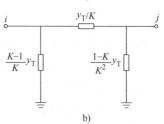

三、节点导纳矩阵的修改

图 4-1 变压器的 π 形等效电路

在电力系统中，往往要计算不同运行方式下的潮流计算，如元件检修前后的运行方式、采用某种调压措施（如调整变压器的分接头）前后的运行方式等。当运行方式改变时，与之相对应的节点导纳矩阵也将随之改变。比如一台变压器支路的投入或切除，均会使与之相连的节点自导纳或互导纳发生变化，而网络中其他部分的结构并没有改变，因此不必重新形成节点导纳矩阵，而只需对原有的导纳矩阵作必要的修改即可。

下面介绍几种典型的网络局部变化时导纳矩阵的修改方法。

1）从原网络引出一条支路，同时增加一个节点，如图 4-2a 所示。设 $Y^{(0)}$ 为运行状态改变之前的导纳矩阵，i 为原有网络中的任意节点，j 为新增加节点，y_{ij} 为新增加支路的导纳。由于新增加了一个节点，所以节点导纳矩阵将增加一阶，矩阵做如下修改：

① 原有节点 i 的自导纳 Y_{ii} 的增量为 $\Delta Y_{ii} = y_{ij}$，即 $Y_{ii} = Y_{ii}^{(0)} + \Delta Y_{ii}$；

② 新增节点 j 的自导纳为 $Y_{jj} = y_{ij}$；

③ 新增加的非对角元素为 $Y_{ij} = Y_{ji} = -y_{ij}$。

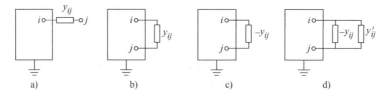

图 4-2 电力网络接线改变示意图

a) 增加支路和节点 b) 增加支路 c) 切除支路 d) 改变支路参数

2）在原有的网络节点 i、j 之间增加一条支路，如图 4-2b 所示。这时由于只增加支路不增加节点，节点导纳矩阵阶数不变，但与节点 i、j 有关的元素应做如下修改：

$$\Delta Y_{ii} = \Delta Y_{jj} = y_{ij}; \quad \Delta Y_{ij} = \Delta Y_{ji} = -y_{ij}$$

3）在原有网络的节点 i、j 之间切除一条支路，如图 4-2c 所示。切除一条导纳为 y_{ij} 的支路相当于增加一条导纳为 $-y_{ij}$ 的支路，因此与节点 i、j 有关的元素应做如下修改：

$$\Delta Y_{ii} = \Delta Y_{jj} = -y_{ij}; \quad \Delta Y_{ij} = \Delta Y_{ji} = y_{ij}$$

4）原有网络节点 i、j 之间的导纳由 y_{ij} 改变为 y'_{ij}，如图 4-2d 所示。这种情况相当于切除一条导纳为 y_{ij} 的支路并增加一条导纳为 y'_{ij} 的支路，此时节点导纳矩阵阶数不变，其元素应做如下修改：

$$\Delta Y_{ii} = y'_{ij} - y_{ij}; \ \Delta Y_{jj} = y'_{ij} - y_{ij}; \ \Delta Y_{ij} = \Delta Y_{ji} = y_{ij} - y'_{ij}$$

5）原有网络节点 i、j 之间变压器的电压比由 K 变为 K'，如图 4-3 所示。这种情况相当于在原网络节点 i、j 之间切除一台电压比为 K 的变压器并增加一台电压比为 K' 的变压器支路，其节点导纳矩阵的元素做如下修改：

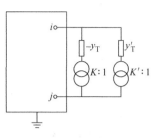

$$\Delta Y_{ii} = 0; \ \Delta Y_{jj} = \left(\frac{1}{K'^2} - \frac{1}{K^2}\right)y_{\mathrm{T}}; \ \Delta Y_{ij} = \Delta Y_{ji} = \left(\frac{1}{K} - \frac{1}{K'}\right)y_{\mathrm{T}}$$

图 4-3　改变变压器支路

【例 4-1】　某 5 节点电力网如图 4-4 所示，节点 1、2 和节点 3、5 之间以变压器相连，变压器的阻抗、电压比及线路的阻抗、对地导纳标幺值均标于图中。试求该网络的节点导纳矩阵。

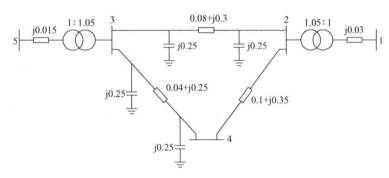

图 4-4　5 节点电力系统接线图

解：节点 1、2 和节点 3、5 间的变压器支路，用非标准电压比时以导纳表示的 π 形等效电路代替。以节点 2 为例写出自导纳与互导纳的计算式，节点 2 的自导纳为

$$Y_{22} = y_{20} + \frac{y_{12}}{K^2} + y_{23} + y_{24} = \mathrm{j}0.25 + \frac{1}{1.05^2 \times \mathrm{j}0.03} + \frac{1}{0.08 + \mathrm{j}0.3} + \frac{1}{0.1 + \mathrm{j}0.35} = 1.5846 - \mathrm{j}35.7379$$

与节点 2 有关的互导纳为

$$Y_{23} = Y_{32} = -y_{23} = -\frac{1}{0.08 + \mathrm{j}0.3} = -0.8299 + \mathrm{j}3.1120$$

$$Y_{24} = Y_{42} = -y_{24} = -\frac{1}{0.1 + \mathrm{j}0.35} = -0.7547 + \mathrm{j}2.6415$$

$$Y_{21} = Y_{12} = -\frac{y_{12}}{K} = -\frac{1}{1.05 \times \mathrm{j}0.03} = \mathrm{j}31.7460$$

用类似的方法可以求出导纳矩阵的其他元素，最后可得到节点导纳矩阵为

$$Y_{\mathrm{B}} = \begin{pmatrix} -\mathrm{j}33.3333 & \mathrm{j}31.7460 & 0 & 0 & 0 \\ \mathrm{j}31.7460 & 1.5846 - \mathrm{j}35.7379 & -0.8299 + \mathrm{j}3.1120 & -0.7547 + \mathrm{j}2.6415 & 0 \\ 0 & -0.8299 + \mathrm{j}3.1120 & 1.4539 - \mathrm{j}66.9808 & -0.6240 + \mathrm{j}3.9002 & \mathrm{j}63.4921 \\ 0 & -0.7547 + \mathrm{j}2.6415 & -0.6240 + \mathrm{j}3.9002 & 1.3787 - \mathrm{j}6.2917 & 0 \\ 0 & 0 & \mathrm{j}63.4921 & 0 & -\mathrm{j}66.6667 \end{pmatrix}$$

第二节　功率方程及节点分类

一、功率方程

节点电压方程 $I_B = Y_B U_B$ 是潮流计算的基础方程式。在建立了节点导纳矩阵 Y_B 后，如果 U_B 或 I_B 已知，则方程可解。在实际的电力系统潮流计算中，已知的运行条件往往是节点的负荷和发电机的功率，而不是节点的注入电流，因此必须在网络方程的基础上，用已知的节点注入功率来代替未知的节点注入电流，建立起潮流计算用的功率方程，才能求出各节点电压，进而求出整个系统的潮流分布。

由式(4-2) 可得节点 i 的注入电流为

$$\dot{I}_i = Y_{i1}\dot{U}_1 + Y_{i2}\dot{U}_2 + Y_{ii}\dot{U}_i + \cdots + Y_{in}\dot{U}_n = \sum_{j=1}^{n} Y_{ij}\dot{U}_j \tag{4-14}$$

根据复功率的定义 $\tilde{S}_i = \dot{U}_i \dot{I}_i$，所以 $\dot{I}_i = \left[\dfrac{S_i}{U_i}\right]^* = \dfrac{P_i - jQ_i}{\dot{U}_i^*}$，将其代入式(4-14) 可得

$$\frac{P_i - jQ_i}{\dot{U}_i^*} = \sum_{j=1}^{n} Y_{ij}\dot{U}_j \qquad (i = 1, 2, \cdots, n) \tag{4-15}$$

或写成

$$P_i + jQ_i = \dot{U}_i \sum_{j=1}^{n} \overset{*}{Y}_{ij}\overset{*}{U}_j \qquad (i = 1, 2, \cdots, n) \tag{4-16}$$

式中，P_i、Q_i 分别为由节点 i 向网络注入的有功、无功功率，$P_i = P_{Gi} - P_{Li}$、$Q_i = Q_{Gi} - Q_{Li}$。其中 P_{Gi}、Q_{Gi} 分别为节点电源发出的有功、无功功率；P_{Li}、Q_{Li} 分别为节点负荷吸收的有功、无功功率。

式(4-16) 即为潮流计算的基本方程，称为功率方程或潮流方程。显然，式(4-16) 为非线性复数方程，无法直接求解，必须通过一定的算法近似求解。为了避免复杂的复数运算，可以将式(4-16) 展开成以下两种实数形式的方程组。

(1) 直角坐标形式　将节点电压用直角坐标 $\dot{U}_i = e_i + jf_i$ 表示，导纳矩阵中的元素用 $Y_{ij} = G_{ij} + jB_{ij}$ 表示，可得到各节点有功和无功功率的实数方程为

$$\left. \begin{aligned} P_i &= e_i \sum_{j=1}^{n}(G_{ij}e_j - B_{ij}f_j) + f_i \sum_{j=1}^{n}(G_{ij}f_j + B_{ij}e_j) \\ Q_i &= f_i \sum_{j=1}^{n}(G_{ij}e_j - B_{ij}f_j) - e_i \sum_{j=1}^{n}(G_{ij}f_j + B_{ij}e_j) \end{aligned} \right\} \tag{4-17}$$

(2) 极坐标形式　将节点电压用极坐标 $\dot{U}_i = U_i e^{j\delta_i} = U_i\cos\delta_i + jU_i\sin\delta_i$ 表示，导纳矩阵中的元素用 $Y_{ij} = G_{ij} + jB_{ij}$ 表示，可得到各节点有功和无功功率的实数方程为

$$\left. \begin{aligned} P_i &= U_i \sum_{j=1}^{n} U_j(G_{ij}\cos\delta_{ij} + B_{ij}\sin\delta_{ij}) \\ Q_i &= U_i \sum_{j=1}^{n} U_j(G_{ij}\sin\delta_{ij} - B_{ij}\cos\delta_{ij}) \end{aligned} \right\} \tag{4-18}$$

式中，δ_{ij} 为 i、j 节点电压的相位差，$\delta_{ij} = \delta_i - \delta_j$。

二、节点分类

对于一个有 n 个节点的电力系统，每个节点有 4 个表征运行状态的变量，即 P_i、Q_i、e_i、f_i 或 P_i、Q_i、U_i、δ_i。因此，全系统共有 $4n$ 个运行变量。由于功率方程只有 $2n$ 个，只能求解 $2n$ 个变量，其余 $2n$ 个变量应作为原始数据事先给定。根据电力系统的实际运行条件，每个节点 4 个变量中总有两个是作为已知量给定的，而另外两个则作为待求量。按给定变量的不同，可将节点分成以下三种类型。

（1）PQ 节点　这类节点的有功功率 P_i 和无功功率 Q_i 是给定的，节点电压幅值 U_i 和相位角 δ_i 是待求量。实际系统中的纯负荷节点（如降压变电所母线）或按给定有功、无功功率发电的发电厂母线均属于 PQ 节点。在潮流计算中，系统中绝大部分节点属于这一类型。

（2）PV 节点　这类节点有功功率 P_i 和电压幅值 U_i 是给定的，节点的无功功率 Q_i 和电压的相位角 δ_i 是待求量。这类节点必须有足够的可调无功容量，用以维持给定的电压幅值，因而又称之为电压控制点。一般是选择有一定无功储备的发电厂和具有可调无功补偿设备的变电所母线作为 PV 节点。在电力系统中，这一类节点的数目很少，甚至可有可无。

（3）平衡节点　这类节点电压幅值和电压相位角是给定的，而注入功率是待求量，因而又称之为 Vδ 节点。在潮流计算未得到结果以前，网络中的功率损耗是未知的，因此，网络中至少有一个节点的功率不能预先给定，其值要等潮流计算结束后才能确定，这个节点最后要承担功率平衡的任务，所以称之为平衡节点或松弛节点。此外，潮流计算时还必须设定一个节点的电压相位角为零，作为计算其他节点电压的参考，称为电压基准点。为了计算上的方便，常将平衡节点和基准节点选为同一个节点，习惯上称为平衡节点。潮流计算时，这类节点必不可少，但一般只设一个，一般选择电力系统中主调频厂的母线作为平衡节点，但在潮流计算时为了提高导纳矩阵算法的收敛性，也可以选择出线数目最多的发电厂母线作为平衡节点。

必须指出，这三类节点的划分并不是绝对不变的。PV 节点之所以能控制其节点电压为某一设定值，主要原因在于它具有可调节的无功功率输出。当它的无功功率输出达到其可调无功功率输出的上限或下限时，就不能再使电压保持在设定值，此时 PV 节点将转化成 PQ 节点。

三、潮流计算的约束条件

上述的节点分类保证了每个节点有两个变量是已知的，另两个变量是待求的，从而满足了 $2n$ 个方程能求 $2n$ 个变量的条件。由于平衡节点的电压已经给定，只需计算其余 $(n-1)$ 个节点的电压，所以方程的数目实际上只有 $2(n-1)$ 个。

通过求解非线性功率方程得到全部节点电压后，就可以进一步计算各节点的功率以及网络中的功率分布，但这些潮流解只是数学意义上的解。在实际电力系统中，这组解不能是任意值，必须符合工程实际，所以要对方程的解进行检验，因为电力系统必须满足一定技术上和经济上的要求。这些要求构成了潮流问题中某些变量的约束条件。常用的约束条件有以下几个：

（1）电压数值的约束　为保证电压质量符合标准，系统中各节点电压幅值应限制在一

定的范围之内，即

$$U_{i.\,min} \leqslant U_i \leqslant U_{i.\,max} \qquad (i=1,2,\cdots,n) \tag{4-19}$$

（2）发电机输出功率的约束　发电设备都有最小功率和额定功率的限制，运行中其发出的有功功率和无功功率应保持在这一范围内，即

$$\left.\begin{array}{c} P_{Gi.\,min} \leqslant P_{Gi} \leqslant P_{Gi.\,max} \\ Q_{Gi.\,min} \leqslant Q_{Gi} \leqslant Q_{Gi.\,max} \end{array}\right\} \qquad (i=1,2,\cdots,n) \tag{4-20}$$

（3）电压相位角的约束　为保证系统运行的稳定性，系统中两个节点之间的相位差不能超过一定的数值，即

$$\delta_{ij} = |\delta_i - \delta_j| \leqslant |\delta_i - \delta_j|_{max} \qquad (i=1,2,\cdots,n) \tag{4-21}$$

第三节　牛顿－拉夫逊法潮流计算

从前面的介绍可以看出，潮流计算可概括为求解一组非线性方程组，并使其满足一定的约束条件。目前求解非线性方程一般采用迭代法，而应用计算机进行迭代计算可以得到非常精确的结果。非线性方程组的迭代法有高斯-赛德尔法、牛顿-拉夫逊法等。其中牛顿-拉夫逊法是最为有效且应用较多的一种方法，本节先介绍这种方法的基本原理，然后介绍在电力系统潮流计算中应用牛顿-拉夫逊法的具体过程。

一、牛顿-拉夫逊法的基本原理

牛顿-拉夫逊法简称牛顿法，是求解非线性方程的一种最有效且收敛速度比较快的迭代方法，其要点是把非线性方程求解过程变成逐次线性化的求解过程，用迭代的方法求近似解。下面先从一维非线性方程的求解来阐述其原理和计算过程，然后再推广到 n 维的情况。

设有一维非线性方程

$$f(x) = 0 \tag{4-22}$$

设 $x^{(0)}$ 是该方程的初始近似解，即初值，它与真实解 x 的偏差为 $\Delta x^{(0)}$ （称为修正量）。真实解可表示成 $x = x^{(0)} + \Delta x^{(0)}$，则式（4-22）可写成

$$f(x^{(0)} + \Delta x^{(0)}) = 0 \tag{4-23}$$

将式（4-23）按泰勒级数在 $x^{(0)}$ 处展开，得

$$f(x^{(0)} + \Delta x^{(0)}) = f(x^{(0)}) + f'(x^{(0)})\Delta x^{(0)} + f''(x^{(0)})\frac{(\Delta x^{(0)})^2}{2!} + \cdots + f^n(x^{(0)})\frac{(\Delta x^{(0)})^n}{n!} + \cdots = 0$$

$$\tag{4-24}$$

由于 $\Delta x^{(0)}$ 很小，可忽略二次项及其以上的高次项，则式（4-24）可简化为

$$f(x^{(0)} + \Delta x^{(0)}) = f(x^{(0)}) + f'(x^{(0)})\Delta x^{(0)} = 0 \tag{4-25}$$

该方程是以修正量 $\Delta x^{(0)}$ 为变量的线性方程，常称为修正方程。利用这个方程可以求出修正量为

$$\Delta x^{(0)} = -\frac{f(x^{(0)})}{f'(x^{(0)})} \tag{4-26}$$

应当注意：这个修正量是方程式（4-24）略去了包含 $\Delta x^{(0)}$ 的二次项及以上高次项后求出的近似值，故用它去修正初值 $x^{(0)}$ 得到的不是真实解 x，而是一个新的近似解

$$x^{(1)} = x^{(0)} + \Delta x^{(0)} \tag{4-27}$$

这是第一次迭代后的值，称为一次近似解，它比初值 $x^{(0)}$ 更接近真实解，但与真实解之间仍有偏差 $\Delta x^{(1)}$。因此真实解又可以写成 $x = x^{(1)} + \Delta x^{(1)}$，将该值代入式(4-25)，可得

$$\Delta x^{(1)} = -\frac{f(x^{(1)})}{f'(x^{(1)})} \tag{4-28}$$

进而得到第二次迭代后的值 $x^{(2)} = x^{(1)} + \Delta x^{(1)}$，它比 $x^{(1)}$ 更接近真实解，与真实解的偏差为 $\Delta x^{(2)}$。不断重复上述迭代过程，第 $k+1$ 次迭代的修正方程为

$$f(x^{(k)}) + f'(x^{(k)}) \Delta x^{(k)} = 0 \tag{4-29}$$

修正量为

$$\Delta x^{(k)} = -\frac{f(x^{(k)})}{f'(x^{(k)})} \tag{4-30}$$

近似解为

$$x^{(k+1)} = x^{(k)} + \Delta x^{(k)} \tag{4-31}$$

对每次迭代计算出的近似解或修正量都用下述不等式进行收敛判据

$$|f(x^{(k)})| < \varepsilon_1 \tag{4-32}$$

或
$$|\Delta x^{(k)}| < \varepsilon_2 \tag{4-33}$$

式中，ε_1、ε_2 为预先给定的小正数（精度）。

若任一不等式满足要求，表明迭代收敛，即可用得到的近似解 $x^{(k+1)}$ 作为方程的真实解。

为便于理解，可用图4-5解释牛顿法的几何意义。图中的曲线表示非线性方程 $y = f(x)$ 的轨迹，它与 x 轴的交点就是方程 $f(x) = 0$ 的真实解。设已得到第 k 次迭代的近似解 $x^{(k)}$，从 $x^{(k)}$ 点作 x 轴的垂线，该垂线与曲线的交点就是 $f(x^{(k)})$，经 $[x^{(k)}, f(x^{(k)})]$ 点作曲线的切线，该切线与 x 轴的交点 $x^{(k+1)}$ 就是 $k+1$ 次迭代的近似解。重复这一步骤就可找到方程的解。由此可见，牛顿法就是用作切线的方法逐步逼近真实解，故牛顿法又叫切线法。

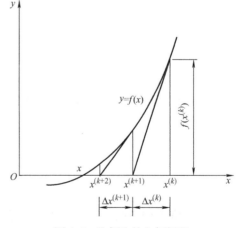

图 4-5　牛顿法的几何解释

下面将牛顿法推广到多变量非线性方程组的情况。设 n 维非线性方程组

$$\left. \begin{array}{c} f_1(x_1, x_2, \cdots, x_n) = 0 \\ f_2(x_1, x_2, \cdots, x_n) = 0 \\ \vdots \\ f_n(x_1, x_2, \cdots, x_n) = 0 \end{array} \right\} \tag{4-34}$$

假设各变量的初值为 $x_1^{(0)}$，$x_2^{(0)}$，$\cdots$，$x_n^{(0)}$，并设 $\Delta x_1^{(0)}$，$\Delta x_2^{(0)}$，$\cdots$，$\Delta x_n^{(0)}$ 分别为各变量的修正量，则式(4-34)可表示为

$$
\left.\begin{array}{l}
f_1(x_1^{(0)} + \Delta x_1^{(0)}, x_2^{(0)} + \Delta x_2^{(0)}, \cdots, x_n^{(0)} + \Delta x_n^{(0)}) = 0 \\
f_2(x_1^{(0)} + \Delta x_1^{(0)}, x_2^{(0)} + \Delta x_2^{(0)}, \cdots, x_n^{(0)} + \Delta x_n^{(0)}) = 0 \\
\vdots \\
f_n(x_1^{(0)} + \Delta x_1^{(0)}, x_2^{(0)} + \Delta x_2^{(0)}, \cdots, x_n^{(0)} + \Delta x_n^{(0)}) = 0
\end{array}\right\} \tag{4-35}
$$

将这 n 个方程都在初值 $(x_1^{(0)}, x_2^{(0)}, \cdots, x_n^{(0)})$ 附近按泰勒级数展开，并忽略二次及以上的高次项，得

$$
\left.\begin{array}{l}
f_1(x_1^{(0)}, x_2^{(0)}, \cdots, x_n^{(0)}) + \left(\dfrac{\partial f_1}{\partial x_1}\bigg|_0 \Delta x_1^{(0)} + \dfrac{\partial f_1}{\partial x_2}\bigg|_0 \Delta x_2^{(0)} + \cdots + \dfrac{\partial f_1}{\partial x_n}\bigg|_0 \Delta x_n^{(0)}\right) = 0 \\
f_2(x_1^{(0)}, x_2^{(0)}, \cdots, x_n^{(0)}) + \left(\dfrac{\partial f_2}{\partial x_1}\bigg|_0 \Delta x_1^{(0)} + \dfrac{\partial f_2}{\partial x_2}\bigg|_0 \Delta x_2^{(0)} + \cdots + \dfrac{\partial f_2}{\partial x_n}\bigg|_0 \Delta x_n^{(0)}\right) = 0 \\
\vdots \\
f_n(x_1^{(0)}, x_2^{(0)}, \cdots, x_n^{(0)}) + \left(\dfrac{\partial f_n}{\partial x_1}\bigg|_0 \Delta x_1^{(0)} + \dfrac{\partial f_n}{\partial x_2}\bigg|_0 \Delta x_2^{(0)} + \cdots + \dfrac{\partial f_n}{\partial x_n}\bigg|_0 \Delta x_n^{(0)}\right) = 0
\end{array}\right\} \tag{4-36}
$$

式中，$\dfrac{\partial f_i}{\partial x_j}\bigg|_0$ 为函数 $f_i(x_1, x_2, \cdots, x_n)$ 对自变量 x_j 的偏导数在初值处的取值。

将式(4-36) 写成矩阵形式，得

$$
\begin{pmatrix}
f_1(x_1^{(0)}, x_2^{(0)}, \cdots, x_n^{(0)}) \\
f_2(x_1^{(0)}, x_2^{(0)}, \cdots, x_n^{(0)}) \\
\vdots \\
f_n(x_1^{(0)}, x_2^{(0)}, \cdots, x_n^{(0)})
\end{pmatrix}
= -
\begin{pmatrix}
\dfrac{\partial f_1}{\partial x_1}\bigg|_0 & \dfrac{\partial f_1}{\partial x_2}\bigg|_0 & \cdots & \dfrac{\partial f_1}{\partial x_n}\bigg|_0 \\
\dfrac{\partial f_2}{\partial x_1}\bigg|_0 & \dfrac{\partial f_2}{\partial x_2}\bigg|_0 & \cdots & \dfrac{\partial f_2}{\partial x_n}\bigg|_0 \\
\vdots & \vdots & \ddots & \vdots \\
\dfrac{\partial f_n}{\partial x_1}\bigg|_0 & \dfrac{\partial f_n}{\partial x_2}\bigg|_0 & \cdots & \dfrac{\partial f_n}{\partial x_n}\bigg|_0
\end{pmatrix}
\begin{pmatrix}
\Delta x_1^{(0)} \\
\Delta x_2^{(0)} \\
\vdots \\
\Delta x_n^{(0)}
\end{pmatrix} \tag{4-37}
$$

此方程是以修正量 $\Delta x_1^{(0)}$，$\Delta x_2^{(0)}$，$\cdots$，$\Delta x_n^{(0)}$ 为变量的线性代数方程组，称为牛顿法的修正方程。通过修正方程可求出各修正量，则可得到新的近似解为

$$
\left.\begin{array}{l}
x_1^{(1)} = x_1^{(0)} + \Delta x_1^{(0)} \\
x_2^{(1)} = x_2^{(0)} + \Delta x_2^{(0)} \\
\vdots \\
x_n^{(1)} = x_n^{(0)} + \Delta x_n^{(0)}
\end{array}\right\} \tag{4-38}
$$

然后，将式(4-38) 所得出的第一次迭代结果 $x_1^{(1)}$，$x_2^{(1)}$，$\cdots$，$x_n^{(1)}$ 作为新的初值，代入式(4-37) 进行第二次迭代，重新形成并求解新的修正方程，便可得到新的修正量 $\Delta x_1^{(1)}$，$\Delta x_2^{(1)}$，$\cdots$，$\Delta x_n^{(1)}$。不断重复上述计算，第 $k+1$ 次迭代时的修正方程为

$$
\begin{pmatrix}
f_1(x_1^{(k)}, x_2^{(k)}, \cdots, x_n^{(k)}) \\
f_2(x_1^{(k)}, x_2^{(k)}, \cdots, x_n^{(k)}) \\
\vdots \\
f_n(x_1^{(k)}, x_2^{(k)}, \cdots, x_n^{(k)})
\end{pmatrix}
= -
\begin{pmatrix}
\dfrac{\partial f_1}{\partial x_1}\bigg|_k & \dfrac{\partial f_1}{\partial x_2}\bigg|_k & \cdots & \dfrac{\partial f_1}{\partial x_n}\bigg|_k \\
\dfrac{\partial f_2}{\partial x_1}\bigg|_k & \dfrac{\partial f_2}{\partial x_2}\bigg|_k & \cdots & \dfrac{\partial f_2}{\partial x_n}\bigg|_k \\
\vdots & \vdots & \ddots & \vdots \\
\dfrac{\partial f_n}{\partial x_1}\bigg|_k & \dfrac{\partial f_n}{\partial x_2}\bigg|_k & \cdots & \dfrac{\partial f_n}{\partial x_n}\bigg|_k
\end{pmatrix}
\begin{pmatrix}
\Delta x_1^{(k)} \\
\Delta x_2^{(k)} \\
\vdots \\
\Delta x_n^{(k)}
\end{pmatrix} \tag{4-39}
$$

第 $k+1$ 次迭代求出的解为

$$\left.\begin{array}{l} x_1^{(k+1)} = x_1^{(k)} + \Delta x_1^{(k)} \\ x_2^{(k+1)} = x_2^{(k)} + \Delta x_2^{(k)} \\ \qquad\qquad \vdots \\ x_n^{(k+1)} = x_n^{(k)} + \Delta x_n^{(k)} \end{array}\right\} \qquad (4\text{-}40)$$

于是，多维非线性代数方程组牛顿法的迭代格式为

$$\left.\begin{array}{l} \boldsymbol{F}(X^{(k)}) = -\boldsymbol{J}^{(k)}\Delta X^{(k)} \\ \boldsymbol{X}^{(k+1)} = \boldsymbol{X}^{(k)} + \Delta X^{(k)} \end{array}\right\} \quad (k=0,1,2,\cdots) \qquad (4\text{-}41)$$

式中，$\boldsymbol{J}$ 为雅可比矩阵；$\Delta\boldsymbol{X}$ 为由 Δx_i 组成的列向量，称为修正列向量。

迭代的收敛判据为

$$|f_i(x_1^{(k)}, x_2^{(k)}\cdots, x_n^{(k)})|_{\max} < \varepsilon_1 \qquad (4\text{-}42)$$

或

$$|\Delta x_i^{(k)}|_{\max} < \varepsilon_2 \qquad (4\text{-}43)$$

若任一不等式成立，则 $x_i^{(k+1)}$ 就是方程组的解。

二、牛顿-拉夫逊法潮流计算

运用牛顿-拉夫逊法计算潮流的核心问题是修正方程的建立和求解。式(4-16) 的功率方程可改写为

$$(P_i + jQ_i) - \dot{U}_i \sum_{j=1}^{n} \overset{*}{Y}_{ij}\, \overset{*}{U}_j = 0 \qquad (4\text{-}44)$$

式(4-44) 中，第一部分为给定的节点注入功率，第二部分为由节点电压求得的节点注入功率，二者之差为节点功率的不平衡量。现在有待解决的问题就是各节点功率的不平衡量都趋近于零时，各节点电压应为何值。

由此可见，如将式(4-44) 作为牛顿－拉夫逊法中的非线性函数方程 $f_i(x_1，x_2，\cdots，x_n)=0$，其中的节点电压就相当于变量 $x_1，x_2，\cdots，x_n$。建立了这种对应关系，就可以仿照式(4-39) 列出修正方程，并迭代求解。由于节点电压有直角坐标和极坐标两种不同的表示方法，因而列出的修正方程相应地也有两种，下面分别讨论。

（一）直角坐标系下的牛顿－拉夫逊法潮流计算

1. 建立修正方程

式(4-17) 所示直角坐标形式的功率方程可改写为

$$\left.\begin{array}{l} P_i - e_i \sum_{j=1}^{n}(G_{ij}e_j - B_{ij}f_j) - f_i \sum_{j=1}^{n}(G_{ij}f_j + B_{ij}e_j) = 0 \\ Q_i - f_i \sum_{j=1}^{n}(G_{ij}e_j - B_{ij}f_j) + e_i \sum_{j=1}^{n}(G_{ij}f_j + B_{ij}e_j) = 0 \end{array}\right\} \qquad (4\text{-}45)$$

对于具有 n 个节点的网络，设其中有 m 个 PQ 节点，$(n-m-1)$ 个 PV 节点，1 个平衡节点（节点 n）。对于 PQ 节点（$i=1，2，\cdots，m$），给定量为节点注入功率，记为 P_{is}、Q_{is}，则可得

$$\left.\begin{array}{l} \Delta P_i = P_{is} - e_i \sum_{j=1}^{n} (G_{ij}e_j - B_{ij}f_j) - f_i \sum_{j=1}^{n} (G_{ij}f_j + B_{ij}e_j) = 0 \\ \Delta Q_i = Q_{is} - f_i \sum_{j=1}^{n} (G_{ij}e_j - B_{ij}f_j) + e_i \sum_{j=1}^{n} (G_{ij}f_j + B_{ij}e_j) = 0 \end{array}\right\} \tag{4-46}$$

式中，ΔP_i、ΔQ_i 分别代表节点 i 的有功功率误差和无功功率误差，其物理意义是节点功率的不平衡量。式(4-44) 也称为功率误差方程。

对于 PV 节点 $(i = m+1, m+2, \cdots, n-1)$，给定量为节点注入有功功率和节点电压幅值，记为 P_{is}、U_{is}，则电压方程为 $\dot{U}_{is} - \dot{U}_i = 0$，因此 $U_{is}^2 - (e_i^2 + f_i^2) = 0$。式(4-46) 中的无功功率误差方程应由电压误差方程代替，即

$$\left.\begin{array}{l} \Delta P_i = P_{is} - e_i \sum_{j=1}^{n} (G_{ij}e_j - B_{ij}f_j) - f_i \sum_{j=1}^{n} (G_{ij}f_j + B_{ij}e_j) = 0 \\ \Delta U_i^2 = U_{is}^2 - (e_i^2 + f_i^2) = 0 \end{array}\right\} \tag{4-47}$$

对于平衡节点 $(i = n)$，其电压 $\dot{U}_n = e_n + \mathrm{j}f_n$ 是给定的，故不需要参加迭代计算。

上述的功率误差方程和电压误差方程所构成的方程组即为牛顿－拉夫逊法潮流计算所要求解的非线性方程组。非线性方程的待求量为各节点电压的实部 e_i 和虚部 f_i（平衡节点除外），共有 $2(n-1)$ 个未知数待求。上述非线性方程组共有 $2(n-1)$ 个，其中 $(n-1)$ 个为有功功率误差方程，m 个为无功功率误差方程，$(n-m-1)$ 个为电压误差方程。参照式(4-39) 可得全部节点的修正方程为

$$
\begin{pmatrix} \Delta P_1 \\ \Delta Q_1 \\ \vdots \\ \Delta P_m \\ \Delta Q_m \\ \Delta P_{m+1} \\ \Delta U_{m+1}^2 \\ \vdots \\ \Delta P_{n-1} \\ \Delta U_{n-1}^2 \end{pmatrix} = -
\begin{pmatrix}
\frac{\partial \Delta P_1}{\partial e_1} & \frac{\partial \Delta P_1}{\partial f_1} & \cdots & \frac{\partial \Delta P_1}{\partial e_m} & \frac{\partial \Delta P_1}{\partial f_m} & \frac{\partial \Delta P_1}{\partial e_{m+1}} & \frac{\partial \Delta P_1}{\partial f_{m+1}} & \cdots & \frac{\partial \Delta P_1}{\partial e_{n-1}} & \frac{\partial \Delta P_1}{\partial f_{n-1}} \\
\frac{\partial \Delta Q_1}{\partial e_1} & \frac{\partial \Delta Q_1}{\partial f_1} & \cdots & \frac{\partial \Delta Q_1}{\partial e_m} & \frac{\partial \Delta Q_1}{\partial f_m} & \frac{\partial \Delta Q_1}{\partial e_{m+1}} & \frac{\partial \Delta Q_1}{\partial f_{m+1}} & \cdots & \frac{\partial \Delta Q_1}{\partial e_{n-1}} & \frac{\partial \Delta Q_1}{\partial f_{n-1}} \\
\vdots & \vdots & \cdots & \vdots & \vdots & \vdots & \vdots & & \vdots & \vdots \\
\frac{\partial \Delta P_m}{\partial e_1} & \frac{\partial \Delta P_m}{\partial f_1} & \cdots & \frac{\partial \Delta P_m}{\partial e_m} & \frac{\partial \Delta P_m}{\partial f_m} & \frac{\partial \Delta P_m}{\partial e_{m+1}} & \frac{\partial \Delta P_m}{\partial f_{m+1}} & \cdots & \frac{\partial \Delta P_m}{\partial e_{n-1}} & \frac{\partial \Delta P_m}{\partial f_{n-1}} \\
\frac{\partial \Delta Q_m}{\partial e_1} & \frac{\partial \Delta Q_m}{\partial f_1} & \cdots & \frac{\partial \Delta Q_m}{\partial e_m} & \frac{\partial \Delta Q_m}{\partial f_m} & \frac{\partial \Delta Q_m}{\partial e_{m+1}} & \frac{\partial \Delta Q_m}{\partial f_{m+1}} & \cdots & \frac{\partial \Delta Q_m}{\partial e_{n-1}} & \frac{\partial \Delta Q_m}{\partial f_{n-1}} \\
\frac{\partial \Delta P_{m+1}}{\partial e_1} & \frac{\partial \Delta P_{m+1}}{\partial f_1} & \cdots & \frac{\partial \Delta P_{m+1}}{\partial e_m} & \frac{\partial \Delta P_{m+1}}{\partial f_m} & \frac{\partial \Delta P_{m+1}}{\partial e_{m+1}} & \frac{\partial \Delta P_{m+1}}{\partial f_{m+1}} & \cdots & \frac{\partial \Delta P_{m+1}}{\partial e_{n-1}} & \frac{\partial \Delta P_{m+1}}{\partial f_{n-1}} \\
0 & 0 & \cdots & 0 & 0 & \frac{\partial \Delta U_{m+1}^2}{\partial e_{m+1}} & \frac{\partial \Delta U_{m+1}^2}{\partial f_{m+1}} & \cdots & 0 & 0 \\
\vdots & \vdots & \cdots & \vdots & \vdots & & & \cdots & \vdots & \vdots \\
\frac{\partial \Delta P_{n-1}}{\partial e_1} & \frac{\partial \Delta P_{n-1}}{\partial f_1} & \cdots & \frac{\partial \Delta P_{n-1}}{\partial e_m} & \frac{\partial \Delta P_{n-1}}{\partial f_m} & \frac{\partial \Delta P_{n-1}}{\partial e_{m+1}} & \frac{\partial \Delta P_{n-1}}{\partial f_{m+1}} & \cdots & \frac{\partial \Delta P_{n-1}}{\partial e_{n-1}} & \frac{\partial \Delta P_{n-1}}{\partial f_{n-1}} \\
0 & 0 & \cdots & 1 & 0 & 0 & 0 & \cdots & \frac{\partial \Delta U_{n-1}^2}{\partial e_{n-1}} & \frac{\partial \Delta U_{n-1}^2}{\partial f_{n-1}}
\end{pmatrix}
\begin{pmatrix} \Delta e_1 \\ \Delta f_1 \\ \vdots \\ \Delta e_m \\ \Delta f_m \\ \Delta e_{m+1} \\ \Delta f_{m+1} \\ \vdots \\ \Delta e_{n-1} \\ \Delta f_{n-1} \end{pmatrix}
$$

$$\tag{4-48}$$

式(4-48) 中雅可比矩阵中非对角元素 $(i \neq j)$ 分别为

$$
\left.
\begin{aligned}
\frac{\partial \Delta P_i}{\partial e_j} &= -\frac{\partial \Delta Q_i}{\partial f_j} = -(G_{ij}e_i + B_{ij}f_i) \\
\frac{\partial \Delta P_i}{\partial f_j} &= \frac{\partial \Delta Q_i}{\partial e_j} = B_{ij}e_i - G_{ij}f_i \\
\frac{\partial \Delta U_i^2}{\partial e_j} &= \frac{\partial \Delta U_i^2}{\partial f_j} = 0
\end{aligned}
\right\}
\tag{4-49}
$$

对角元素 $(i = j)$ 分别为

$$
\left.
\begin{aligned}
\frac{\partial \Delta P_i}{\partial e_i} &= -\sum_{j=1}^{n}(G_{ij}e_j - B_{ij}f_j) - G_{ii}e_i - B_{ii}f_i \\
\frac{\partial \Delta P_i}{\partial f_i} &= -\sum_{j=1}^{n}(G_{ij}f_j + B_{ij}e_j) + B_{ii}e_i - G_{ii}f_i \\
\frac{\partial \Delta Q_i}{\partial e_i} &= \sum_{j=1}^{n}(G_{ij}f_j + B_{ij}e_j) + B_{ii}e_i - G_{ii}f_i \\
\frac{\partial \Delta Q_i}{\partial f_i} &= -\sum_{j=1}^{n}(G_{ij}e_j - B_{ij}f_j) + G_{ii}e_i + B_{ii}f_i \\
\frac{\partial \Delta U_i^2}{\partial e_i} &= -2e_i \\
\frac{\partial \Delta U_i^2}{\partial f_i} &= -2f_i
\end{aligned}
\right\}
\tag{4-50}
$$

观察上述矩阵中各元素可以发现，雅可比矩阵具有以下几个特点：

1）雅可比矩阵各元素都是节点电压的函数，因此，在迭代过程中，它们将随着节点电压的变化而不断改变。

2）雅可比矩阵是不对称矩阵。

3）当导纳矩阵中的非对角元素 $Y_{ij} = G_{ij} + jB_{ij} = 0$ 时，雅可比矩阵中与之对应的非对角元素也为零，此外因非对角元素 $\dfrac{\partial \Delta U_i^2}{\partial e_j} = \dfrac{\partial \Delta U_i^2}{\partial f_j} = 0$，所以雅可比矩阵是非常稀疏的。

2. 牛顿–拉夫逊法潮流计算的主要步骤及框图

用牛顿–拉夫逊法进行潮流计算的步骤如下：

1）输入原始数据：包括各支路导纳；所有节点的有功注入功率；PQ 节点的无功注入功率；PV 节点的电压幅值；节点功率范围（约束条件）；平衡节点电压等。

2）形成节点导纳矩阵 Y_B。

3）设置各节点电压初值 $e_i^{(0)}$ 和 $f_i^{(0)}$。

4）设置迭代次数 $k = 0$。

5）将各节点电压初值代入式(4-46)、式(4-47) 中，计算各节点功率和节点电压的不平衡量 $\Delta P_i^{(k)}$、$\Delta Q_i^{(k)}$ 及 $(\Delta U_i^{(k)})^2$。

6）应用式(4-49)、式(4-50) 求雅可比矩阵各元素。

7）求解修正方程，求出各节点电压的修正量 $\Delta e_i^{(k)}$、$\Delta f_i^{(k)}$。

8）求节点电压新值

$$
\left.\begin{aligned}
e_i^{(k+1)} &= e_i^{(k)} + \Delta e_i^{(k)} \\
f_i^{(k+1)} &= f_i^{(k)} + \Delta f_i^{(k)}
\end{aligned}\right\}
\tag{4-51}
$$

9）判断是否收敛，其收敛条件为

$$
|f(x_i^{(k)})|_{\max} = |\Delta P_i^{(k)}, \Delta Q_i^{(k)}|_{\max} < \varepsilon
\tag{4-52}
$$

若不收敛，返回到第5）步进行下一次迭代，直到收敛为止；若收敛，转下一步计算。

10）求平衡节点的功率及各支路的功率分布。

若节点 n 为平衡节点，将 $i=n$ 代入功率方程式（4-16），可得平衡节点的注入功率为

图4-6　线路功率计算

$$
\tilde{S}_n = P_n + jQ_n = \dot{U}_n \sum_{j=1}^{n} \overset{*}{Y}_{nj} \overset{*}{U}_j
\tag{4-53}
$$

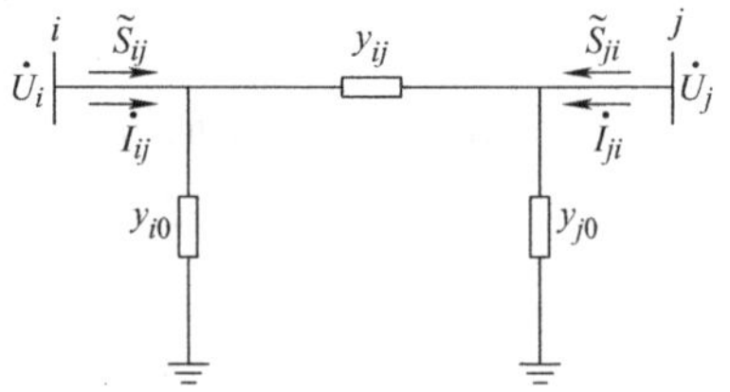

各段线路上流动的功率（见图4-6）为

$$
\left.\begin{aligned}
\tilde{S}_{ij} &= \dot{U}_i \overset{*}{I}_{ij} = \dot{U}_i [\overset{*}{\dot{U}_i} \overset{*}{y}_{i0} + (\overset{*}{\dot{U}_i} - \overset{*}{\dot{U}_j}) \overset{*}{y}_{ij}] = U_i^2 \overset{*}{y}_{i0} + \dot{U}_i (\overset{*}{\dot{U}_i} - \overset{*}{\dot{U}_j}) \overset{*}{y}_{ij} \\
\tilde{S}_{ji} &= \dot{U}_j \overset{*}{I}_{ji} = \dot{U}_j [\overset{*}{\dot{U}_j} \overset{*}{y}_{j0} + (\overset{*}{\dot{U}_j} - \overset{*}{\dot{U}_i}) \overset{*}{y}_{ij}] = U_j^2 \overset{*}{y}_{j0} + \dot{U}_j (\overset{*}{\dot{U}_j} - \overset{*}{\dot{U}_i}) \overset{*}{y}_{ij}
\end{aligned}\right\}
\tag{4-54}
$$

各段线路上的功率损耗为

$$
\Delta \tilde{S}_{ij} = \tilde{S}_{ij} + \tilde{S}_{ji}
\tag{4-55}
$$

根据以上步骤可绘制牛顿-拉夫逊法潮流计算的原理框图如图4-7所示。

对于牛顿-拉夫逊法潮流计算需要说明以下几点：

1）牛顿-拉夫逊法对初值要求较高。如果初值和真实解相差较大，可能会不收敛或收敛于不切实际的解。一般来说，电力系统在正常运行情况下，各节点电压运行在额定电压附近，各节点电压相位差不会很大。所以，在电力系统潮流计算中，各节点电压相位的初始值一般给定为 0（与平衡节点电压的相位相同），即取 $e_i^{(0)} = 1$，$f_i^{(0)} = 0$（$i = 1, 2, \cdots, n$），这样便能得到比较满意的结果。

2）PV 节点与 PQ 节点一起迭代，在迭代过程中要监视 PV 节点的无功功率。若越限，即 $Q_i^{(k)} \leqslant Q_{i.\min}$ 或 $Q_i^{(k)} \geqslant Q_{i.\max}$，此时 PV 节点转换成了 PQ 节点，则以后的迭代应按 PQ 节点进行，即应将对应于该节点的无功功率误差方程 $\Delta Q_i^{(k)}$ 取代原来对应于该节点的电压误差方程 $(\Delta U_i^{(k)})^2$，其中无功功率的给定量 Q_{is} 取该节点的 $Q_{i.\min}$ 或 $Q_{i.\max}$。

3）牛顿-拉夫逊法具有平方收敛特性，故越接近真值其收敛速度越快。一般地，潮流计算迭代 5~6 次就能收敛到非常精确的解，且迭代次数与电力系统规模关系不大。

（二）极坐标系下的牛顿-拉夫逊法潮流计算

式（4-18）所示极坐标形式的功率方程可改写为

$$
\left.\begin{aligned}
P_i - U_i \sum_{j=1}^{n} U_j (G_{ij}\cos\delta_{ij} + B_{ij}\sin\delta_{ij}) &= 0 \\
Q_i - U_i \sum_{j=1}^{n} U_j (G_{ij}\sin\delta_{ij} - B_{ij}\cos\delta_{ij}) &= 0
\end{aligned}\right\}
\tag{4-56}
$$

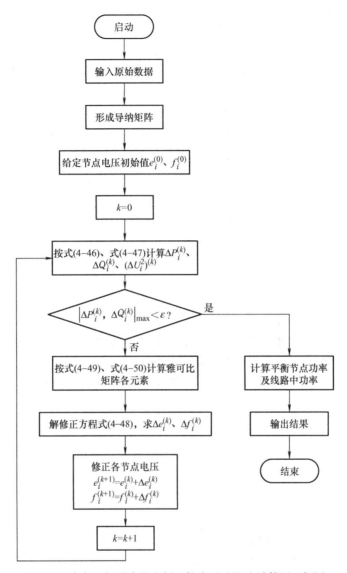

图 4-7 直角坐标形式的牛顿 – 拉夫逊法潮流计算原理框图

对于具有 n 个节点的网络，设其中有 m 个 PQ 节点，$(n-m-1)$ 个 PV 节点，1 个平衡节点（节点 n）。对于 PQ 节点（$i=1, 2, \cdots, m$），因给定量为 P_{is}、Q_{is}，则有

$$\left.\begin{aligned}\Delta P_i &= P_{is} - U_i \sum_{j=1}^{n} U_j (G_{ij}\cos\delta_{ij} + B_{ij}\sin\delta_{ij}) = 0 \\ \Delta Q_i &= Q_{is} - U_i \sum_{j=1}^{n} U_j (G_{ij}\sin\delta_{ij} - B_{ij}\cos\delta_{ij}) = 0\end{aligned}\right\} \tag{4-57}$$

对于 PV 节点（$i=m+1, m+2, \cdots, n-1$），由于给定量为 P_{is} 和 U_{is}，待求量为 Q_i 和 δ_i，故仅有有功功率误差方程，即

$$\Delta P_i = P_{is} - U_i \sum_{j=1}^{n} U_j (G_{ij}\cos\delta_{ij} + B_{ij}\sin\delta_{ij}) = 0 \tag{4-58}$$

对于平衡节点（$i=n$），因 U_n、δ_n 已知，故不参加迭代计算。

这样，极坐标系下有功功率误差方程为 $(n-1)$ 个，无功功率误差方程为 m 个，总方程数为 $(n+m-1)$ 个。而待求量对 PQ 节点为 U_i、δ_i，有 $2m$ 个；对 PV 节点为 δ_i，有 $(n-m-1)$ 个，一共也是 $(n+m-1)$ 个。可见，采用极坐标表示时的不平衡方程总数要比直角坐标少 $(n-m-1)$ 个。

参照式(4-39)可得全部节点的修正方程为

$$
\begin{pmatrix}
\Delta P_1 \\ \Delta P_2 \\ \vdots \\ \Delta P_{n-1} \\ \hline \Delta Q_1 \\ \Delta Q_2 \\ \vdots \\ \Delta Q_m
\end{pmatrix}
= -
\left(
\begin{array}{cccc|cccc}
H_{11} & H_{12} & \cdots & H_{1(n-1)} & N_{11} & N_{12} & \cdots & N_{1m} \\
H_{21} & H_{22} & \cdots & H_{2(n-1)} & N_{21} & N_{22} & \cdots & N_{2m} \\
\vdots & \vdots & \ddots & \vdots & \vdots & \vdots & \ddots & \vdots \\
H_{(n-1)1} & H_{(n-1)2} & \cdots & H_{(n-1)(n-1)} & N_{(n-1)1} & N_{(n-1)2} & \cdots & N_{(n-1)m} \\ \hline
J_{11} & J_{12} & \cdots & J_{1(n-1)} & L_{11} & L_{12} & \cdots & L_{1m} \\
J_{21} & J_{22} & \cdots & J_{2(n-1)} & L_{21} & L_{22} & \cdots & L_{2m} \\
\vdots & \vdots & \ddots & \vdots & \vdots & \vdots & \ddots & \vdots \\
J_{m1} & J_{m2} & \cdots & J_{m(n-1)} & L_{m1} & L_{m2} & \cdots & L_{mm}
\end{array}
\right)
\begin{pmatrix}
\Delta \delta_1 \\ \Delta \delta_2 \\ \vdots \\ \Delta \delta_{n-1} \\ \hline \Delta U_1/U_1 \\ \Delta U_1/U_2 \\ \vdots \\ \Delta U_m/U_m
\end{pmatrix}
$$

$$(4\text{-}59)$$

式中，电压幅值的修正量采用了 $\Delta U_i/U_i$ 来代替变量 U_i 的修正量 ΔU_i，这样做并没有什么特殊意义，只是为了使雅可比矩阵中各元素具有比较相似的表达式，以简化雅可比矩阵元素的计算，而这并不影响计算的收敛性和计算结果的精度。

式(4-59)中雅可比矩阵中各分块矩阵的非对角元素（$i \neq j$）分别为

$$
\left.
\begin{aligned}
H_{ij} &= \frac{\partial \Delta P_i}{\partial \delta_j} = -U_i U_j (G_{ij}\sin\delta_{ij} - B_{ij}\cos\delta_{ij}) \\
N_{ij} &= \frac{\partial \Delta P_i}{\partial U_j}U_j = -U_i U_j (G_{ij}\cos\delta_{ij} + B_{ij}\sin\delta_{ij}) \\
J_{ij} &= \frac{\partial \Delta Q_i}{\partial \delta_j} = U_i U_j (G_{ij}\cos\delta_{ij} + B_{ij}\sin\delta_{ij}) \\
L_{ij} &= \frac{\partial \Delta Q_i}{\partial U_j}U_j = -U_i U_j (G_{ij}\sin\delta_{ij} - B_{ij}\cos\delta_{ij})
\end{aligned}
\right\}
\quad (4\text{-}60)
$$

各分块矩阵的对角元素（$i=j$）分别为

$$
\left.
\begin{aligned}
H_{ii} &= \frac{\partial \Delta P_i}{\partial \delta_i} = U_i \sum_{\substack{j=1 \\ j \neq i}}^{n} U_j (G_{ij}\sin\delta_{ij} - B_{ij}\cos\delta_{ij}) = U_i^2 B_{ii} + Q_i \\
N_{ii} &= \frac{\partial \Delta P_i}{\partial U_i}U_i = -U_i \sum_{\substack{j=1 \\ j \neq i}}^{n} U_j (G_{ij}\cos\delta_{ij} + B_{ij}\sin\delta_{ij}) - 2U_i^2 G_{ii} = -U_i^2 G_{ii} - P_i \\
J_{ii} &= \frac{\partial \Delta Q_i}{\partial \delta_i} = -U_i \sum_{\substack{j=1 \\ j \neq i}}^{n} U_j (G_{ij}\cos\delta_{ij} + B_{ij}\sin\delta_{ij}) = U_i^2 G_{ii} - P_i \\
L_{ii} &= \frac{\partial \Delta Q_i}{\partial U_i}U_i = -U_i \sum_{\substack{j=1 \\ j \neq i}}^{n} U_j (G_{ij}\sin\delta_{ij} - B_{ij}\cos\delta_{ij}) + 2U_i^2 B_{ii} = U_i^2 B_{ii} - Q_i
\end{aligned}
\right\}
\quad (4\text{-}61)
$$

式中，$P_i = U_i \sum_{j=1}^{n} U_j G_{ij}$；$Q_i = -U_i \sum_{j=1}^{n} U_j B_{ij}$。

修正方程式(4-59) 可以写出分块矩阵的形式

$$\begin{pmatrix}\Delta P\\\Delta Q\end{pmatrix}=-\begin{pmatrix}H&N\\J&L\end{pmatrix}\begin{pmatrix}\Delta\delta\\\Delta U/U\end{pmatrix}\tag{4-62}$$

其中，H 为 $(n-1)$ 阶方阵；L 为 m 阶方阵；N 为 $(n-1)\times m$ 阶矩阵；J 为 $m\times(n-1)$ 阶矩阵。

极坐标系下的牛顿-拉夫逊法潮流计算步骤及框图与直角坐标系类似。需要指出的是，在计算过程中，当 PV 节点因无功功率越限而转化成 PQ 节点时，修正方程式需增加一个对应于该节点的无功功率误差方程 $\Delta Q_i^{(k)}$。

【例4-2】 在【例4-1】所示的 5 节点电力系统中，节点 2、3 和 4 为 PQ 节点，各节点的负荷分别为：$\tilde S_2=3.7+j1.3$，$\tilde S_3=2+j1$，$\tilde S_4=1.6+j0.8$；节点 5 为 PV 节点，给定 $P_5=5$，$U_5=1.05$；节点 1 为平衡节点，给定 $U_1=1.05\angle0°$。各支路阻抗、对地导纳及变压器电压比均标于图 4-8 中，试用以直角坐标表示的牛顿–拉夫逊法计算潮流分布。

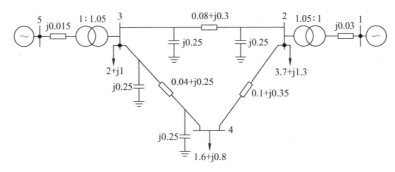

图 4-8　例 4-2 图

解：（1）计算节点导纳矩阵。由【例4-1】可知，该网络的节点导纳矩阵为

$$Y_B=\begin{pmatrix}-j33.3333&j31.7460&0&0&0\\j31.7460&1.5846-j35.7379&-0.8299+j3.1120&-0.7547+j2.6415&0\\0&-0.8299+j3.1120&1.4539-j66.9808&-0.6240+j3.9002&j63.4921\\0&-0.7547+j2.6415&-0.6240+j3.9002&1.3787-j6.2917&0\\0&0&j63.4921&0&-j66.6667\end{pmatrix}$$

（2）给定电压初值：设 $\dot U_1^{(0)}=1.05+j0$；$\dot U_2^{(0)}=\dot U_3^{(0)}=\dot U_4^{(0)}=1+j0$；$\dot U_5^{(0)}=1.05+j0$

（3）按式(4-46)、式(4-47) 计算 $\Delta P_i^{(0)}$、$\Delta Q_i^{(0)}$ 及 $(\Delta U_i^{(0)})^2$

$$\begin{aligned}\Delta P_2^{(0)}&=P_{2s}-e_2^{(0)}\sum_{j=1}^5(G_{2j}e_j^{(0)}-B_{2j}f_j^{(0)})-f_2^{(0)}\sum_{j=1}^5(G_{2j}f_j^{(0)}+B_{2j}e_j^{(0)})\\&=-3.7-1\times[0+(1.5846\times1-0)+(-0.8299\times1-0)+(-0.7547\times1-0)]-0\\&=-3.7\end{aligned}$$

$$\begin{aligned}\Delta Q_2^{(0)}&=Q_{2s}-f_2^{(0)}\sum_{j=1}^5(G_{2j}e_j^{(0)}-B_{2j}f_j^{(0)})+e_2^{(0)}\sum_{j=1}^5(G_{2j}f_j^{(0)}+B_{2j}e_j^{(0)})\\&=-1.3-0+1\times[(0+31.7460\times1.05)+(0-35.7379\times1)+(0+3.1120\times1)+(0+2.6415\times1)+0]\\&=2.0490\end{aligned}$$

类似地，可求出

$$\Delta P_3^{(0)} = -2.0000, \ \Delta Q_3^{(0)} = 5.6980, \ \Delta P_4^{(0)} = -1.6000, \ \Delta Q_4^{(0)} = -0.5500, \ \Delta P_5^{(0)} = 5.0000$$

$$(\Delta U_5^{(0)})^2 = U_{5s}^2 - [(e_5^{(0)})^2 + (f_5^{(0)})^2] = 1.05^2 - (1.05^2 + 0^2) = 0.0000$$

（4）按式（4-49）和式（4-50）计算雅可比矩阵各元素，得修正方程如下

$$
\begin{pmatrix} -3.7000 \\ 2.0490 \\ -2.0000 \\ 5.6980 \\ -1.6000 \\ -0.5500 \\ 5.0000 \\ 0.0000 \end{pmatrix} = - \begin{pmatrix} -1.5846 & -39.0868 & 0.8299 & 3.1120 & 0.7547 & 2.6415 & 0.0000 & 0.0000 \\ -32.3890 & 1.5846 & 3.1120 & -0.8299 & 2.6415 & -0.7547 & 0.0000 & 0.0000 \\ 0.8299 & 3.1120 & -1.4539 & -73.6788 & 0.6240 & 3.9002 & 0.0000 & 63.4921 \\ 3.1120 & -0.8299 & -60.0288 & 1.4539 & 3.9002 & -0.6240 & 63.4921 & 0.0000 \\ 0.7547 & 2.6415 & 0.6240 & 3.9002 & -1.3787 & -6.5420 & 0.0000 & 0.0000 \\ 2.6415 & -0.7547 & 3.9002 & -0.6240 & -6.0417 & 1.3787 & 0.0000 & 0.0000 \\ 0.0000 & 0.0000 & 0.0000 & 66.6667 & 0.0000 & 0.0000 & 0.0000 & -63.4921 \\ 0.0000 & 0.0000 & 0.0000 & 0.0000 & 0.0000 & 0.0000 & -2.1000 & 0.0000 \end{pmatrix} \begin{pmatrix} \Delta e_2^{(0)} \\ \Delta f_2^{(0)} \\ \Delta e_3^{(0)} \\ \Delta f_3^{(0)} \\ \Delta e_4^{(0)} \\ \Delta f_4^{(0)} \\ \Delta e_5^{(0)} \\ \Delta f_5^{(0)} \end{pmatrix}
$$

（5）解修正方程，求得各节点电压修正量，并进行修正

$$
\begin{pmatrix} \Delta e_2^{(0)} \\ \Delta f_2^{(0)} \\ \Delta e_3^{(0)} \\ \Delta f_3^{(0)} \\ \Delta e_4^{(0)} \\ \Delta f_4^{(0)} \\ \Delta e_5^{(0)} \\ \Delta f_5^{(0)} \end{pmatrix} = \begin{pmatrix} -0.0588 \\ 0.0690 \\ -0.1054 \\ -0.3607 \\ -0.0336 \\ 0.0335 \\ 0.0000 \\ -0.4575 \end{pmatrix}, \quad \begin{pmatrix} e_2^{(1)} \\ f_2^{(1)} \\ e_3^{(1)} \\ f_3^{(1)} \\ e_4^{(1)} \\ f_4^{(1)} \\ e_5^{(1)} \\ f_5^{(1)} \end{pmatrix} = \begin{pmatrix} e_2^{(0)} \\ f_2^{(0)} \\ e_3^{(0)} \\ f_3^{(0)} \\ e_4^{(0)} \\ f_4^{(0)} \\ e_5^{(0)} \\ f_5^{(0)} \end{pmatrix} + \begin{pmatrix} \Delta e_2^{(0)} \\ \Delta f_2^{(0)} \\ \Delta e_3^{(0)} \\ \Delta f_3^{(0)} \\ \Delta e_4^{(0)} \\ \Delta f_4^{(0)} \\ \Delta e_5^{(0)} \\ \Delta f_5^{(0)} \end{pmatrix} = \begin{pmatrix} 1.0588 \\ -0.0690 \\ 1.1054 \\ 0.3607 \\ 0.9664 \\ -0.0335 \\ 1.0500 \\ 0.4575 \end{pmatrix}
$$

（6）返回第（3）步，计算 ΔP_i、ΔQ_i 及 ΔU_i^2，按式（4-52）检验是否收敛，取收敛指标为 $\varepsilon = 10^{-6}$。若收敛，则注入计算平衡节点功率和线路潮流分布；否则重复第（4）、（5）、（6）步计算，直至收敛。迭代过程中节点电压和不平衡量的变化情况见表4-1和表4-2。

表4-1 迭代过程中节点电压变化情况

迭代次数	e_2	f_2	e_3	f_3	e_4	f_4	e_5	f_5
1	1.0588	-0.0690	1.1054	0.3607	0.9664	-0.0335	1.0500	0.4575
2	1.0351	-0.0770	1.0304	0.3300	0.8712	-0.0699	0.9787	0.3924
3	1.0335	-0.0774	1.0260	0.3305	0.8594	-0.0718	0.9746	0.3907
4	1.0335	-0.0774	1.0260	0.3305	0.0859	-0.0718	0.9746	0.3907
5	1.0335	-0.0774	1.0260	0.3305	0.8592	-0.0718	0.9746	0.3907

表4-2 迭代过程中节点功率不平衡变化情况

迭代次数	ΔP_2	ΔQ_2	ΔP_3	ΔQ_3	ΔP_4	ΔQ_4	ΔP_5
1	-3.7000	2.0490	-2.0000	5.6980	-1.6000	-0.5500	5.0000
2	0.0490	-0.3715	2.7753	0.9180	-0.0347	-0.0720	-3.0610
3	0.0033	-0.0095	0.1666	0.0654	-0.0068	-0.0266	-0.1705
4	0.0000	-0.0000	0.0007	-0.0000	-0.0002	-0.0006	-0.0006
5	0.0000	0.0000	0.0000	0.0000	0.0000	0.0000	0.0000

（7）按式（4-53）计算平衡节点功率

$$\tilde{S}_1 = P_1 + jQ_1 = \dot{U}_1 \sum \overset{*}{\dot{Y}}_{1j} \overset{*}{\dot{U}}_j = 2.5794 + j2.2994$$

按式（4-54）计算线路的功率分布，计算结果如下：

$$\tilde{S}_{12} = 2.5794 + j2.2994, \quad \tilde{S}_{21} = -2.5794 - j1.9745$$

$$\tilde{S}_{23} = -1.2774 - j0.2032, \quad \tilde{S}_{32} = 1.4155 - j0.2443$$

$$\tilde{S}_{24} = 0.1568 + j0.4713, \quad \tilde{S}_{42} = -0.1338 - j0.3909$$

$$\tilde{S}_{34} = 1.5845 + j0.6726, \quad \tilde{S}_{43} = -1.4662 - j0.41091$$

$$\tilde{S}_{35} = 5.0000 + j1.8131, \quad \tilde{S}_{53} = -5.0000 - j1.4282$$

第四节　P-Q 分解法潮流计算

由上节的分析可知，在牛顿-拉夫逊法潮流计算中，主要的计算工作量在于形成雅可比矩阵和求解修正方程。由于雅可比矩阵的阶数约为节点总数的两倍，且其中的元素在每一次迭代过程中都有变化，需要重新形成和求解，这占据了牛顿-拉夫逊法潮流计算的大部分时间，成为牛顿-拉夫逊法计算速度不能提高的主要原因。虽然在牛顿-拉夫逊法潮流计算中应用了稀疏矩阵及节点优化编号等技术来提高计算速度，但却没有充分利用电力系统本身的特点来进行改进和提高计算速度。

P-Q 分解法是牛顿-拉夫逊法潮流计算的一种简化算法，在电力系统中得到广泛应用。它是以极坐标下的牛顿-拉夫逊法为基础，结合电力系统本身的一些运行特性加以简化和改进，使有功功率和无功功率的迭代计算分开进行。

一、P-Q 分解法的修正方程

极坐标形式的功率牛顿-拉夫逊法潮流修正方程为式（4-59）或式（4-62）。将式（4-62）展开得

$$\left. \begin{array}{l} \Delta P = -H\Delta\delta - N(\Delta U/U) \\ \Delta Q = -J\Delta\delta - L(\Delta U/U) \end{array} \right\} \tag{4-63}$$

结合电力系统自身的特点，可做以下三方面的简化。

1）在高压电网中，由于各元件的电抗远大于电阻，以致使系统中有功功率分布主要受节点电压相位角的影响，无功功率分布主要受节点电压幅值的影响，所以可忽略电压幅值变化对有功功率的影响和电压相位变化对无功功率分布的影响，即可将修正方程式中的子阵 N 和 J 略去不计，式（4-63）简化为

$$\left. \begin{array}{l} \Delta P = -H\Delta\delta \\ \Delta Q = -L(\Delta U/U) \end{array} \right\} \tag{4-64}$$

这一步使 P、Q 得以分解。

2）电力系统正常运行时线路两端的电压相位角 δ_{ij} 一般相差不大（通常不超过$10° \sim 20°$），且 $G_{ij} \ll B_{ij}$，因此有

$$\cos\delta_{ij} \approx 1 , \quad G_{ij}\sin\delta_{ij} \ll B_{ij}$$

于是，式(4-60) 中的非对角元素 H_{ij} 和 L_{ij} 表达式可简化为

$$\left.\begin{array}{l} H_{ij} = U_i U_j B_{ij}(i,j=1,2,\cdots,n-1;j\neq i) \\ L_{ij} = U_i U_j B_{ij}(i,j=1,2,\cdots,m;j\neq i) \end{array}\right\} \tag{4-65}$$

3）按自导纳的定义，式(4-61) H_{ii} 和 L_{ii} 表达式中的 $U_i^2 B_{ii}$ 项应为各元件电抗远大于电阻的前提下，除节点 i 以外其他节点都接地时，由节点 i 注入的无功功率，该功率远大于正常运行时节点 i 注入的无功功率 Q_i，即 $U_i^2 B_{ii} \gg Q_i$，故式(4-61) 中的 H_{ii} 和 L_{ii} 可进一步简化为

$$\left.\begin{array}{l} H_{ii} = U_i^2 B_{ii} \\ L_{ii} = U_i^2 B_{ii} \end{array}\right\} \tag{4-66}$$

经过以上简化，雅可比矩阵两个子阵 $\boldsymbol{H}$、$\boldsymbol{L}$ 中的元素具有相同的表达式，但阶数不同。从而可将两个子阵展开为以下形式

$$\begin{pmatrix} U_1^2 B_{11} & U_1 U_2 B_{12} & U_1 U_3 B_{13} & \cdots \\ U_2 U_1 B_{21} & U_2^2 B_{22} & U_2 U_3 B_{23} & \cdots \\ U_3 U_1 B_{31} & U_3 U_2 B_{32} & U_3^2 B_{33} & \cdots \\ \vdots & \vdots & \vdots & \ddots \end{pmatrix} = \begin{pmatrix} U_1 & & & \\ & U_2 & & \\ & & U_3 & \\ & & & \ddots \end{pmatrix}\begin{pmatrix} B_{11} & B_{12} & B_{13} & \cdots \\ B_{21} & B_{22} & B_{23} & \cdots \\ B_{31} & B_{32} & B_{33} & \cdots \\ \vdots & \vdots & \vdots & \ddots \end{pmatrix}\begin{pmatrix} U_1 & & & \\ & U_2 & & \\ & & U_3 & \\ & & & \ddots \end{pmatrix} \tag{4-67}$$

将式(4-67) 代入式(4-64) 中，展开后修正方程变为

$$\begin{pmatrix} \Delta P_1 \\ \Delta P_2 \\ \vdots \\ \Delta P_{n-1} \end{pmatrix} = -\begin{pmatrix} U_1 & & & \\ & U_2 & & \\ & & \ddots & \\ & & & U_{n-1} \end{pmatrix}\begin{pmatrix} B_{11} & B_{12} & \cdots & B_{1(n-1)} \\ B_{21} & B_{22} & \cdots & B_{2(n-1)} \\ \vdots & \vdots & \ddots & \vdots \\ B_{(n-1)1} & B_{(n-1)2} & \cdots & B_{(n-1)(n-1)} \end{pmatrix}\begin{pmatrix} U_1 \Delta\delta_1 \\ U_2 \Delta\delta_2 \\ \vdots \\ U_{n-1} \Delta\delta_{n-1} \end{pmatrix} \tag{4-68}$$

$$\begin{pmatrix} \Delta Q_1 \\ \Delta Q_2 \\ \vdots \\ \Delta Q_m \end{pmatrix} = -\begin{pmatrix} U_1 & & & \\ & U_2 & & \\ & & \ddots & \\ & & & U_m \end{pmatrix}\begin{pmatrix} B_{11} & B_{12} & \cdots & B_{1m} \\ B_{21} & B_{22} & \cdots & B_{2m} \\ \vdots & \vdots & \ddots & \vdots \\ B_{m1} & B_{m2} & \cdots & B_{mm} \end{pmatrix}\begin{pmatrix} \Delta U_1 \\ \Delta U_2 \\ \vdots \\ \Delta U_m \end{pmatrix} \tag{4-69}$$

将式(4-68) 和式(4-69) 等号两边均左乘以下矩阵

$$\begin{pmatrix} U_1 & & & \\ & U_2 & & \\ & & U_3 & \\ & & & \ddots \end{pmatrix}^{-1} = \begin{pmatrix} \dfrac{1}{U_1} & & & \\ & \dfrac{1}{U_2} & & \\ & & \dfrac{1}{U_3} & \\ & & & \ddots \end{pmatrix}$$

可得

$$\begin{pmatrix} \Delta P_1/U_1 \\ \Delta P_2/U_2 \\ \vdots \\ \Delta P_{n-1}/U_{n-1} \end{pmatrix} = -\begin{pmatrix} B_{11} & B_{12} & \cdots & B_{1(n-1)} \\ B_{21} & B_{22} & \cdots & B_{2(n-1)} \\ \vdots & \vdots & \ddots & \vdots \\ B_{(n-1)1} & B_{(n-1)2} & \cdots & B_{(n-1)(n-1)} \end{pmatrix}\begin{pmatrix} U_1 \Delta\delta_1 \\ U_2 \Delta\delta_2 \\ \vdots \\ U_{n-1} \Delta\delta_{n-1} \end{pmatrix} \tag{4-70}$$

$$\begin{pmatrix} \Delta Q_1/U_1 \\ \Delta Q_2/U_2 \\ \vdots \\ \Delta Q_m/U_m \end{pmatrix} = - \begin{pmatrix} B_{11} & B_{12} & \cdots & B_{1m} \\ B_{21} & B_{22} & \cdots & B_{2m} \\ \vdots & \vdots & \ddots & \vdots \\ B_{m1} & B_{m2} & \cdots & B_{mm} \end{pmatrix} \begin{pmatrix} \Delta U_1 \\ \Delta U_2 \\ \vdots \\ \Delta U_m \end{pmatrix} \qquad (4\text{-}71)$$

或缩写为

$$\Delta P/U = -\boldsymbol{B}'U\Delta\delta \qquad (4\text{-}72)$$

$$\Delta Q/U = -\boldsymbol{B}''\Delta U \qquad (4\text{-}73)$$

以上两式就是 P-Q 分解法的修正方程。其中系数矩阵 $\boldsymbol{B}'$、$\boldsymbol{B}''$ 是电纳矩阵，由节点导纳矩阵的虚部构成，是对称、稀疏的常数矩阵，在迭代过程中保持不变。实际应用中，系数矩阵 $\boldsymbol{B}'$、$\boldsymbol{B}''$ 是直接从导纳矩阵的虚数部分获得。为了加速收敛，通常在 $\boldsymbol{B}'$ 中除去那些与有功功率和电压相位关系较小的因素，在 $\boldsymbol{B}''$ 中去掉那些对无功功率和电压幅值影响较小的因素。

二、P-Q 分解法潮流计算的步骤和特点

1. P-Q 分解法潮流计算的步骤

1）形成系数矩阵 $\boldsymbol{B}'$、$\boldsymbol{B}''$。

2）设各节点电压的初值 $\delta_i^{(0)}$（$i=1$，2，$\cdots$，$n-1$），$U_i^{(0)}$（$i=1$，2，$\cdots$，m）。

3）按式（4-57）计算有功功率不平衡量 $\Delta P_i^{(0)}$（$i=1$，2，$\cdots$，$n-1$），并求出 $\Delta P_i^{(0)}/U_i^{(0)}$。

4）解修正方程式（4-70），求各节点电压相位的变量 $\Delta\delta_i^{(0)}$（$i=1$，2，$\cdots$，$n-1$）。

5）修正各点电压相位角，得新值 $\delta_i^{(1)} = \delta_i^{(0)} + \Delta\delta_i^{(0)}$。

6）按式（4-57）计算各 PQ 节点的无功功率不平衡量 $\Delta Q_i^{(0)}$（$i=1$，2，$\cdots$，m），并求出 $\Delta Q_i^{(0)}/U_i^{(0)}$。

7）解修正方程式（4-71），求各 PQ 节点电压幅值的变量 $\Delta U_i^{(0)}$（$i=1$，2，$\cdots$，m）。

8）修正 PQ 节点电压的幅值，得新值 $U_i^{(1)} = U_i^{(0)} + \Delta U_i^{(0)}$。

9）运用各节点电压的新值自第 3）步开始进入下一次迭代，直到各节点功率误差 ΔP_i、ΔQ_i 都满足收敛条件；若收敛，转下一步计算。

10）计算平衡节点功率各支路的功率分布。

P-Q 分解法潮流计算的框图如图 4-9 所示。图中 k_P、k_Q 分别为有功功率和无功功率迭代状态的标志。收敛时，置 0；未收敛时，置 1。其作用是保证在 $|\Delta P_i^{(k)}|_{\max} < \varepsilon$ 和 $|\Delta Q_i^{(k)}|_{\max} < \varepsilon$ 两个收敛条件相继都得到满足时，才开始计算平衡节点功率和线路功率。若只有一个条件满足，下次迭代只需计算不满足的模块即可。

2. P-Q 分解法潮流计算的特点

与牛顿-拉夫逊法相比，P-Q 分解法的修正方程式有如下特点：

1）以一个（$n-1$）阶和 m 阶系数矩阵 $\boldsymbol{B}'$、$\boldsymbol{B}''$ 代替原有的（$n+m-1$）阶雅可比矩阵 $\boldsymbol{J}$，即将高阶问题变成两个低阶问题，这样可以减少计算机的存储容量和加快线性方程组的求解速度。

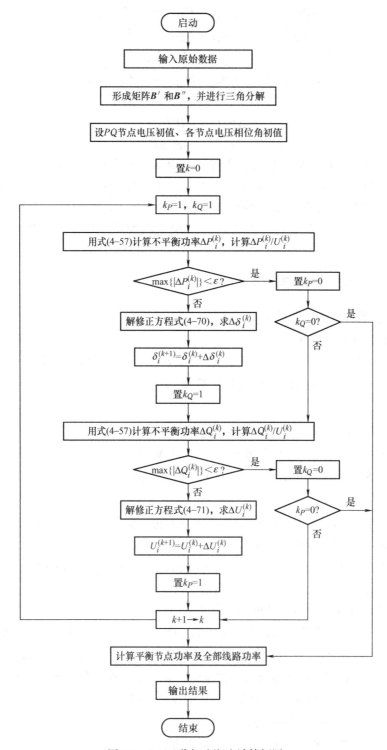

图4-9　P-Q分解法潮流计算框图

2）修正方程的系数矩阵 $\boldsymbol{B}'$、$\boldsymbol{B}''$ 为对称常数矩阵，且在迭代过程中保持不变，减少了计算工作量，又因是对称矩阵，只需存储一个上（或下）三角矩阵，节约了计算机的内存容量。

3）由于 P - Q 分解法只是对牛顿 - 拉夫逊法的雅可比矩阵做了简化，而对其功率平衡方程式和收敛判据都未做改变，因而 P - Q 分解法的种种简化只影响迭代过程，而不影响计算结果的精确度，故其计算精度与牛顿-拉夫逊法完全一样。

4）P - Q 分解法具有线性收敛特性，与牛顿 - 拉夫逊法相比，当收敛到同样的精度时需要的迭代次数较多，但每次迭代的时间大大减少，因而总的来说，P - Q 分解法的速度较牛顿 - 拉夫逊法快。

5）P - Q 分解法一般只适用于 110kV 及以上电网的潮流计算。在 r/x 比值较大的电网（35kV 及以下）中，因不满足上述简化条件，可能会出现迭代计算不收敛的情况。

【例 4-3】 用 P - Q 分解法对【例 4-2】的电力系统做潮流分布计算。网络参数与给定条件与【例 4-2】相同。

解：（1）节点导纳矩阵 $\boldsymbol{Y}_B$ 与【例 4-2】相同，形成有功迭代和无功迭代的雅可比矩阵 $\boldsymbol{B}'$ 和 $\boldsymbol{B}''$，本例直接取用 $\boldsymbol{Y}_B$ 矩阵元素的虚部。

$$\boldsymbol{B}' = \begin{pmatrix} -35.7379 & 3.1120 & 2.6415 & 0.0000 \\ 3.1120 & -66.9808 & 3.9002 & 63.4921 \\ 2.6415 & 3.9002 & -6.2917 & 0.0000 \\ 0.0000 & 63.4921 & 0.0000 & -66.6667 \end{pmatrix}; \quad \boldsymbol{B}'' = \begin{pmatrix} -35.7379 & 3.1120 & 2.6415 \\ 3.1120 & -66.9808 & 3.9002 \\ 2.6415 & 3.9002 & -6.2917 \end{pmatrix}$$

（2）给定电压初值：设 $U_2^{(0)} = U_3^{(0)} = U_4^{(0)} = 1$，$\delta_2^{(0)} = \delta_3^{(0)} = \delta_4^{(0)} = 0$，$U_5^{(0)} = U_{5s} = 1.05$，$\delta_5^{(0)} = 0$

（3）计算各节点（平衡节点除外）的有功功率不平衡量 $\Delta P_i^{(0)}$ 和 $\Delta P_i^{(0)}/U_i^{(0)}$ 为

$$\begin{aligned} \Delta P_2^{(0)} &= P_{2s} - U_2^{(0)} \sum_{j=1}^{n} U_j^{(0)} (G_{2j}\cos\delta_{2j}^{(0)} + B_{2j}\sin\delta_{2j}^{(0)}) \\ &= -3.7 - 1 \times [0 + 1 \times (1.5846 \times \cos 0 - 35.7379 \times \sin 0) + 1 \times (-0.8299 \times \cos 0 + \\ &\quad 3.1120 \times \sin 0) + 1 \times (-0.7547 \times \cos 0) + 2.6415 \times \sin 0) + 0] \\ &= -3.7000 \end{aligned}$$

类似地，可以求出

$$\Delta P_3^{(0)} = -2.0000, \quad \Delta P_4^{(0)} = -1.6000, \quad \Delta P_5^{(0)} = 5.0000$$

则

$$\Delta P_2^{(0)}/U_2^{(0)} = -3.7000, \quad \Delta P_3^{(0)}/U_3^{(0)} = -2.0000, \quad \Delta P_4^{(0)}/U_4^{(0)} = -1.6000, \quad \Delta P_5^{(0)}/U_5^{(0)} = 4.7619$$

（4）解修正方程，求得各节点相位角修正量，并进行修正

$$\begin{pmatrix} \Delta\delta_2^{(0)} \\ \Delta\delta_3^{(0)} \\ \Delta\delta_4^{(0)} \\ \Delta\delta_5^{(0)} \end{pmatrix} = \begin{pmatrix} -0.0686 \\ 0.3384 \\ -0.0636 \\ 0.4098 \end{pmatrix}, \quad \begin{pmatrix} \delta_2^{(1)} \\ \delta_3^{(1)} \\ \delta_4^{(1)} \\ \delta_5^{(1)} \end{pmatrix} = \begin{pmatrix} \delta_2^{(0)} \\ \delta_3^{(0)} \\ \delta_4^{(0)} \\ \delta_5^{(0)} \end{pmatrix} + \begin{pmatrix} \Delta\delta_2^{(0)} \\ \Delta\delta_3^{(0)} \\ \Delta\delta_4^{(0)} \\ \Delta\delta_5^{(0)} \end{pmatrix} = \begin{pmatrix} -0.0686 \\ 0.3384 \\ -0.0636 \\ 0.4098 \end{pmatrix}$$

（5）计算各 PQ 节点的无功功率不平衡量 $\Delta Q_i^{(0)}$ 和 $\Delta Q_i^{(0)}/U_i^{(0)}$（计算时电压相位角用最新的修正值）

$$\Delta Q_2^{(0)} = Q_{2s} - U_2^{(0)} \sum_{j=1}^{n} U_j^{(0)} (G_{2j}\sin\delta_{2j}^{(1)} - B_{2j}\cos\delta_{2j}^{(1)}) = -0.2193$$

类似地可以求出

$$\Delta Q_3^{(0)} = 5.8865, \quad \Delta Q_4^{(0)} = -1.3080$$

则 $\qquad \Delta Q_2^{(0)}/U_2^{(0)} = -0.2193, \quad \Delta Q_3^{(0)}/U_3^{(0)} = 5.8865, \quad \Delta Q_4^{(0)}/U_4^{(0)} = 1.3080$

（6）解修正方程式，求各 PQ 节点电压幅值的变量，并进行修正

$$\begin{pmatrix} \Delta U_2^{(0)} \\ \Delta U_3^{(0)} \\ \Delta U_4^{(0)} \end{pmatrix} = \begin{pmatrix} 0.0396 \\ 0.0785 \\ -0.1037 \end{pmatrix}, \qquad \begin{pmatrix} U_2^{(1)} \\ U_3^{(1)} \\ U_4^{(1)} \end{pmatrix} = \begin{pmatrix} U_2^{(0)} \\ U_3^{(0)} \\ U_4^{(0)} \end{pmatrix} + \begin{pmatrix} \Delta U_2^{(0)} \\ \Delta U_3^{(0)} \\ \Delta U_4^{(0)} \end{pmatrix} = \begin{pmatrix} 1.0396 \\ 1.0785 \\ 0.8963 \end{pmatrix}$$

然后返回第（3）步做下一轮迭代计算，并按式（4-52）检验是否收敛。若收敛，则注入计算平衡节点功率和线路潮流分布；否则重复第（4）、（5）、（6）步计算，直至收敛，当收敛指标取 $\varepsilon = 10^{-5}$，P‑Q 分解法要迭代 10 次。迭代过程中节点电压变化情况见表 4-3，迭代过程中最大功率误差和电压误差的变化情况见表 4-4。

表 4-3　迭代过程中节点电压变化情况

迭代次数	δ_2	U_2	δ_3	U_3	δ_4	U_4	δ_5
0	0.0000	1.0000	0.0000	1.0000	0.0000	1.0000	0.0000
1	−0.0686	1.0396	0.3384	1.0785	−0.0636	0.8963	0.4098
2	−0.0746	1.0375	0.3064	1.0786	−0.0828	0.8707	0.3760
3	−0.0745	1.0367	0.3104	1.0781	−0.0825	0.8647	0.3800
4	−0.0747	1.0365	0.3112	1.0780	−0.0832	0.8629	0.3808
5	−0.0747	1.0364	0.3115	1.0779	−0.0833	0.8624	0.3811
6	−0.0747	1.0364	0.3116	1.0779	−0.0834	0.8622	0.3812
7	−0.0747	1.0364	0.3116	1.0779	−0.0834	0.8622	0.3812
8	−0.0747	1.0364	0.3116	1.0779	−0.0834	0.8622	0.3812
9	−0.0747	1.0364	0.3116	1.0779	−0.0834	0.8622	0.3812
10	−0.0747	1.0364	0.3116	1.0779	−0.0834	0.8622	0.3812

表 4-4　迭代过程中节点功率不平衡量变化情况

迭代次数	ΔP_2	ΔQ_2	ΔP_3	ΔQ_3	ΔP_4	ΔQ_4	ΔP_5
1	−3.7000	−0.2193	−2.0000	5.8865	−1.6000	−1.3080	5.0000
2	−0.0873	−0.0082	−0.0067	0.1222	0.0138	−0.1397	−0.1311
3	−0.0105	−0.0112	0.0256	−0.0036	−0.0119	−0.0298	0.0027
4	−0.0084	−0.0031	0.0075	−0.0019	−0.0061	−0.0085	0.0020
5	−0.0022	−0.0010	0.0025	−0.0006	−0.0019	−0.0025	0.0006
6	−0.0007	−0.0003	0.0008	−0.0002	−0.0006	−0.0008	0.0002
7	−0.0002	−0.0001	0.0002	−0.0001	−0.0002	−0.0002	0.0001
8	−0.0001	−0.0000	0.0001	−0.0000	−0.0000	−0.0001	0.0000
9	−0.0000	−0.0000	0.0000	−0.0000	−0.0000	−0.0000	0.0000
10	−0.0000	−0.0000	0.0000	−0.0000	−0.0000	−0.0000	0.0000

经过 10 次迭代精度达到要求，迭代到此结束。其计算结果与【例 4-2】相比较是非常接近的，这说明在满足 P‑Q 分解法的三个简化条件的基础上，其计算结果的准确度是有保证的。

第五节　潮流计算 MATLAB 程序实现

在实际电力系统潮流计算中，多采用已开发的潮流计算软件（商用或自行开发的）进行计算，一般包含以下三步：①输入相关电力网络的原始数据；②潮流算法执行；③计算结

果分析。现代先进的潮流计算程序可以实现潮流计算过程和结果的可视化，即可将网络潮流的大小及方向、节点电压等在电力系统图形上动态显示出来。

MATLAB 是一种交互式、面向对象的程序设计语言，由于 MATLAB 语言功能强大，具有编程效率高，且编程语句简洁、灵活、表达和运算能力强等特点，已广泛应用于自动控制、数学运算、信号分析、计算机技术、图像信号处理等领域。本节简要介绍利用 MATLAB 语言对牛顿-拉夫逊法和 P-Q 分解法进行潮流计算的编程实现过程。

一、原始数据输入

在应用 MATLAB 语言编写的潮流程序进行潮流计算之前，先要输入电网的各种参数（如母线、线路、发电机等），需要输入的数据如下：

1）节点数 n、支路数 nl、平衡母线节点号 isb（固定为1）、误差精度 pr。

2）由各支路参数形成的矩阵 **B1**。

支路参数矩阵 **B1** 的每一行都对应一条单一的支路，其每一列的数据由表 4-5 所列参数构成。

3）由各节点参数形成的矩阵 **B2**。

节点参数也保存成矩阵，矩阵的每一行都对应于一个单一的节点，其每一列的数据由表 4-6 所列参数构成。

<table>
<tr><td colspan="2" align="center">表 4-5　支路参数</td></tr>
<tr><td>列号</td><td>说　　　明</td></tr>
<tr><td>1</td><td>支路起始节点编号 p</td></tr>
<tr><td>2</td><td>支路终止节点编号 q，且 p < q</td></tr>
<tr><td>3</td><td>支路阻抗 $R + jX$</td></tr>
<tr><td>4</td><td>支路对地电纳 B</td></tr>
<tr><td>5</td><td>支路电压比 K</td></tr>
<tr><td>6</td><td>折算到哪一侧的标志。如果支路首端处于高压侧，则输入为"1"，否则输入为"0"</td></tr>
</table>

<table>
<tr><td colspan="2" align="center">表 4-6　节点参数</td></tr>
<tr><td>列号</td><td>说　　　明</td></tr>
<tr><td>1</td><td>节点所接发电机的功率 SG</td></tr>
<tr><td>2</td><td>节点负荷的功率 SL</td></tr>
<tr><td>3</td><td>节点电压的初始值</td></tr>
<tr><td>4</td><td>PV 节点电压 U 的给定值</td></tr>
<tr><td>5</td><td>节点所接的无功补偿设备的容量</td></tr>
<tr><td>6</td><td>节点分类标号 igl，1 为平衡节点，2 为 PQ 节点，3 为 PV 节点</td></tr>
</table>

4）由节点号及其对地阻抗形成的矩阵 **X**。

节点号及其对地阻抗也保存成矩阵，矩阵的每一行都对应于一个单一的节点，其每一列的数据由表 4-7 所列参数构成。

<table>
<tr><td colspan="2" align="center">表 4-7　节点号及其对地阻抗参数</td></tr>
<tr><td>列号</td><td>说　　　明</td></tr>
<tr><td>1</td><td>节点号</td></tr>
<tr><td>2</td><td>对地阻抗</td></tr>
</table>

二、潮流计算 MATLAB 程序实例

【例4-4】　网络参数及给定条件与【例4-2】相同，试利用 MATLAB 语言编写的牛顿-拉夫逊法潮流计算方法完成潮流计算。

解：调用附录 A-1 的牛顿-拉夫逊法潮流计算程序，输入数据：

输入节点数：n = 5

输入支路数：nl = 5

输入平衡母线节点号：isb = 1

输入误差精度：pr = 0.00001；

输入支路参数形成的矩阵：B1 = [1 2 j0.03 0 1.05 0;2 3 0.08 + j0.3 j0.5 1 0;2 4 0.1 + j0.35 0 1 0;3 4 0.04 + j0.25 j0.5 1 0;3 5 j0.015 0 1.05 1]；

输入各节点参数形成的矩阵：B2 = [0 0 1.05 1.05 0 1;0 3.7 + j1.3 1.05 0 0 2;0 2 + j1 1 0 0 2;0 1.6 + j0.8 1.05 0 0 2;5 0 1.05 1.05 0 3]；

输入由节点号及其对地阻抗形成的矩阵：X = [1 0；2 0；3 0；4 0；5 0]

输出结果如下：

迭代次数

    5

没有达到精度要求的个数

    7   8   8   7   0

各节点的实际电压标幺值 E（节点号从小到大排列）为：

  1.0500   1.0335 − j0.0774   1.0260 + j0.3305   0.8592 − j0.0718   0.9746 + j0.3907

各节点的电压大小 U（节点号从小到大排列）为：

  1.0500   1.0364   1.0779   0.8622   1.0500

各节点的电压相位角 O（节点号从小到大排列）为：

  0   −0.0747   0.3116   −0.0834   0.3812

各节点的功率 S（节点号从小到大排列）为：

    2.5794 + j2.2994

   −3.7000 − j1.3000

   −2.0000 − j1.0000

   −1.6000 − j0.8000

    5.0000 + j1.8131

各条支路的首端功率 Si（顺序同输入 B1 时一样）为：

    2.5794 + j2.2994

   −1.2774 + j0.2032

    0.1568 + j0.4713

    1.5845 + j0.6726

    5.0000 + j1.8131

各条支路的末端功率 Sj（顺序同输入 B1 时一样）为：

   −2.5794 − j1.9745

    1.4155 − j0.2443

   −0.1338 − j0.3909

   −1.4662 − j0.4091

   −5.0000 − j1.4282

各条支路的功率损耗 DS（顺序同输入 B1 时一样）为：

    0.0000 + j0.3249

    0.1381 − j0.0412

0. 0230 + j0. 0804

0. 1184 + j0. 2635

– 0. 0000 + j0. 3849

系统的总网损为

0. 2794 + j1. 0125

每次迭代后各节点的电压值如图 4-10 所示。

进行了 5 次迭代，用时 0. 2166s，其各节点的电压、相位角度、功率分布和损耗与例【4-2】计算一致。

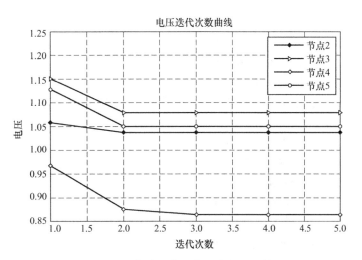

图 4-10 每次迭代后各节点的电压值

【例 4-5】 网络参数及给定条件与【例 4-3】相同，试利用 MATLAB 语言编写的 P – Q 分解潮流计算方法完成潮流计算。

解： 调用附录 A – 2 的 P – Q 分解法潮流计算程序，输入数据：

输入节点数：n = 5

输入支路数：nl = 5

输入平衡母线节点号：isb = 1

输入误差精度：pr = 0. 00001;

输入由支路参数形成的矩阵：B1 = [1 2 j0. 03 0 1. 05 0;2 3 0. 08 + j0. 3 j0. 5 1 0;2 4 0. 1 + j0. 35 0 1 0;3 4 0. 04 + j0. 25 j0. 5 1 0;3 5 j0. 015 0 1. 05 1];

输入各节点参数形成的矩阵：B2 = [0 0 1. 05 1. 05 0 1;0 3. 7 + j1. 3 1. 05 0 0 2;0 2 + j1 1 0 0 2;0 1. 6 + j0. 8 1. 05 0 0 2;5 0 1. 05 1. 05 0 3];

输入由节点号及其对地阻抗形成的矩阵：X = [1 0 ;2 0;3 0 ;4 0 ;5 0]

输出结果如下：

迭代次数

10

每次没有达到精度要求的有功功率个数为：

4　　4　　4　　4　　4　　4　　4　　4　　3　　0

每次没有达到精度要求的无功功率个数为：

3　　3　　3　　3　　3　　3　　3　　3　　1　　0

各节点的电压标幺值 E（节点号从小到大排列）为：

1. 0500　　1. 0335 – j0. 0774　　1. 0260 + j0. 3305　　0. 8592 – j0. 0718　　0. 9746 + j0. 3907

各节点的电压 U 大小（节点号从小到大排列）为：

1. 0500　　1. 0364　　1. 0779　　0. 8622　　1. 0500

各节点的电压相位角 O（节点号从小到大排列）为：

0　　– 0. 0747　　0. 3116　　– 0. 0834　　0. 3812

各节点的功率 S（节点号从小到大排列）为：

2. 5794 + j2. 2994

$$-3.7000 - j1.3000$$
$$-2.0000 - j1.0000$$
$$-1.6000 - j0.8000$$
$$5.0000 + j1.8131$$

各条支路的首段功率 Si（顺序同输入 B1 时一样）为：

$$2.5794 + j2.2994$$
$$-1.2774 + j0.2032$$
$$0.1568 + j0.4713$$
$$1.5845 + j0.6725$$
$$5.0000 + j1.8131$$

各条支路的末端功率 Sj（顺序同输入 B1 时一样）为：

$$-2.5794 - j1.9745$$
$$1.4154 - j0.2443$$
$$-0.1338 - j0.3909$$
$$-1.4662 - j0.4091$$
$$-5.0000 - j1.4282$$

各条支路的功率损耗 DS（顺序同输入 B1 时一样）为：

$$0.0000 + j0.3249$$
$$0.1381 - j0.0412$$
$$0.0230 + j0.0804$$
$$0.1184 + j0.2635$$
$$-0.0000 + j0.3849$$

系统的总网损为：

$$0.2794 + j1.0125$$

每次迭代后各节点的电压值如图 4-11 所示。

进行了 10 次迭代，用时 0.1747s，与例【4-3】中节点电压的计算结果相同，迭代次数也相同。因此，节点功率和线路的功率分布也完全相同。

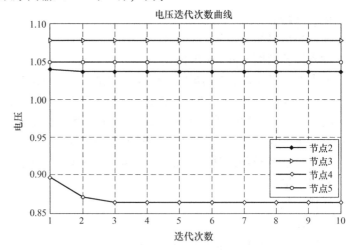

图 4-11　每次迭代后各节点的电压值

本 章 小 结

本章主要介绍了用计算机进行潮流计算的数学模型和计算方法。潮流计算的数学模型是以节点电压方程 $I_B = Y_B U_B$ 为基础，推导出相应的功率方程。

功率方程为非线性方程，利用计算机进行潮流计算均采用迭代法求解，最常用的是牛顿–拉夫逊法以及在其基础上派生的 P–Q 分解法，这两种迭代法的基本思想都是将非线性潮流方程的求解过程变成逐次线性化的求解过程。按照功率方程中节点电压表示方法的不同，牛顿–拉夫逊法又分为直角坐标和极坐标两种形式。直角坐标形式计算比较简单，但方程个数较多；极坐标形式方程个数较少，但因含有三角函数，所用计算时间略长。目前这两种形式在实际电力系统中都有采用。

牛顿-拉夫逊法和 P-Q 分解法的精度完全相同，对初值要求均较高，但牛顿-拉夫逊法是平方收敛，其收敛速度快，迭代次数少，每次迭代所用时间较长；而 P-Q 分解法是线性收敛，其收敛速度慢，迭代次数多，每次迭代所用时间较短。就总体而言，P-Q 分解法的解题速度较牛顿-拉夫逊法快。此外需注意，P-Q 分解法必须满足其简化条件才能使用，一般只适用于 110kV 及以上电网的潮流计算。

潮流计算的计算机算法是进行电力系统计算分析与控制的一项最基本、最重要的工作。本章特点是计算多而繁，在领会各种算法计算过程的基础上，如能编制出潮流计算程序并上机调试，将会大大提高用计算机解决工程问题的能力。

思考题与习题

4-1　节点导纳矩阵是如何形成的？各元素的物理意义是什么？节点导纳矩阵有何特点？

4-2　节点阻抗矩阵中各元素的物理意义是什么？它有何特点？

4-3　电力系统潮流计算中节点是如何分类的？

4-4　电力系统中变量的约束条件是什么？

4-5　牛顿-拉夫逊法的基本原理是什么？其潮流计算的修正方程式是什么？直角坐标表示的与极坐标表示的不平衡方程式的个数有什么不同？

4-6　P-Q 分解法是如何简化而来的？它的修正方程是什么？有什么特点？

4-7　试计算图 4-12 所示系统的节点导纳矩阵，图中各元件阻抗标幺值为 $z_{10} = -j30$，$z_{20} = -j34$，$z_{30} = -j29$，$z_{12} = 0.08 + j0.4$，$z_{23} = 0.1 + j0.4$，$z_{13} = 0.12 + j0.5$，$z_{34} = j0.3$。

4-8　在图 4-13 所示简单电力系统中，网络各元件参数的标幺值为 $z_{12} = 0.10 + j0.40$，$y_{120} = y_{210} = j0.01528$，$k = 1.1$，$z_{14} = 0.12 + j0.50$，$y_{140} = y_{410} = j0.01920$，$z_{24} = 0.08 + j0.40$，$y_{240} = y_{420} = j0.01413$，系统中节点 1、2 为 PQ 节点，节点 3 为 PV 节点，节点 4 为平衡节点，给定值为 $P_{1s} + jQ_{1s} = -0.30 - j0.18$，$P_{2s} + jQ_{2s} = -0.55 - j0.13$，$P_{3s} = 0.5 U_{3s} = 1.10$，$U_{4s} = 1.05 \angle 0°$，容许误差 $\varepsilon = 10^{-5}$。试分别用直角坐标和极坐标形式的牛顿-拉夫逊法计算潮流分布。

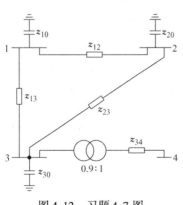

图 4-12　习题 4-7 图

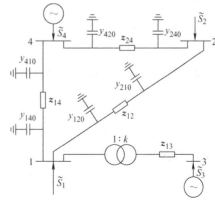

图 4-13　习题 4-8 图

4-9　用 P-Q 分解法对图 4-13 的电力系统做潮流分布计算。网络参数及给定条件与习题 4-8 相同。

第五章

电力系统的有功功率平衡和频率调整

本章主要阐述电力系统的有功功率平衡、频率特性、频率调整以及经济分配等问题。频率是衡量电能质量的重要指标，而频率的偏移与系统中的有功功率的变化有关，保持频率在允许的波动范围是电力系统运行的基本任务之一。

第一节　电力系统的有功功率平衡

一、频率调整的必要性

频率是衡量电能质量的一个重要指标，保证电力系统的频率符合标准是电力系统运行调整的一项基本任务。我国电力系统的额定频率为 50Hz，允许的偏差范围为 $\pm 0.2\text{Hz} \sim \pm 0.5\text{Hz}$。电力系统的频率与有功功率密切相关。当系统的有功功率负荷发生变化，打破系统有功功率平衡时，将引起系统频率的变化。若不及时进行频率的调整与控制，可能出现频率大范围内的变化，对用户、发电厂和电力系统本身都会产生不利影响甚至造成事故。

工业用户使用的异步电动机，其转速和输出功率均与频率有关。频率变化时，电动机的转速和输出功率随之变化，因而严重地影响产品的质量，例如，纺织工业、造纸工业等会因频率变化而出现残次品。特别是现代工业国防和科学研究部门广泛应用各种电子设备，如系统频率不稳定，将会影响这些电子设备工作的精确性，例如，雷达、计算机等重要设备会因频率过低而无法运行。

频率变化对发电机组和电力系统本身的影响更为重要。汽轮发电机在额定频率下运行时效率最佳，频率偏高或偏低对叶片都有不良影响。发电厂用的许多机械如给水泵、循环水泵、风机等在频率降低时都要减小出力，因而影响发电设备的正常运行，使整个发电厂的有功出力减小，从而导致系统频率的继续下降而产生恶性循环。此外，频率降低时，异步电动机和变压器的励磁电流增大，无功功率损耗增加，将会使电力系统的无功平衡和电压调整增加困难。

总之，由于所有设备都是按系统额定频率设计的，因此频率变化必然对各设备产生影响。当频率过低时，甚至会使电力系统瓦解，造成大面积停电。因此，有必要对频率进行控制和调整。

二、有功功率负荷的变动及其调整

电力系统的有功负荷时刻都在做不规则的变化，实际有功负荷变化曲线如图 5-1 所示。由图可见，系统负荷可以看成是由三种具有不同变化规律的变动负荷所组成：第一种是变化幅度很小,变化周期很短(一般为 10s 以内)的负荷分量,这是由难以预料的小负荷的变化引起的,有很大的偶然性;第二种是变化幅度较大,变化周期较长(一般为 10s 到 3min)的负荷分量,这是由电炉、压延机械、电气机车等带有冲击性的负荷引起的;第三种是变化幅度最大,周期最长的持续变化负荷,是由生产、生活、气象等变化引起的。

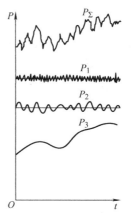

图 5-1　有功功率负荷的变化

P_1—第一种负荷变化

P_2—第二种负荷变化

P_3—第三种负荷变化

P_Σ—实际不规则的负荷变化

负荷的变化将会引起频率发生相应的变化,根据负荷变化规律的不同,电力系统的频率调整大体分为三种:第一种负荷变化引起的频率偏移可由所有发电机组的调速器自动进行调整,称为频率的一次调整(或称一次调频);第二种负荷变化引起的频率偏移仅靠调速器的作用往往不能将频率限制在允许范围之内,此时需要调频厂的调频器参与频率调整,称为频率的二次调整(或称二次调频);第三种负荷变化是可以预测的,是指调度部门按照最优化的原则在各发电厂之间进行功率的经济分配,即责成各发电厂按事先给定的负荷曲线进行发电。

三、有功功率平衡和备用容量

电力系统中的有功功率电源是各类发电厂的发电机,但系统中的电源容量并不一定等于所有发电机的额定容量之和。这是因为所有的发电设备并非一直在投入运行中,例如设备需做定期检修;而投入运行中的发电机并不一定以额定容量发电,例如某些水电厂的发电机由于水头的降低不能按额定容量发电。因此只有可投入发电设备的可发功率之和才是真正可供调度的系统的电源容量。

电力系统运行过程中,在任何时刻,所有发电厂发出的有功功率的总和(发电负荷)ΣP_G 等于该系统的总负荷 ΣP_L,这就是电力系统有功功率平衡。ΣP_L 包括所有用户的有功负荷 ΣP_D、网络的有功损耗 $\Sigma \Delta P$ 以及厂用电有功负荷 ΣP_C,即

$$\Sigma P_G = \Sigma P_L = \Sigma P_D + \Sigma \Delta P + \Sigma P_C \tag{5-1}$$

为保证系统安全、优质、经济地运行,电力系统的有功平衡必须在额定运行参数下确定,且还应具备一定的备用容量,即系统的电源容量应大于发电厂发出的有功功率的总和,超出的部分称为系统的备用容量。

系统的备用容量按其所起的作用又可分为负荷备用、事故备用、检修备用和国民经济备用等。

(1)负荷备用　负荷备用是指为满足系统中短时的负荷波动和一天中计划外的负荷增加而留有的备用容量。负荷备用容量的大小应根据系统负荷的大小、运行经验,并考虑系统中各类用电的比重来确定,一般为系统最大负荷的 2% ~ 5% 。

(2)事故备用　事故备用是指为使电力用户在发电设备发生偶然事故时不受严重影响,能够维持系统正常供电所需的备用容量。事故备用容量的大小与系统容量、发电机的台数、单位机组容量、各类发电厂的比重、对供电可靠性的要求等有关,一般为系统最大负荷的

5%～10%，但不得小于系统最大机组的容量。

（3）检修备用　检修备用是指为保证系统的发电设备进行定期检修时，不致影响系统正常供电而在系统中留有的备用容量。检修备用容量与负荷性质、发电机的台数、检修时间的长短、设备的新旧程度等有关，与系统负荷的大小关系不大，尽量在系统负荷季节性低落期间和节假日安排检修，以减少检修备用容量，一般为系统最大负荷的4%～5%。

（4）国民经济备用　国民经济备用是指考虑到负荷的超计划增长和新用户的出现而设置的备用容量，其值应根据国民经济的增长情况而定，一般为系统最大负荷的3%～5%。

负荷备用和事故备用是在系统每天的运行过程中都必须加以考虑和安排的，检修备用在安排每年运行方式时加以考虑，而国民经济备用则属于电力系统规划和设计考虑的内容。

以上四种备用容量是以热备用和冷备用的形式存在于系统中。为了在负荷变化时能随时满足其要求，负荷备用必须均为热备用。所谓热备用是指运转中的发电机组可能发出的最大功率之和与全系统发电负荷之差，也称旋转备用。事故备用中一部分应为热备用，另一部分可以冷备用的形式存在于系统之中。所谓冷备用是指系统中处于停止运行状态，但可以随时待命起动的发电机组可能发出的最大功率。显然，冷备用可作为检修备用和国民经济备用。从保证系统的可靠供电和良好的电能质量出发，热备用越多越好，但从系统的经济性出发，热备用不宜太多。

本章所述的电力系统经济功率分配和频率调整就是在系统具有备用的前提下进行的。

第二节　电力系统的频率特性

一、电力系统负荷的有功功率—频率静态特性

当频率变化时，系统中的有功功率负荷（包括用户取用的有功功率和网络中的有功功率损耗）也将发生变化。系统处于稳态运行时，系统中有功负荷随频率的变化特性称为负荷的有功功率—频率静态特性。

根据所需的有功功率与频率的关系，可将负荷分成以下几种：

1）与频率变化无关的负荷，如白炽灯、电阻炉和整流负荷等。

2）与频率的一次方成正比的负荷，通常负荷的阻力矩等于常数的属于此类，如球磨机、切削机床、压缩机和卷扬机等。

3）与频率的二次方成正比的负荷，如变压器中的涡流损耗等。

4）与频率的高次方成正比的负荷，如通风机、静水头阻力很大的给水泵等。

电力系统的实际负荷是上述各类负荷的组合，因此，整个系统的有功负荷与频率的关系可以写成

$$P_L = a_0 P_{LN} + a_1 P_{LN}\left(\frac{f}{f_N}\right) + a_2 P_{LN}\left(\frac{f}{f_N}\right)^2 + a_3 P_{LN}\left(\frac{f}{f_N}\right)^3 + \cdots \tag{5-2}$$

式中，P_L 为系统频率等于 f 时整个系统的有功负荷；P_{LN} 为频率等于额定值 f_N 时整个系统的有功负荷；a_0，a_1，a_2，a_3，$\cdots$ 为上述各负荷占 P_{LN} 的百分数，且 $a_0 + a_1 + a_2 + a_3 + \cdots = 1$。

式(5-2)就是电力系统负荷的有功功率—频率静态特性的数学表达式。若以 P_{LN} 和 f_N 分别作为功率和频率的基准值，便可得到用标幺值表示的有功功率—静态频率特性

$$P_{L*} = a_0 + a_1 f_* + a_2 f_*^2 + a_3 f_*^3 + \cdots \tag{5-3}$$

式(5-3) 通常只取到频率的三次方即可，因与频率成正比的更高次方负荷所占的比重很小，可以忽略。

在电力系统运行中，允许频率变化的范围很小，因此，在额定频率附近较小的频率变化范围内，负荷的有功功率—静态频率特性曲线接近一直线，如图5-2所示。

从图5-2可以看出，在额定工作点附近，当频率上升时，负荷从系统中吸收的有功功率增加；当频率下降时，负荷从系统中吸收的有功功率减少。这就是负荷的调节效应。图中直线的斜率为

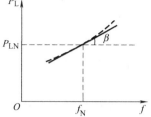

图 5-2　负荷的有功功率— 频率静态特性曲线

$$K_L = \tan\beta = \frac{\Delta P_L}{\Delta f} (\text{MW/Hz}) \tag{5-4}$$

或用标幺值表示

$$K_{L*} = \frac{\Delta P_L / P_{LN}}{\Delta f / f_N} = \frac{\Delta P_{L*}}{\Delta f_*} \tag{5-5}$$

K_L、K_{L*} 称为负荷的频率调节效应系数，或称为负荷的单位调节功率。它反映了系统负荷对频率的自动调整作用，标志着随着频率的升高或降低，负荷消耗功率增加或减少的多少。其数值取决于全电力系统各类有功负荷的比重。不同系统或同一系统不同时刻 K_{L*} 值都可能不同，它是不可整定的。

K_{L*} 的数值是调度部门应当掌握的一个数据，因为它是考虑低频减载方案时的重要计算依据。在实际电力系统中，它需要经过试验求得。一般电力系统的 $K_{L*} = 1 \sim 3$，通常取 $K_{L*} = 1.5$。

二、发电机组的有功功率—频率静态特性

发电机的频率调节是由原动机的调速系统来实现的。当系统有功功率平衡遭到破坏而引起频率变化时，原动机的调速系统将自动改变原动机的进气（水）量，相应增加或减少发电机的出力。当调速器的调节过程结束后，建立新的稳态时，发电机的有功功率与频率之间的关系，称为发电机组的有功功率—频率静态特性。

原动机调速系统有很多种，根据测量环节的工作原理，可以分为机械液压调速系统和电气液压调速系统两大类。下面以离心飞摆式机械液压调速系统为例，对调速系统的工作原理加以说明。

离心飞摆式机械液压调速系统如图5-3所示，它由四部分组成：第1部

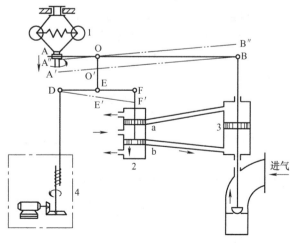

图 5-3　离心飞摆式机械液压调速系统示意图

1—转速测量元件（离心飞摆）　2—放大元件（错油门）

3—执行机构（油动机）　4—转速控制机构（调频器）

分由飞摆、弹簧和套筒组成，为转速测量元件。飞摆连接弹簧，四连杆系统与原动机轴连接，当飞摆等系统在原动机轴的带动下以额定速度旋转时，飞摆的离心力、重力及弹簧的拉力平衡，杠杆 AOB 在水平位置，测量元件的作用就是测量发电机转速相对于额定转速的改变量。第 2 部分由错油门组成，为放大元件。当杠杆 DEF 在水平位置时，其两个油孔 a、b 被活塞堵住，油不能进入油动机。第 3 部分由油动机组成，为执行机构。当油动机活塞上下油压相等时，活塞停止活动，调速气门的开度适中，进气量一定。第 4 部分是由伺服电动机、蜗轮、蜗杆组成的调频器，为转速控制机构。

1. 调速器的工作原理

当负荷增大时，机组的转速会下降，调速器的飞摆由于离心力的减小，在弹簧及重力的作用下向转轴靠拢，使 A 点向下移动到 A′。此时因油动机活塞两边油压相等，B 点不动，结果使杠杆 AOB 绕 B 点逆时针转动到 A′O′B。在调频器不动作的情况下，D 点也不动，因而在 A 点下降到 A′时，杠杆 DEF 绕 D 点顺时针转动到 DE′F′，F 点向下移动到 F′。错油门活塞向下移动，使油管 a、b 的小孔开启，压力油经油孔 b 进入油动机下部，而活塞上部的油则经油孔 a 经错油门上部小孔溢出。在油压作用下，油动机活塞向上移动，使汽轮机的调节气门（或水轮机的导向叶片）开度增大，增加进气量（或进水量），使机组转速上升，发电机输出功率增加，套筒从 A′处回升。此时由于油动机活塞的上升，使杠杆 AB 绕 A′点逆时针转动，带动连杆 OE，从而使错油门活塞提升，将油管 a、b 的小孔重新堵住。油动机活塞又处于上下相等的油压下，停止移动。由于进气或进水量的增加，机组转速上升，A 点从 A′回升到 A″，调节过程结束。这时杠杆 AB 的位置为 A″CB″，分析杠杆 AB 的位置可见，杠杆上 O 点的位置和原来相同，因此机组转速稳定后错油门活塞的位置应恢复原状；B″的位置较 B 高，A″的位置较 A 略低；相应的进气或进水量较原来多，机组转速较原来略低。

由上述调整过程可见，如果负荷增大，则发电机组输出功率增加，频率低于初始值；反之，如果负荷减小，则调速器调整的结果使机组输出功率减小，频率高于初始值。这一调整过程就是频率的一次调整，是由调速器自动完成的。由于调整的结果，频率不能回到原来值，因此一次调整为有差调节。

反映调整过程结束后发电机输出功率和频率关系的曲线称为发电机组的有功功率—频率静态特性（简称为功频静特性），可以近似地表示为一条向下倾斜的直线，如图 5-4 所示。图中直线的斜率为

$$K_G = -\frac{\Delta P_G}{\Delta f} = -\tan\alpha \qquad (5-6)$$

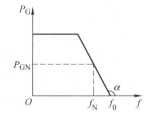

图 5-4　发电机组的有功功率—频率特性

K_G 称为发电机组的单位调节功率，单位为 MW/Hz。式中的负号表示发电机输出有功功率的变化和频率变化的方向相反，即发电机输出有功功率增加时，频率是降低的。用标幺值表示为

$$K_{G*} = -\frac{\Delta P_{G*}}{\Delta f_*} = -\frac{\Delta P_G/P_{GN}}{\Delta f/f_N} = K_G \frac{f_N}{P_{GN}} \qquad (5-7)$$

发电机的单位调节功率标志了随着频率的升高或降低，发电机组发出的有功功率减少或增加的多少。

制造厂家提供的发电机组的特性参数通常不是单位调节功率，而是机组的调差系数

（也称为调差率），它是指发电机组由空载运行到满载运行时频率偏移的大小，即

$$\sigma\% = \frac{f_0 - f_N}{f_N} \times 100 \tag{5-8}$$

它与发电机的单位调节功率关系如下：

$$K_G = -\frac{\Delta P_G}{\Delta f} = -\frac{P_{GN} - 0}{f_N - f_0} = \frac{P_{GN}}{f_N \sigma\%} \times 100$$

当 K_G 的基准值取 $K_{GB} = P_{GN}/f_N$ 时，其标幺值为

$$K_{G*} = \frac{1}{\sigma\%} \times 100 \tag{5-9}$$

发电机组的调差系数 $\sigma\%$ 或相应的单位调节功率 K_{G*} 是可以整定的。调差系数的大小对频率偏移的影响很大，调差系数越小，频率偏移越小。但受发电机组调速机构运行稳定性的限制，调差系数的调整范围是有限的。一般整定为如下数值：汽轮发电机组，$\sigma\% = 3 \sim 5$ 或 $K_{G*} = 33.3 \sim 20$；水轮发电机组，$\sigma\% = 2 \sim 4$ 或 $K_{G*} = 50 \sim 25$。

2. 调频器的工作原理

由调速器完成的频率一次调整属于有差调节，当负荷变动幅度较大时，频率偏移有可能超出允许范围，因此需要对频率进行二次调整。二次调整是借助调频器来完成的。当负荷增加时，调频器的伺服电动机在外界信号（手动或自动）的作用下转动，通过蜗轮、蜗杆传动使图 5-3 中杠杆的 D 点上移。此时由于 E 点不动，杠杆 DEF 便以 E 点为支点转动，使 F 点下降，错油门的油孔被打开。于是压力油进入油动机活塞下部，使它的活塞向上移动，开大进气（水）阀门，增加进气（水）量，使机组转速随之上升，频率上升，发电机输出功率增加。这时套筒位置较 D 点移动之前升高了一些，整个调速系统处于新的平衡状态。如果 D 点的位移选择得恰当，A 点就有可能回到原来的位置，即可实现频率的无差调节。

这种由调频器来完成的调节过程，称为频率的二次调整。由于调整的结果，频率能回到原来值，因此二次调整可实现无差调节。

第三节　电力系统的频率调整

一、频率的一次调整

要确定电力系统的负荷变化引起的频率波动，需要同时考虑负荷及发电机组两者的调节效应，为简单起见，只考虑一台机组和一个负荷的情况。负荷和发电机组的静态特性如图 5-5 所示。负荷的静态特性 P_L 与发电机组静态特性 P_G 的交点 O 为原始运行点，此时的系统负荷与发电机输出功率相平衡（P_0），系统频率为 f_0。

假定系统的负荷增加了 ΔP_{L0}（图 5-5 中 $\overline{OA}$），其特性曲线变为 P_L'。发电机组仍是原来的特性。由于有功负荷突然增加时发电机组有功功率不能及时随之改变，机组将减速，系统的频率将会下降。在系统频率下降的同时，发电机组的有功功率将因其调速器的一次调整作用而增大，负荷的有功功率将因它本身的调节效应而减少。前者沿发电机组的静态特性向上增加，后者沿负荷的静态特性 P_L' 向下减少，最后稳定在新的平衡点 O'，此时系统频率为 f_0'。由图 5-5 可见，频率变化了 Δf，且 $\Delta f = f_0' - f_0 < 0$。

根据式(5-6)，可算出发电机功率输出的增量为

$$\Delta P_G = -K_G \Delta f$$

由于负荷的频率调节效应而产生的负荷功率增量，可由式(5-4)求得为

$$\Delta P_L = K_L \Delta f$$

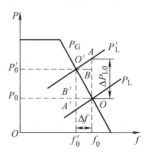

图 5-5　频率的一次调整

由于频率下降，Δf 是负值，所以 ΔP_L 本身是负值，故负荷功率的实际增量为

$$\Delta P_{L0} + \Delta P_L = \Delta P_{L0} + K_L \Delta f \tag{5-10}$$

它应同发电机组的功率增量相平衡，即

$$\Delta P_{L0} + \Delta P_L = \Delta P_G \tag{5-11}$$

或

$$\Delta P_{L0} = \Delta P_G - \Delta P_L = -(K_G + K_L)\Delta f = -K_S \Delta f \tag{5-12}$$

式(5-12)说明系统负荷增加时，一方面通过发电机有差调整增加输出功率，另一方面负荷实际取用的功率因频率的下降而有所减少，因此调节是由发电机和负荷共同完成的。

在式(5-12)中

$$K_S = K_G + K_L = -\frac{\Delta P_{L0}}{\Delta f} \tag{5-13}$$

称为电力系统的单位调节功率。它标志了系统负荷增加或减少时，在原动机调速器和负荷本身的调节效应共同作用下系统频率下降或上升的多少。根据 K_S 值的大小，可以确定在允许的频率偏移范围内，系统所能承受的负荷变化量。显然，K_S 的数值越大，负荷增减引起的频率变化就越小，频率也就越稳定。

由式(5-13)可见，电力系统的单位调节功率取决于两个方面，即发电机的单位调节功率和负荷的单位调节功率。由于负荷的单位调节功率不可调，因而要控制、调节电力系统的单位调节功率只有从控制、调节发电机组的单位调节功率或调速器的调差系数入手。

由此看来，只要将发电机组的单位调节功率整定得大些或将调速器的调差系数整定得小些，就可保证系统频率质量。但实际上，由于系统中不止一台发电机组，调差系数不能整定得过小。为说明这一问题，不妨设想将调差系数整定为零的极端情况，这时似乎负荷的变动不会引起频率的变化，从而能保证频率的恒定，但这样会出现有功负荷变化量在各发电机组之间分配无法固定，即将使各发电机组的调速系统不能稳定工作。

此外，当系统中有多台发电机组时，有些机组可能已满载，此时满载机组在负荷增加时不能再参加频率调整，其单位调节功率为零，这就使系统中总的发电机单位调节功率下降。例如系统中有 n 台发电机组，n 台机组都参加调整时

$$K_{Gn} = K_{G1} + K_{G2} + \cdots + K_{Gn} = \sum_{i=1}^{n} K_{Gi}$$

n 台机组中仅有 m 台参加调整，即第 $m+1$，$m+2$，$\cdots$，n 台机组不参加调整时

$$K_{Gm} = K_{G1} + K_{G2} + \cdots + K_{Gm} = \sum_{i=1}^{m} K_{Gi}$$

显然

$$K_{Gn} > K_{Gm}$$

如果将 K_{Gn} 和 K_{Gm} 换算为以 n 台发电机组的总容量为基准的标幺值，也有 $K_{Gn}^* > K_{Gm}^*$ 的关系。这些标幺值的倒数就是全系统发电机组的等值调差系数，显然 $\sigma_m\% > \sigma_n\%$。

由于上述两方面的原因，使系统中总的发电机组单位调节功率 K_G 不可能很大，从而系统的单位调节功率 K_S 也不可能很大。正因为这样，依靠调速器进行的一次调整只能限制周期较短、幅度较小的负荷变动引起的频率偏移。负荷变动周期更长、幅度更大的调频任务将由二次调频承担。

【例 5-1】 设系统中发电机组的容量和它们的调差系数分别为

水轮机组　　100MW/台 $\times 5 = 500$MW　　$\sigma\% = 2.5$

　　　　　　75MW/台 $\times 5 = 375$MW　　$\sigma\% = 2.75$

汽轮机组　　100MW/台 $\times 6 = 600$MW　　$\sigma\% = 3.5$

已知系统总负荷为 1300MW，负荷的单位调节功率 $K_{L*} = 1.5$，试计算下列各种情况下电力系统的单位调节功率 K_S：（1）全部机组都参加调频；（2）全部机组都不参加调频；（3）仅水轮机组参加调频。

解：按 $K_G = \dfrac{P_{GN}}{f_N \sigma\%} \times 100$ 计算各类发电机组的 K_G：

5×100MW 水轮机组　　　　　$K_G = \dfrac{500}{50 \times 2.5} \times 100$MW/Hz $= 400$MW/Hz

5×75MW 水轮机组　　　　　$K_G = \dfrac{375}{50 \times 2.75} \times 100$MW/Hz $= 273$MW/Hz

6×100MW 汽轮机组　　　　　$K_G = \dfrac{600}{50 \times 3.5} \times 100$MW/Hz $= 343$MW/Hz

系统负荷　　　　　　　　　　$K_L = \dfrac{K_{L*} P_{LN}}{f_N} = \dfrac{1.5 \times 1300}{50}$MW/Hz $= 39$MW/Hz

以下求各种不同情况下的 K_S 值。

（1）全部机组都参加调频时

$$K_S = \Sigma K_G + K_L = (400 + 273 + 343)\text{MW/Hz} + 39\text{MW/Hz} = 1055\text{MW/Hz}$$

（2）全部机组都不参加调频时

$$K_S = K_L = 39\text{MW/Hz}$$

（3）仅水轮机组参加调频时

$$K_S = (400 + 273 + 39)\text{MW/Hz} = 712\text{MW/Hz}$$

二、频率的二次调整

当电力系统负荷变化引起的频率变化，依靠一次调整作用已不能保持在允许范围内时，就需要由发电机组的调频器动作，使发电机组的有功功率—频率静态特性平行移动来改变发电机的有功功率，以保证系统的频率不变或在允许范围内。

例如，图 5-6 中，若不进行二次调整，则在负荷增大 ΔP_{L0} 后，运行点将转移到 O' 点，即系统频率将下降为 f_0'，发电机组的功率增加为 P_0'，频率偏移为 $\Delta f' = f_0' - f_0$。如果 $\Delta f'$ 超出了允许范围，则可操作调频器，增加发电机组发出的有功功率，使机组的功频静态特性上移为 P_G'。设发电机组增发的功率为 ΔP_{G0}，则运行点随之由 O' 点转移到 O'' 点。此时系统的频率为 f_0''，发电机组的功率增加为 P_0''，频率偏移为 $\Delta f'' = f_0'' - f_0$。由于进行了二次调整，频率偏移由仅有一次调整时的 $\Delta f'$ 减少为 $\Delta f''$，供给负荷的有功功率则由仅有一次调整时的 P_0' 增加至 P_0''。显然，进行了二次调整后，电力系统运行的频率质量有了改善。

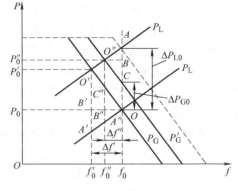

图 5-6　频率的二次调整

由图 5-6 可见，在一次调整和二次调整同时进行时，负荷增量 ΔP_{L0}（图 5-6 中 $\overline{OA}$）可分解为三部分：第一部分是由于进行了二次调整发电机组增发的有功功率 ΔP_{G0}（图中 $\overline{OC}$）；第二部分是由于调速器的调整作用（一次调整）而增大的发电机组功率 $-K_G\Delta f''$（图中 $\overline{CB}$）；第三部分是由于负荷本身的调节效应而减少的负荷功率 $K_L\Delta f''$（图中 $\overline{BA}$）。于是，ΔP_{L0} 可表示为

$$\Delta P_{L0} = \Delta P_{G0} - K_G\Delta f'' - K_L\Delta f'' \tag{5-14}$$

或

$$\Delta P_{L0} - \Delta P_{G0} = -(K_G + K_L)\Delta f'' = -K_S\Delta f'' \tag{5-15}$$

从而可得

$$K_S = K_G + K_L = -\frac{\Delta P_{L0} - \Delta P_{G0}}{\Delta f''} \tag{5-16}$$

当 $\Delta P_{L0} = \Delta P_G$ 时，即二次调整发电机组增发的功率能完全抵偿负荷功率的初始增量，则 $\Delta f'' = 0$，系统频率将维持不变，这就实现了无差调节，如图 5-6 中虚线所示。

对于系统中有 n 台机组的情况，由于 n 台机组的单位调节功率 $K_{Gn} = \sum_{i=1}^{n} K_{Gi}$ 远大于一台机组的单位调节功率 K_G，由式(5-16) 可知，在同样的功率缺额（$\Delta P_{L0} - \Delta P_{G0}$）下，多台机组并联运行的频率变化要比一台机组运行时小得多。

由以上分析可知，二次调整的作用较（一次调整）大，但实际运行中，不是所有机组都能参加二次调频，一般只是由一台或少数几台发电机组（一个或几个电厂）承担，这些机组（厂）称为主调频机组（厂）。

三、互联系统的频率调整

现代大型电力系统的电源和负荷分布情况比较复杂，在进行频率调整时，难免会引起网络中潮流的重新分布。如果把整个电力系统看作是由若干个分系统通过联络线连接而成的互联系统，那么在调整频率时，还必须注意联络线交换功率的控制问题。

图 5-7 表示系统 A 和 B 通过联络线组成互联系统。假定两个系统 A、B 都能进行频率的二次调整，以 ΔP_{LA}、ΔP_{LB} 分别表示 A、B 两系统的负荷变化量；以 ΔP_{GA}、ΔP_{GB} 分别表示 A、B 两系统由二次调频而得到的发电机组的功率增量；K_A、K_B 分别为两系统的单位调节功率。联络线上的交换功率为 ΔP_{AB}，设由 A 流向 B 为正方向，这样，ΔP_{AB} 对系统 A 相当于负荷增量，对于系统 B 相当于发电功率增量，则有

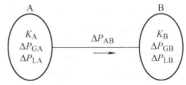

图 5-7　互联系统的频率调整

对于系统 A

$$\Delta P_{LA} + \Delta P_{AB} - \Delta P_{GA} = -K_A \Delta f_A$$

对于系统 B

$$\Delta P_{LB} - \Delta P_{AB} - \Delta P_{GB} = -K_B \Delta f_B$$

互联系统应有相同的频率，故 $\Delta f_A = \Delta f_B = \Delta f$。于是，由以上两式可解出

$$\Delta f = -\frac{(\Delta P_{LA} - \Delta P_{GA}) + (\Delta P_{LB} - \Delta P_{GB})}{K_A + K_B} = -\frac{\Delta P_A + \Delta P_B}{K_A + K_B} = -\frac{\Delta P_L - \Delta P_G}{K_A + K_B} \tag{5-17}$$

$$\Delta P_{AB} = \frac{K_A(\Delta P_{LB} - \Delta P_{GB}) - K_B(\Delta P_{LA} - \Delta P_{GA})}{K_A + K_B} = \frac{K_A \Delta P_B - K_B \Delta P_A}{K_A + K_B} \tag{5-18}$$

式中，$\Delta P_A = \Delta P_{LA} - \Delta P_{GA}$、$\Delta P_B = \Delta P_{LB} - \Delta P_{GB}$ 分别为 A、B 两电力系统的功率缺额。

式（5-17）说明，当互联系统二次调频机组增发的功率 ΔP_G（$\Delta P_{GA} + \Delta P_{GB}$）与全系统的负荷增量 ΔP_L（$\Delta P_{LA} + \Delta P_{LB}$）相平衡时，则可实现无差调节，即 $\Delta f = 0$；否则，将出现频率偏移。

下面讨论联络线上流动的交换功率。

1）当 A、B 两系统都进行二次调频，而且两系统的功率缺额同其单位调节功率成比例，即满足条件

$$\frac{\Delta P_{LA} - \Delta P_{GA}}{K_A} = \frac{\Delta P_{LB} - \Delta P_{GB}}{K_B} \tag{5-19}$$

此时，联络线上的交换功率 ΔP_{AB} 等于零；否则，联络线上一定会有交换功率传输。如果没有功率缺额，则 $\Delta f = 0$。

2）如果系统 A 没有功率缺额，即 $\Delta P_A = 0$，联络线上由 A 流向 B 的功率要增大；反之，如果系统 B 没有功率缺额，即 $\Delta P_B = 0$，联络线上由 A 流向 B 的功率要减少。

3）当其中的一个系统不进行二次调频时，例如 $\Delta P_{GB} = 0$，则系统 B 的负荷变化量 ΔP_{LB} 将由系统 A 的二次调频来承担，这时联络线的功率增量为

$$\Delta P_{AB} = \frac{K_A \Delta P_{LB} - K_B(\Delta P_{LA} - \Delta P_{GA})}{K_A + K_B} = \Delta P_{LB} - \frac{K_B(\Delta P_{LA} + \Delta P_{LB} - \Delta P_{GA})}{K_A + K_B} \tag{5-20}$$

当互联系统的功率能够平衡（$\Delta P_{LA} + \Delta P_{LB} = \Delta P_{GA}$）时，则有 $\Delta P_{AB} = \Delta P_{LB}$，即系统 B 的负荷增量全由联络线的功率增量来平衡，这时联络线的功率增量最大。

【例 5-2】 由 A、B 两系统组成的联合电力系统如图 5-8 所示。正常运行时，联络线上没有交换功率流通。A、B 两个系统的容量分别为 1500MW 和 1000MW；各自的单位调节功率（分别以各自系统容量为基准的标幺值）示于图中。设系统 A 负荷增加 100MW，试计算下列情况下的频率变量和联络线上流过的交换功率：（1）A、B 两系统都参加一次调频；（2）A、B 两系统都不参加一、二次调频；（3）A、B 两系统都参加一、二次调频，且 A、B 两系统都增发 50MW；（4）A、B 两系统都参加一次调频，A 系统中有机组参加二次调频，增发 60MW。

解：先将以标幺值表示的单位调节功率折算为有名值

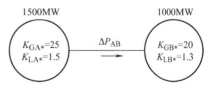

图 5-8　两个电力系统的联合

$$K_{GA} = K_{GA*} \times \frac{P_{GA}}{f_N} = 25 \times \frac{1500}{50} \text{MW/Hz} = 750 \text{MW/Hz}$$

$$K_{GB} = K_{GB*} \times \frac{P_{GB}}{f_N} = 20 \times \frac{1000}{50} \text{MW/Hz} = 400 \text{MW/Hz}$$

$$K_{LA} = K_{LA*} \times \frac{P_{GA}}{f_N} = 1.5 \times \frac{1500}{50} \text{MW/Hz} = 45 \text{MW/Hz}$$

$$K_{LB} = K_{LB*} \times \frac{P_{GB}}{f_N} = 1.3 \times \frac{1000}{50} \text{MW/Hz} = 26 \text{MW/Hz}$$

（1）A、B 两系统都参加一次调频

$$K_A = K_{GA} + K_{LA} = (750 + 45) \text{MW/Hz} = 795 \text{MW/Hz}$$

$$K_B = K_{GB} + K_{LB} = (400 + 26) \text{MW/Hz} = 426 \text{MW/Hz}$$

$$\Delta P_{GA} = \Delta P_{GB} = \Delta P_{LB} = 0 \text{；} \Delta P_{LA} = 100 \text{MW}$$

$$\Delta P_A = \Delta P_{LA} - \Delta P_{GA} = 100 \text{MW；} \Delta P_B = \Delta P_{LB} - \Delta P_{GB} = 0$$

则有

$$\Delta f = -\frac{\Delta P_A + \Delta P_B}{K_A + K_B} = -\frac{100}{795 + 426} \text{Hz} = -0.082 \text{Hz}$$

$$\Delta P_{AB} = \frac{K_A \Delta P_B - K_B \Delta P_A}{K_A + K_B} = \frac{-426 \times 100}{795 + 426} \text{MW} = -34.9 \text{MW}$$

这种情况正常，频率下降不多，联络线上的功率由 B 向 A 输送，输送功率也不大。

（2）A、B 两系统都不参加一、二次调频

$$\Delta P_{GA} = \Delta P_{GB} = \Delta P_{LB} = 0 \text{；} \Delta P_{LA} = 100 \text{MW}$$

$$\Delta P_A = \Delta P_{LA} - \Delta P_{GA} = 100 \text{MW，} \Delta P_B = \Delta P_{LB} - \Delta P_{GB} = 0 \text{；} K_{GA} = K_{GB} = 0$$

$$K_A = K_{GA} + K_{LA} = 45 \text{MW/Hz}$$

$$K_B = K_{GB} + K_{LB} = 26 \text{MW/Hz}$$

则有

$$\Delta f = -\frac{\Delta P_A + \Delta P_B}{K_A + K_B} = -\frac{100}{45 + 26} \text{Hz} = -1.41 \text{Hz}$$

$$\Delta P_{AB} = \frac{K_A \Delta P_B - K_B \Delta P_A}{K_A + K_B} = \frac{-26 \times 100}{45 + 26} \text{MW} = -36.6 \text{MW}$$

这种情况最严重，频率偏移大大超出允许范围，A、B 两系统的机组全部满载，负荷增加时，调速器不能进行调整，只能依靠负荷本身的调节效应来调整，系统频率质量无法保证。

（3）A、B 两系统都参加一、二次调整，且 A、B 两系统都增发 50MW 时

$$\Delta P_{GA} = \Delta P_{GB} = 50 \text{MW；} \Delta P_{LA} = 100 \text{MW；} \Delta P_{LB} = 0$$

$$\Delta P_A = \Delta P_{LA} - \Delta P_{GA} = (100 - 50) \text{MW} = 50 \text{MW，} \Delta P_B = \Delta P_{LB} - \Delta P_{GB} = (0 - 50) \text{MW} = -50 \text{MW}$$

$$K_A = K_{GA} + K_{LA} = (750 + 45) \text{MW/Hz} = 795 \text{MW/Hz}$$

$$K_B = K_{GB} + K_{LB} = (400 + 26) \text{MW/Hz} = 426 \text{MW/Hz}$$

则有

$$\Delta f = -\frac{\Delta P_A + \Delta P_B}{K_A + K_B} = -\frac{50 - 50}{795 + 426} \text{Hz} = 0 \text{Hz}$$

$$\Delta P_{AB} = \frac{K_A \Delta P_B - K_B \Delta P_A}{K_A + K_B} = \frac{795 \times (-50) - 426 \times 50}{795 + 426} \text{MW} = -50 \text{MW}$$

这就是系统中所有二次调频机组发电机增发的功率总和完全抵消负荷增量的情况，系统

频率无偏移。但联络线交换功率变化较大，B 系统增发的功率全部通过联络线送往 A 系统。

（4）A、B 两系统都参加一次调整，A 系统中有机组参加二次调整，增发 60MW 时

$$\Delta P_{GA} = 60MW；\Delta P_{GB} = \Delta P_{LB} = 0；\Delta P_{LA} = 100MW$$

$$\Delta P_A = \Delta P_{LA} - \Delta P_{GA} = (100 - 60)MW = 40MW，\Delta P_B = 0$$

$$K_A = K_{GA} + K_{LA} = (750 + 45)MW/Hz = 795MW/Hz$$

$$K_B = K_{GB} + K_{LB} = (400 + 26)MW/Hz = 426MW/Hz$$

则有

$$\Delta f = -\frac{\Delta P_A + \Delta P_B}{K_A + K_B} = -\frac{40}{795 + 426}Hz = -0.0328Hz$$

$$\Delta P_{AB} = \frac{K_A \Delta P_B - K_B \Delta P_A}{K_A + K_B} = \frac{-426 \times 40}{795 + 426}MW = -14MW$$

这种情况较理想，频率偏移很小，联络线上由 B 向 A 输送功率也不大。这是调频厂设在负荷中心就近调整的理想情况。

从【例 5-2】分析可知，全系统要实现在一定频率水平下的功率平衡及频率调整，对于大型电力系统可采用分区调整，就地实现功率平衡的调整方法。这样既可保证系统的频率质量，又不加重联络线的负担。

四、主调频厂的选择

在有多台机组并联运行的电力系统中，当负荷变化时，有调整能力的发电机组都参与频率的一次调整，只有少数厂（机组）承担频率二次调整的任务。

按照是否承担二次调整可将所有电厂分为主调频厂、辅助调频厂和非调频厂，其中主调频厂（数量很少）负责全系统的频率调整（即二次调整）；辅助调频厂只有在系统频率超过某一规定的偏移范围时才参与频率的调整；非调频厂则在系统正常运行情况下按预先给定的负荷曲线发电。

选择主调频厂时，主要应考虑以下几点：

1）机组要有足够调整容量及调整范围。

2）调频机组的调整速度能适应负荷的变化速度。

3）调整输出功率时符合安全、经济的原则。

此外，还应考虑由于调频所引起的联络线上功率的波动，以及网络中某些中枢点的电压波动是否超出允许范围。

火电厂的锅炉和汽轮机都受到其最小技术负荷的限制，其中锅炉为额定容量的 25%（中温中压）~70%（高温高压），汽轮机为额定容量的 10%~15%。因此，火电厂的输出功率调整范围不大；而且发电机组的带负荷增减速度也受汽轮机各部分膨胀的限制，不能过快，在 50%~100% 额定负荷范围内，每分钟仅能上升 2%~5%。

水电厂的水轮机组具有较宽的输出功率调整范围，一般可达到额定容量的 50% 以上，带负荷的增减速度也较快，一般在 1 分钟之内即可从空载过渡到满载状态，而且操作方便、安全。

核电厂的可调容量较大，调整速度介于水电厂和火电厂之间，但由于核电厂的投资巨大，需要尽快收回成本，且核电厂的年运行费用低，投产后宜带基本负荷，不承担调频任务。

综上所述，从调整容量和调整速度这两个基本要求出发，枯水期时，一般应选水电厂作为主调频厂，而让火电厂中效率较低的机组承担辅助调频的任务；丰水期时，为了节省燃料，充分利用水力资源，避免弃水，往往让水电厂带稳定的负荷，而由效率不高的中温中压火电厂承担调频任务。

第四节　电力系统中有功功率的最优分配

电力系统中有功功率的最优分配包含两个主要内容，即有功功率电源的最优组合和有功功率负荷的经济分配。

有功功率电源的最优组合是指系统中发电设备或发电厂的合理组合，也就是通常所谓机组的合理开停。它主要包括机组的最优组合顺序、机组的最优组合数量和机组的最优开停时间三个部分。简言之，这方面涉及的是电力系统中冷备用和热备用容量的合理分布问题。

有功功率负荷的最优分配是指系统的有功功率负荷在各个正在运行中的发电设备或发电厂之间的合理分配，属于对第三种负荷的调整问题。这方面涉及的是电力系统中热备用容量的合理组合问题，常采用等耗量微增率准则进行分配。

一、各类发电厂的运行特点和合理组合

电力系统中发电厂的类型很多，但目前主要有水力发电厂、火力发电厂、原子能发电厂三类。各类发电厂由于其设备容量、机组特性、使用的动力资源等不同，因而具有各自不同的技术经济特点。在考虑电力系统中发电厂的组合时，必须结合它们的特点，适当地安排它们在电力系统日负荷曲线中的位置，以提高电力系统运行的经济性。

1. 各类发电厂的运行特点

（1）火力发电厂的特点

1）火力发电厂运行时要消耗大量的燃料，需要支付燃料费用，但运行不受自然条件的影响。

2）火电厂的锅炉和汽轮机都受最小技术负荷的限制，因此其输出功率调整范围比较小。锅炉的技术最小负荷取决于锅炉燃烧的稳定性，因锅炉类型的燃料种类而异，其值为额定负荷的25%～70%；汽轮机的技术最小负荷为额定负荷的10%～15%。

3）火电厂负荷的增减速度慢，锅炉和汽轮机投入、退出或承担急剧变动的负荷时，既额外耗费能量，且易损坏设备。

4）不同参数的火电厂，其效率不同。高温高压设备的效率最高，但出力调节范围窄；中温中压设备的效率较前者低，但出力调节范围较前者宽；低温低压设备的效率最低，技术经济指标最差，一般不参与功率调节。

5）带有热负荷的火电厂称为热电厂，由于抽汽供热，其总效率高于一般的火电厂。热电厂的最小技术负荷取决于热负荷，与热负荷对应的那部分发电功率是不可调节的强迫功率。

（2）水力发电厂的特点

1）水电厂不需要支付燃料费用，且水能是可以再生的资源，但水电厂的运行受自然条件（水文条件）的影响。水库按调节方式可分为无调节水库和有调节水库，有调节水库按

调节周期又可分为日调节、季调节、年调节、多年调节等几种,调节周期越长,水电厂受自然条件影响越小。

无调节水库水电厂发出的功率取决于河流的天然流量,通常一昼夜发出的功率基本没有变化。有调节水库水电厂发出的功率取决于水库调度所给定的水电厂的耗水量,在丰水期,给定的耗水量大,为避免弃水,往往满负荷运行;在枯水期,给定的耗水量小,为尽可能有效利用这部分水量,节约火电厂的燃料,往往承担急剧变动的负荷。

2)水轮发电机的出力调节范围较宽,负荷增减速度快,机组投入、退出或承担急剧变动的负荷时,所需时间都很短,操作简便安全,无需额外的耗费,是电力系统理想的调峰、调频和事故备用电源。

3)为综合利用水能,保证河流下游的灌溉、通航,水电厂必须向下游释放一定水量,在释放这部分水量的同时发出的功率为不可调节的强迫功率。水库的发电用水量通常按水库的综合效益来安排考虑,不一定能同电力负荷的需要相一致。因此,只有在火电厂的适当配合下,才能充分发挥水力发电的经济效益。

(3)原子能发电厂的特点

1)原子能发电厂的反应堆和汽轮机投入、退出或承担急剧变动的负荷时,也要耗费很多能量、花费很多时间,且容易损坏设备。

2)原子能发电厂的反应堆的负荷基本上没有限制,其技术最小负荷主要取决于汽轮机,一般为额定负荷的10%~15%。

3)原子能发电厂的一次投资大,运行费用小。

2. 各类发电厂的合理组合

在安排各类发电厂的发电任务时,为充分合理地利用国家动力资源,降低发电成本,必须根据各类发电厂的技术经济特点,恰当地分配它们承担的负荷,安排好它们在日负荷曲线中的位置,组合原则如下:

1)在有水电厂的系统中,应充分利用水力资源,避免弃水。当由于防洪、灌溉、航运、供水等原因向下游放水时,这部分放水量应尽量用来发电,这些功率属于不可调功率,必须用于承担基本负荷。

2)对于火电厂应力求降低单位功率的煤耗。为此,应尽量采用高效率的发供电设备,给热电厂分配与热负荷相适应的电负荷,让效率高的高温高压机组带稳定负荷,效率较低的中温中压机组带变动负荷,效率最低的低温低压机组应尽早淘汰。并力求降低火电厂的成本,增加燃用当地劣质煤发电厂的发电量,并使这类电厂处于负荷曲线腰荷的部分运行。

3)原子能发电厂的一次投资大,运行费用小,建成后应尽可能利用,承担基本不变的负荷,在接近负荷曲线的底部运行。

按照上述原则,在夏季丰水期和冬季枯水期各类发电厂在日负荷曲线中的安排如图5-9所示。在丰水期,因水量充足,为了充分利用水力资源,水电厂应带基本负荷,以避免弃水、节约燃煤。热电厂按供热方式运行的部分承担与热负荷相适应的电负荷,核电厂应带稳定负荷,它们都必须安排在日负荷曲线的基本部分。然后对凝汽式火电厂按其效率的高低依次由下向上安排。在此期间,水电厂多发电,火电厂开机较少,可以抓紧时间进行火电厂设备的检修。在枯水期,因水量较少,除了无调节性的水电厂仍带基本负荷外,有调节性的水电厂应安排在负荷曲线的尖峰部分;其余各类电厂的安排顺序不变。

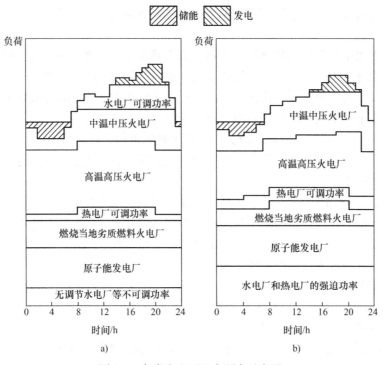

图 5-9 各类发电厂组合顺序示意图

a）枯水期 b）丰水期

二、最优分配负荷时的目标函数和约束条件

电力系统中有功功率负荷合理分配的目标是：在满足一定的约束条件前提下，尽可能使消耗的能源最少。发电厂生产电能消耗能源的经济性，取决于各发电厂的耗量特性及有功功率在各发电厂的分配情况。

1. 耗量特性

耗量特性是指发电设备单位时间内输出有功功率与输入能源之间的关系，如图 5-10 所示。图中，纵坐标为单位时间内消耗的燃料 $F(\text{t/h})$ 或单位时间内消耗的水量 $W(\text{m}^3/\text{s})$，横坐标则为以 kW 或 MW 表示的电功率 P_G。

耗量特性曲线上某点的纵坐标与横坐标之比，即单位时间内输入能量与输出功率之比称为比耗量 μ。显然，比耗量实际就是图 5-11 中原点与耗量曲线上某一点连线的斜率，$\mu = F/P_G$ 或 $\mu = W/P_G$。当耗量特性纵横坐标相同时，它的倒数就是发电设备的效率 η。

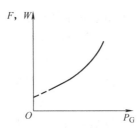

图 5-10 耗量特性图

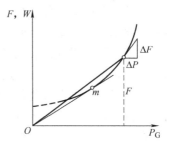

图 5-11 比耗量和耗量微增率

耗量特性曲线上某一点切线的斜率称为耗量微增率 λ。耗量微增率是单位时间内输入能量微增量与输出功率微增量的比值，即 $\lambda = \mathrm{d}F/\mathrm{d}P$ 或 $\lambda = \mathrm{d}W/\mathrm{d}P$。

比耗量与耗量微增率虽然有相同的单位，却是两个不同的概念，而且数值一般也不相等。只有在耗量特性曲线上某些特殊点上，它们才相等，如图5-11中的 m 点，这个点就是由原点作直线与耗量特性曲线相切的切点。显然，比耗量的数值在这点为最小，这个比耗量的最小值称为最小比耗量 $\mu_{\min}$。前面讲述的合理组合发电设备的方法之一，就是当负荷由小到大增加时，按最小比耗量由小到大的顺序，逐个地投入发电设备；当负荷由大到小减少时，按最小比耗量由大到小的顺序，逐个地退出发电设备。

2. 目标函数与约束条件

明确了有功功率负荷的大小与耗量特性，在系统中有一定备用容量的情况下，就可以考虑这些负荷在已运行发电设备或发电厂之间的最优分配问题了。该问题实际上属于非线性规划范畴，在数学上，其性质是在一定的约束条件下，使某一目标函数为最优。

要想使负荷达到最优分配，应找出负荷最优分配的原则。为找出这样一个原则，需要首先建立目标函数，而且随着电厂的类型不同，建立的目标函数也不同。为简便分析，下面以系统中仅有 n 个火力发电设备为例，来分析有功功率负荷的最优分配问题。

火电厂的能量消耗主要是燃料消耗，因此有功功率最优分配的目的是：在供应同样大小有功负荷 $\sum\limits_{i=1}^{n} P_{\mathrm{L}i}$ 的前提下，单位时间内的能源消耗最少。这里的目标函数就是总耗量，总耗量原则上与所有的变量有关，但通常认为，它只与各发电设备所发出的有功功率有关，因此这里的目标函数可表示为

$$F_{\Sigma} = F_1(P_{\mathrm{G}1}) + F_2(P_{\mathrm{G}2}) + \cdots + F_n(P_{\mathrm{G}n}) = \sum_{i=1}^{n} F_i(P_{\mathrm{G}i}) \tag{5-21}$$

式中，$F_i(P_{\mathrm{G}i})$ 表示某发电设备发出有功功率 $P_{\mathrm{G}i}$ 时单位时间内所消耗的能源。

这里的等约束条件为有功功率必须保持平衡，对整个系统来讲，该条件为

$$\sum_{i=1}^{n} P_{\mathrm{G}i} - \sum_{i=1}^{n} P_{\mathrm{L}i} - \Delta P_{\Sigma} = 0 \tag{5-22}$$

式中，ΔP_{Σ} 为网络的总损耗，若不计网络损耗时，式(5-22)可改写为

$$\sum_{i=1}^{n} P_{\mathrm{G}i} - \sum_{i=1}^{n} P_{\mathrm{L}i} = 0 \tag{5-23}$$

不等约束条件有三个，分别为各节点发电设备有功功率、无功功率及电压不得超越的限额，即

$$\left.\begin{array}{l} P_{\mathrm{G}i\min} \leqslant P_{\mathrm{G}i} \leqslant P_{\mathrm{G}i\max} \\ Q_{\mathrm{G}i\min} \leqslant Q_{\mathrm{G}i} \leqslant Q_{\mathrm{G}i\max} \\ U_{i\min} \leqslant U_i \leqslant U_{i\max} \end{array}\right\} \tag{5-24}$$

式中，$P_{\mathrm{G}i\max}$ 通常取发电设备的额定有功功率；$P_{\mathrm{G}i\min}$ 则因发电设备的类型而不同，如火力发电设备的 $P_{\mathrm{G}i\min}$ 不得低于额定有功功率的 $25\% \sim 70\%$；$Q_{\mathrm{G}i\max}$ 取决于发电机定子与转子绕组的温升；$Q_{\mathrm{G}i\min}$ 主要取决于发电机并列运行的稳定性和定子端部温升等；$U_{i\max}$ 与 $U_{i\min}$ 则由对电能质量的要求所决定。

三、等耗量微增率准则

首先讨论各个发电厂的燃料消耗量和输出功率不受限制时有功功率负荷的最优分配问题。为简化分析，暂不考虑网络中的功率损耗。在数学上，分析这类问题可用求条件极值的拉格朗日乘数法。

按这种方法，可根据给定的目标函数和等约束条件建立一个新的、不受约束的目标函数，即拉格朗日函数

$$L = F_{\Sigma} - \lambda \left(\sum_{i=1}^{n} P_{Gi} - \sum_{i=1}^{n} P_{Li} \right) \tag{5-25}$$

式中，λ 为拉格朗日乘数。

使拉格朗日函数有极小值的必要条件是

$$\frac{\partial L}{\partial P_{Gi}} = \frac{\partial F_{\Sigma}}{\partial P_{Gi}} - \lambda \frac{\partial \left(\sum P_{Gi} - \sum P_{Li} \right)}{\partial P_{Gi}} = \frac{\partial F_{\Sigma}}{\partial P_{Gi}} - \lambda = 0$$

或

$$\frac{\partial F_{\Sigma}}{\partial P_{Gi}} = \lambda \tag{5-26}$$

由于每个发电厂的燃料消耗只是该厂输出功率的函数，因此式(5-26) 又可写成

$$\frac{\mathrm{d} F_i}{\mathrm{d} P_{Gi}} = \lambda \quad (i = 1, 2, \cdots, n) \tag{5-27}$$

这就是著名的等耗量微增率准则。它表示为使总耗量最小，应按相等的耗量微增率在发电设备或发电厂之间分配负荷。

由式(5-27) 计算出结果后再按不等约束条件进行校验，对于有功功率值越限的发电设备，可按其限值（上限或下限）分配负荷，然后再对其余的发电设备分配剩下的负荷功率。

当网络损耗较大时，应计及网损对负荷分配的影响。此时的等约束条件为式(5-22)，而拉格朗日函数变为

$$L = \sum_{i=1}^{n} F_i(P_{Gi}) - \lambda \left(\sum_{i=1}^{n} P_{Gi} - \sum_{i=1}^{n} P_{Li} - \Delta P_{\Sigma} \right) \tag{5-28}$$

拉格朗日函数有极小值的条件变为

$$\frac{\partial L}{\partial P_{Gi}} = \frac{\mathrm{d} F_i}{\mathrm{d} P_{Gi}} - \lambda \left(1 - \frac{\partial \Delta P_{\Sigma}}{\partial P_{Gi}} \right) = 0$$

或

$$\frac{\mathrm{d} F_i}{\mathrm{d} P_{Gi}} \times \frac{1}{\left(1 - \dfrac{\partial \Delta P_{\Sigma}}{\partial P_{Gi}} \right)} = \frac{\mathrm{d} F_i}{\mathrm{d} P_{Gi}} \alpha_i = \lambda \quad (i = 1, 2, \cdots, n) \tag{5-29}$$

式中，$\alpha_i = 1 / \left(1 - \dfrac{\partial \Delta P_{\Sigma}}{\partial P_{Gi}} \right)$，称为网损修正系数，$\dfrac{\partial \Delta P_{\Sigma}}{\partial P_{Gi}}$ 为网损微增率。式(5-29) 也可写成

$$\alpha_1 \lambda_1 = \alpha_2 \lambda_2 = \cdots = \alpha_n \lambda_n = \lambda \tag{5-30}$$

式(5-30) 就是计及网损时的等耗量微增率准则。由于各个发电厂在网络中所处的位置不同，所以各厂的网损微增率是不同的。当 $\dfrac{\partial \Delta P_{\Sigma}}{\partial P_{Gi}} > 0$ 时，说明发电厂 i 功率增加会引起网损的增

加，这时网损修正系数 $\alpha_i > 1$，发电厂本身的燃料消耗微增率宜取较小的数值；当 $\dfrac{\partial \Delta P_\Sigma}{\partial P_{Gi}} < 0$ 时，则表示发电厂 i 功率增加将引起网损的减少，这时 $\alpha_i < 1$，发电厂的燃料消耗微增率宜取较大的数值。

【例5-3】　三台火力发电厂并列运行，其耗量特性分别为 $F(t/h)$

$$F_1 = 0.0007P_{G1}^2 + 0.3P_{G1} + 4\,(t/h)\,,\quad 100\text{MW} \leqslant P_{G1} \leqslant 200\text{MW}$$

$$F_2 = 0.0004P_{G2}^2 + 0.32P_{G2} + 3\,(t/h)\,,\quad 120\text{MW} \leqslant P_{G2} \leqslant 250\text{MW}$$

$$F_3 = 0.00045P_{G3}^2 + 0.3P_{G3} + 3.5\,(t/h)\,,\quad 150\text{MW} \leqslant P_{G3} \leqslant 300\text{MW}$$

试确定总负荷功率为700MW时，发电厂间的负荷最优分配方案。

解：各发电厂的耗量微增率分别为

$$\lambda_1 = \frac{\mathrm{d}F_1}{\mathrm{d}P_{G1}} = 0.0014P_{G1} + 0.3\,;\quad \lambda_2 = \frac{\mathrm{d}F_2}{\mathrm{d}P_{G2}} = 0.0008P_{G2} + 0.32\,;\quad \lambda_3 = \frac{\mathrm{d}F_3}{\mathrm{d}P_{G3}} = 0.0009P_{G3} + 0.3$$

根据 $\lambda_1 = \lambda_2 = \lambda_3$ 和等约束条件，有

$$\left.\begin{array}{r} 0.0014P_{G1} + 0.3 = 0.0008P_{G2} + 0.32 = 0.0009P_{G3} + 0.3 \\[2mm] P_{G1} + P_{G2} + P_{G3} = 700 \end{array}\right\}$$

将 P_{G1}、P_{G3} 都用 P_{G2} 表示，解该方程组可计算出 $P_{G2} = 270\text{MW}$，已超过上限值，故应取 $P_{G2} = 250\text{MW}$。剩余的负荷功率450MW再由发电厂1和发电厂3进行最优分配，因此有

$$\left.\begin{array}{r} 0.0014P_{G1} + 0.3 = 0.0009P_{G3} + 0.3 \\[2mm] P_{G1} + P_{G3} = 450 \end{array}\right\}$$

由此可解出 $P_{G1} = 176\text{MW}$，$P_{G3} = 274\text{MW}$，都在限值范围内。

四、等耗量微增率准则的推广运用

以上讨论了有功功率负荷在火力发电设备间的最优分配问题，实际电力系统中不仅有火电厂，还有水电厂。火电厂发电一般不受燃料的约束，而水电厂发电却受到一定时间内（一天、一周或一月）允许用水量的限制。因此，水、火电厂间的最优分配的目标是：在满足电力系统负荷需要和保证电能质量的前提下，在限定的时间内充分、合理地利用允许使用的水量发电，使系统消耗的燃料最少。

由此可见，这时考虑的是一个时间段内的经济运行问题，在此期间内认为各水库水头不变（即认为耗量特性不变）。为了简化分析，这里只考虑不计网损的情况。

设系统中有 m 个火电厂，n 个水电厂，火电厂的耗量特性以 P_i、$F_i\,(P_i)$ 表示，水电厂的耗量特性以 P_j、$W_j\,(P_j)$ 表示，其中 $i = 1,\ 2,\ \cdots,\ m$；$j = 1,\ 2,\ \cdots,\ n$。

在 $0 \sim T$ 时间内，等约束条件之一为有功功率必须保持平衡，在该时间段内系统负荷是变化的，可用 $P_L\,(t)$ 表示。因此，功率平衡方程可写成

$$\sum_{i=1}^{m} P_i(t) + \sum_{j=1}^{n} P_j(t) = P_L(t) \tag{5-31}$$

式中，$P_i(t)$ 为第 i 个火电厂在 t 时间内发出的功率；$P_j(t)$ 为第 j 个水电厂在 t 时间内发出的功率。

另一个等约束条件是 $0 \sim T$ 时间内每个水电厂的用水量应与该时间段内每个水电厂的允许用水量 W_j 相等，即

$$\int_0^T W_j(P_j)\,\mathrm{d}t = W_j \tag{5-32}$$

式中，W_j 为第 j 个水电厂在 $0 \sim T$ 时间内允许的用水量。

目标函数为

$$F_\Sigma = \sum_{i=1}^n \int_0^T F_i(P_i)\,\mathrm{d}t \tag{5-33}$$

这是一个求泛函条件极值问题，一般采用分段法求解。分段处理后，可作为求一段函数条件极值来处理，仍可用拉格朗日乘数解决。

将计算时间 T 分成 s 个更短的时间段，每段的时间为 Δt_k，近似认为在该短时间段内各电厂的功率和负荷的功率保持恒定。则上述式(5-31) 和式(5-32) 所列的等约束条件将变为

$$\sum_{i=1}^m P_{ik} + \sum_{j=1}^n P_{jk} - P_{Lk} = 0 \quad (k = 1,2,\cdots,s) \tag{5-34}$$

$$\sum_{k=1}^s W_{jk}(P_{jk})\Delta t_k = W_j \quad (j = 1,2\cdots,n) \tag{5-35}$$

式(5-33) 的目标函数将变为

$$F_\Sigma = \sum_{k=1}^s \left[\sum_{i=1}^m F_{ik}(P_{ik})\Delta t_k \right] \tag{5-36}$$

相应的拉格朗日函数为

$$L = \sum_{k=1}^s \left[\sum_{i=1}^m F_{ik}(P_{ik})\Delta t_k \right] - \sum_{k=1}^s \lambda_k \left[\sum_{i=1}^m P_{ik} + \sum_{j=1}^n P_{jk} - P_{Lk} \right]\Delta t_k + \sum_{j=1}^n \gamma_j \left[\sum_{k=1}^s W_{jk}(P_{jk})\Delta t_k - W_j \right] \tag{5-37}$$

式(5-37)中的变量为 P_{ik}、P_{jk}、λ_k 以及 γ_j，共有 $(m+n+1)s+n$ 个。由拉格朗日函数对每一个变量求导，并令其为零，可得到数目仍为 $(m+n+1)s+n$ 个方程，即

$$\frac{\partial L}{\partial P_{ik}} = \frac{\mathrm{d}F_{ik}(P_{ik})}{\mathrm{d}P_{ik}}\Delta t_k - \lambda_k \Delta t_k = 0 \tag{5-38}$$

$$\frac{\partial L}{\partial P_{jk}} = \gamma_j \frac{\mathrm{d}W_{jk}(P_{jk})}{\mathrm{d}P_{jk}}\Delta t_k - \lambda_k \Delta t_k = 0 \tag{5-39}$$

$$\frac{\partial L}{\partial \lambda_k} = -\left(\sum_{i=1}^m P_{ik} + \sum_{j=1}^n P_{jk} - P_{Lk} \right)\Delta t_k = 0 \tag{5-40}$$

$$\frac{\partial L}{\partial \gamma_j} = \sum_{k=1}^s W_{jk}(P_{jk})\Delta t_k - W_j = 0 \tag{5-41}$$

显然式(5-40)、式(5-41) 就是原来的等约束条件，由式(5-38)、式(5-39) 可以表示为

$$\frac{\mathrm{d}F_{ik}}{\mathrm{d}P_{ik}} = \gamma_j \frac{\mathrm{d}W_{jk}}{\mathrm{d}P_{jk}} = \lambda_k \tag{5-42}$$

式中，$\lambda_k = \dfrac{\mathrm{d}F_{ik}}{\mathrm{d}P_{ik}}$ 为在 Δt_k 时间段内火电厂的燃料耗量微增率；$\dfrac{\mathrm{d}W_{jk}}{\mathrm{d}P_{jk}}$ 为在 Δt_k 时间段内水电厂的水耗量微增率。

由于任意时间段内上式均成立，因而可将式中的下标"k"略去，可写成

$$\frac{\mathrm{d}F_i}{\mathrm{d}P_i} = \gamma_j \frac{\mathrm{d}W_j}{\mathrm{d}P_j} = \lambda \tag{5-43}$$

式(5-43) 就是不计网损时，有功功率负荷在水、火电厂间最优分配的等耗量微增率准则。由式(5-43) 可见，只要将水电厂的耗量微增率乘以一个待定的拉格朗日乘数 γ_j，就可以与火电厂的耗量微增率相当。这个待定系数 γ_j 又称为水、煤换算系数，是指水电厂和火电厂在相同功率增量时，$1m^3$ 的水相当于 γ_j 吨煤。

需要注意的是，按等耗量微增率准则在水、火电厂间进行负荷分配时，应适当选择 γ_j 的数值。一般情况下，γ_j 数值的大小与该水电厂给定的日用水量有关。在丰水期给定的日用水量较多，水电厂可以多带负荷，γ_j 应取较小数值，此时水耗量微增率较大；反之，在枯水期给定的日用水量较少，水电厂应少带负荷，γ_j 应取较大数值，此时水耗量微增率较小。γ_j 值的取值应使给定的用水量在指定的运行期间内正好全部用完。

γ_j 可通过迭代计算求得，步骤如下：

1）设定初值 $\gamma_j^{(0)}$（初值选取时在丰水期取较小值，枯水期取较大值）。

2）求与 $\gamma_j^{(0)}$ 对应的、各个不同时段的有功功率负荷最优分配方案。

3）计算与该最优分配方案对应的耗水量 $W_j^{(0)}$。

4）检验求得的耗水量 $W_j^{(k)}$ 与给定的用水量 W_j 是否相等，即判断是否满足

$$|W_j^{(0)} - W_j| < \varepsilon$$

5）若不满足，当 $W_j^{(0)} > W_j$ 时，应取 $\gamma_j^{(1)} > \gamma_j^{(0)}$；反之，取 $\gamma_j^{(1)} < \gamma_j^{(0)}$，自第二步开始重复计算，直到满足条件为止。

【例5-4】　一个火电厂和一个水电厂并列运行，火电厂的耗量特性为 $F = 0.00035P_G^2 + 0.4P_G + 3(t/h)$，水电厂的耗量特性为 $W = 0.0015P_{GH}^2 + 0.8P_{GH} + 2(m^3/s)$，给定的日用水量为 $W = 1.5 \times 10^7 m^3$。系统的日负荷变化如下：$0 \sim 8h$，负荷为 350MW；$8 \sim 18h$，负荷为 700MW；$18 \sim 24h$，负荷为 500MW。已知火电厂容量为 600MW，水电厂容量为 450MW，不计网损。试求在给定的用水量下，水、火电厂的功率经济分配。

解：（1）两个电厂的耗量微增率分别为

$$\lambda_1 = \frac{dF}{dP_G} = 0.0007P_G + 0.4, \qquad \lambda_2 = \frac{dW}{dP_{GH}} = 0.003P_{GH} + 0.8$$

根据等耗量微增率准则，有

$$0.0007P_G + 0.4 = \gamma_H(0.003P_{GH} + 0.8)$$

对每一时段，有功功率平衡方程式为

$$P_G + P_{GH} = P_L$$

由上面两个方程可解得

$$\left. \begin{aligned} P_{GH} = \frac{0.4 - 0.8\gamma_H + 0.0007P_L}{0.003\gamma_H + 0.0007} \\ P_G = \frac{0.8\gamma_H - 0.4 + 0.003\gamma_H P_L}{0.003\gamma_H + 0.0007} \end{aligned} \right\}$$

（2）任选 γ_H 的初值，如取 $\gamma_H^{(0)} = 0.5$，按已知各个时段的负荷功率值 $P_{L1} = 350MW$，$P_{L2} = 700MW$；$P_{L3} = 500MW$；分别计算出水、火电厂在各个时段应承担的负荷功率为

$$P_{GH1}^{(0)} = 111.36MW, \quad P_{G1}^{(0)} = 238.64MW$$

$$P_{GH2}^{(0)} = 222.72MW, \quad P_{G2}^{(0)} = 477.28MW$$

$$P_{GH3}^{(0)} = 159.09\text{MW}, \quad P_{G3}^{(0)} = 340.91\text{MW}$$

利用所求得的功率值和水电厂的耗量特性，计算一日中各个时段的发电耗水量分别为

0 ~ 8h $\quad W_1^{(0)} = (0.0015 \times 111.36^2 + 0.8 \times 111.36 + 2) \times 8 \times 3600\text{m}^3 = 3159060\text{m}^3$

8 ~ 18h $\quad W_2^{(0)} = (0.0015 \times 222.72^2 + 0.8 \times 222.72 + 2) \times 10 \times 3600\text{m}^3 = 9164963\text{m}^3$

18 ~ 24h $\quad W_3^{(0)} = (0.0015 \times 159.09^2 + 0.8 \times 159.09 + 2) \times 6 \times 3600\text{m}^3 = 3612307\text{m}^3$

则日耗水量为

$$W^{(0)} = W_1^{(0)} + W_2^{(0)} + W_3^{(0)} = 15936330\text{m}^3 > 1.5 \times 10^7\text{m}^3$$

宜增大 γ_H 的值，取 $\gamma_H^{(1)} = 0.52$，重新计算，多次计算结果列于表5-1。

表5-1 计算结果

γ_H	0 ~ 8h		8 ~ 18h		18 ~ 24h		W/m^3
	P_{G1}/MW	P_{GH1}/MW	P_{G2}/MW	P_{GH2}/MW	P_{G3}/MW	P_{GH3}/MW	
0.5	238.64	111.36	477.28	222.72	340.91	159.09	15936330
0.52	248.67	101.33	490.27	209.73	352.21	147.79	14628003
0.514	245.72	104.28	486.44	213.56	348.89	151.11	15009545
0.51415	245.79	104.21	486.54	213.46	348.97	151.03	14999950

第4次迭代后，水电厂的日用水量已经很接近给定值，计算到此结束。

本 章 小 结

本章主要讨论了有功功率的平衡、频率调整和经济分配问题。

频率是衡量电能质量的重要指标。如果要保证频率质量要求，则系统必须保持有功功率平衡，并具备一定的有功备用容量。

负荷变化将引起频率变化，系统中凡装有调速器且具有可调的容量的发电机组，都自动参与频率的一次调整，只能做到有差调节。频率的二次调整只由系统中的调频机组承担，通过调频器完成，可以做到无差调节。主调频厂应有足够的调整容量，具有能适应负荷变化的调整速度，调整功率时还应符合安全与经济原则。

在进行各类电厂的负荷分配时，应根据各类电厂的技术经济特点，充分合理地利用国家动力资源，尽量做到降低发电成本和发电能耗。

有功功率负荷的最优分配相当于频率的三次调整，它其实就是按等耗量微增率准则给系统中所有机组分配发电任务，以实现功率的经济分配。对于水、火电厂间的经济功率分配，应明确水电厂发电要受到一定时间内用水量的限制，也就是在限定的时间内充分、合理地利用允许使用的水量发电，使系统消耗的燃料最少。

思考题与习题

5-1 什么是电力系统的有功功率备用容量？为什么要设置备用容量？

5-2 电力系统频率偏移过大的影响有哪些？

5-3 什么是电力系统负荷的有功功率—静态频率特性？何为有功功率负荷的频率调节

效应？K_L 的大小与哪些因素有关？

5-4 什么是电力系统发电机组的有功功率—静态频率特性？何为发电机组的单位调节功率？K_G 的大小与哪些因素有关？

5-5 什么是发电机组的调差系数？它与发电机组的单位调节功率有什么关系？它的大小可否整定得过小？为什么？

5-6 电力系统的一次调整的基本原理是什么？能否做到无差调节？

5-7 电力系统的二次调整的基本原理是什么？如何才能做到无差调节？

5-8 设系统中发电机组的容量和它们的调差系数分别为：水轮机组等值机组的额定容量为 500MW，$\sigma\% = 4$；汽轮机组等值机组的额定容量为 400MW，$\sigma\% = 5$；负荷的单位调节功率 $K_{L*} = 1.5$，负荷为 600MW 时，系统频率为 50Hz，水轮机组出力为 500MW，汽轮机组出力为 100MW，试计算：(1) 当系统负荷增加 50MW 时，系统频率和机组出力；(2) 当系统切除 50MW 负荷时，系统频率和机组出力。

5-9 两系统由联络线连接为一联合系统，已知 A 系统 $K_{GA} = 800MW/Hz$，$K_{LA} = 50MW/Hz$，$\Delta P_{LA} = 100MW$；B 系统 $K_{GB} = 700MW/Hz$，$K_{LB} = 40MW/Hz$，$\Delta P_{LB} = 50MW$，试计算下列情况下的频率变化量和联络线上流过的交换功率：(1) A、B 两系统都参加一次调整；(2) A 系统参加一次调整，B 系统不参加一次调整；(3) A、B 两系统都参加一次调整，A 系统中有机组参加二次调整，增发有功功率 60MW。

5-10 两个火力发电厂并列运行，其耗量特性分别为

$$F_1 = 0.001P_{G1}^2 + 0.4P_{G1} + 2(t/h) \qquad (60MW \leqslant P_{G1} \leqslant 200MW)$$
$$F_2 = 0.002P_{G2}^2 + 0.2P_{G2} + 4(t/h) \qquad (60MW \leqslant P_{G2} \leqslant 200MW)$$

试确定总负荷功率为 300MW 时，两个发电厂间的负荷最优分配方案；若平均分配负荷，则单位时间内多消耗的燃料为多少？

5-11 一个火电厂和一个水电厂并列运行，火电厂的耗量特性为 $F = 0.0015P_G^2 + 0.3P_G + 3(t/h)$，水电厂的耗量特性为 $W = 0.002P_{GH}^2 + P_{GH} + 5(m^3/s)$，水电厂日用水量恒定为 $W = 1.5 \times 10^7 m^3$。系统的日负荷变化如下：$0 \sim 8h$ 及 $18 \sim 24h$，负荷为 600MW；$8 \sim 18h$，负荷为 1000MW。已知火电厂容量为 1000MW，水电厂容量为 400MW，不计网损。试求在给定的用水量下，水、火电厂的功率经济分配方案。

第六章
电力系统的无功功率平衡和电压调整

电压是衡量电能质量的重要指标之一，而电力系统的电压和无功功率密切相关。保证用户处的电压偏移在允许范围之内是进行电压调整的主要目标。本章将在介绍电力系统无功功率平衡的基础上，对电力系统中的电压管理、各种调压方法及无功功率的最优分配进行阐述。

第一节　电力系统的无功功率平衡

电力系统的运行电压水平取决于系统的无功功率平衡。系统中各种无功电源发出的无功功率（即无功出力）应能满足系统负荷和网络损耗在额定电压下对无功功率的需求，否则电压将偏离额定值。为此，有必要对无功负荷、网络的无功损耗和各种无功电源的特点做一些说明。

一、无功功率负荷和无功功率损耗

1. 无功功率负荷

电力系统的负荷主要来自于大量的异步电动机，特别是无功负荷，异步电动机所占的比重更大。因此，电力系统综合负荷的电压特性主要取决于异步电动机。异步电动机的简化等效电路如图 6-1 所示，其消耗的无功功率为

$$Q_M = Q_m + Q_\sigma = \frac{U^2}{X_m} + I^2 X_\sigma \tag{6-1}$$

式中，Q_m 为励磁电抗消耗的无功功率，与电压的二次方近似成正比（因为电压较高时，由于磁饱和使 X_m 有所下降）；Q_σ 为漏抗消耗的无功功率，随着电压的降低而增大（因为负载功率不变的情况下，电压降低时电流增大）。

综合这两部分无功功率变化的特点，便可得异步电动机无功功率—电压特性曲线，如图 6-2 所示。图中，β 为电动机的负载系数，它等于电动机的实际负荷与额定负荷之比。从图 6-2 可以看出，在额定电压附近，电动机的无功功率随电压的升高而增加，随电压的降低而减少。当电压明显低于额定值时，无功功率主要由漏抗中的无功损耗决定，因此 Q_M 随电压的下降反而增大，说明需要从系统吸收更多的无功功率，这种性质对于系统的无功平衡和电压稳定是非常不利的。因此，在电力系统运行中应尽量避免电压下降过大，引起无功功率缺额加剧，进而出现电压崩溃的危险。

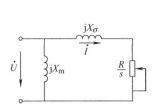

图 6-1　异步电动机的简化等效电路

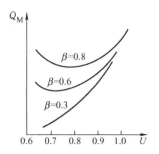

图 6-2　异步电动机的无功功率—电压特性

2. 无功功率损耗

（1）变压器的无功功率损耗　变压器的无功损耗包括两部分：一部分为励磁无功损耗，与变压器的负荷大小无关（固定损耗），可表示为

$$\Delta Q_{\mathrm{YT}} = \frac{I_0\%}{100} S_{\mathrm{N}} \qquad (6-2)$$

励磁无功损耗的百分数基本上与空载电流百分数相等，一般为 1% ~ 2%。

另一部分无功损耗为绕组漏抗中的无功损耗，与变压器的负荷大小有关（可变损耗），可表示为

$$\Delta Q_{\mathrm{ZT}} = \frac{U_{\mathrm{k}}\%}{100} S_{\mathrm{N}} \left(\frac{S}{S_{\mathrm{N}}}\right)^2 \qquad (6-3)$$

在变压器满载时，漏抗中无功损耗的百分数基本与短路电压百分数相等，约为 10%。

变压器的无功损耗在系统的无功功率需求中占有相当大的比重。虽然单台变压器的无功损耗只有它满载时额定容量的百分之十几，但从发电厂到用户，中间要经过多级变压，则变压器总的无功损耗将十分巨大，有时可达用户无功负荷的 70% 左右。因此，应尽量减少变压次数，以便降低网络的无功损耗。

（2）电力线路的无功功率损耗　由电力线路的等效电路可知，电力线路上的无功损耗也包括两部分，即并联电纳中的无功损耗和串联电抗中的无功损耗。并联电纳中的无功损耗与线路电压的二次方成正比，呈容性，又称为线路的充电功率；串联电抗中的无功损耗与负荷电流的二次方成正比，呈感性。因此，电力线路作为电力系统的一个元件究竟是消耗无功还是产生无功是不能肯定的，需要根据具体情况做具体的分析计算。如果容性大于感性，则向系统输送无功，为无功电源；如果感性大于容性，则从系统吸收无功，为无功负荷。

一般来说，对于 35kV 及以下线路，充电功率较小，可以略去不计，所以这种线路均为无功负荷。对于 110 ~ 220kV 的线路，当线路传输功率较大时，电抗消耗的无功功率大于充电功率，线路成为无功负荷；当传输功率较小时，充电功率大于线路电抗消耗的无功功率，线路成为无功电源。对于 330kV 及以上的超高压线路，通常线路电容上产生的无功功率大于电抗上消耗的无功功率，这时线路上总的无功损耗为负值，输电线路为无功电源。为了防止在这种情况下电网电压过高，一般在大型变电站都装有并联电容器，用于吸收输电线路的充电功率。

二、无功功率电源

电力系统的无功功率电源，除了发电机以外，还有同步调相机、静电电容器、静止无功

补偿器和静止无功发生器，这四种装置又称无功补偿装置。静电电容器只能发出感性无功功率（即吸收容性无功功率），其余几类补偿装置既可发出感性无功功率，又能发出容性无功功率。

调相机和电容器是两种最早出现的无功补偿装置，静止无功补偿器和静止无功发生器是采用电力电子器件的两种新型无功电源，也是构成灵活交流输电系统的基本装置。静电无功补偿器与传统的电容器相对应，静止无功发生器与传统的调相机相对应。

1. 发电机

发电机既是唯一的有功功率电源，又是最基本的无功功率电源。发电机在额定状态下运行时，可发出的无功功率为

$$Q_{GN} = S_{GN}\sin\varphi_N = P_{GN}\tan\varphi_N \tag{6-4}$$

式中，S_{GN}、P_{GN}、φ_N 分别为发电机的额定视在功率、额定有功功率和额定功率因数角。

下面讨论发电机可能发出的感性无功功率。图 6-3a 所示为一隐极发电机连接在 U_N 为常数的系统母线上，图 6-3b 为其等效电路，图 6-3c 为其额定运行时的相量图。图中 C 点是额定运行点，相量 $\overline{AC}$ 的长度代表电压降 $j\dot{I}_N X_d$，正比于定子额定电流，亦即正比于发电机的额定视在功率 S_{GN}，其在纵、横轴上的投影即为 P_{GN}、Q_{GN}；相量 $\overline{OC}$ 的长度代表空载电动势 $\dot{E}_N$，正比于转子额定电流。

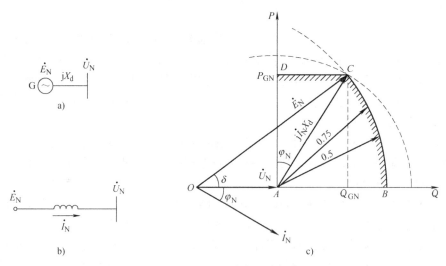

图 6-3　发电机的运行极限图

a) 接线图　b) 等效电路　c) 相量图

以上分析的是发电机的额定工作状态。当改变功率因数运行时，发电机发出的有功功率 P 和无功功率 Q 将随之发生变化，但发电机的运行点要受到定子额定电流（额定视在功率）、转子额定电流（空载电动势）、原动机出力（额定有功功率）的限制。图中，以 A 为圆心、以 AC 为半径的圆弧表示定子额定电流的限制；以 O 为圆心、以 OC 为半径的圆弧表示转子额定电流的限制；水平线 DC 表示原动机出力的限制。当发电机降低功率因数运行时可多发无功功率，由于受转子电流的限制，只能按 $\overset{\frown}{BC}$ 弧调节；当提高功率因数运行时可多发有功功率，但受汽轮机额定功率的限制，只能沿 CD 调节。由此可见，前一种情况下定子

电流没有得到充分利用；后一种情况下定子和转子电流均得不到充分利用。两种情况下发电机输出的视在功率均低于额定视在功率，即 $S < S_{GN}$。

发电机的 P - Q 运行极限如图 6-3 中的阴影部分所示。从图中可以看出，发电机只有在额定电压、额定电流和额定功率因数下运行时（即运行点 C），视在功率才能达到额定值，其容量才能得到最充分利用。当系统中无功电源不足，而有功备用容量又较充足时，可使靠近负荷中心的发电机降低功率因数运行，多发无功以提高电力系统的电压水平，但发电机的运行点不能越出 P - Q 极限图的范围。

2. 同步调相机

同步调相机实质上是只能发无功功率的发电机。它可以过励磁运行，也可以欠励磁运行，运行状态根据系统的要求调节。在过励磁运行时，它向系统供给感性无功功率，起无功电源的作用；在欠励磁运行时，它从系统吸收感性无功功率，起无功负荷的作用。所以，借助装有自动调节励磁装置的调相机，就可以平滑地改变无功功率的大小和方向，从而调节所在地区的电压。特别是有强行励磁装置时，在系统故障情况下也能调节系统电压，有利于系统的稳定运行。调相机的容量是指其过励磁时的容量，由于实际运行的需要和对稳定性的要求，欠励磁运行时的容量只有过励磁运行时容量的 50% ~60%。

但是，同步调相机是旋转设备，运行维护比较复杂，并且有一定的有功功率损耗，其值为额定容量的 1.5% ~5%，容量越小，百分值越大。小容量的调相机每千伏安容量的投资费也较大，故同步调相机适用于大容量集中使用。在我国，同步调相机常安装在枢纽变电所中，以便平滑调节电压和提高系统稳定性。同步调相机的最大缺点是投资和运行成本大，且响应速度较慢，难以适应动态无功控制的要求，现已逐渐被静止无功补偿装置所取代。

3. 静电电容器

静电电容器只能向系统供给感性无功功率。为了在运行中调节电容器的功率，可将电容器连接成若干组，根据负荷的变化分组投入或切除，从而使它的容量可大可小，既可集中使用，又可分散安装，能做到就地供应无功功率，以减少线路上的功率损耗和电压损耗。电容器每单位容量的投资费较小，且与总容量的大小无关，运行时的有功功率损耗也较小，为额定容量的 0.3% ~0.5%。此外，由于它是静止元件，维护检修也较方便。因此，电容器是目前使用最广泛的无功补偿设备。

电容器所供给的无功功率与所在节点电压的二次方成正比，即

$$Q_C = \frac{U^2}{X_C} \tag{6-5}$$

式中，X_C 为静电电容器的容抗。

由式(6-5) 可见，当节点电压下降时，电容器供给系统的无功功率将减少。因此在系统发生故障而使电压降低时，其输出的无功功率反而减少，从而导致电压继续下降。因此电容器的无功功率调节性能较差，且无法实现输出的连续调节，这是电容器在调节性能上的缺点。

4. 静止无功补偿器

静止无功补偿器（Static Var Compensator，SVC）简称静止补偿器，是与电容器相对应属于"灵活交流输电系统"范畴的无功功率电源。SVC 最早出现在 20 世纪 70 年代，它由静电电容器与电抗器并联组成。电容器可发出感性无功功率，电抗器可吸收感性无功功率，

两者结合起来，再配以适当的调节装置，就能够平滑地改变输出或吸收的无功功率。常见的静止无功补偿器有晶闸管控制电抗器型（TCR 型）、晶闸管开关电容器型（TSC 型）和饱和电抗器型（SR 型），如图 6-4 所示。

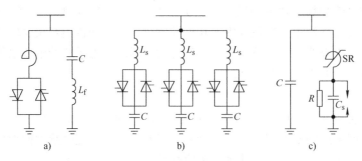

图 6-4　静止无功补偿器原理图

a）TCR 型　b）TSC 型　c）SR 型

TCR 型补偿器由 TCR 与固定电容器并联组成，如图 6-4a 所示。通过控制晶闸管触发延迟角的大小来改变通过电抗器的电流，就可以平滑地调节电抗器吸收的无功功率，从而实现连续调节补偿无功功率的目的。电容器 C 与串联电感 L_f 的作用是为了消除 TCR 中产生的高次谐波。

TSC 型补偿器由多组电容器和晶闸管开关组成，如图 6-4b 所示。TSC 型补偿器是以晶闸管开关取代常规电容器配置的机械式开关，它只能发出感性无功，不能平滑调节输出的功率。但由于晶闸管对控制信号的响应非常快，通断次数又不受限制，其运行性能还是明显优于机械开关投切的电容器的。每组晶闸管投切电容器都串联接入一个小电感 L_S，其作用是降低晶闸管开通时可能产生的电流冲击。

SR 型补偿器由饱和电抗器 SR 和固定电容器并联组成，如图 6-4c 所示。利用 SR 的饱和特性，即当电压大于某值后，随着电压的升高，铁心急剧饱和，从而引起电流大幅度变化，实现无功功率的平滑调节。

上述三种基本类型的补偿器还可以组合使用，例如 TSC 常与 TCR 并联组成静止补偿器，以改善其调节性能。

SVC 能够在系统电压变化时快速、平滑地调节无功功率，以满足动态无功补偿的需要。与同步调相机比较，其运行维护简单、功率损耗小，能做到分相补偿以适应不平衡负荷的变化，对冲击性负荷也具有较强的适应性。此外，补偿器的滤波电路可以消除高次谐波对负荷的干扰，因此 SVC 在电力系统中得到越来越广泛的应用。但是，SVC 的核心元件是电容器，因此仍然与电容器一样，存在系统电压降低、急需向系统供应无功功率时，其提供的感性无功功率反而减少的缺点。

5. 静止无功发生器

静止无功发生器（Static Var Generator，SVG）也称为静止同步补偿器（STATCOM）或静止调相机（STATCON），是一种更为先进的静止无功补偿装置，它的主体部分是一个电压源型逆变器，其原理如图 6-5 所示。逆变器中 6 个可关断晶闸管（GTO）分别与 6 个二极管反向并联，适当控制 GTO 的通断，可以把电容 C 上的直流电压转换成与电力系统电压同步的三相交流电压，逆变器的交流侧通过电抗器或变压器并联接入系统。适当控制逆变器的输

出电压 $\dot{U}_a$，使之与系统电压 $\dot{U}_A$ 同相位，当 $U_a > U_A/K$ 时，发生器向系统输出感性无功；当 $U_a < U_A/K$ 时，由系统吸收感性无功。

由于 $\dot{U}_a$ 的控制完全由 SVG 内部控制，不依赖于系统电压，因此与 SVC 相比，SVG 最重要的一个优点是在电压较低时仍可向系统注入较大的无功功率。此外，SVG 还具有响应速度更快、运行范围更宽、谐波电流含量更少等优点。

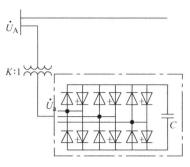

图 6-5 静止无功发生器原理图

三、无功功率平衡

电力系统无功功率平衡的基本要求是：系统中的无功功率电源所发出的无功功率应与系统中的无功负荷和无功损耗相平衡，即

$$\Sigma Q_{GC} = \Sigma Q_L + \Delta Q_{\Sigma} \tag{6-6}$$

式中，ΣQ_{GC} 为电源供应的无功功率之和（包括发电机供给的无功功率 ΣQ_G 和各种无功补偿设备供给的无功功率 ΣQ_C）；ΣQ_L 为负荷消耗的无功功率之和，可按负荷的有功功率和功率因数计算；ΔQ_{Σ} 为网络的无功功率损耗之和（包括变压器、线路电抗和线路电纳中的无功功率损耗）。

在无功平衡的基础上，系统还必须配置一定的无功备用容量，以满足无功负荷增大时系统电压质量的要求。无功备用容量一般应为最大无功负荷的 7% ~ 8%。

应当指出，进行无功功率平衡计算的前提是系统的电压水平正常。如果不能在正常电压水平下保证无功功率平衡，系统的电压质量就不能保证。换句话说，当系统的无功电源不足时，无功功率平衡所对应的电压将低于额定电压。因此，为了实现系统在额定电压下的无功功率平衡，就必须装设无功补偿装置。

电力系统应定期进行无功功率平衡计算。根据无功功率平衡的计算结果，确定补偿设备的容量，并按就地平衡的原则进行补偿容量的分配。一般来说，小容量的、分散的无功补偿可采用静电电容器；大容量的、配置在系统中枢点的无功补偿则宜采用同步调相机或 SVC。为了改善电压质量和降低网损，应尽量避免通过电网输送大量无功功率。此时，不仅要考虑总的无功功率平衡，还要考虑地区系统的无功功率平衡。可见，无功功率平衡要比有功功率平衡复杂得多。

第二节 电力系统的电压管理

一、中枢点的电压管理

1. 电压中枢点的选择

电力系统进行电压调整的目的，就是要采取各种措施，使用户处的电压偏移保持在允许的范围之内。由于电力系统结构复杂，负荷节点众多且又分散，不可能也没有必要对每个负荷点电压进行监视和调整。实际上，电力系统中的负荷总是通过一些主要的供电点供应电力的，因此，只要将这些点的电压偏移控制在允许范围之内，则系统中大部分负荷点的电压质量就能得到保证。我们把这些主要的供电点称为电压中枢点，通常选以下母线作为中枢点：①区域性水、火电厂的高压母线；②枢纽变电所的二次母线；③有大量地方负荷的发电厂母线。

2. 中枢点的电压偏移

对中枢点电压进行监视和调整，必须首先确定中枢点电压的允许变动范围，以使中枢点（如节点 i）电压 U_i 满足 $U_{i.\,\min} < U_i < U_{i.\,\max}$，这项工作就是中枢点电压曲线的编制。

由同一中枢点供电的各个负荷点都允许有一定的电压偏移，计及中枢点到负荷点馈线上的电压损耗，就可以确定每个负荷点到中枢点的电压要求。根据这一要求将中枢点的电压控制在这个范围内，即可保证各负荷点的电压要求了。

图 6-6a 所示为由一个中枢点 O 向两个负荷点 A 和 B 供电的简单网络，两负荷点的允许电压偏移都是 ±5%。当线路参数一定时，线路上的电压损耗 ΔU_{OA}、ΔU_{OB} 分别与 A 点和 B 点的负荷有关。为便于讨论，假设 A、B 的简化日负荷曲线如图 6-6b 所示，相应地线路 OA、OB 上的电压损耗变化曲线如图 6-6c 所示。

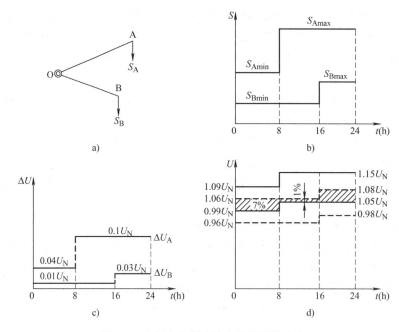

图 6-6　中枢点电压允许变化范围的确定

a) 简单网络　b) 日负荷曲线　c) 电压损耗曲线　d) 中枢点电压允许变化范围

为了满足负荷点 A 的调压要求，中枢点 O 应维持的电压为

在 0~8 时：$U_{O(A)} = U_A + \Delta U_{OA} = (0.95 \sim 1.05) U_N + 0.04 U_N = (0.99 \sim 1.09) U_N$

在 8~24 时：$U_{O(A)} = U_A + \Delta U_{OA} = (0.95 \sim 1.05) U_N + 0.1 U_N = (1.05 \sim 1.15) U_N$

同理，可算出为满足负荷点 B 的调压要求，中枢点 O 应维持的电压为

在 0~16 时：$U_{O(B)} = U_B + \Delta U_{OB} = (0.95 \sim 1.05) U_N + 0.01 U_N = (0.96 \sim 1.06) U_N$

在 16~24 时：$U_{O(B)} = U_B + \Delta U_{OB} = (0.95 \sim 1.05) U_N + 0.03 U_N = (0.98 \sim 1.08) U_N$

根据上述要求，可作出中枢点 O 的电压变化范围，如图 6-6d 所示。图中阴影部分就是同时满足 A、B 两个负荷点调压要求的中枢点电压的允许变化范围。由图可见，虽然 A、B

两个负荷点的允许电压偏移都是 ±5%，即都有 10% 的允许变化范围，但由于两处负荷的大小和变化规律不同，使两段线路上的电压损耗 ΔU_{OA}、ΔU_{OB} 的大小和变化规律也不相同，因此，要同时满足这两个负荷对电压质量的要求，中枢点电压的允许变化范围会大大缩小，最大时为 7%，最小时只有 1%。

实际电力系统中，同一中枢点往往向多个负荷点供电，如果任何时候各负荷点所要求的中枢点电压允许变化范围都有公共部分，则调节中枢点的电压，使其在公共的允许范围内变动，就可以满足各负荷点的调压要求。但是，如果中枢点到各个负荷点线路上电压损耗的大小和变化规律差别很大，就可能出现在某些时段内，中枢点的电压允许变化范围没有公共部分。这种情况下仅靠控制中枢点的电压已不能保证所有负荷点的电压偏移都在允许范围之内，必须考虑在某些负荷点采取其他调压措施。

3. 中枢点的调压方式

编制中枢点电压曲线，需要知道由该中枢点供电的各负荷点对电压质量的要求，以及中枢点到各负荷点线路上的电压损耗，这对已投入运行的系统并不困难。但在电力系统规划设计中，由于由中枢点供电的较低电压等级的电力网络尚未完全建成，各负荷点对电压质量的要求还不明确，无法计算线路上的电压损耗，因此也就无法按上述方法编制中枢点的电压曲线。这时，只能对中枢点的电压提出原则性的要求，大致确定一个允许的变动范围。这种电压调整方式一般分为逆调压、顺调压和恒调压三类。

（1）逆调压　一般情况下，由中枢点供电的各负荷的变化规律大体相同，在最大负荷时电网的电压损耗大，中枢点电压较低；而在最小负荷时电网的电压损耗小，中枢点电压较高。因此，可在最大负荷时将中枢点电压升高以抵偿线路上的部分电压损耗；在最小负荷时适当降低中枢点电压以防止负荷点的电压过高。这种最大负荷时升高电压、最小负荷时降低电压的中枢点调压方式称为逆调压。采用逆调压时，在最大负荷时可将中枢点电压升高至 $105\% U_{N}$（U_{N} 为线路额定电压），最小负荷时将其降为 U_{N}。逆调压一般适用于供电线路较长、负荷变动较大的中枢点。

（2）顺调压　在最大负荷时允许中枢点电压降低，但不低于 $102.5\% U_{N}$；在最小负荷时允许中枢点电压升高，但不高于 $107.5\% U_{N}$，这种调压方式称为顺调压。顺调压一般用于供电线路不长、负荷变动不大的中枢点。

（3）恒调压　在任何负荷情况下中枢点电压保持一基本不变的数值，一般取（102% ~ 105%）U_{N}，这种调压方式称为恒（常）调压。恒调压适用于介于上述两种调压方式之间的中枢点。

需要说明的是，以上所述都是电力系统正常运行时的调压要求。当系统发生事故时，因电压损耗比正常值大，对电压质量的运行要求会降低一些。通常事故时负荷点的电压偏移较正常时再增大 5%。

二、电压调整的基本原理

如前所述，拥有充足的无功功率电源是保证电力系统具有较好运行电压水平的必要条件。要通过控制中枢点电压使所有用户的电压质量都符合要求，还必须采取各种调压措施。现以图 6-7 所示的简单电力系统为例，说明常用的各种调压措施所依据的基本原理。

图 6-7 中，K_1、K_2 分别为升压变压器 T_1 和降压变压器 T_2 的电压比，R、X 为变压器和

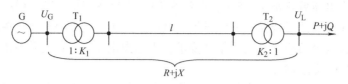

图 6-7 简单电力系统

线路归算到高压侧的总电阻和总电抗。为了分析简便起见，略去各元件的导纳支路和网络的功率损耗，在此情况下，负荷所在母线的电压可表示为

$$U_{\mathrm{L}} = (U_{\mathrm{G}} K_1 - \Delta U)/K_2 = (U_{\mathrm{G}} K_1 - \frac{PR + QX}{U_{\mathrm{G}} K_1})/K_2 \tag{6-7}$$

由式(6-7) 可见，为了调整用户端电压 U_{L} 可以采取以下措施：

1) 通过调节励磁电流改变发电机端电压 U_{G} （发电机调压）。

2) 适当选择变压器的电压比 K （变压器调压）。

3) 改变无功功率分布（在负荷端并联无功补偿设备以减少线路中的无功功率，称为并联补偿调压）。

4) 改变输电线路的参数（在线路中串联电容以降低线路电抗，称为串联补偿调压）。

第三节 电力系统的调压措施

一、改变发电机机端电压调压

现代同步发电机在其端电压偏离额定值不超过5%范围内，都能够以额定功率运行。大中型同步发电机都装有自动励磁调节装置，根据运行情况调节发电机励磁电流就可以改变发电机的机端电压。这是一种不需耗费投资而且最直接的调压手段，应首先考虑采用。

对于不同类型的供电网络，发电机调压所起的作用是不同的。

1) 对由发电机不经升压直接供电的小型电力系统，因供电线路较短，线路上的电压损耗也不大，用发电机进行调压一般就可以满足负荷点电压质量的要求。图 6-8a 为以简单电力系统发电机作逆调压时的电压分布。当发电机电压恒定时，则最大负荷时发电机母线至最远负荷处的总电压损耗为 20%，最小负荷时为 8%，即末端负荷点的电压变动范围为 12%，电压质量不满足要求。如果发电机采用逆调压，最大负荷时将发电机电压升高至 $105\% U_{\mathrm{N}}$，最小负荷时为 U_{N}，并考虑到变压器二次侧空载电压较额定电压高 10%，则全网的电压分布如图 6-8b 所示。由图可见，最远负荷处的电压偏移在最大负荷时为 –5%，在最小负荷时为 +2%，即电压偏移在 ±5% 范围之内，电压质量达到了要求。

2) 对供电线路较长、供电范围较大的多电压等级电网，由于不同运行方式下电压损耗的变化幅度太大，单靠发电机调压就不能满足负荷点电压的需求。图 6-9 所示为一多级电压变压供电系统，最大负荷时发电机母线至最远负荷处的总电压损耗高达 35%，最小负荷时为 15%，即末端负荷点的电压变动范围为 20%，这时，即使发电机母线采用逆调压，也只能将电压偏移减小 5%，即缩小为 15%，末端电压偏移还是超过了 10%，电压质量不能满足要求。这种情况说明单靠发电机调压是不能解决问题的，此时发电机调压主要是为了满足近处地方负荷的电压质量要求，对于远处负荷的电压变动，只能靠其他调压方法来解决。

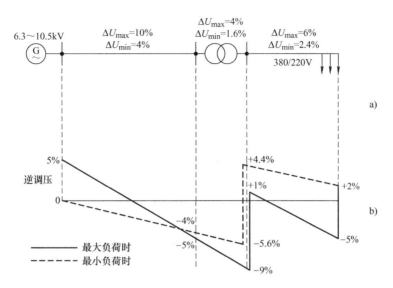

图 6-8　发电机母线逆调压的效果

a) 简单系统接线图　b) 电压分布情况

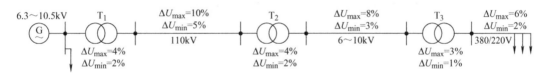

图 6-9　多级电压系统中的电压损耗

3）对于由若干发电厂并列运行的电力系统，利用发电机调压会出现新的问题。因为当要提高发电机的电压时，发电机要多输出无功功率，这就要求发电机有相当充裕的无功储备容量才能承担调压任务，一般是不易满足这一要求的。另外，在电力系统内并联运行的发电厂中，调整个别发电厂的母线电压，会引起整个系统的无功功率重新分配，这可能与无功功率的经济分配发生矛盾，造成系统线损的增加。所以在大型电力系统中，发电机调压一般只能作为一种辅助性的调压措施。

二、改变变压器电压比调压

为了实现调压，在双绕组变压器的高压绕组和三绕组变压器的高、中压绕组设有若干个分接头以供选择。一般容量为 $6300kV \cdot A$ 及以下的变压器高压侧有三个分接头，分别为 $1.05U_N$、U_N 和 $0.95U_N$，记为"$U_N \pm 5\%$"；容量为 $8000kV \cdot A$ 及以上的变压器高压侧有五个分接头，分别为 $1.05U_N$、$1.025U_N$、U_N、$0.975U_N$ 和 $0.95U_N$，记为"$U_N \pm 2 \times 2.5\%$"。其中，对应于 U_N 的分接头常称为主抽头。

改变变压器电压比调压就是根据调压要求适当选择变压器的分接头电压。对于普通变压器，只能在停电情况下改变分接头，在运行过程中分接头位置不变，因此需要事先选择好一个合适的分接头，以使系统在最大、最小运行方式下电压偏移均不超过允许波动范围。下面分别介绍各类变压器分接头的选择方法。

1. 双绕组变压器

（1）降压变压器　图 6-10 所示为降压变压器，通过变压器的功率为 $P + jQ$，归算到高压侧的变压器阻抗为 $R_T + jX_T$。设 U_1 为变压器高压侧母线电压；U_2' 为低压侧母线归算至高压侧的电压；U_2 为低压侧母线要求得到的电压；ΔU_T 为归算至高压侧的变压器绕组的电压损耗，则有

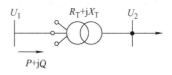

图 6-10　降压变压器

$$\Delta U_T = \frac{PR_T + QX_T}{U_1}$$

$$U_2 = \frac{U_2'}{K} = \frac{U_1 - \Delta U_T}{K} \tag{6-8}$$

式中，K 为变压器的电压比，等于高压侧分接头电压 U_{1t} 与低压侧额定电压 U_{2N} 之比，即 $K = U_{1t}/U_{2N}$。

将电压比 K 代入式(6-8) 中，可得高压侧分接头电压为

$$U_{1t} = \frac{(U_1 - \Delta U_T) U_{2N}}{U_2} \tag{6-9}$$

当变压器在不同运行方式时，高压侧电压 U_1、电压损耗 ΔU_T、低压侧希望的电压 U_2 都要发生变化，因此 U_{1t} 的值也不同。而正常运行中只能使用一个固定的分接头，所以应在最大、最小负荷下分别求出变压器分接头电压的计算值，然后取其平均值。

最大负荷时变压器分接头电压为

$$U_{1tmax} = \frac{(U_{1max} - \Delta U_{Tmax}) U_{2N}}{U_{2max}} \tag{6-10}$$

最小负荷时变压器分接头电压为

$$U_{1tmin} = \frac{(U_{1min} - \Delta U_{Tmin}) U_{2N}}{U_{2min}} \tag{6-11}$$

取其平均值为

$$U_{1t} = \frac{1}{2}(U_{1max} + U_{1min}) \tag{6-12}$$

根据计算出的 U_{1t} 值选择一个与它最接近的分接头电压。然后根据所选择的分接头电压值校验在最大负荷和最小负荷时变压器低压母线上的实际电压是否符合调压的要求。

【例 6-1】　某降压变电所有一台电压比为 $110(1 \pm 2 \times 2.5\%)/11\text{kV}$ 的变压器，归算到高压侧的阻抗为 $2.44 + j40\Omega$。已知最大负荷时通过变压器的功率为 $(28 + j14)\text{MV} \cdot \text{A}$，高压母线电压为 113kV，最小负荷时通过变压器的功率为 $(10 + j6)\text{MV} \cdot \text{A}$，高压母线电压为 115kV，低压侧母线电压允许变化范围为 $10 \sim 11\text{kV}$，试选择变压器的分接头。

解： 最大、最小负荷时变压器的电压损耗分别为

$$\Delta U_{Tmax} = \frac{P_{max}R_T + Q_{max}X_T}{U_{1max}} = \frac{28 \times 2.44 + 14 \times 40}{113}\text{kV} = 5.56\text{kV}$$

$$\Delta U_{Tmin} = \frac{P_{min}R_T + Q_{min}X_T}{U_{1min}} = \frac{10 \times 2.44 + 6 \times 40}{115}\text{kV} = 2.3\text{kV}$$

最大和最小负荷时变压器低压侧要求的电压分别为 $U_{2max} = 10\text{kV}$ 和 $U_{2min} = 11\text{kV}$，则有

$$U_{1\text{tmax}} = \frac{(U_{1\text{max}} - \Delta U_{\text{Tmax}})U_{2N}}{U_{2\text{max}}} = \frac{(113 - 5.56) \times 11}{10}\text{kV} = 118.2\text{kV}$$

$$U_{1\text{tmin}} = \frac{(U_{1\text{min}} - \Delta U_{\text{Tmin}})U_{2N}}{U_{2\text{min}}} = \frac{(115 - 2.3) \times 11}{11}\text{kV} = 112.7\text{kV}$$

然后取其平均值

$$U_{1\text{t}} = \frac{U_{1\text{tmax}} + U_{1\text{tmin}}}{2} = \frac{118.2 + 112.7}{2}\text{kV} = 115.45\text{kV}$$

选择最接近的分接头电压115.5kV，即110 + 5%的分接头。此时，最大、最小负荷时变压器低压母线的实际电压分别为

$$U_{2\text{max}} = (113 - 5.56) \times \frac{11}{115.5}\text{kV} = 10.23\text{kV} > 10\text{kV}$$

$$U_{2\text{min}} = (115 - 2.3) \times \frac{11}{115.5}\text{kV} = 10.73\text{kV} < 11\text{kV}$$

可见，所选分接头能满足低压母线调压要求(10 ~ 11kV)。

（2）升压变压器　升压变压器分接头的选择方法与降压变压器基本相同，但是，由于升压变压器中功率方向是从低压侧送往高压侧的，如图6-11所示，因此，应将变压器的电压损耗与高压母线电压相加得到发电厂低压母线电压。因此有

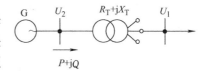

图6-11　升压变压器

$$U_2 = \frac{U_2'}{K} = \frac{U_1 + \Delta U_{\text{T}}}{K} \tag{6-13}$$

在最大、最小负荷时变压器高压侧分接头电压分别为

$$U_{1\text{tmax}} = \frac{(U_{1\text{max}} + \Delta U_{\text{Tmax}})U_{2N}}{U_{2\text{max}}} \tag{6-14}$$

$$U_{1\text{tmin}} = \frac{(U_{1\text{min}} + \Delta U_{\text{Tmin}})U_{2N}}{U_{2\text{min}}} \tag{6-15}$$

取其平均值为

$$U_{1\text{t}} = \frac{U_{1\text{max}} + U_{1\text{min}}}{2} \tag{6-16}$$

然后选择与$U_{1\text{t}}$值最接近的分接头电压，并按发电机端电压允许的电压偏移进行校验。如果发电机母线上接有地方负荷，则应满足地方负荷对发电机母线的调压要求（一般为逆调压）。这里需特别注意的是，升压变压器绕组的额定电压与降压变压器的是有区别的。

2. 三绕组变压器

三绕组变压器在高、中压侧都设有分接头，可两次套用双绕组变压器分接头的选择方法。对于三绕组降压变压器，首先根据低压母线的调压要求，选择高压绕组的分接头（此时高、低压绕组相当于双绕组变压器），则有

$$U_{1\text{t}} = \frac{(U_1 - \Delta U_{\text{T13}})U_{3N}}{U_3} \tag{6-17}$$

然后再按中压母线的调压要求和选定的高压绕组分接头来确定中压绕组的分接头（此时高、中压绕组相当于双绕组变压器），则

$$U_{2t} = U_2 \frac{U_{1t}}{U_1 - \Delta U_{T12}} \qquad (6-18)$$

这样根据计算值选择与之最接近的高、中压绕组分接头电压，从而确定了三绕组变压器的电压比。最后分别按选定的电压比计算中、低压侧母线的实际电压，并判断是否满足调压要求。

对于三绕组升压变压器，低压侧为电源，其他两侧可分别按照两台升压变压器来选择分接头。

【例 6-2】 图 6-12 所示三绕组变压器的额定电压为 110/38.5/6.6kV，各绕组的阻抗分别为 $Z_{T1} = (2.94 + j65)\Omega$，$Z_{T2} = (4.42 - j1.51)\Omega$，$Z_{T3} = (4.42 + j37.3)\Omega$，各绕组最大负荷时流通的功率已标于图中，最小负荷为最大负荷时的 1/2。设与该变压器相连的高压母线电压在最大、最小负荷时分别为 112kV 和 115kV，中、低压母线允许电压偏移在最大、最小负荷时分别为 0% 和 7.5%。试选择该变压器高、中压绕组的分接头。

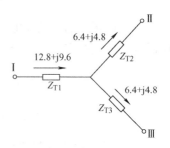

图 6-12 三绕组变压器

解：根据给定条件，可求得在最大、最小负荷时变压器各绕组中的电压损耗及归算至高压侧的各母线电压，计算结果见表 6-1。

表 6-1 各绕组电压损耗及各母线电压 (单位：kV)

负荷水平	各绕组电压损耗			各母线电压		
	高压绕组	中压绕组	低压绕组	高压母线	中压母线	低压母线
最大负荷	5.91	0.197	1.98	112	105.9	104.1
最小负荷	2.88	0.093	0.935	115	112	111.1

（1）根据低压母线的调压要求，由高、低压两侧选择高压绕组的分接头。在最大负荷时，低压母线要求电压偏移为 0%，即 $U_{3max} = 6\text{kV}$，则有

$$U_{1tmax} = \frac{(U_{1max} - \Delta U_{T13.max}) U_{3N}}{U_{3max}} = U'_{3max} \frac{U_{3N}}{U_{3max}} = 104.1 \times \frac{6.6}{6}\text{kV} = 114.5\text{kV}$$

在最小负荷时，低压母线要求电压偏移不超过 7.5%，即 $U_{3min} = 1.075 \times 6\text{kV} = 6.45\text{kV}$，则有

$$U_{1tmin} = U'_{3min} \frac{U_{3N}}{U_{3min}} = 111.1 \times \frac{6.6}{6.45}\text{kV} = 113.7\text{kV}$$

因此 $\qquad U_{1t} = \frac{U_{1max} + U_{1min}}{2} = \frac{114.5 + 113.7}{2}\text{kV} = 114.1\text{kV}$

于是，可选用 115.5kV（即 110 + 5%）的分接头。这时低压母线的实际电压为

最大负荷时 $\qquad U_{3max} = U'_{3max} \frac{U_{3N}}{U_{1t}} = 104.1 \times \frac{6.6}{115.5}\text{kV} = 5.95\text{kV}$

最小负荷时 $\qquad U_{3min} = U'_{3min} \frac{U_{3N}}{U_{1t}} = 111.1 \times \frac{6.6}{115.5}\text{kV} = 6.35\text{kV}$

低压母线的电压偏移分别为

最大负荷时 $\qquad \Delta U_{3max}\% = \frac{5.95 - 6}{6} \times 100\% = -0.833\%$

最小负荷时　　　　　　$\Delta U_{3\min}\% = \dfrac{6.35-6}{6} \times 100\% = 5.83\%$

虽然最大负荷时的电压偏移较要求值低 0.833%，但由于分接头之间的电压差为 2.5%，求得的电压偏移值只要距要求值不超过 1.25% 都是允许的。因此，所选分接头是正确的。

（2）根据中压母线的调压要求，由高、中两侧选择中压绕组的分接头。最大负荷时，中压母线要求电压偏移为 0%，即 $U_{2\max} = 35\mathrm{kV}$，则有

$$U_{2\mathrm{t}\max} = U_{2\max}\frac{U_{1\mathrm{t}}}{U_{1\max} - \Delta U_{\mathrm{T12.\,max}}} = U_{2\max}\frac{U_{1\mathrm{t}}}{U'_{2\max}} = 35 \times \frac{115.5}{105.9}\mathrm{kV} = 38.2\mathrm{kV}$$

在最小负荷时，中压母线要求电压偏移不超过 7.5%，即 $U_{2\min} = 1.075 \times 35\mathrm{kV} = 37.625\mathrm{kV}$，则有

$$U_{2\mathrm{t}\min} = U_{2\min}\frac{U_{1\mathrm{t}}}{U'_{2\min}} = 37.625 \times \frac{115.5}{112}\mathrm{kV} = 38.8\mathrm{kV}$$

因此　　　　　　$U_{2\mathrm{t}} = \dfrac{U_{2\max} + U_{2\min}}{2} = \dfrac{38.2 + 38.8}{2}\mathrm{kV} = 38.5\mathrm{kV}$

于是，可选用 38.5kV 的主抽头。这时中压母线的实际电压为

最大负荷时　　　　　　$U_{2\max} = U'_{2\max}\dfrac{U_{2\mathrm{t}}}{U_{1\mathrm{t}}} = 105.9 \times \dfrac{38.5}{115.5}\mathrm{kV} = 35.3\mathrm{kV}$

最小负荷时　　　　　　$U_{2\min} = U'_{2\min}\dfrac{U_{2\mathrm{t}}}{U_{1\mathrm{t}}} = 112 \times \dfrac{38.5}{115.5}\mathrm{kV} = 37.3\mathrm{kV}$

中压母线的电压偏移分别为

最大负荷时　　　　　　$\Delta U_{2\max}\% = \dfrac{35.3-35}{35} \times 100\% = 0.857\%$

最小负荷时　　　　　　$\Delta U_{2\min}\% = \dfrac{37.3-35}{35} \times 100\% = 6.57\%$

可见，电压偏移均在要求的范围之内，能够满足调压要求。

于是，该变压器的分接头电压（或电压比）为 115.5/38.5/6.6kV。

3. 有载调压变压器

对于上述普通变压器（也称无载调压变压器），当最大、最小负荷时电压变化幅度超过了分接头的调整范围（±5%）时，则不论怎样选择分接头，低压母线的实际电压总不能满足对调压的要求，这时可采用有载调压变压器。有载调压变压器可以在带负荷情况下切换分接头，调压范围比较大，一般在 15% 以上。目前我国规定：110kV 的有载调压变压器有七个分接头，调压范围为 $U_{\mathrm{N}}(1 \pm 3 \times 2.5\%)$，220kV 的有载调压变压器有九个分接头，调压范围为 $U_{\mathrm{N}}(1 \pm 4 \times 2.5\%)$。采用有载调压变压器时，可以根据最大负荷时算出的 $U_{1\mathrm{t}\max}$ 值和最小负荷时算出的 $U_{1\mathrm{t}\min}$ 值分别选择各自合适的分接头。

有载调压变压器有两大类：一种是本身有调压绕组的有载调压变压器；另一种是带有加压调压器的有载调压变压器。

图 6-13 为本身具有调压绕组的有载调压变压器的接线图。它的高压侧主绕组外同一个具有若干分接头的调压绕组串联，依靠特殊的切换装置可以带负荷改变分接头。切换装置有两个可动触头，改变分接头时，先将一个可动触头移到选定的分接头上，然后再将另一个可动触头移到该分接头上。这样就可以在不断开电路的情况下完成了分接头的切换。为了避免

切换过程中产生电弧使变压器绝缘油劣化，将可动触头 K_a、K_b 的支路上分别串联接触器的触点 KM_a、KM_b，将它们放在单独的油箱里。当切换分接头时，首先将 KM_a 打开，将 K_a 切换到选定的分接头上，然后接通 KM_a；另一个触头也采用同样的切换步骤，最终将两个可动触头切换到同一个分接头位置。切换装置中的电抗器 L 是用来限制切换过程中两个可动触头不在同一位置时，两个分接头绕组间的短路电流。

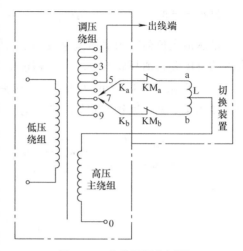

图 6-13　有载调压变压器

有载调压变压器可带负荷切换分接头，调压灵活方便，调节范围大，调压效果好，在无功功率充足的电力系统中，凡是采用普通变压器不能满足调压要求的场合，采用有载调压变压器后都能满足调压要求。

三、改变无功功率分布调压

改变变压器分接头调压是一种简单、经济的调压手段，但是当系统中的无功电源不足时，仅靠改变变压器电压比调压将无法达到调压目的，此时需要在适当的位置对所缺的无功进行补偿。

无功功率的产生基本上不消耗能源，但无功功率沿电网传输则会引起网络的有功功率损耗和电压损耗。合理地配置无功功率补偿容量，改变网络的无功功率分布，可以减少网络中的有功功率损耗和电压损耗，从而提高经济性和改善用户处的电压质量。

改变无功功率分布调压的方法，是在用户处就地补偿（并联补偿）无功功率电源，以减少电网传输的无功功率。调压计算的内容是按调压要求确定应设置的无功功率补偿容量。确定补偿容量时，要结合考虑变压器电压比的选择，使之达到既充分发挥变压器的调压作用，又充分利用了无功补偿容量，达到在满足调压要求的前提下，使用的补偿容量最少。

图 6-14 所示为一个简单电力网。忽略线路上的充电功率、变压器的空载损耗和电压降落的横分量。未装补偿设备前，有

$$U_1' = U_2' + \frac{PR + QX}{U_2'} \tag{6-19}$$

式中，U_1' 为归算至高压侧的发电机母线电压；U_2' 为补偿前归算至高压侧的变电所低压母线电压。

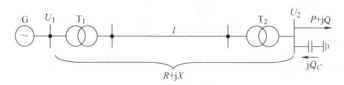

图 6-14　简单电力网的无功功率补偿

当在变电所低压侧装设容量为 Q_C 的无功补偿设备后，则有

$$U_1' = U_{2C}' + \frac{PR + (Q - Q_C)X}{U_2'} \tag{6-20}$$

式中，U_{2C}' 为补偿后归算至高压侧的变电所低压母线电压。

如果补偿前后供电点电压 U_1 维持不变，则有

$$U_2' + \frac{PR + QX}{U_2'} = U_{2C}' + \frac{PR + (Q - Q_C)X}{U_{2C}'} \tag{6-21}$$

可解得无功补偿容量为

$$Q_C = \frac{U_{2C}'}{X}\left[(U_{2C}' - U_2') + \left(\frac{PR + QX}{U_{2C}'} - \frac{PR + QX}{U_2'} \right) \right] \tag{6-22}$$

式(6-22) 方括号中第二项的数值一般很小，可以略去，则得

$$Q_C = \frac{U_{2C}'}{X}(U_{2C}' - U_2') \tag{6-23}$$

设变压器的电压比 $K = U_{1t}/U_{2N}$，经补偿后变电所低压母线要求保持的实际电压（调压要求）为 U_{2C}，即 $U_{2C}' = KU_{2C}$，将其代入式(6-23) 得

$$Q_C = \frac{KU_{2C}}{X}(KU_{2C} - U_2') = \frac{U_{2C}}{X}\left(U_{2C} - \frac{U_2'}{K}\right)K^2 \tag{6-24}$$

由此可见，补偿容量取决于调压要求和变压器的电压比 K，而电压比的确定与选用的补偿设备类型有关。选择电压比的原则是在满足调压的要求下，使补偿容量最小。

由于无功补偿设备的性能不同，选择电压比的条件也不同，现分别阐述如下。

1. 补偿设备为静电电容器

通常电力网在大负荷时电压损耗也大，造成变电所低压母线电压较低；小负荷时电压损耗较小，变电所低压母线电压较高。由于电容器只能发出感性无功功率以提高电压，但电压过高时却不能吸收感性无功功率来使电压降低。因此，为了充分利用补偿容量，在最大负荷时电容器应全部投入，在最小负荷时全部退出。具体计算步骤如下：

1）根据调压要求，按最小负荷无补偿情况来选择变压器的分接头。首先计算出最小负荷时低压母线归算到高压侧的电压 $U_{2\min}'$，再根据最小负荷时低压母线要求保持的电压 $U_{2C\min}$，则变压器分接头的电压为

$$U_t = U_{2\min}' \frac{U_{2N}}{U_{2C\min}} \tag{6-25}$$

选择与之最接近的分接头电压 U_{1t}，则变压器的电压比为 $K = U_{1t}/U_{2N}$。

2）按最大负荷时的调压要求来计算补偿容量。先计算出最大负荷时低压母线归算到高压侧的电压 $U_{2\max}'$，若最大负荷时低压母线要求保持的电压为 $U_{2C\max}$，则应装设的无功补偿容量为

$$Q_C = \frac{U_{2C\max}}{X}\left(U_{2C\max} - \frac{U_{2\max}'}{K}\right)K^2 \tag{6-26}$$

3）根据确定的电压比和选定的电容器容量校验变电所低压母线的实际电压是否满足调压要求。

2. 补偿设备为同步调相机

调相机既能过励磁运行发出感性无功功率使电压升高，又能欠励磁运行吸收感性无功

率使电压降低。变压器电压比的选择应兼顾以上两种情况。因此，为了充分利用调相机的容量，应使调相机在最大负荷时按其额定容量过励磁运行，在最小负荷时按 $0.5 \sim 0.6$ 倍的额定容量欠励磁运行。具体计算步骤如下：

1）确定变压器的电压比。最大负荷时，调相机作为无功电源，发出全部无功 Q_C，则

$$Q_C = \frac{U_{2C\max}}{X}\left(U_{2C\max} - \frac{U'_{2\max}}{K}\right)K^2 \tag{6-27}$$

最小负荷时，调相机作为无功负荷，吸收无功 $(0.5 \sim 0.6)Q_C$，则

$$-\alpha Q_C = \frac{U_{2C\min}}{X}\left(U_{2C\min} - \frac{U'_{2\min}}{K}\right)K^2 \tag{6-28}$$

式中，α 的取值为 $0.5 \sim 0.6$。

将两式相除，可求出变压器的电压比为

$$K = \frac{\alpha U_{2C\max}U'_{2\max} + U_{2C\min}U'_{2\min}}{\alpha U_{2C\max}^2 + U_{2C\min}^2} \tag{6-29}$$

根据求出的电压比 K 计算分接头电压 $U_t = KU_{2N}$，然后选择标准分接头 U_{1t}，则变压器的实际电压比为 $K = U_{1t}/U_{2N}$。

2）确定调相机的容量。将电压比 K 代入式(6-27)，即可求出同步调相机容量。根据产品目录选择与此容量相接近的调相机。

3）按选定的电压比和调相机的容量进行电压校验。

【例6-3】 系统接线如图6-15所示，图中电压 $U'_1 = 118\mathrm{kV}$ 和阻抗 $Z = (26.4 + j129.6)\,\Omega$ 均为归算到高压侧的值，降压变电所要求恒调压，保持 $10.5\mathrm{kV}$。试确定受电端采用下列无功补偿设备时的容量：（1）补偿设备采用电容器；（2）补偿设备采用调相机（$\alpha = 0.5$）。

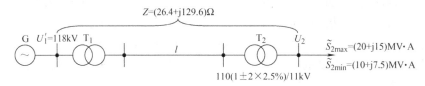

图6-15 例6-3系统接线图

解：（1）先计算补偿前最大、最小负荷时变电所低压母线归算到高压侧的值。由于已知末端功率和首端电压，先按额定电压计算阻抗上的功率损耗，即

$$\Delta \tilde{S}_{\max} = \frac{P_{2\max}^2 + Q_{2\max}^2}{U_N^2}(R + jX) = \frac{20^2 + 15^2}{110^2} \times (26.4 + j129.6)\mathrm{MV \cdot A} = (1.364 + j6.694)\mathrm{MV \cdot A}$$

$$\Delta \tilde{S}_{\min} = \frac{P_{2\min}^2 + Q_{2\min}^2}{U_N^2}(R + jX) = \frac{10^2 + 7.5^2}{110^2} \times (26.4 + j129.6)\mathrm{MV \cdot A} = (0.341 + j1.674)\mathrm{MV \cdot A}$$

则首端功率为

$$\tilde{S}_{1\max} = \tilde{S}_{2\max} + \Delta \tilde{S}_{\max} = [(20 + j15) + (1.364 + j6.694)]\mathrm{MV \cdot A} = (21.364 + j21.694)\mathrm{MV \cdot A}$$

$$\tilde{S}_{1\min} = \tilde{S}_{2\min} + \Delta \tilde{S}_{\min} = [(10 + j7.5) + (0.341 + j1.674)]\mathrm{MV \cdot A} = (10.341 + j9.174)\mathrm{MV \cdot A}$$

因此，低压母线归算到高压侧的电压为

$$U'_{2\max} = U'_1 - \frac{P_{1\max}R + Q_{1\max}X}{U'_1} = \left(118 - \frac{21.364 \times 26.4 + 21.694 \times 129.6}{118}\right)\text{kV} = 89.39\text{kV}$$

$$U'_{2\min} = U'_1 - \frac{P_{1\min}R + Q_{1\min}X}{U'_1} = \left(118 - \frac{10.341 \times 26.4 + 9.174 \times 129.6}{118}\right)\text{kV} = 105.61\text{kV}$$

（2）选择电容器的容量。先按最小负荷时电容器全部退出计算变压器分接头电压为

$$U_\text{t} = U'_{2\min}\frac{U_{2N}}{U_{2C\min}} = 105.61 \times \frac{11}{10.5}\text{kV} = 110.64\text{kV}$$

于是，可选 110kV 的主抽头，即 $U_{1t} = 110\text{kV}$，则变压器电压比为 $K = 110/11 = 10$。
再按最大负荷时的调压要求确定电容器的补偿容量为

$$Q_C = \frac{U_{2C\max}}{X}\left(U_{2C\max} - \frac{U'_{2\max}}{K}\right)K^2 = \frac{10.5}{129.6}\left(10.5 - \frac{89.39}{10}\right) \times 10^2\text{Mvar} = 12.65\text{Mvar}$$

取补偿容量 $Q_C = 12\text{Mvar}$，校验变电所低压母线的实际电压：
最大负荷时电容器全部投入，则有

$$\Delta\tilde{S}_{\max} = \frac{20^2 + (15 - 12)^2}{110^2} \times (26.4 + \text{j}129.6)\text{MV} \cdot \text{A} = (0.892 + \text{j}4.381)\text{MV} \cdot \text{A}$$

$$\tilde{S}_{1\max} = \left[(20 + \text{j}15 - \text{j}12) + (0.892 + \text{j}4.381)\right]\text{kV} = (20.892 + \text{j}7.831)\text{MV} \cdot \text{A}$$

低压母线归算到高压侧的电压为

$$U'_{2C\max} = \left(118 - \frac{20.892 \times 26.4 + 7.831 \times 129.6}{118}\right)\text{kV} = 104.73\text{kV}$$

低压母线实际电压为

$$U_{2C\max} = \frac{U'_{2C\max}}{K} = \frac{104.73}{10}\text{kV} = 10.473\text{kV}$$

最小负荷时电容器全部退出，则低压母线实际电压为

$$U_{2C\min} = \frac{U'_{2C\min}}{K} = \frac{105.61}{10}\text{kV} = 10.561\text{kV}$$

低压母线的电压偏移分别为

最大负荷时 $\Delta U_{2\max}\% = \dfrac{10.473 - 10.5}{10.5} \times 100\% = -0.257\%$

最小负荷时 $\Delta U_{2\min}\% = \dfrac{10.561 - 10.5}{10.5} \times 100\% = 0.58\%$

可见，选择的电容器容量能满足调压要求。

（3）选择调相机的容量。将 $\alpha = 0.5$ 代入式(6-29) 计算变压器的电压比为

$$K = \frac{\alpha U_{2C\max}U'_{2\max} + U_{2C\min}U'_{2\min}}{\alpha U_{2C\max}^2 + U_{2C\min}^2} = \frac{0.5 \times 10.5 \times 89.39 + 10.5 \times 105.61}{0.5 \times 10.5^2 + 10.5^2} = 9.543$$

于是 $U_\text{t} = KU_{2N} = 9.543 \times 11\text{kV} = 104.97\text{kV}$，可选用 104.5kV（即 110 - 5%）的分接头，则变压器电压比为 $K = 104.5/11 = 9.5$。因此，调相机的容量为

$$Q_C = \frac{U_{2C\max}}{X}\left(U_{2C\max} - \frac{U'_{2\max}}{K}\right)K^2 = \frac{10.5}{129.6} \times \left(10.5 - \frac{89.39}{9.5}\right) \times 9.5^2\text{Mvar} = 7.97\text{Mvar}$$

取额定容量为 7.5Mvar 的调相机，校验变电所低压母线的实际电压：
最大负荷时调相机以额定容量过励磁运行，输出 7.5Mvar 的感性无功功率，则有

$$\Delta\tilde{S}_{max}=\frac{20^2+(15-7.5)^2}{110^2}\times(26.4+j129.6)MV\cdot A=(0.995+j4.887)MV\cdot A$$

$$\tilde{S}_{1max}=[(20+j15-j7.5)+(0.995+j4.887)]MV\cdot A=(20.995+j12.387)MV\cdot A$$

低压母线归算到高压侧的电压为

$$U'_{2Cmax}=\left(118-\frac{20.995\times26.4+12.387\times129.6}{118}\right)kV=99.7kV$$

低压母线实际电压为

$$U_{2Cmax}=\frac{U'_{2Cmax}}{K}=\frac{99.7}{9.5}kV=10.495kV$$

最小负荷时调相机以50%额定容量欠励磁运行，吸收3.75Mvar的感性无功功率，则有

$$\Delta\tilde{S}_{min}=\frac{10^2+(7.5+3.75)^2}{110^2}\times(26.4+j129.6)MV\cdot A=(0.494+j2.427)MV\cdot A$$

$$\tilde{S}_{1min}=[(10+j7.5+j3.75)+(0.494+j2.427)]MV\cdot A=(10.494+j13.677)MV\cdot A$$

低压母线归算到高压侧的电压为

$$U'_{2Cmin}=\left(118-\frac{10.494\times26.4+13.677\times129.6}{118}\right)kV=100.63kV$$

低压母线实际电压为

$$U_{2Cmin}=\frac{U'_{2Cmin}}{K}=\frac{100.63}{9.5}kV=10.593kV$$

低压母线的电压偏移分别为

最大负荷时 $$\Delta U_{2max}\%=\frac{10.495-10.5}{10.5}\times100\%=-0.048\%$$

最小负荷时 $$\Delta U_{2min}\%=\frac{10.593-10.5}{10.5}\times100\%=0.886\%$$

可见，选择的调相机容量能满足调压要求。

四、改变输电线路参数调压

由电压损耗的公式可知，在传输功率一定的条件下，电压损耗的大小取决于线路参数电阻R和电抗X的大小。可见，改变线路参数也同样能起到调压作用。在高压电网中，通常X比R大得多，所以，利用改变网络中的电抗来调压效果较为明显。通常，在输电线路中串联接入电容器来补偿线路的电抗，从而可降低电压损耗以达到调压的目的。

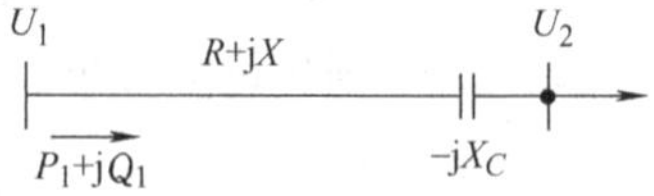

图6-16　电容器串联补偿

在图6-16所示的架空输电线路中，未装设串联电容器前的电压损耗（略去δU）为

$$\Delta U=\frac{P_1R+Q_1X}{U_1}$$

线路上装设串联电容器后的电压损耗为

$$\Delta U_C=\frac{P_1R+Q_1(X-X_C)}{U_1}$$

式中，X_C 为串联电容器的容抗。

可见，串联电容器后，线路的电压损耗减小了，提高了线路末端的电压。

设线路首端电压 U_1 保持恒定，则末端电压大小取决于电压损耗。串联电容器后，线路末端电压提高的数值为补偿前后电压损耗的差值，即

$$\Delta U - \Delta U_C = \frac{Q_1 X_C}{U_1} \tag{6-30}$$

由式（6-30）可得

$$X_C = \frac{U_1(\Delta U - \Delta U_C)}{Q_1} \tag{6-31}$$

求出容抗 X_C 后，就可选择串联电容器的容量。工程实际中，线路上接入的电容器是由若干单个电容器串、并联组成，如图 6-17 所示。设单个电容器的额定电流为 I_{NC}，额定电压为 U_{NC}，则可根据通过的最大负荷电流 I_{Cmax} 和所需的容抗值 X_C 计算出电容器的串、并联的个数，它们应满足

$$\left. \begin{array}{l} mI_{NC} \geq I_{Cmax} \\ nU_{NC} \geq I_{Cmax}X_C \end{array} \right\} \tag{6-32}$$

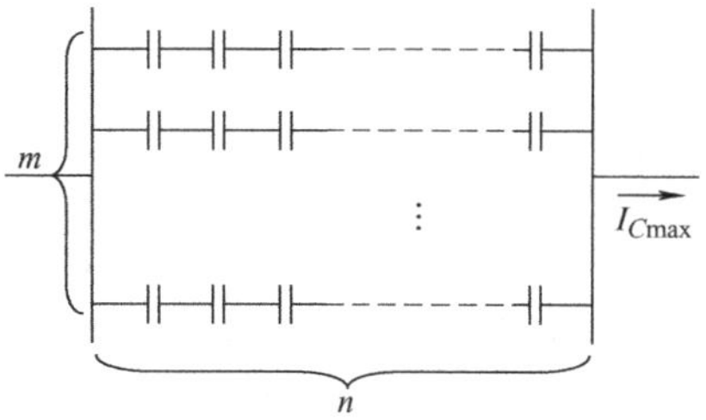

图 6-17　串、并联电容器组

式中，n、m 分别为电容器组串联的个数和并联的个数。

如果用 Q_{NC} 表示每个电容器的额定容量，即 $Q_{NC} = U_{NC}I_{NC}$，则三相线路共需要 $3mn$ 个电容器，电容器组的总容量为

$$Q_C = 3mnQ_{NC} = 3mnU_{NC}I_{NC} \tag{6-33}$$

补偿所需的容抗值 X_C 与被补偿线路原来的感抗值 X_L 之比，称为补偿度，即

$$K_C = X_C / X_L \tag{6-34}$$

在配电网络中以调压为目的的串联电容器补偿，其补偿度一般在 $1 \sim 4$ 之间。

串联电容器的装设位置与负荷及电源的分布有关。安装地点的选择原则是：使沿电力线路电压分布尽可能均匀，且各负荷点的电压都在允许偏移的范围之内。

串联电容器补偿线路参数与并联电容器补偿负荷的无功功率均可实现调压，但仅就调压效果而言，一般串联补偿优于并联补偿，现总结如下：

1）为减少同样大小的电压损耗，所需串联电容器的容量为并联电容器容量的 20% 左右。

2）串联补偿在线路上产生负值的电压降落，可直接抵偿线路的电压降落以提高末端电压；而并联补偿是通过减少线路上流过的无功功率来减小电压降落，即 $(Q - Q_C)X/U$，因此其调压效果没有串联补偿显著。

3）由串联电容器提高线路末端电压的数值 QX_C/U 可见，其调压效果随无功负荷的增减而增减，即无功负荷大时增大、无功负荷小时减小，恰好与调压要求相一致，对电压起正向调节的作用；而并联补偿对电压的调节效应为负值，即负荷大时减小的电压降落小，负荷小时减小的电压降落大。此外，并联补偿时电容器在最大负荷时全部投入，最小负荷时又切除，需要时间过程，因此在负荷变动大且电压波动频繁的场合，宜采用串联电容器调压，而并联电容器则不适合调压。

4）串联补偿的优越性随负荷功率因数的提高而逐渐消失。对于负荷功率因数较高或导线截面积较小的线路，由于 PR/U 的比重大，串联补偿的调压效果很小。所以串联电容器调压一般用在电压为 35kV 以上供电网络，或 10kV 负荷波动大而频繁、功率因数又很低的配电线路上。在高压、超高压线路中串联电容器补偿的作用主要在于提高电力系统的稳定性。

【例 6-4】 有一条 35kV 的电力线路，输送功率为（8 + j6）MV·A，线路阻抗为（12 + j12）Ω，线路首端电压为 37kV，欲使线路末端电压不低于 34kV，试确定串联补偿电容器的容量。

解：补偿前线路的电压损耗为

$$\Delta U = \frac{8 \times 12 + 6 \times 12}{37} \mathrm{kV} = 4.54 \mathrm{kV}$$

串联电容器后，要求的电压损耗为 $\Delta U_C = (37 - 34)\mathrm{kV} = 3\mathrm{kV}$。因此，应补偿的电容器容抗为

$$X_C = \frac{37 \times (4.54 - 3)}{6} \Omega = 9.5 \Omega$$

线路通过的最大负荷电流为

$$I_{C\max} = \frac{\sqrt{8^2 + 6^2}}{\sqrt{3} \times 35} \mathrm{kA} = 0.165 \mathrm{kA}$$

选择额定电压 $U_{\mathrm{NC}} = 0.6\mathrm{kV}$，额定容量 $Q_{\mathrm{NC}} = 20\mathrm{kvar}$ 的单相电容器，则单个电容器的额定电流为

$$I_{\mathrm{NC}} = \frac{Q_{\mathrm{NC}}}{U_{\mathrm{NC}}} = \frac{20}{0.6} \mathrm{A} = 33.33 \mathrm{A}$$

每个电容器的容抗为

$$X_{\mathrm{NC}} = \frac{U_{\mathrm{NC}}}{I_{\mathrm{NC}}} = \frac{600}{33.33} \Omega = 18 \Omega$$

则需要的电容器串联个数为

$$n \geqslant \frac{I_{C\max} X_C}{U_{\mathrm{NC}}} = \frac{165 \times 9.5}{600} = 2.6$$

取 $n = 3$。需要并联的支路数为

$$m \geqslant \frac{I_{C\max}}{I_{\mathrm{NC}}} = \frac{165}{33.33} = 4.95$$

取 $m = 5$。因此串联补偿的总容量为

$$Q_C = 3mnQ_{\mathrm{NC}} = 3 \times 5 \times 3 \times 20 \mathrm{kvar} = 900 \mathrm{kvar}$$

实际补偿容抗为

$$X_C = \frac{nX_{\mathrm{NC}}}{m} = \frac{3 \times 18}{5} \Omega = 10.8 \Omega$$

补偿后线路末端实际电压为

$$U_{2C} = \left[37 - \frac{8 \times 12 + 6 \times (12 - 10.8)}{37} \right] \mathrm{kV} = 34.2 \mathrm{kV} > 34 \mathrm{kV}$$

说明选择的电容器组可满足调压要求。

五、各种调压措施的合理应用

实际电力系统的电压调整是一个复杂的综合性问题。由于整个系统中每个节点电压都不相同，用户对电压的要求也不一样，同时系统中各节点电压与网络中的无功功率分布密切相关。因此要综合考虑各种调压措施，求得合理配合，而且要与无功功率的调整做统一安排，以使全系统各节点电压均满足要求。

改变发电机端电压调压是优先考虑的调压措施，它不需要任何附加投资，既简单又经济，其实质是在 $P-Q$ 运行极限允许的范围内，通过改变发电机励磁电流来改变无功功率电源的输出，是发电机直接供电的小型系统的主要调压手段，但对供电线路较长、负荷波动较大的系统，仅靠发电机调压是无法满足电压质量要求的。合理使用发电机调压通常可以大大减轻其他调压措施的负担。

当系统的无功功率供应比较充足时，合理选择变压器的分接头能明显改善电力系统的电压质量，且不需要附加投资，所以应得到充分利用。普通变压器的分接头只能在变压器退出运行时才能改变，适用于负荷变化引起的电压变化幅度不大又不要求逆调压的变电所；有载调压变压器可带负荷切换分接头，调节范围大，调压效果好，主要用于枢纽变电所和大容量的用户处。

对于无功功率不足的系统，仅靠调整变压器分接头调压不能达到调压目的，此时应采用能改变无功功率分布的并联补偿（如电容器、调相机）或能改变线路参数的串联补偿（串电容器）进行调压。从调压的角度看，并联补偿和串联补偿的作用都是减少电压损耗中的 QX/U 分量，并联补偿减少 Q，串联补偿减少 X。因此，只有在电压损耗中 QX/U 分量占有较大比重时，其调压效果才明显，但从总体调压效果来看，串联补偿要优于并联补偿。这两种调压措施都需要增加设备投资费用，但采用并联补偿可以从网损节约中得到抵偿。

最后还要指出，对于实际电力系统的电压调整问题，需根据具体情况对各方案进行技术经济比较后，才能确定出合理的调压措施。

第四节　电力系统中无功功率的最优分配

电力系统中无功功率的最优分配包含无功功率负荷的经济分配和无功功率补偿的最优配置两方面内容。

一、无功功率负荷的经济分配

电力系统中无功功率的产生并不消耗能源，但无功功率在网络中传输却会产生有功功率损耗，而有功功率损耗将直接影响电力系统运行的经济性。电力系统无功功率经济分配的总目标是在满足电力网电压质量要求的同时，使网络中的有功功率损耗为最小。相应的目标函数可写成

$$\Delta P_\Sigma = f(P_1, P_2, \cdots, P_n, Q_1, Q_2, \cdots, Q_n) = f(P_i, Q_i) \tag{6-35}$$

式中，ΔP_Σ 为网络有功功率总损耗；P_i、Q_i（$i=1, 2, \cdots, n$）分别为各节点的注入有功功率和注入无功功率；n 为节点数。

等约束条件为无功功率必须保持平衡，对整个系统来讲，该条件为

$$\sum_{i=1}^{n} Q_{Gi} - \sum_{i=1}^{n} Q_{Li} - \Delta Q_{\Sigma} = 0 \qquad (6\text{-}36)$$

式中，ΔQ_{Σ} 为网络无功功率总损耗；Q_{Gi} 为 i 节点的无功电源；Q_{Li} 为 i 节点的无功负荷。

由于分析无功功率经济分配时，是在除平衡节点外，其他节点的注入有功功率已给定的前提下进行的，因此，这里的不等约束条件为

$$\left.\begin{array}{l} Q_{Gimin} \leqslant Q_{Gi} \leqslant Q_{Gimax} \\ U_{imin} \leqslant U_i \leqslant U_{imax} \end{array}\right\} \qquad (6\text{-}37)$$

为使目标函数最小，建立拉格朗日函数为

$$L = \Delta P_{\Sigma} - \lambda \left(\sum_{i=1}^{n} Q_{Gi} - \sum_{i=1}^{n} Q_{Li} - \Delta Q_{\Sigma} \right) \qquad (6\text{-}38)$$

函数 L 取得极值的必要条件为

$$\frac{\partial L}{\partial Q_{Gi}} = \frac{\partial \Delta P_{\Sigma}}{\partial Q_{Gi}} - \lambda \left(1 - \frac{\partial \Delta Q_{\Sigma}}{\partial Q_{Gi}} \right) = 0 \quad (i=1,2,\cdots,n) \qquad (6\text{-}39)$$

当略去网损 ΔQ_{Σ} 时，式(6-39) 变为

$$\frac{\partial \Delta P_{\Sigma}}{\partial Q_{Gi}} = \lambda \qquad (i=1,2,\cdots,n) \qquad (6\text{-}40)$$

式(6-40) 就是 n 个无功电源间无功功率负荷经济分配的等网损微增率准则，即当各无功电源按相等的网损微增率分配无功负荷时，网损达到最小。

当计及网损 ΔQ_{Σ} 时，式(6-39) 变为

$$\frac{\partial \Delta P_{\Sigma}}{\partial Q_{Gi}} \times \frac{1}{\left(1 - \dfrac{\partial \Delta Q_{\Sigma}}{\partial Q_{Gi}} \right)} = \frac{\partial \Delta P_{\Sigma}}{\partial Q_{Gi}} \beta_i = \lambda \qquad (6\text{-}41)$$

式中，$\dfrac{\partial \Delta P_{\Sigma}}{\partial Q_{Gi}}$ 为第 i 个无功电源变化时引起的有功网损微增率；$\dfrac{\partial \Delta Q_{\Sigma}}{\partial Q_{Gi}}$ 为无功网损微增率；β_i 为无功网损修正系数，$\beta_i = 1 / \left(1 - \dfrac{\partial \Delta Q_{\Sigma}}{\partial Q_{Gi}} \right)$。

对比式(6-41) 与式(5-29) 可以看到，这两个公式完全相似。式(6-41) 就是经网损修正后的等网损微增率准则。

当系统无功电源充足、布局合理时，无功功率经济分配的计算步骤如下：

1）按有功负荷经济分配的结果，给定除平衡节点以外的其他各节点的有功功率 P_i 和 PQ 节点的无功功率 $Q_i^{(0)}$、PV 节点的电压幅值 $U_i^{(0)}$，并作潮流计算。

2）计算各节点的网损微增率 $\dfrac{\partial \Delta P_{\Sigma}}{\partial Q_{Gi}}$、$\dfrac{\partial \Delta Q_{\Sigma}}{\partial Q_{Gi}}$ 及 λ 的值。

3）根据求得的各节点的有功网损微增率调整 Q_i 和 U_i，调整的原则是：网损微增率大的节点应减少 Q_i 或降低 U_i，即令这些节点的无功功率电源少发无功功率；网损微增率小的节点应增大 Q_i 或提高 U_i，即令这些节点的无功功率电源多发无功功率。

4）按调整后的 Q_i 和 U_i 再作潮流计算，并再次求得网损微增率。这种调整是否恰当可以从平衡节点有功功率的变化中考察，若平衡节点的有功功率比调整前减小了，表明网损在减小，可继续按以上步骤进行调整，直到平衡节点的有功功率不再减小（亦即网损 ΔP_{Σ} 不

再减小）时为止。

应该指出，当网损 ΔP_Σ 不再减小时，各节点的网损微增率 λ 值未必能全部相等。因为在调整过程中，有些节点的 Q_i 或 U_i 可能已达到其上限或下限。因此，只有 Q_i 在限额内的节点，其 λ 值才相等；对于 $Q_i = Q_{i\max}$ 的节点，其 λ 值将偏小；而对于 $Q_i = Q_{i\min}$ 的节点，其 λ 值则偏大。

二、无功功率补偿的最优配置

上述无功功率负荷的经济分配问题可理解为是在现有无功电源间经济分配系统无功负荷的问题。在实际中，还会遇到无功功率补偿的最优配置问题，即无功补偿设备装设在哪些节点、设置多大补偿容量才最经济。

设在 i 节点装设补偿容量 Q_{Ci} 后每年能节约的电能损耗费为 $C_{ei}(Q_{Ci})$，其值为

$$C_{ei}(Q_{Ci}) = \beta(\Delta P_{\Sigma 0} - \Delta P_\Sigma)\tau_{\max} \tag{6-42}$$

式中，β 为单位电能损耗价格（元/kW·h）；$\Delta P_{\Sigma 0}$、ΔP_Σ 分别为设置补偿设备前后全网最大负荷下的有功功率损耗（kW）；$\tau_{\max}$ 为全网最大负荷损耗小时数。

由于装设补偿设备 Q_{Ci} 后每年需支出的费用为 $C_{di}(Q_{Ci})$，包括补偿设备的折旧维修费、补偿设备投资的年回收费两部分，其值都与补偿设备的投资成正比，即

$$C_{di}(Q_{Ci}) = (\alpha + \gamma)K_C Q_{Ci} \tag{6-43}$$

式中，α、γ 分别为折旧维修率和投资回收率；K_C 为单位容量补偿设备的投资（元/kvar）。

因此，装设 Q_{Ci} 后每年取得的经济效益为

$$\Delta C_i = C_{ei}(Q_{Ci}) - C_{di}(Q_{Ci}) = \beta(\Delta P_{\Sigma 0} - \Delta P_\Sigma)\tau_{\max} - (\alpha + \gamma)K_C Q_{Ci} \tag{6-44}$$

显然，无功补偿容量只应配置给 $\Delta C_i > 0$ 的节点，而不应配置给 $\Delta C_i < 0$ 的节点。无功功率补偿最优配置的目标就是使 ΔC_i 具有最大值，以获得最大的经济效益。为此，应按 $\dfrac{\partial \Delta C_i}{\partial Q_{Ci}} = 0$ 来确定应配置的补偿容量。令式（6-44）对 Q_{Ci} 的偏导数等于零，可得

$$\frac{\partial \Delta P_\Sigma}{\partial Q_{Ci}} = -\frac{(\alpha + \gamma)K_C}{\beta \tau_{\max}} \tag{6-45}$$

式（6-45）中等号左侧是节点 i 的网损微增率，等号右侧称为最优网损微增率，其单位为 kW/kvar，且常为负值，表示每增加单位容量无功补偿设备所能减少的有功损耗。最优网损微增率也称为无功功率经济当量。

由式（6-45）可列出如下的最优网损微增率准则

$$\frac{\partial \Delta P_\Sigma}{\partial Q_{Ci}} \leqslant -\frac{(\alpha + \gamma)K_C}{\beta \tau_{\max}} = \gamma_{eq} \tag{6-46}$$

式中，γ_{eq} 为最优网损微增率。该准则表明，应在网损微增率为负值且小于 γ_{eq} 的节点设置无功补偿设备，设置补偿设备节点的先后，则以网损微增率的大小为序，即从 $\dfrac{\partial \Delta P_\Sigma}{\partial Q_{Ci}}$ 最小的节点开始。

最优补偿容量确定后（工程实际中，有时也会给定补偿容量），还须利用等网损微增率准则寻求补偿容量的经济分配方案。需要指出的是，如果经济分配方案不满足节点的调压要求时，相应节点应按调压要求配置补偿容量，而其余补偿点仍按等网损微增率分配补偿容量。

本 章 小 结

本章主要阐述了无功功率的平衡、调压措施和无功功率经济分配问题。

电压是衡量电能质量的另一个重要指标，保证电压质量要求的系统必须保持无功功率平衡，并具备一定的无功备用容量。

电力系统进行电压调整的目的，就是要采取各种措施，使用户处的电压偏移保持在允许的范围之内。由于系统中的负荷点数目众多且又分散，不可能也没有必要对每个负荷点电压进行监视和调整，而是通过对中枢点的电压调整来实现的。常用的电压调整措施有四种：①改变发电机端电压调压；②改变变压器电压比调压；③改变无功功率分布调压；④改变电力线路参数调压。

改变发电机端电压调压简单经济，不需要设置任何附加设备，应优先考虑；当系统中无功功率充足时，改变变压器电压比调压是一种有效的调压措施，也不需要附加投资，应充分利用；改变无功功率分布调压应设置并联补偿设备（电容器或调相机），虽然需增设附加设备投资，但由于这种措施同时还能降低网损，往往也被经常采用；改变电力线路参数调压是通过设置串联电容器来实现的，也需要增设附加设备投资，但这种措施除了能提高线路末端的电压外，还对提高电力系统运行的稳定性有积极作用。实际电力系统中，是将各种可行的调压措施按技术经济最优的原则进行合理组合，尽量使各地区无功功率就地平衡。

无功功率的最优分配包括两部分内容，即无功功率负荷的经济分配和无功功率补偿的最优配置。等网损微增率是无功功率负荷经济分配的基本准则，而最优网损微增率或无功功率经济当量则是衡量无功功率最优补偿的准则。综合运用这两个准则，可统一解决无功补偿设备的最优补偿容量和最优分布问题。

思考题与习题

6-1 电力系统中的无功功率电源有哪些？各有什么特点？

6-2 发电机的运行极限是如何确定的？

6-3 什么叫电压中枢点？一般选在何处？

6-4 中枢点的调压方式有哪些？其要求如何？

6-5 电力系统电压调整的目的是什么？常见的调压措施有哪些？

6-6 有载调压变压器与普通变压器有什么区别？在什么情况下宜采用有载调压变压器？

6-7 在按调压要求选择无功补偿设备时，选用并联电容器和调相机是如何考虑的？

6-8 各种调压措施的适用情况如何？

6-9 电力系统无功功率的最优分配包含哪些内容？

6-10 无功功率负荷经济分配的目标是什么？如何分配才能最优？

6-11 何谓无功功率补偿的最优配置？其目标是什么？

6-12 某降压变电所有一台电压比为 $110(1 \pm 2 \times 2.5\%)/6.3kV$ 的变压器，归算到高压侧的阻抗为 $(2.44 + j40)\Omega$。已知最大负荷时通过变压器的功率为 $(24 + j10)MV \cdot A$，高压母线电压为 112kV；最小负荷时通过变压器的功率为 $(10 + j7)MV \cdot A$，高压母线电压为

114kV，低压侧母线电压允许变化范围为 6～6.6kV，试选择变压器的分接头。

6-13　有一台容量为 20MV·A，电压比为 110(1±2×2.5%)/11kV 的降压变压器，归算到高压侧的阻抗为 (4.93+j63.5)Ω。变压器低压母线最大负荷为 18MV·A，最小负荷为 7MV·A，$\cos\varphi=0.8$。已知变压器高压母线在任何运行方式下均维持电压 107.5kV，如果变压器低压侧要求顺调压，试选择该变压器的分接头。

6-14　某升压变压器的容量为 31.5MV·A，电压比为 121(1±2×2.5%)/6.3kV，归算到高压侧的阻抗为 (3+j48)Ω。最大负荷时通过变压器的功率为 (25+j18)MV·A，高压母线电压为 120kV；最小负荷时通过变压器的功率为 (14+j10)MV·A，高压母线电压为 114kV，发电机端电压可能调整范围为 6～6.6kV（逆调压），试选择变压器的分接头。

6-15　某水电厂通过 SFL—40000/110 型升压变压器与系统相连，变压器归算到高压侧的阻抗为 (2.1+j38.5)Ω，额定电压为 121(1±2.5%)/10.5kV。最大负荷时通过变压器的功率为 (28+j21)MV·A，高压母线电压为 112.09kV；最小负荷时通过变压器的功率为 (15+j10) MV·A，高压母线电压为 115.45kV。如果变压器低压母线要求逆调压，试选择变压器的分接头电压。

6-16　三绕组降压变压器的额定电压为 110/38.5/6.6kV，等效电路如图 6-18 所示。归算到高压侧的阻抗分别为 $Z_{T1}=(3+j65)\Omega$，$Z_{T2}=(4-j1)\Omega$，$Z_{T3}=(5+j30)\Omega$。最大负荷时的功率分别为 $\tilde{S}_{1max}=(12+j9)MV\cdot A$，$\tilde{S}_{2max}=(6+j5)MV\cdot A$，$\tilde{S}_{3max}=(6+j4)MV\cdot A$；最小负荷时的功率分别为 $\tilde{S}_{1min}=(6+j4)MV\cdot A$，$\tilde{S}_{2min}=(4+j3)MV\cdot A$，$\tilde{S}_{3min}=(2+j1)MV\cdot A$。各侧电压偏移范围分别为：高压侧 112～115kV，中压侧 35～38kV，低压侧 6～6.5kV。试选择该变压器高、中压绕组的分接头。

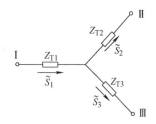

图 6-18　习题 6-16 附图

6-17　某 110/11kV 降压变电所，归算到高压侧的阻抗为 (2.44+j40)Ω。已知最大负荷时通过变压器的功率为 (28+j14)MV·A，高压母线电压为 110kV，最小负荷时通过变压器的功率为 (14+j6)MV·A，高压母线电压为 114kV。若要求低压侧母线电压在最大负荷时不低于 10.3kV，最小负荷时不高于 10.75kV，试确定变压器低压侧母线上所需装设的无功补偿容量。

6-18　某降压变电所由两回 110kV、长 70km 的电力线路供电，导线型号为 LGJ—120，导线计算外径为 15.2mm，三相导线几何平均距离为 5m。变电所装有两台变压器并联运行，其型号为 SFL—31500/110，容量为 20MV·A，电压比为 110/11kV，$U_k\%=10.5$。最大负荷时变电所低压侧归算到高压侧的电压为 100.5kV，最小负荷时为 112kV。变电所二次母线允许电压偏移在最大、最小负荷时分别为 2.5% 和 7.5%。试根据调压要求按并联电容器和调相机两种措施，确定变电所 11kV 母线上所需补偿设备的最小容量。

6-19　有一条 35kV 的电力线路，输送功率为 (7+j6)MV·A，线路阻抗为 (10+j10)Ω，线路首端电压为 35kV，欲使线路末端电压不低于 33kV，试确定串联补偿电容器的容量。

电力系统三相短路的分析与计算

电力系统在运行过程中常常会发生各种故障，其中最为常见且对电力系统影响最大的是短路故障。短路故障中又以三相短路故障产生的后果最为严重，而且三相短路计算又是其他短路计算的基础。本章主要讨论电力系统发生三相短路时的暂态过程及三相短路电流的实用计算方法。

第一节 概 述

一、短路的原因及类型

短路是指电力系统正常情况以外的相与相之间或相与地之间发生的短接。电力系统在正常运行时，除中性点外，相与相或相与地之间是绝缘的。如果由于某种原因使其绝缘破坏而构成了通路，就称电力系统发生了短路故障。

产生短路的原因很多，既有客观的，也有主观的，但其根本原因是电气设备载流部分绝缘损坏。引起绝缘损坏的原因有：各种形式的过电压（如遭到雷击）、绝缘材料的自然老化、直接的机械损伤等。电气设备因设计、安装及维护不良所带来的设备缺陷及运行人员误操作（如带负荷拉刀闸、线路或设备检修后未拆除地线而送电等）也会引起短路故障。此外，鸟兽跨接在裸露的载流部分以及风、雪、雨、雹等自然现象所造成的短路也是屡见不鲜的。

在三相系统中，可能发生的短路有：三相短路、两相短路、单相接地短路和两相接地短路，分别用 $k^{(3)}$、$k^{(2)}$、$k^{(1)}$ 和 $k^{(1,1)}$ 表示。其中，三相短路是对称短路，其他几种短路都是不对称短路。各种短路的示意图如图 7-1 所示。

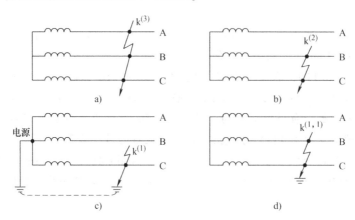

图 7-1 短路的类型

a）三相短路 b）两相短路 c）单相接地短路 d）两相接地短路

运行经验表明，在电力系统各种短路故障中，单相接地短路占大多数（大约占80%），而三相短路发生的几率最小（只占5%），但三相短路故障产生的后果最为严重，必须引起足够的重视。此外，三相短路计算又是一切不对称短路计算的基础。事实上，从以后的分析计算中可以看出，一切不对称短路的计算，都是应用对称分量法将其转化为对称短路来计算的。因此，对三相短路的研究具有重要意义。

二、短路的现象及后果

电力系统发生短路时，由于电源供电回路的阻抗大为减小，并伴随着突然短路时的电磁暂态过程，从而使短路回路中的电流剧烈增加，可能达到该回路额定电流的几十倍甚至几百倍。短路点距电源的电气距离越近，短路电流越大。例如在发电机机端发生短路时，流过发电机定子回路的短路电流最大瞬时值可达发电机额定电流的 $10 \sim 15$ 倍，在大容量的系统中短路电流可高达几万安甚至几十万安。在电流急剧增加的同时，系统中的电压将大幅度下降，距短路点越近，电压下降越明显，例如发生三相短路时，短路点的电压将降到零。因此，短路所引起的后果是破坏性的，具体表现在以下几个方面：

1）短路点的电弧有可能烧坏电气设备，同时很大的短路电流通过电气设备会使其发热急剧增加，当短路持续时间较长时，其热效应可能使设备因过热而损坏。

2）短路电流通过导体时将产生很大的电动力，有可能引起设备机械变形、扭曲甚至损坏。

3）短路时系统电压大幅度下降，对用户的正常工作影响很大。电力系统中最主要的负荷是异步电动机，其电磁转矩与它的端电压的二次方成正比，电压下降时其电磁转矩将显著减小，使电动机转速减慢甚至停转，从而造成产品报废及设备损坏等严重后果。

4）发生不对称短路时，不平衡电流所产生的不平衡磁通，会在邻近的平行线路（通信线路、铁道信号系统等）上感应出很大的电动势，造成对通信系统的干扰，影响其正常工作，甚至危及通信设备和人身安全。

5）短路情况严重时，可使系统中的功率分布突然发生变化，导致并列运行的发电厂失去同步，破坏系统的稳定性，造成大面积停电。

在电力系统设计和运行时，首先要采取适当的措施来降低发生短路故障的概率，例如采用合理的防雷措施；降低过电压水平；使用结构完善的配电装置和加强运行维护管理等。其次应采取适当的措施来限制短路电流，例如在发电厂内采用分裂电抗器与分裂线圈变压器；在短路电流较大的母线引出线上采用限流电抗器；对大容量的机组采用发电机-变压器单元接线方式等。同时还要采取措施来减少短路的危害，例如采用继电保护装置迅速切除故障设备，保证无故障部分继续正常运行；在架空线路上采用自动重合闸装置等。

三、短路计算的目的

在发电厂、变电所及整个电力系统设计和运行的许多工作中，短路计算是解决很多问题的基本计算，其计算目的如下：

1）在设计和选择合理的发电厂、变电所及电力系统的电气主接线时，需要根据短路电流的计算结果比较各种不同的电气接线方案，确定是否需要采取限制短路电流的措施等。

2）选择有足够动稳定度和热稳定度的电气设备及载流导体，如选择断路器、互感器、母线、电缆等设备时，必须以短路计算结果作为依据。例如计算冲击电流以校验电气设备的动稳定度；计算短路电流周期分量以校验电气设备的热稳定度等。

3）在合理配置各种继电保护和自动装置并正确地整定其参数时，必须对电力系统中发生的各种短路进行计算和分析。在这些计算中，不仅要计算出故障支路中的电流值，还要计算出短路电流在网络中的分布情况，有时还要计算系统中某些节点的电压值。

4）在电力系统暂态稳定性分析中，短路故障被作为大干扰，需要分析和计算在短路情况下电力系统的稳定问题，其中也包含一部分短路计算的内容。

因此，研究并掌握短路问题的理论及其计算方法是很有必要的。由于短路所产生的电磁暂态过程比较复杂，在实际短路电流计算中，可根据不同的任务和计算目的，采取不同的假设条件以简化计算。

第二节　无限大功率电源供电系统的三相短路分析

一、无限大功率电源的概念

所谓无限大功率电源是指其容量为无限大、内阻抗为零的电源。对于这种电源，当外电路发生短路时引起的电源送出功率的变化量远小于电源的容量，因而电源的电压和频率都能基本上保持恒定。

实际上，真正的无限大功率电源是不存在的，它只能是一个相对概念。一般来说，当供电电源的内阻抗小于短路回路总阻抗的 10% 时，可以认为该供电电源为无限大功率电源。例如，多台发电机并联运行或短路点距电源的电气距离较远时，都可以看作是无限大功率电源供电的系统。

引入无限大功率电源的概念后，在分析由此种电源供电的电路的暂态过程时，就可以不考虑电源内部的暂态过程，从而使分析得到简化。

二、无限大功率电源供电系统的三相短路暂态过程分析

图 7-2a 所示为一由无限大功率电源供电的三相对称电路。短路发生前，电路处于某一稳定状态，由于三相对称，可以用图 7-2b 所示的等效单相电路图来分析。系统中的 a 相电压和电流分别为

$$u_a = U_m \sin(\omega t + \alpha) \tag{7-1}$$

$$i_a = I_m \sin(\omega t + \alpha - \varphi) \tag{7-2}$$

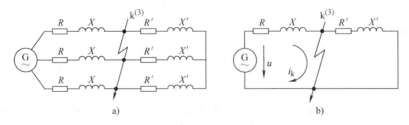

图 7-2　无限容量系统中的三相短路

a）三相电路　b）等效单相电路

式中，U_m 为短路前电源电压的幅值，它保持恒定不变；I_m 为短路前电流的幅值；φ 为短路前电路的阻抗角；α 为电源电压的初相角（合闸相位角）。

当在电路中的 k 点发生三相短路时，这个电路被分成两个独立的回路。左边回路仍与电源相连，右边回路则变成没有电源的短接回路，其电流将从短路发生瞬间的初始值按指数规律衰减到零。与电源相连的左边电路中，每相阻抗由原来的 $(R + R') + j(X + X')$ 减小为 $R + jX$，其电流将由短路前的数值逐渐增大到由阻抗 $R + jX$ 所决定的新的稳态值。短路暂态过程的分析与计算就是针对这一回路进行的。

假设在 $t = 0\mathrm{s}$ 时刻发生了三相短路，由于短路后左边的电路仍然是对称的，可以只研究其中的一相，以 a 相为例，其电流的变化应满足以下微分方程

$$Ri_a + L\frac{\mathrm{d}i_a}{\mathrm{d}t} = U_m\sin(\omega t + \alpha) \tag{7-3}$$

解此微分方程得

$$i_a = \frac{U_m}{Z}\sin(\omega t + \alpha - \varphi_k) + Ce^{-\frac{t}{T_a}} = I_{pm}\sin(\omega t + \alpha - \varphi_k) + Ce^{-\frac{t}{T_a}} = i_p + i_{np} \tag{7-4}$$

式中，i_p 为短路电流的周期分量；I_{pm} 为周期分量电流的幅值，$I_{pm} = U_m/Z$；i_{np} 为短路电流的非周期分量；Z 为电源至短路点的阻抗，$Z = \sqrt{R^2 + (\omega L)^2}$；$\varphi_k$ 为短路回路每相的阻抗角；T_a 为非周期分量电流的衰减时间常数，$T_a = L/R$；C 为积分常数，由初始条件决定。

在含有电感的电路中，电流不能突变，短路前一瞬间的电流应与短路后一瞬间的电流相等。将 $t = 0$ 分别代入式(7-2) 和式(7-4) 中，得

$$I_m\sin(\alpha - \varphi) = I_{pm}\sin(\alpha - \varphi_k) + C \tag{7-5}$$

所以

$$C = I_m\sin(\alpha - \varphi) - I_{pm}\sin(\alpha - \varphi_k) = i_{np0} \tag{7-6}$$

式中，i_{np0} 为非周期分量电流的初始值。

将式(7-6) 代入式(7-4) 中，即得短路全电流的表达式为

$$i_a = I_{pm}\sin(\omega t + \alpha - \varphi_k) + [I_m\sin(\alpha - \varphi) - I_{pm}\sin(\alpha - \varphi_k)]e^{-\frac{t}{T_a}} \tag{7-7}$$

这就是 a 相短路电流的计算式。由于三相电路对称，只需分别用 $\alpha - 120°$ 和 $\alpha + 120°$ 代替式(7-7) 中的 α，就可得到 b 相和 c 相的短路电流计算式为

$$\left.\begin{array}{l} i_b = I_{pm}\sin(\omega t + \alpha - 120° - \varphi_k) + [I_m\sin(\alpha - 120° - \varphi) - I_{pm}\sin(\alpha - 120° - \varphi_k)]e^{-\frac{t}{T_a}} \\ i_c = I_{pm}\sin(\omega t + \alpha + 120° - \varphi_k) + [I_m\sin(\alpha + 120° - \varphi) - I_{pm}\sin(\alpha + 120° - \varphi_k)]e^{-\frac{t}{T_a}} \end{array}\right\}$$

$$\tag{7-8}$$

可见，无穷大功率电源发生三相短路后，短路电流的周期分量是三相对称的，其幅值由电源电压幅值和短路回路总阻抗决定；而短路电流的非周期分量按照指数规律衰减到零，各相的初始值并不相等，不可能同时最大或同时为零，因此，非周期分量有最大初始值或零的情况只可能在一相出现。

三、短路冲击电流

短路电流最大可能的瞬时值称为短路冲击电流，用 i_{imp} 表示。

以 a 相为例，由式(7-7) 可见，如果非周期分量电流的初始值越大，则短路全电流的最

大瞬时值越大，即存在短路冲击电流。在电源电压和短路阻抗给定的情况下，由式(7-6)知，非周期分量电流的初始值与短路瞬间电压的相位 α 及短路瞬间的电流值有关。

在短路回路中，通常电抗远大于电阻，可认为 $\varphi_k \approx 90°$，将其代入式(7-7) 可得

$$i_a = -I_{pm}\cos\ (\omega t + \alpha)\ +\ \left[I_m\sin\ (\alpha - \varphi)\ + I_{pm}\cos\alpha\right]\ e^{-\frac{t}{T_a}} \tag{7-9}$$

分析式(7-9) 可见，当短路前电路空载（即 $I_m = 0$）、短路瞬间电压的初相角等于零（即 $\alpha = 0$）时，非周期分量的初始值为最大，此时 $C = I_{pm}$。

将 $I_m = 0$ 和 $\alpha = 0$ 代入式(7-9)，得

$$i_a = -I_{pm}\cos\omega t + I_{pm}e^{-\frac{t}{T_a}} \tag{7-10}$$

其波形如图 7-3 所示。

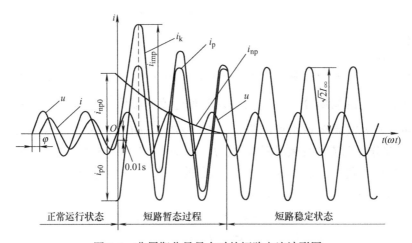

图 7-3　非周期分量最大时的短路电流波形图

从图 7-3 中可以看出，短路电流的最大瞬时值在短路后约半个周期（即 $t = 0.01\text{s}$）时出现。由此可得短路冲击电流的计算式如下

$$i_{imp} = I_{pm} + I_{pm}e^{-\frac{0.01}{T_a}} = I_{pm}\left(1 + e^{-\frac{0.01}{T_a}}\right) = \sqrt{2}K_{imp}I_p \tag{7-11}$$

式中，I_p 为短路电流周期分量有效值；K_{imp} 为短路电流冲击系数，$K_{imp} = 1 + e^{-\frac{0.01}{T_a}}$，它表示冲击电流对周期分量幅值的倍数。

冲击系数与 T_a 有关，即与短路回路中电抗与电阻的相对大小有关。当回路内仅有电抗，而电阻 $R = 0$ 时，$K_{imp} = 2$，意味着短路电流的非周期分量不衰减；当回路内仅有电阻，而电感 $L = 0$ 时，$K_{imp} = 1$，意味着不产生非周期分量。因此，当时间常数 T_a 的值由零变到无限大时，K_{imp} 的变化范围为 $1 < K_{imp} < 2$。

在实用计算中，当短路发生在发电机母线上时，取 $K_{imp} = 1.9$，则 $i_{imp} = 2.69I_p$；当短路发生在发电厂高压母线上时，取 $K_{imp} = 1.85$，则 $i_{imp} = 2.62I_p$；当短路发生在其他地点时，取 $K_{imp} = 1.8$，则 $i_{imp} = 2.55I_p$。

冲击电流主要用于校验电气设备和载流导体的动稳定度。

四、短路电流的最大有效值

在短路过程中，任一时刻 t 的短路电流有效值 I_t，是指以时刻 t 为中心的一个周期内短

路全电流瞬时值的方均根值，即

$$I_t = \sqrt{\frac{1}{T} \int_{t-\frac{T}{2}}^{t+\frac{T}{2}} i_t^2 \mathrm{d}t} = \sqrt{\frac{1}{T} \int_{t-\frac{T}{2}}^{t+\frac{T}{2}} (i_{\mathrm{p}t} + i_{\mathrm{np}t})^2 \mathrm{d}t} \tag{7-12}$$

实用计算中，为了简化 I_t 的计算，通常假设在计算所取的一个周期内周期分量电流的幅值为常数，即 $I_{\mathrm{p}t} = I_{\mathrm{p}} = I_{\mathrm{pm}}/\sqrt{2}$，而非周期分量电流的数值在该周期内恒定不变且等于该周期中点的瞬时值，即 $I_{\mathrm{np}t} = i_{\mathrm{np}t}$。

根据上述假设条件，并将上面 $I_{\mathrm{p}t}$ 和 $I_{\mathrm{np}t}$ 的关系式代入式(7-12)，可得

$$I_t = \sqrt{I_{\mathrm{p}t}^2 + I_{\mathrm{np}t}^2} = \sqrt{I_{\mathrm{p}}^2 + i_{\mathrm{np}t}^2} \tag{7-13}$$

由图 7-3 可知，短路电流的最大有效值也是发生在短路后半个周期（$t = 0.01\mathrm{s}$）时，此时的 I_t 就是冲击电流的有效值 I_{imp}，即

$$I_{\mathrm{imp}} = \sqrt{I_{\mathrm{p}}^2 + i_{\mathrm{np}(t=0.01)}^2} \tag{7-14}$$

式中，$i_{\mathrm{np}(t=0.01)}$ 为三相短路电流非周期分量在 $t = 0.01\mathrm{s}$ 时的瞬时值，其值为

$$i_{\mathrm{np}(t=0.01)} = I_{\mathrm{pm}} \mathrm{e}^{-\frac{0.01}{T_{\mathrm{a}}}} = \sqrt{2} I_{\mathrm{p}} (K_{\mathrm{ipm}} - 1) \tag{7-15}$$

将式(7-15)代入式(7-14)中，得

$$I_{\mathrm{imp}} = \sqrt{I_{\mathrm{p}}^2 + \left[\sqrt{2}(K_{\mathrm{imp}} - 1) I_{\mathrm{p}}\right]^2} = I_{\mathrm{p}} \sqrt{1 + 2(K_{\mathrm{imp}} - 1)^2} \tag{7-16}$$

当 $K_{\mathrm{imp}} = 1.9$ 时，$I_{\mathrm{imp}} = 1.62 I_{\mathrm{p}}$；当 $K_{\mathrm{imp}} = 1.85$ 时，$I_{\mathrm{imp}} = 1.56 I_{\mathrm{p}}$；当 $K_{\mathrm{imp}} = 1.8$ 时，$I_{\mathrm{imp}} = 1.51 I_{\mathrm{p}}$。

短路电流的最大有效值用于校验电气设备的断流能力。

五、三相短路稳态电流

三相短路稳态电流是指短路电流非周期分量衰减完后的短路全电流，其有效值用 I_∞ 表示。

在无限大容量系统中，由于系统母线电压维持不变，所以短路后任何时刻的短路电流周期分量有效值始终不变，所以有

$$I'' = I_{0.2} = I_\infty = I_{\mathrm{p}} \tag{7-17}$$

式中，I'' 为次暂态短路电流或超瞬变短路电流，它是短路瞬间（$t = 0\mathrm{s}$）时三相短路电流周期分量的有效值；$I_{0.2}$ 为短路后 $0.2\mathrm{s}$ 时三相短路电流周期分量的有效值。

六、短路电流周期分量有效值的计算

由以上分析可知，短路冲击电流、最大有效值的计算都与短路电流周期分量的有效值有直接关系，因此，为求上述各量，必须弄清周期分量有效值的计算方法。在电力系统短路电流计算中，其主要任务实际上就是计算短路电流的周期分量有效值 I_{p}，但习惯上用短路电流有效值 I_{k} 来表示。

计算短路电流有效值时，可将负载略去不计，用网络的平均额定电压之比代替变压器的实际电压比。在这些简化条件下，求出整个系统归算到短路点所在电压级的等值电抗 X_Σ。由于无限大功率电源的端电压是恒定的，通常取它所在那一段电网的平均额定电压。于是，

短路电流有效值可按下式计算

$$I_k = \frac{U_{av}}{\sqrt{3} X_\Sigma} \tag{7-18}$$

式中，U_{av} 为短路点所在线路的平均额定电压（kV）。

若用标幺值表示，并取 $U_B = U_{av}$，则有

$$I_k^* = \frac{I_k}{I_B} = \frac{U_{av}}{\sqrt{3} X_\Sigma} \Big/ \frac{U_B}{\sqrt{3} X_B} = \frac{U_{av}}{U_B} \Big/ \frac{X_\Sigma}{X_B} = \frac{1}{X_\Sigma^*} \tag{7-19}$$

式(7-19) 表明，短路电流的标幺值等于短路回路总电抗标幺值的倒数。

求出 I_k^* 后，再乘以基准电流 I_B，就可得出短路电流的有名值 I_k，即

$$I_k = I_B I_k^* = \frac{S_B}{\sqrt{3} U_B} \frac{1}{X_\Sigma^*} \tag{7-20}$$

七、短路容量（短路功率）

短路容量等于短路电流有效值乘以短路处的正常工作电压（一般用平均额定电压），即

$$S_k = \sqrt{3} U_{av} I_k \tag{7-21}$$

若用标幺值表示，并取 $U_B = U_{av}$，则为

$$S_k^* = \frac{S_k}{S_B} = \frac{\sqrt{3} U_{av} I_k}{\sqrt{3} U_B I_B} = \frac{I_k}{I_B} = I_k^* \tag{7-22}$$

式(7-22) 表明，短路容量的标幺值与短路电流的标幺值相等。利用这一关系，可以直接由短路电流求取短路容量的有名值，即

$$S_k = I_k^* S_B = \frac{S_B}{X_\Sigma^*} \tag{7-23}$$

短路容量主要用于校验断路器的切断能力。在实用短路计算中，常用周期分量电流的初始有效值来计算短路容量，即 $S_k = \sqrt{3} U_{av} I''$。

【例7-1】 在图7-4 所示网络中，当降压变电所 10kV 母线上发生了三相短路时，可将系统视为无限大容量电源，试求此时短路点的冲击电流 i_{imp}，短路电流的最大有效值 I_{imp} 和短路功率 S_k。

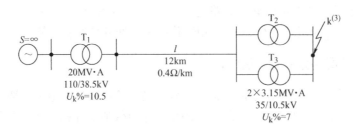

图7-4 例7-1 系统接线图

解： 取 $S_B = 100\text{MV·A}$，$U_B = U_{av}$，则各元件电抗标幺值为

变压器 T_1 $\qquad X_1^* = \frac{U_k\%}{100} \frac{S_B}{S_N} = \frac{10.5}{100} \times \frac{100}{20} = 0.525$

线路 l　　　　　　　$X_2^* = x_1 l \dfrac{S_B}{U_{av}^2} = 0.4 \times 12 \times \dfrac{100}{37^2} = 0.35$

变压器 T_2、T_3　　$X_3^* = X_4^* = \dfrac{U_k\%}{100} \dfrac{S_B}{S_N} = \dfrac{7}{100} \times \dfrac{100}{3.15} = 2.22$

作系统等值网络如图 7-5 所示，图上标出了各元件的序号和电抗标幺值。

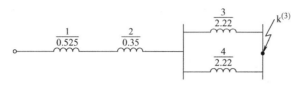

图 7-5　例 7-1 的短路等值网络图

短路回路的等值电抗为

$$X_\Sigma^* = X_1^* + X_2^* + X_3^* /\!/ X_4^* = 0.525 + 0.35 + \frac{1}{2} \times 2.22 = 1.985$$

短路电流有效值为

$$I_k = I_B I_k^* = \frac{S_B}{\sqrt{3}\, U_B} \frac{1}{X_\Sigma^*} = \frac{100}{\sqrt{3} \times 10.5} \times \frac{1}{1.985}\text{kA} = 2.77\text{kA}$$

取 $K_{imp} = 1.8$，则冲击电流为

$$i_{imp} = 2.55 I_k = 2.55 \times 2.77\text{kA} = 7.06\text{kA}$$

短路电流最大有效值

$$I_{imp} = 1.51 I_k = 1.51 \times 2.77\text{kA} = 4.18\text{kA}$$

短路功率为

$$S_k = I_k^* S_B = 0.504 \times 100\text{MV·A} = 50.4\text{MV·A}$$

第三节　电力系统三相短路的实用计算

　　电力系统三相短路的实用计算，主要是计算系统中含多台发电机、电源并非无限大功率电源供电时，三相短路电流周期分量的有效值，该有效值是衰减的。由于实际的电力系统中不是只有一台发电机，电源也不可能都能视为无限大功率电源，网络接线也不可能是简单的辐射形网络，各电源电动势的相位角在短路后的一段时间内不可能没有变化，因此要准确计算三相短路电流是非常困难和复杂的。因此，在满足工程计算需要的前提下，为了使计算过程简便，采取一些简化和假设条件是很有必要的。在电力系统三相短路电流的实用计算中，主要包括两个方面的计算：一是计算短路瞬间（$t=0\text{s}$）短路电流周期分量的有效值（即起始次暂态电流 I''）；二是用运算曲线法计算三相短路暂态过程中不同时刻的短路电流周期分量有效值。前者主要用于校验断路器的开断容量和继电保护的整定计算；后者则用于电气设备的热稳定校验。

一、起始次暂态电流的计算

　　起始次暂态电流是指短路电流周期分量的初始有效值。只要把系统中所有的元件都用其次暂态参数表示，次暂态电流的计算就同稳态电流的计算一样了。系统中所有静止元件的次暂态参数都与其稳态参数相同，而旋转元件的次暂态参数则不同于其稳态参数。

1. 计算起始次暂态电流的假设条件

1) 各台发电机均用次暂态电抗 X''_d 作为其等值电抗，并假设 $X''_d = X''_q$。这对汽轮发电机和有阻尼的凸极发电机是接近实际的；对无阻尼的凸极发电机所引起的误差在运行范围之内。

2) 各台发电机的等值电动势均采用次暂态电动势，且认为其在短路瞬间不突变，即 $\dot{E}''_0 = \dot{E}''_{(0)}$。

3) 不计发电机之间的摇摆现象，即认为短路暂态过程中各发电机电动势 $\dot{E}''_0$ 同相位。这样计算得到的 I'' 数值是偏大的。

4) 不计发电机、变压器等元件的磁路饱和现象。在简化计算中，认为系统中各元件的参数都是线性的，因此可以采用叠加原理对系统进行分析和计算。

5) 负荷只作近似估算。由于一般情况下负荷电流较短路电流小得多，所以在简化的短路电流计算中可忽略不计，也可当作综合负荷（在用计算机计算时，也可用恒定阻抗来表示负荷）。当短路点附近有大容量的电动机时，则应计及电动机反馈电流的影响。

6) 在网络方面，忽略线路的对地电容和变压器的励磁支路，因为短路时网络中电压较低，这些对地支路的电流较小。另外，在计算 110kV 及以上高压电网时也可忽略线路电阻；而对于电缆或低压电网，则可用阻抗（或阻抗的模值）计算。

7) 不计过渡电阻的影响。当系统发生短路故障时，通常在故障处相与相（或地）之间存在着电弧电阻或接触电阻，将它们统称为过渡电阻。略去过渡电阻的短路故障，称为金属性短路故障。在实用计算中，通常认为故障是属于金属性短路故障。

2. 起始次暂态电流的计算

(1) 参数计算及等效电路的制定　电力系统三相短路的实用计算，通常采用标幺制计算。等效电路中的参数一般采用近似计算方法（详见第二章第四节），即认为变压器电压比为平均额定电压之比，取基准容量 S_B，基准电压 $U_B = U_{av.n}$，计算各元件参数的标幺值。

(2) 计算各电源的次暂态电动势 $\dot{E}''_{(0)}$

1) 同步发电机。在短路瞬间，发电机的次暂态电动势不突变，即 $\dot{E}''_0 = \dot{E}''_{(0)}$。因此，可作系统在短路前瞬间正常运行时的等值网络，并利用短路前的稳态运行状态来确定 $\dot{E}''_{(0)}$。则有

$$\dot{E}''_0 = \dot{E}''_{(0)} = \dot{U}_{(0)} + j\dot{I}_{(0)}X''_d \tag{7-24}$$

其相量图如图 7-6 所示。在数值上可近似地取

$$E''_0 = E''_{(0)} \approx U_{(0)} + I_{(0)}X''_d\sin\varphi_{(0)} \tag{7-25}$$

式中，$U_{(0)}$、$I_{(0)}$、$\varphi_{(0)}$ 分别为同步发电机在短路前瞬间的电压、电流及功率因数角；$E''_{(0)}$、E''_0 分别为短路前和短路后瞬间的发电机次暂态电动势。

如果不能确切知道同步发电机短路前的运行参数，可近似取 $E''_0 = 1.05 \sim 1.1$。近似计算时，可取 $E''_0 = 1$。

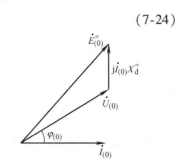

图 7-6　故障前瞬间发电机相量图

2）异步电动机。电力系统的负荷中包含有大量的异步电动机。正常运行时，异步电动机的转差率很小（2%～5%），可以近似看作同步转速运行。由于惯性，短路初期异步电动机的转速变化很小，可以视为欠励运行的同步发电机，要向短路点提供电流。与同步发电机相似，根据短路瞬间转子绕组磁链守恒的原则，异步电动机也可以用一个与转子绕组合成磁链成正比的次暂态电动势 $\dot{E}''$ 及相应的次暂态电抗 X'' 来表示。

在短路瞬间，异步电动机的次暂态电动势不突变，即 $\dot{E}''_0 = \dot{E}''_{(0)}$，可由短路前瞬间正常运行状态来确定 $\dot{E}''_{(0)}$。则有

$$\dot{E}''_0 = \dot{E}''_{(0)} = \dot{U}_{(0)} - \mathrm{j}\,\dot{I}_{(0)} X''_{\mathrm{d}} \tag{7-26}$$

其相量图如图 7-7 所示。在数值上可近似地取

$$E''_0 = E''_{(0)} \approx U_{(0)} - I_{(0)} X''_{\mathrm{d}} \sin\varphi_{(0)} \tag{7-27}$$

在实际应用中，若短路点附近的大型异步电动机不能确定其短路前的运行参数，则可近似取 $E''_0 = 0.9$，$X'' = 0.2$（均以电动机额定容量为基准）。由于异步电动机的次暂态电动势在短路故障后很快衰减到零，因此，只有在计算起始次暂态电流 I'' 并且机端残压小于按式(7-27) 计算的电动势时，才将其作为电源对待，向短路点提供短路电流，否则均作为综合负荷考虑。

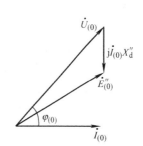

图 7-7　异步电动机故障前瞬间相量图

3）综合负荷。在短路瞬间，综合负荷可近似地用一个含次暂态电动势和次暂态电流的等效支路来表示。以额定运行参数为基准，综合负荷的电动势和电抗的标幺值可取为 $E''_0 = 0.8$，$X'' = 0.35$。在三相短路实用计算中，对于远离短路点的负荷，为简化计算，通常可以略去不计（相当于负荷支路断开）。

（3）网络变换及化简　由于电力系统的接线比较复杂，在短路的实际计算中，通常是先作出系统的原始等值网络，然后围绕短路点，利用电路课程中所介绍的各种网络等值变换方法，将网络化简为如图 7-8 所示的用等值电动势和等值电抗表示的等效电路，最后再计算短路电流。常用的等值变换方法除了阻抗支路的串并联以外，短路计算中用得

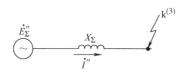

图 7-8　次暂态简化等效电路

最多的是星-三角变换和电源的合并。此外，有时也可利用网络的对称性、分裂电动势和分裂短路点等方法进行网络化简。

（4）计算起始次暂态电流　由图 7-8，可得起始次暂态电流的计算式为

$$\dot{I}'' = \frac{\dot{E}''_{\Sigma}}{\mathrm{j}X_{\Sigma}} \tag{7-28}$$

或

$$I'' = \frac{E''_{\Sigma}}{X_{\Sigma}} \tag{7-29}$$

近似计算时，取各发电机次暂态电动势 $E''_0 = 1$，则计算公式可简化为

$$I'' = \frac{1}{X_{\Sigma}} \tag{7-30}$$

在求得短路点的电流后，如果还需要计算网络中各支路的电流，可按网络变换化简的步骤逐步还原回去并加以计算，或者按网络结构用电流分布系数计算电流在网络中的分布。

3. 冲击电流的计算

当短路点附近有大容量的异步电动机时，由前述分析可知，在一定条件下（残压小于次暂态电动势）要考虑电动机反馈电流的影响。由于异步电动机的电阻较大，在三相突然短路时由异步电动机提供的短路电流周期分量和非周期分量都将迅速衰减，而且瞬间时间常数也很接近，其数值约为百分之几秒。在实用计算中，异步电动机（或综合负荷）所提供的冲击电流可按下式计算

$$i_{\text{impM}} = \sqrt{2} K_{\text{impM}} I''_{\text{M}} \tag{7-31}$$

式中，I''_{M} 为异步电动机（或综合负荷）提供的起始次暂态电流有效值；K_{impM} 为异步电动机（或综合负荷）的冲击系数，对小容量的电动机和综合负荷，取 $K_{\text{impM}} = 1$；容量为 $200 \sim 500\text{kW}$ 的异步电动机取 $K_{\text{impM}} = 1.3 \sim 1.5$；容量为 $500 \sim 1000\text{kW}$ 的异步电动机取 $K_{\text{impM}} = 1.5 \sim 1.7$；容量为 1000kW 以上的异步电动机取 $K_{\text{impM}} = 1.7 \sim 1.8$。同步电动机和调相机的冲击系数和同容量的同步发电机大致相等。

因此，当计及异步电动机（或综合负荷）影响时，短路点的冲击电流为

$$i_{\text{imp}} = \sqrt{2} K_{\text{impG}} I''_{\text{G}} + \sqrt{2} K_{\text{impM}} I''_{\text{M}} \tag{7-32}$$

式中，第一项为发电机提供的冲击电流，其中 I''_{G} 为同步发电机提供的起始次暂态电流有效值；K_{impG} 为同步发电机的冲击系数，取 $1.8 \sim 1.9$。

在实际计算中，如果异步电动机（或综合负荷）离短路点较远，而不计其反馈的起始次暂态电流时，冲击电流只需按式(7-32) 的第一项计算即可。

【例7-2】 系统接线如图7-9所示，试计算 k 点发生三相短路时的起始次暂态电流和冲击电流。图中 G 为发电机，C 为调相机，M 为大型异步电动机，L_1、L_2 为由各种电动机组合而成的综合负荷，各元件参数均标于图中，线路单位长度电抗均为 $0.4\Omega/\text{km}$。

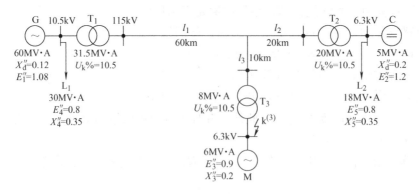

图 7-9 例 7-2 系统接线图

解：（1）精确计算 将全部负荷计入，各元件参数均按图7-9所标数据计算。

1）计算各元件电抗标幺值。取 $S_{\text{B}} = 100\text{MV} \cdot \text{A}$，$U_{\text{B}} = U_{\text{av}}$，则各元件电抗标幺值（略去电抗上标 $*$ ）为

发电机 G
$$X_1 = X''_{\text{d}} \frac{S_{\text{B}}}{S_{\text{N}}} = 0.12 \times \frac{100}{60} = 0.2$$

调相机 C $\qquad X_2 = 0.2 \times \dfrac{100}{5} = 4$

电动机 M $\qquad X_3 = 0.2 \times \dfrac{100}{6} = 3.333$

负荷 L_1 $\qquad X_4 = 0.35 \times \dfrac{100}{30} = 1.167$

负荷 L_2 $\qquad X_5 = 0.35 \times \dfrac{100}{18} = 1.944$

变压器 T_1 $\qquad X_6 = \dfrac{U_k\%}{100} \dfrac{S_B}{S_N} = \dfrac{10.5}{100} \times \dfrac{100}{31.5} = 0.333$

变压器 T_2 $\qquad X_7 = \dfrac{10.5}{100} \times \dfrac{100}{20} = 0.525$

变压器 T_3 $\qquad X_8 = \dfrac{10.5}{100} \times \dfrac{100}{8} = 1.313$

线路 l_1 $\qquad X_9 = x_1 l_1 \dfrac{S_B}{U_{av}^2} = 0.4 \times 60 \times \dfrac{100}{115^2} = 0.181$

线路 l_2 $\qquad X_{10} = 0.4 \times 20 \times \dfrac{100}{115^2} = 0.06$

线路 l_3 $\qquad X_{11} = 0.4 \times 10 \times \dfrac{100}{115^2} = 0.03$

作等效电路如图 7-10 所示。

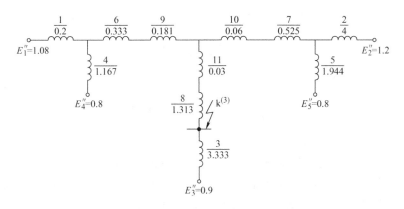

图 7-10　例 7-2 的等值网络图

2）进行网络化简。

$$X_{12} = (X_1 /\!/ X_4) + X_6 + X_9 = (0.2 /\!/ 1.167) + 0.333 + 0.181 = 0.685$$

$$X_{13} = (X_2 /\!/ X_5) + X_7 + X_{10} = (4 /\!/ 1.944) + 0.525 + 0.06 = 1.893$$

$$E_6'' = E_1'' /\!/ E_4'' = \frac{E_1'' X_4 + E_4'' X_1}{X_1 + X_4} = \frac{1.08 \times 1.167 + 0.8 \times 0.2}{0.2 + 1.167} = 1.039$$

$$E_7'' = E_2'' /\!/ E_5'' = \frac{E_2'' X_5 + E_5'' X_2}{X_2 + X_5} = \frac{1.2 \times 1.944 + 0.8 \times 4}{4 + 1.944} = 0.931$$

简化后的等值网络如图 7-11a 所示。进一步化简，得到图 7-11b 所示的等值网络，其中：

$$X_{14} = (X_{12} /\!/ X_{13}) + X_{11} + X_8 = (0.685 /\!/ 1.893) + 0.03 + 1.313 = 1.846$$

$$E_8'' = E_6'' /\!/ E_7'' = \frac{E_6'' X_{13} + E_7'' X_{12}}{X_{12} + X_{13}} = \frac{1.039 \times 1.893 + 0.931 \times 0.685}{0.685 + 1.893} = 1.01$$

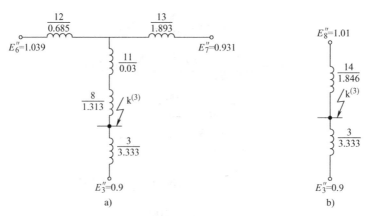

图 7-11　等值网络化简过程

3）计算起始次暂态电流。由电源侧提供的起始次暂态电流为

$$I_8'' = \frac{E_8''}{X_{14}} = \frac{1.01}{1.846} = 0.547$$

由大型异步电动机提供的起始次暂态电流为

$$I_3'' = \frac{E_3''}{X_3} = \frac{0.9}{3.333} = 0.27$$

短路点的基准电流为

$$I_B = \frac{S_B}{\sqrt{3}\, U_B} = \frac{100}{\sqrt{3} \times 6.3}kA = 9.16kA$$

起始次暂态电流的实际值为

$$I'' = (I_8'' + I_3'')I_B = (0.547 + 0.27) \times 9.16kA = 7.484kA$$

4）短路冲击电流的计算。因负荷 L_1、L_2 离短路点较远，不会向短路点提供冲击电流，故仅需考虑大型异步电动机对短路点冲击电流的影响。由于异步电动机的容量大于 1000kW，所以发电机和电动机的冲击系数都取 1.8，则短路点冲击电流的实际值为

$$i_{imp} = (\sqrt{2} \times K_{impG} I_8'' + \sqrt{2} K_{impM} I_3'')I_B = \sqrt{2} \times 1.8 \times (0.547 + 0.27) \times 9.16kA = 19.05kA$$

（2）近似计算　由于负荷 L_1、L_2 离短路点较远，可略去不计，并取同步发电机和调相机的电动势 $E_1'' = E_2'' = 1$。此时的等值网络如图 7-12 所示。

此时，电源侧对短路点的等值电抗为

$$X_{14} = (X_1 + X_6 + X_9) /\!/ (X_2 + X_7 + X_{10}) + X_{11} + X_8$$

$$= (0.2 + 0.333 + 0.181) /\!/ (4 + 0.525 + 0.06) + 0.03 + 1.313 = 1.961$$

由电源侧提供的起始次暂态电流为

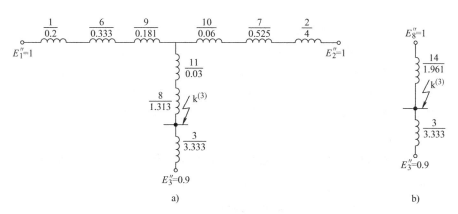

图 7-12　简化计算时的等值网络及其化简过程

$$I''_8 = \frac{E''_8}{X_{14}} = \frac{1}{1.961} = 0.51$$

短路点总的起始次暂态电流实际值为

$$I'' = (I''_8 + I''_3)I_B = (0.51 + 0.27) \times 9.16\text{kA} = 7.145\text{kA}$$

短路点冲击电流实际值为

$$i_{\text{imp}} = (\sqrt{2} \times K_{\text{impG}}I''_8 + \sqrt{2}K_{\text{impM}}I''_3)I_B = \sqrt{2} \times 1.8 \times (0.51 + 0.27) \times 9.16\text{kA} = 18.188\text{kA}$$

与前面精确计算比较，误差约为 4.5%，这样大的误差在工程上是容许的。因此，在实用工程计算中常采用这种简化计算方法。

二、转移阻抗及其计算

在某些情况下，往往不容许把所有电源都合并成一个等值电动势来计算短路电流，而是需要保留若干个等值电源，如图 7-13a 中的 $\dot{E}_1$、$\dot{E}_2$ 及 $\dot{E}_3$。因此，就需要求出这些电源分别与短路点之间直接相连的电抗（转移电抗），即将原始等值网络化简为只含有发电机电源节点和短路点的辐射形等效电路，如图 7-13b 所示。

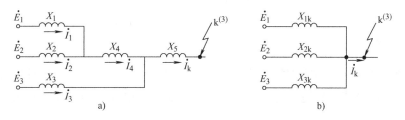

图 7-13　转移电抗求解示意图

如果网络中有 n 个电动势源，其电动势分别为 $\dot{E}_1$、$\dot{E}_2 \cdots \dot{E}_n$，当在 k 点发生三相短路时，则总的短路电流为各电源所供给的短路电流之和，即

$$\dot{I}_k = \frac{\dot{E}_1}{jX_{1k}} + \frac{\dot{E}_2}{jX_{2k}} + \cdots + \frac{\dot{E}_n}{jX_{nk}} \tag{7-33}$$

式中，$\dot{E}_i$ 为电源 i 的电动势；X_{ik} 为电源 i 与短路点之间的转移电抗。

这实际上是叠加原理在线性电路中的应用。如果仅在 i 支路中加电动势 $\dot{E}_i$，则 $\dot{E}_i$ 与在 k 支路中产生的电流之比，即为 i 支路与 k 支路之间的转移电抗 X_{ik}。

一般情况下，电源的电动势是已知的，因此，要进行短路计算，首先必须求各电源相应的转移电抗。求转移电抗的方法很多，前面提及的网络变换方法就是常用的方法之一，下面再介绍两种求转移电抗的常用方法，即单位电流法和分布系数法。

1. 单位电流法

在没有闭合回路的网络中，用单位电流法求转移电抗较为简捷。根据转移电抗的概念，i 支路与 k 支路之间的转移电抗 X_{ik}，是指仅在 i 支路中加电动势 $\dot{E}_i$ 的情况下，$\dot{E}_i$ 与在 k 支路中产生的电流之比。由电路的互易性定理可知，i 支路与 k 支路之间的转移电抗 X_{ik}，也等于仅在 k 支路中加电动势 $\dot{E}_k$ 的情况下，$\dot{E}_k$ 与在 i 支路中产生的电流之比。

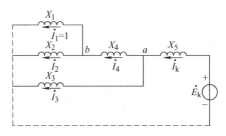

图 7-14　用单位电流法求转移电抗

对于图 7-13a 所示的网络，可令各电源支路原有的电动势为零，即 $\dot{E}_1 = \dot{E}_2 = \dot{E}_3 = 0$，并仅在短路支路加电动势 $\dot{E}_k$，使之变成图 7-14 所示的等值网络。在此网络的 X_1 支路中通以单位电流，即 $\dot{I}_1 = 1$，则从图 7-14 中可以得出：

$$\dot{U}_b = \mathrm{j}\,\dot{I}_1 X_1 = \mathrm{j}X_1; \quad \dot{I}_2 = \frac{\dot{U}_b}{\mathrm{j}X_2} = \frac{X_1}{X_2}; \quad \dot{I}_4 = \dot{I}_1 + \dot{I}_2;$$

$$\dot{U}_a = \dot{U}_b + \mathrm{j}\,\dot{I}_4 X_4; \quad \dot{I}_3 = \frac{\dot{U}_a}{\mathrm{j}X_3}; \quad \dot{I}_k = \dot{I}_4 + \dot{I}_3; \quad \dot{E}_k = \dot{U}_a + \mathrm{j}\,\dot{I}_k X_5$$

根据转移电抗的定义，可按下式求出各电源支路对短路点之间的转移电抗

$$X_{1k} = \frac{\dot{E}_k}{\mathrm{j}\,\dot{I}_1}; \quad X_{2k} = \frac{\dot{E}_k}{\mathrm{j}\,\dot{I}_2}; \quad X_{3k} = \frac{\dot{E}_k}{\mathrm{j}\,\dot{I}_3} \tag{7-34}$$

2. 分布系数法

如果网络中所有电源的电动势都相等，即 $\dot{E}_1 = \dot{E}_2 = \cdots = \dot{E}_n = \dot{E}$，在这种情况下，第 i 个电源供出的短路电流与总短路电流之比，称为 i 支路的电流分布系数，用 C_i 表示。其表示式如下

$$C_i = \frac{\dot{I}_i}{\dot{I}_k} = \frac{\dot{E}/\mathrm{j}X_{ik}}{\dot{E}/\mathrm{j}X_{k\Sigma}} = \frac{X_{k\Sigma}}{X_{ik}} \tag{7-35}$$

由于电流分布系数实际上代表电流，它是有方向的，并且符合节点电流定律，因此有

$$\sum_{i=1}^{n} C_i = \sum_{i=1}^{n} \frac{\dot{I}_i}{\dot{I}_k} = \sum_{i=1}^{n} \frac{X_{k\Sigma}}{X_{ik}} = 1 \tag{7-36}$$

可见，电流分布系数可以做另一种解释：令网络中所有电源的电动势等于零，仅在短路

支路接入一个电动势，并使之产生单位短路电流，即 $\dot{I}_k = 1$，此时网络中任一支路的电流，在数值上就等于该支路的电流分布系数。

由以上分析可以看出，电流分布系数表示所有电源电动势都相等时，各电源所提供短路电流的份额。它是说明网络中电流分布的一个参数，只与短路点的位置、网络结构和参数有关，而与电源的电动势无关。

由式(7-35)可以得出各电源支路对短路点的转移电抗为

$$X_{ik} = \frac{X_{k\Sigma}}{C_i} \tag{7-37}$$

式(7-37)中 $X_{k\Sigma}$ 可用网络变换或化简的方法求得。因此，只要求出电流分布系数，即可按此公式求出转移电抗的值。

电流分布系数可方便地用单位电流法求出。在图 7-14 中，令 $\dot{I}_1 = 1$，求出 $\dot{I}_2$、$\dot{I}_3$ 和 $\dot{I}_k$ 后，则各电源支路的电流分布系数为

$$C_1 = \frac{\dot{I}_1}{\dot{I}_k}; \quad C_2 = \frac{\dot{I}_2}{\dot{I}_k}; \quad C_3 = \frac{\dot{I}_3}{\dot{I}_k} \tag{7-38}$$

电流分布系数也可用网络展开法来确定。由于实用上需要确定的电流分布系数都是各个电源支路的，因此可令短路支路的电流为 1，然后将求总等值电抗的网络对 k 点逐渐展开，求出各支路的电流，即可得相应各支路的电流分布系数。

仍以图 7-13a 所示的网络为例，令 $\dot{E}_1 = \dot{E}_2 = \dot{E}_3 = 0$，在短路支路中加电动势 $\dot{E}_k$，并使 $\dot{I}_k = 1$，如图 7-15 所示。从图中可得：$\dot{I}_4 = 1 - \dot{I}_3 = 1 - C_3$，因此，各电源支路的电流分布系数为

$$\left.\begin{array}{l} C_1 = \dfrac{X_2}{X_1 + X_2}(1 - C_3) \\[2mm] C_2 = \dfrac{X_1}{X_1 + X_2}(1 - C_3) \\[2mm] C_3 = \dfrac{X_1 /\!/ X_2 + X_4}{X_1 /\!/ X_2 + X_4 + X_3} \end{array}\right\}$$

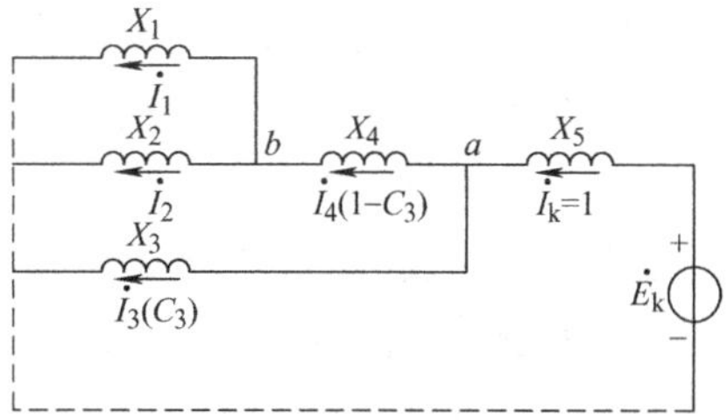

图 7-15　用网络展开法求转移电抗

则各电源支路对短路点的转移电抗为

$$X_{1k} = \frac{X_{k\Sigma}}{C_1}; \quad X_{2k} = \frac{X_{k\Sigma}}{C_2}; \quad X_{3k} = \frac{X_{k\Sigma}}{C_3} \tag{7-39}$$

式中，$X_{k\Sigma} = (X_1 /\!/ X_2 + X_4) /\!/ X_3 + X_5$。

三、任意时刻短路电流周期分量的计算

在电力系统中发生三相短路故障后，暂态过程中的短路电流是随着时间急剧变化的，即使是一台发电机，要想准确计算短路后任意时刻的短路电流周期分量有效值也是很复杂的。为此，在工程实用计算中，多采用运算曲线法进行计算。下面介绍运算曲线的制定和使用方法。

1. 运算曲线的制定

图 7-16 所示为制作运算曲线用的网络图。其中图 7-16a 为发电机正常额定状态运行时的接线图，其 50% 的负荷接在变压器高压母线上，另外 50% 的负荷接在短路点外侧。图 7-16b 为发生三相短路时的等效电路图。变压器高压母线上的负荷对短路电流有影响，其等值阻抗为

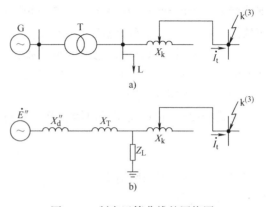

$$Z_L = \frac{U^2}{S_L}(\cos\varphi + j\sin\varphi) \qquad (7\text{-}40)$$

式中，U 为负荷点电压，取为 1；S_L 为发电机额定容量的 50%，即为 0.5，$\cos\varphi = 0.9$。图

图 7-16　制定运算曲线的网络图

a) 网络接线图　b) 等效电路图

中 X_d''、X_T、X_k 均为以发电机额定容量为基准值的标幺值，改变 X_k 值的大小，即可表示短路点的远近。

当发电机的参数（包括励磁系统）和运行初态给定后，短路电流将只是短路点的距离（用从机端到短路点的外接电抗 X_e 表示）和时间 t 的函数。把归算到发电机额定容量的发电机次暂态电抗标幺值和外接电抗标幺值之和定义为计算电抗，即

$$X_c = X_d'' + X_e = X_d'' + X_T + X_k \qquad (7\text{-}41)$$

这样，短路电流周期分量的标幺值可表示为计算电抗和时间的函数，即

$$I_{pt}^* = f(X_c, t) \qquad (7\text{-}42)$$

反映这一组函数关系的曲线称为运算曲线。因此，根据不同的计算电抗 X_c，可在不同时间 t 的曲线上，查出相应的 I_{pt}^*。

对于不同的发电机，由于其参数不同，其运算曲线是不同的。为了使运算曲线具有通用性，制作运算曲线所用的参数是根据我国常用的各种容量的汽轮发电机和水轮发电机参数，分别用概率统计方法得到的。因此，实际的运算曲线是按照发电机类型分成汽轮发电机和水轮发电机两套运算曲线，见附录 B。运算曲线只做到 $X_c = 3.45$ 为止，当 $X_c > 3.45$ 时，表明发电机离短路点的电气距离很远，可近似认为短路电流周期分量已不随时间而变。为了方便应用，运算曲线也可以做成数字表格形式。

2. 应用运算曲线法计算短路电流的方法

实际的电力系统中有众多的发电厂和负荷，接线很复杂，而制定运算曲线所针对的网络，仅包含一台发电机和一组负荷。因此，应用运算曲线计算短路电流时，首先要将网络变换为只含短路点和若干个电源节点的辐射形等效电路，然后对每一个电源分别应用计算曲线求解短路电流。

但是，针对复杂的网络，若按照上述方法逐一运算，计算工作量很大，不适用于工程应用。因此，在工程计算中常采用合并电源的方法来简化网络。把短路电流变化规律大致相同的发电机尽可能多地合并起来，同时对于条件比较特殊的某些发电机给予个别的考虑。这样，根据不同的具体条件，可将网络中的电源分成几个组，每组都用一个等

值发电机来代替。合并的主要原则是：距短路点的电气距离相差不大的同类型发电机可以合并；远离短路点的不同类型发电机可以合并；直接与短路点相连的发电机应单独考虑；无限大功率电源应单独考虑。上述将电源分组进行计算并查运算曲线的方法称为个别变换法，这种方法既能保证必要的计算精确度，又可大大减少计算工作量。如果将全系统中所有发电机看成一台等值发电机进行计算并查运算曲线，则称为同一变化法，这种方法较个别变换法误差要大。

应用计算曲线计算短路电流的步骤如下：

1）元件参数计算与等值网络的制定。发电机电抗用 X''_d 表示，略去网络中各元件的电阻、输电线路的电容及变压器的励磁支路；略去系统中非短路点的负荷；选取基准容量 S_B 和基准电压 $U_B = U_{av}$，计算系统中各元件的电抗标幺值。

2）进行网络化简，计算各电源对短路点的转移电抗。按电源归并原则，将网络中的电源合并成若干组，每组用一个等值发电机代替，无限大功率电源单独考虑，通过网络变换与化简求出各等值发电机对短路点的转移电抗 X_{ik}。

3）求计算电抗。将转移电抗按各等值发电机的额定容量归算为计算电抗，即

$$X_{ci} = X_{ik} \frac{S_{Ni}}{S_B} \tag{7-43}$$

式中，S_{Ni} 为第 i 台等值发电机中各发电机的额定容量之和。

4）由运算曲线确定短路电流周期分量标幺值。根据各计算电抗和指定时刻 t，从相应的运算曲线或对应的数字表格中查出各等值发电机提供的短路电流周期分量标幺值 I^*_{ti}。对无限大功率电源，其提供的短路电流周期分量标幺值为

$$I^*_s = \frac{1}{X_{sk}} \tag{7-44}$$

5）计算短路电流周期分量的有名值。将4）中各电流标幺值换算成有名值相加，即为所求时刻 t 的短路电流周期分量有名值。即

$$I_t = I^*_{t1} I_{N\Sigma1} + I^*_{t2} I_{N\Sigma2} + \cdots + I^*_s I_B = \sum_{i=1}^{n} I^*_{ti} \frac{S_{N\Sigma i}}{\sqrt{3} U_{av}} + I^*_s \frac{S_B}{\sqrt{3} U_{av}} \tag{7-45}$$

式中，U_{av} 为短路处电压级的平均额定电压；$I_{N\Sigma i}$ 为归算至短路点电压级的第 i 台等值发电机的额定电流；I_B 为所选基准容量 S_B 在短路处电压等级的基准电流。

【例7-3】 系统接线如图7-17a所示，图中断路器 QF 是断开的，所有发电机都是装有自动调节励磁装置的汽轮发电机，输电线路单位长度电抗为 $0.4\Omega/\mathrm{km}$，电缆线路电抗标幺值为0.6（以 $300\mathrm{MV \cdot A}$ 为基准功率）。试计算 k_1 和 k_2 点发生三相短路后 $0.2\mathrm{s}$ 时的短路电流值。

解：（1）取 $S_B = 300\mathrm{MV \cdot A}$，$U_B = U_{av}$，计算系统中各元件的电抗标幺值。

发电机 G_1、G_2 　　　　$X_1 = X_2 = X''_d \dfrac{S_B}{S_N} = 0.13 \times \dfrac{300}{30} = 1.3$

发电厂 B 　　　　　　　$X_3 = 0.5$

变压器 T_1、T_2 　　　$X_4 = X_5 = \dfrac{U_k\%}{100} \dfrac{S_B}{S_N} = \dfrac{10.5}{100} \times \dfrac{300}{20} = 1.58$

双回线路 l $\qquad X_6 = \dfrac{1}{2} x_1 l \dfrac{S_B}{U_{av}^2} = \dfrac{1}{2} \times 0.4 \times 130 \times \dfrac{300}{115^2} = 0.59$

电缆线路 $\qquad\qquad\qquad\qquad X_7 = 0.6$

作等值网络如图 7-17b 所示。

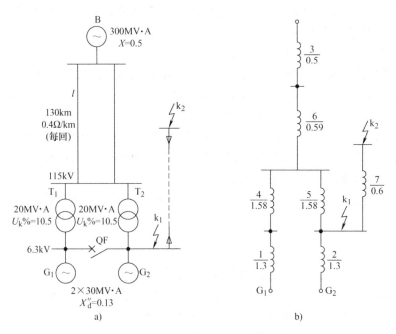

图 7-17 例 7-3 系统接线图及等值网络图

a) 系统接线图 b) 等值网络图

(2) 当 k_1 点短路时：由图 7-17a 可以看出，发电机 G_1 和发电厂 B 离短路点较远，可将二者合并成一个等值发电机计算，发电机 G_2 需单独考虑。G_1 和 B 对短路点 k_1 的转移电抗为

$$X_{1k} = (X_1 + X_4) /\!/ (X_3 + X_6) + X_5 = (1.3 + 1.58) /\!/ (0.5 + 0.59) + 1.58 = 2.37$$

相应的计算电抗为

$$X_{c1} = X_{1k} \dfrac{S_{N\Sigma 1}}{S_B} = 2.37 \times \dfrac{330}{300} = 2.61$$

发电机 G_2 对 k_1 点的转移电抗为

$$X_{2k} = X_2 = 1.3$$

相应的计算电抗为

$$X_{c2} = X_{2k} \dfrac{S_{N2}}{S_B} = 1.3 \times \dfrac{30}{300} = 0.13$$

查附录表 B-1，并用插值法计算可得

$$I_{(0.2)1}^* = 0.37 ; \quad I_{(0.2)2}^* = 5.05$$

因此，短路点 k_1 的总短路电流为

$$I_{0.2} = \left(0.37 \times \dfrac{330}{\sqrt{3} \times 6.3} + 5.05 \times \dfrac{30}{\sqrt{3} \times 6.3} \right) kA = 25.07 kA$$

（3）当 k_2 点短路时：仍将发电机 G_1 和发电厂 B 合并为一个等值发电机，发电机 G_2 单独计算。利用星形–三角形变换公式，可得各等值发电机对短路点 k_2 的转移电抗为

$$X_{1k} = 2.37 + 0.6 + \frac{2.37 \times 0.6}{1.3} = 4.06$$

$$X_{2k} = 1.3 + 0.6 + \frac{1.3 \times 0.6}{2.37} = 2.23$$

相应的计算电抗为

$$X_{c1} = X_{1k} \frac{S_{N\Sigma1}}{S_B} = 4.06 \times \frac{330}{300} = 4.47$$

$$X_{c2} = X_{2k} \frac{S_{N2}}{S_B} = 2.23 \times \frac{30}{300} = 0.223$$

由于 $X_{c1} > 3.45$，代表由发电机 G_1 和发电厂 B 合并后的等值发电机供给的三相短路电流周期分量已不随时间而衰减，其值为

$$I_1^* = \frac{1}{4.47} = 0.224$$

查附录表 B-1，并用插值法计算得出 G_2 供给的三相短路电流周期分量标幺值为 $I_{(0.2)2}^* = 3.46$。

因此，短路点 k_2 的总短路电流为

$$I_{0.2} = \left(0.224 \times \frac{330}{\sqrt{3} \times 6.3} + 3.46 \times \frac{30}{\sqrt{3} \times 6.3} \right) \text{kA} = 16.78 \text{kA}$$

第四节　三相短路的计算机算法与仿真

大型电力系统短路电流的计算，由于网络结构复杂，一般均用计算机计算。在电力系统设计和运行中，往往需要根据短路电流周期分量的起始值来估计短路最严重的情况和后果。随着快速继电保护的广泛应用，在发生短路后，故障元件被很快从系统中切除，这时短路电流中的周期分量衰减得不多，因此可近似地认为在短路后较短时间内的短路电流周期分量电流就等于它的起始值，由此而引起的误差一般是可以满足工程需求的。此外，随着电力工业的发展，电力系统的规模越来越大，在电力系统的生产和研究中，仿真软件的应用也越来越广泛。目前，电力系统常用的仿真软件有很多，如美国伊利诺伊大学电气及计算机工程学院开发的电力系统可视化仿真软件包 PWS、中国电力科学院开发的电力系统分析综合程序 PSASP、邦纳维尔电力局开发的 BPA 程序和 EMTP 程序、曼尼托巴高压直流输电研究中心开发的 PSCAD/EMTDC 程序以及 Mathworks 公司开发的 MATLAB 软件等。其中 MATLAB/Simulink 提供的电力系统模块（Sim Power System），包含了各种发电机、变压器、输电线路和负荷的仿真模型以及各种测量装置模型，使得一个复杂电力系统的建模和仿真变得相当简单和直观，从而使该仿真软件在电力系统领域的应用日趋完善。

下面简要介绍三相短路计算机算法的主要步骤和用 MATLAB/Simulink 对无穷大功率电源供电系统三相短路的仿真过程。

一、三相短路的计算机算法

1. 网络计算模型

应用计算机计算电力系统发生三相短路时的起始次暂态电流，通常采用叠加原理，即分解为对正常分量和故障分量的计算，最后叠加在一起，其网络计算模型如图 7-18 所示。其中，图 7-18a 为三相短路时的网络模型，发电机支路用次暂态电动势 $\dot{E}''$ 和次暂态电抗 X''_d 代表，负荷用恒定阻抗 Z_L 代表，由于三相短路时短路点的电压为零，可在短路点 k 与地之间串联两个相反的电压源 $\dot{U}_{k(0)}$ 和 $-\dot{U}_{k(0)}$ 来代表，$\dot{U}_{k(0)}$ 为短路点短路前的电压，由短路前的潮流计算而得。这一网络可分解成图 7-18b 和图 7-18c 两个网络的叠加，图 7-18b 为短路前的正常运行网络，而图 7-18c 则为故障分量网络模型。

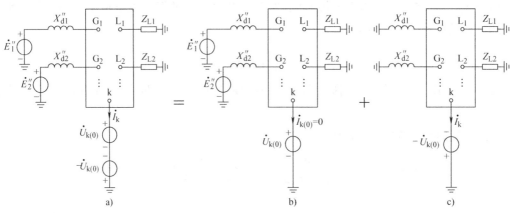

图 7-18 短路电流网络计算模型

a）三相短路时网络模型 b）正常运行网络模型 c）故障分量网络模型

在计算中，正常分量的计算分为基于潮流的三相短路计算和简化的实用计算。其中，基于潮流的三相短路计算是根据系统正常运行方式通过潮流计算求得各节点的正常电压 $\dot{U}_{i(0)}$；而简化的实用计算是略去负荷，取各节点的正常电压为 1，各支路的正常电流为零，即 $\dot{U}_{i(0)}=1$，$\dot{I}_{ij(0)}=0$。注意，在短路前短路点的电流等于零，即 $\dot{I}_{k(0)}=0$，如图 7-18b 所示。

计算故障分量的等效网络（见图 7-18c），可以利用潮流计算时的网络，通过在各发电机节点上接一个电抗为 X''_d 的接地支路，在各负荷节点上接一个阻抗为 Z_L 的对地支路而形成。其中 Z_L 的数值可由短路前系统潮流计算所得出的负荷节点电压和负荷功率求得，即 $Z_L = U_L^2 / \overset{*}{S}_L = U_L^2 / (P_L - jQ_L)$。当然，在简化的实用计算中可忽略非短路点的负荷阻抗，对于接在短路点的大型异步电动机或综合负荷所提供的起始次暂态电流可另行单独处理。在该网络中，仅在短路点有一个电压为 $-\dot{U}_{k(0)}$ 的电压源作用，其节点注入电流为 $-\dot{I}_k$，而其余节点注入电流均为零。因此，只要对故障分量网络进行求解，得到各节点电压故障分量 $\dot{U}_{i(f)}$，则各节点实际电压为 $\dot{U}_i = \dot{U}_{i(0)} + \dot{U}_{i(f)}$，进而可进一步求出各支路的起始次暂态短路电流。

对于故障分量网络，一般用节点电压方程描述，可用节点阻抗矩阵或节点导纳矩阵表示，下面分别进行介绍。

2. 用节点阻抗矩阵的计算原理

如果已经形成了故障分量网络的节点阻抗矩阵 $\mathbf{Z}_B$，可得节点电压方程为

$$\begin{pmatrix} \dot{U}_{1(f)} \\ \vdots \\ \dot{U}_{k(f)} \\ \vdots \\ \dot{U}_{n(f)} \end{pmatrix} = \begin{pmatrix} Z_{11} & \cdots & Z_{1k} & \cdots & Z_{1n} \\ \vdots & \ddots & \vdots & \ddots & \vdots \\ Z_{k1} & \cdots & Z_{kk} & \cdots & Z_{kn} \\ \vdots & \ddots & \vdots & \ddots & \vdots \\ Z_{n1} & \cdots & Z_{nk} & \cdots & Z_{nn} \end{pmatrix} \begin{pmatrix} 0 \\ \vdots \\ -\dot{I}_k \\ \vdots \\ 0 \end{pmatrix} = \begin{pmatrix} Z_{1k} \\ \vdots \\ Z_{kk} \\ \vdots \\ Z_{nk} \end{pmatrix} (-\dot{I}_k) \tag{7-46}$$

对于短路点 k，有

$$\dot{U}_{k(f)} = -\dot{U}_{k(0)} = Z_{kk}(-\dot{I}_k)$$

则可求得短路电流为

$$\dot{I}_k = \frac{\dot{U}_{k(0)}}{Z_{kk}} \tag{7-47}$$

求出短路电流后，代入式(7-46)，可求得各节点电压的故障分量为

$$\dot{U}_{i(f)} = -Z_{ik}\dot{I}_k \quad (i=1,2,\cdots,n) \tag{7-48}$$

因此，各节点的电压为

$$\begin{pmatrix} \dot{U}_1 \\ \vdots \\ \dot{U}_k \\ \vdots \\ \dot{U}_n \end{pmatrix} = \begin{pmatrix} \dot{U}_{1(0)} \\ \vdots \\ \dot{U}_{k(0)} \\ \vdots \\ \dot{U}_{n(0)} \end{pmatrix} + \begin{pmatrix} \dot{U}_{1(f)} \\ \vdots \\ \dot{U}_{k(f)} \\ \vdots \\ \dot{U}_{n(f)} \end{pmatrix} = \begin{pmatrix} \dot{U}_{1(0)} - Z_{1k}\dot{I}_k \\ \vdots \\ \dot{U}_{k(0)} - Z_{kk}\dot{I}_k \\ \vdots \\ \dot{U}_{n(0)} - Z_{nk}\dot{I}_k \end{pmatrix} \tag{7-49}$$

求出各节点电压后，可按下式计算网络中任一支路的电流

$$\dot{I}_{ij} = \frac{\dot{U}_i - \dot{U}_j}{z_{ij}} \tag{7-50}$$

如果短路点有过渡阻抗，则需在图 7-18 中的 k 点与地之间串联接入这一阻抗，相应的短路电流计算式(7-47) 变为

$$\dot{I}_k = \frac{\dot{U}_{k(0)}}{Z_{kk} + Z_f} \tag{7-51}$$

近似计算时，网络中各节点的正常电压均为1，即 $\dot{U}_{i(0)} = \dot{U}_{j(0)} = \dot{U}_{k(0)} = 1$，则式(7-47) 和式(7-50) 变为

$$\dot{I}_k = \frac{\dot{U}_{k(0)}}{Z_{kk}} = \frac{1}{Z_{kk}} \tag{7-52}$$

$$\dot{I}_{ij} = \frac{\dot{U}_i - \dot{U}_j}{z_{ij}} = \frac{\dot{U}_{i(f)} - \dot{U}_{j(f)}}{z_{ij}} \tag{7-53}$$

图 7-19 给出了采用节点阻抗矩阵计算三相短路电流的原理框图。

由以上分析可见，只要形成了网络的节点阻抗矩阵，就可以很方便地计算出网络中任一节点的短路电流和短路后各点电压及电流的分布，计算工作量很小。节点阻抗矩阵可以用支路追加法求得，但形成节点阻抗矩阵的工作量较大，而且是满矩阵，要求计算机的内存存储量要大，这就限制了计算系统的规模。

3. 采用节点导纳矩阵的计算原理

节点导纳矩阵易于形成，网络结构变化时易于修改，而且是稀疏矩阵，占用计算机内存容量少，因此常利用节点导纳矩阵来计算短路电流。但不能直接利用导纳矩阵中的元素来计算短路电流，而是利用节点导纳矩阵求出节点阻抗矩阵中与短路点对应的一列阻抗元素，然后仍利用前述公式来进行计算。

根据节点阻抗矩阵的定义，如果仅在短路点 k 注入单位电流，其余节点注入电流为零时，短路点的电压值即为该点的自阻抗，其他节点的电压值即为各节点与短路点之间的互阻抗。因此，由导纳矩阵的节点电压方程所求的电压即为节点阻抗矩阵中第 k 列的阻抗元素。

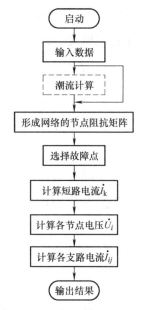

图 7-19　用节点阻抗矩阵计算三相短路电流的原理框图

$$\begin{pmatrix} Y_{11} & \cdots & Y_{1k} & \cdots & Y_{1n} \\ \vdots & \ddots & \vdots & \ddots & \vdots \\ Y_{k1} & \cdots & Y_{kk} & \cdots & Y_{kn} \\ \vdots & \ddots & \vdots & \ddots & \vdots \\ Y_{n1} & \cdots & Y_{nk} & \cdots & Y_{nn} \end{pmatrix} \begin{pmatrix} \dot{U}_1 \\ \vdots \\ \dot{U}_k \\ \vdots \\ \dot{U}_n \end{pmatrix} = \begin{pmatrix} 0 \\ \vdots \\ 1 \\ \vdots \\ 0 \end{pmatrix} \tag{7-54}$$

解出 $\dot{U}_1 \sim \dot{U}_n$ 的值，则可得节点阻抗矩阵中第 k 列元素为

$$\begin{pmatrix} Z_{1k} \\ \vdots \\ Z_{kk} \\ \vdots \\ Z_{nk} \end{pmatrix} = \begin{pmatrix} \dot{U}_1 \\ \vdots \\ \dot{U}_k \\ \vdots \\ \dot{U}_n \end{pmatrix} \tag{7-55}$$

计算出这些节点阻抗元素后，以下计算短路电流、节点电压和支路电流的方法与用节点阻抗矩阵的原理计算方法相同。

二、无穷大功率电源供电系统三相短路的仿真

设无穷大功率电源供电系统如图 7-20 所示，现利用 Simulink 软件对其建立仿真模型，再对变压器低压母线发生三相短路故障的情况进行仿真分析。

1. 建立仿真模型

在 MATLAB 环境下，键入 Simulink 命令后，打开 SimPowerSystem 模块库，在新建模型窗口中直接加入所需要的模块，经模块连接后即可得到图 7-20 所示电力系统的仿真模型，如图 7-21 所示。

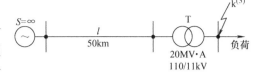

图 7-20　无穷大功率电源供电系统

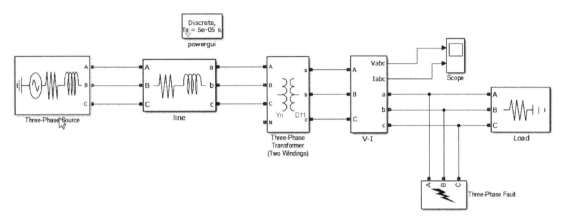

图 7-21　无穷大功率电源供电系统的仿真模型

在图 7-21 中，无穷大功率电源采用 "Three - Phase Source" 模型；变压器采用 "Three - Phase Transformer（Two Windings）" 模型；输电线路采用 "Line" 模型；负荷采用 "Three - phase Section RLC Load" 模型；三相电压电流测量模块（Three - Phase V - I Meauusrement）将在变压器低压侧测量到的电压、电流信号转变成 Simulink 信号，相当于电压、电流互感器的作用；三相电路故障模块（Three - Phase Fault）用来设置故障点的故障类型。

2. 仿真参数设置

三相电源电压为 110kV，频率为 50Hz，Yg 型接法，内阻为 5.74Ω，电感为 0.0452H；输电线路长度 50km，其他参数由线路的技术数据获得；双绕组变压器额定容量为 20MVA，电压为 110/11kV，其他参数可根据变压器的技术数据计算得出；串联 RLC 负载为有功功率负荷，大小为 18MW。仿真参数选择可变步长的 ode23t 算法，仿真起始时间为 0s，终止时间为 0.2s，其他参数采用默认设置。在三相线路故障模块中设置 0.04s 时刻发生三相短路故障。

3. 仿真结果分析

运行仿真，可得变压器低压侧的三相短路电流、电压波形图如图 7-22 所示。

由图 7-22 可知，发生三相短路之前，系统处于稳定运行的工作状态，三相电流、电压对称。在 0.04s 时发生三相短路故障，三相电压迅速下降为 0V；三相电流迅速上升为短路电流，且其最大瞬时值在短路后约半个周期出现，短路电流经暂态过程进入稳态后，可保持三相电流对称，说明三相短路为对称短路。可见，该仿真结果与理论分析一致。

仿真结果图中短路电流的数值可从示波器模块得到，此数据与理论计算相比可能会稍有误差，这是由于仿真模型中电源模块和输电线路模块的参数设置与理论计算时不完全相同而造成的。

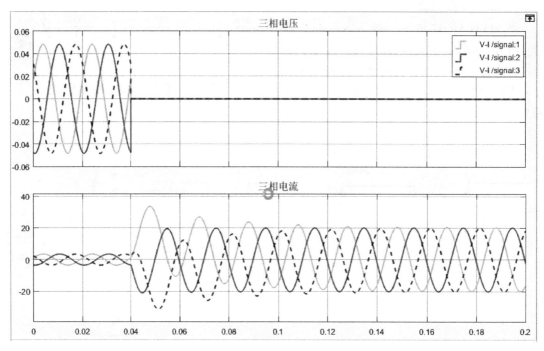

图 7-22　三相短路电流、电压波形图

本 章 小 结

本章介绍了无限大功率电源供电系统发生突然短路时的暂态过程及短路电流、短路功率的计算，着重讨论了三相短路故障后的实用计算。

无限大功率电源在实际电力系统中是不存在的，它只能是一个相对概念。无限大功率电源供电系统发生三相短路时，其短路电流周期分量在短路过程中保持不变，从而使短路计算十分简便。

电力系统三相短路的实用计算，主要包括两方面的内容：一个是起始次暂态电流的计算；另一个是用运算曲线法来计算短路后任意时刻的短路电流。前者主要用于校验断路器的开断容量和继电保护的整定计算；后者则用于电气设备的热稳定校验。

根据叠加原理，短路电流的计算可归结为短路点等值电抗 $X_{k\Sigma}$ 和电源与短路点之间转移电抗 X_{ik} 的计算。网络的等值变换和化简是求取 $X_{k\Sigma}$ 和 X_{ik} 的主要方法。电流分布系数不仅可用来确定网络中的电流分布，也可用于转移电抗的计算。

运算曲线是一组反映短路电流周期分量与计算电抗和时间的函数关系曲线。利用运算曲线可以确定短路后不同时刻的短路电流，在使用运算曲线时，要先将电源合并，求出各等值发电机对短路点的转移电抗，并将其换算成计算电抗才能查相应的曲线。

大型电力系统短路电流的计算，通常采用基于节点阻抗矩阵或导纳矩阵的计算机算法。随着电力系统的规模越来越大，在电力系统的生产和研究中，广泛使用着各种仿真软件。

思考题与习题

7-1　电力系统短路的分类、危害及短路计算的目的是什么？

7-2　无限大功率电源的含义是什么？由无限大电源供电的系统三相短路时，短路电流包括几种分量？有什么特点？

7-3　什么叫短路冲击电流？它出现在短路后的哪一时刻？冲击系数的大小与什么有关？

7-4　什么是短路功率？在三相短路计算中，对某一短路点，短路功率的标幺值与短路电流的标幺值有何关系？

7-5　什么是短路电流的最大有效值？与冲击系数有什么关系？

7-6　什么是电力系统三相短路的实用计算？分为几个方面的内容？

7-7　什么是起始次暂态电流？计算步骤如何？

7-8　转移电抗和电流分布系数指的是什么？

7-9　应用运算曲线法计算短路电流周期分量的主要步骤是什么？

7-10　在采用运算曲线法时，如何处理电力系统中发电机分组问题？什么叫同一变化法和个别变化法？

7-11　图 7-23 所示系统的电源为恒压电源，当取 $S_B = 100\text{MV·A}$，$U_B = U_{av}$，冲击系数 $K_{imp} = 1.8$ 时，试求在 k 点发生三相短路时的冲击电流 i_{imp} 和短路功率 S_k。

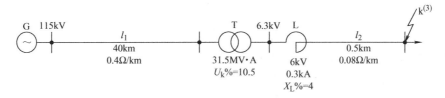

图 7-23　习题 7-11 图

7-12　图 7-24 所示系统中 k 点发生三相短路时，发电机母线电压保持不变。若设计要求短路冲击电流不超过 20kA，问允许并联的电缆根数 n 为多少？（标幺值计算时取 $S_B = 100\text{MV·A}$，$U_B = U_{av}$）

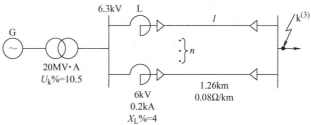

图 7-24　习题 7-12 图

7-13　系统接线如图 7-25 所示，已知各元件参数如下：发电机 G_1 容量为 50MV·A，$X_d'' = 0.125$，发电机 G_2 容量为 150MV·A，$X_d'' = 0.2$；变压器 T_1 容量为 50MV·A，$U_k\% = 10.5$，变压器 T_2 容量为 90MV·A，$U_k\% = 10.5$；线路每回长度为 80km，$x_1 = 0.4\Omega/\text{km}$，负荷 L 的容量为 120MV·A，$X_L'' = 0.35$。

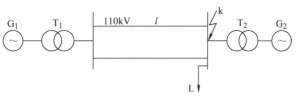

图 7-25　习题 7-13 图

试计算 k 点发生三相短路时的起始次暂态电流和冲击电流有名值。(取发电机的次暂态电动势 $E_1'' = E_2'' = 1.08$，负荷的次暂态电动势 $E_3'' = 0.8$)。

7-14 某电力系统接线如图 7-26 所示，其中发电机 G_1 的容量为 250MV·A，$X_d'' = 0.4$；G_2 的容量为 50MV·A，$X_d'' = 0.125$。变压器 T_1 的容量为 250MV·A，$U_k\% = 10.5$；T_2 的容量为 50MV·A，$U_k\% = 10.5$。线路 l_1、l_2、l_3 的长度分别为 50km、40km、30km，单位长度电抗均为 $x_1 = 0.4\Omega/km$。当 k 点发生三相短路时，试计算短路点总的短路电流 (I'') 和各发电机支路的短路电流。(取 $E_1'' = E_2'' = 1.08$)

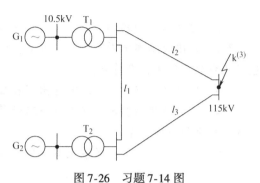

图 7-26 习题 7-14 图

7-15 如图 7-27 所示电力系统中，在 k 点发生三相短路时，试求该网络三个电源对短路点的转移电抗。(取 $S_B = 100MV·A$)

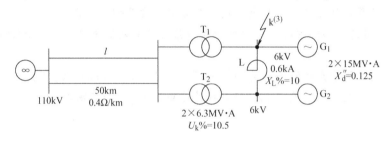

图 7-27 习题 7-15 图

7-16 简单网络如图 7-28 所示，已知 $X_1 = 0.3$，$X_2 = 0.4$，$X_3 = 0.5$，$X_4 = 0.3$，$X_5 = 0.6$，$X_6 = 0.2$。试用单位电流法求：

(1) 各电源对短路点的转移电抗；

(2) 各电源及各支路的电流分布系数。

7-17 在图 7-29 所示电力系统中，所有发电机均为汽轮发电机。各元件的

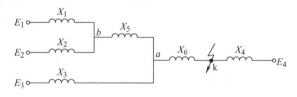

图 7-28 习题 7-16

参数如下：发电机 G_1、G_2 容量均为 31.25MV·A，$X_d'' = 0.13$，发电机 G_3 容量为 50MV·A，$X_d'' = 0.125$；变压器 T_1、T_2 每台容量为 31.5MV·A，$U_k\% = 10.5$，变压器 T_3 容量为 50MV·A，$U_k\% = 10.5$；线路 l 的长度为 50km，单位长度电抗为 $0.4\Omega/km$，电压为 110kV 级，试用运算曲线法计算 10kV 电压级的 k 点发生短路时 0s 和 0.2s 时的短路电流。

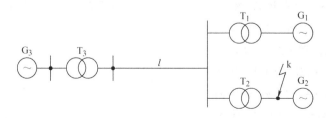

图 7-29 习题 7-17 图

第八章

电力系统简单不对称故障的分析与计算

实际电力系统中的故障大多为不对称故障,包括不对称短路和不对称断线。为了保证电力系统中各种电气设备的安全运行,必须进行各种不对称故障的分析和计算,以便为正确地选择电气设备、确定系统的接线方案、选择继电保护装置及整定其参数提供依据。

电力系统的故障可分为简单故障和复杂故障两大类。简单故障是指电力系统中某一处发生短路或断线故障的情况,而复杂故障则是指两个及以上简单故障的组合。本章主要介绍简单不对称故障分析的基本原理和基本计算方法。

第一节 对称分量法

一、对称分量法的基本原理

分析三相短路时,由于三相电路是对称的,短路电流的周期分量也是对称的,因此只需要分析其中的一相就可以了。当电力系统发生不对称故障时,由于系统的对称性被破坏,系统中出现了不对称的电流和电压,因此不能用计算三相短路电流的方法进行分析。对于这种不对称电路,通常采用对称分量法来分析。

所谓对称分量法,就是将一组不对称的三相分量分解成三组分别对称的分量,即正序、负序和零序分量,对这三组对称分量分别按对称三相电路进行求解,然后再利用线性电路的叠加原理,将其结果进行叠加。

在三相系统中,任意一组不对称的三个相量(电流或电压),总可以分解成如下的三组对称分量:

1)正序分量:各相量的绝对值相等,彼此相位互差120°,且与系统正常对称运行下的相序相同。

2)负序分量:各相量的绝对值相等,彼此相位互差120°,相序与正序相反。

3)零序分量:各相量的绝对值相等,相位相同。

三相不对称分量与分解后的三组对称分量之间的关系为(以电流为例)

$$\left.\begin{array}{l} \dot{I}_a = \dot{I}_{a1} + \dot{I}_{a2} + \dot{I}_{a0} \\ \dot{I}_b = \dot{I}_{b1} + \dot{I}_{b2} + \dot{I}_{b0} \\ \dot{I}_c = \dot{I}_{c1} + \dot{I}_{c2} + \dot{I}_{c0} \end{array}\right\} \tag{8-1}$$

式中，下标 1、2、0 分别表示各相的正序、负序和零序对称分量。

若以 a 相为基准，则 b 相和 c 相的各序分量与 a 相的各序分量之间的关系为

$$
\left.\begin{array}{l}
\dot{I}_{b1} = a^2 \, \dot{I}_{a1} \, ; \quad \dot{I}_{c1} = a \, \dot{I}_{a1} \\[2mm]
\dot{I}_{b2} = a \, \dot{I}_{a2} \, ; \quad \dot{I}_{c2} = a^2 \, \dot{I}_{a2} \\[2mm]
\dot{I}_{b0} = \dot{I}_{c0} = \dot{I}_{a0}
\end{array}\right\} \tag{8-2}
$$

式中，$a = \mathrm{e}^{\mathrm{j}120°} = -\dfrac{1}{2} + \mathrm{j}\dfrac{\sqrt{3}}{2}$，$a^2 = \mathrm{e}^{\mathrm{j}240°} = -\dfrac{1}{2} - \mathrm{j}\dfrac{\sqrt{3}}{2}$，且有 $a^3 = 1$ 和 $1 + a + a^2 = 0$。

于是，式(8-1) 可改写为

$$
\left.\begin{array}{l}
\dot{I}_a = \dot{I}_{a1} + \dot{I}_{a2} + \dot{I}_{a0} \\[2mm]
\dot{I}_b = a^2 \, \dot{I}_{a1} + a \, \dot{I}_{a2} + \dot{I}_{a0} \\[2mm]
\dot{I}_c = a \, \dot{I}_{a1} + a^2 \, \dot{I}_{a2} + \dot{I}_{a0}
\end{array}\right\} \tag{8-3}
$$

用矩阵形式可表示为

$$
\begin{pmatrix} \dot{I}_a \\ \dot{I}_b \\ \dot{I}_c \end{pmatrix} = \begin{pmatrix} 1 & 1 & 1 \\ a^2 & a & 1 \\ a & a^2 & 1 \end{pmatrix} \begin{pmatrix} \dot{I}_{a1} \\ \dot{I}_{a2} \\ \dot{I}_{a0} \end{pmatrix} \tag{8-4}
$$

或简写为

$$
\boldsymbol{I}_{abc} = \boldsymbol{T}\boldsymbol{I}_{120} \tag{8-5}
$$

式中，$\boldsymbol{T}$ 为对称分量法的变换矩阵。式(8-4) 的逆关系为

$$
\begin{pmatrix} \dot{I}_{a1} \\ \dot{I}_{a2} \\ \dot{I}_{a0} \end{pmatrix} = \frac{1}{3} \begin{pmatrix} 1 & a & a^2 \\ 1 & a^2 & a \\ 1 & 1 & 1 \end{pmatrix} \begin{pmatrix} \dot{I}_a \\ \dot{I}_b \\ \dot{I}_c \end{pmatrix} \tag{8-6}
$$

或简写为

$$
\boldsymbol{I}_{120} = \boldsymbol{T}^{-1}\boldsymbol{I}_{abc} \tag{8-7}
$$

式(8-6) 说明，一组不对称的相分量可以分解成三组对称的序分量；而式(8-4) 则说明，三组对称的序分量可以合成而得到一组不对称的相分量。因此，对称分量法实质上是叠加定理在电力系统中的应用，只适用于线性电路。

由式(8-6) 的零序分量关系式可以看出，在三相系统中，若三相相量之和为零，则其对称分量中将不含零序分量。因此，只有当三相电流（或电压）之和不等于零时才有零序

分量。由此可以推知，在线电压中不存在零序电压分量；在三角形联结中，由于线电流是两个相电流之差，如果相电流中有零序分量，则它们将在闭合的三角形中形成环流，而在线电流中则不存在零序分量；在没有中性线的星形联结中，根据节点电流定律，在中性点必然有 $\dot{I}_a + \dot{I}_b + \dot{I}_c = 0$，因而零序电流为零。可见，零序电流必须以大地（或中性线）为回路，即在有中性线的星形联结（YN 接线）中（见图 8-1），才有 $\dot{I}_a + \dot{I}_b + \dot{I}_c \neq 0$，此时通过中性线中的电流等于一相零序电流的 3 倍，即

$$\dot{I}_N = \dot{I}_a + \dot{I}_b + \dot{I}_c = 3\dot{I}_0 \qquad (8\text{-}8)$$

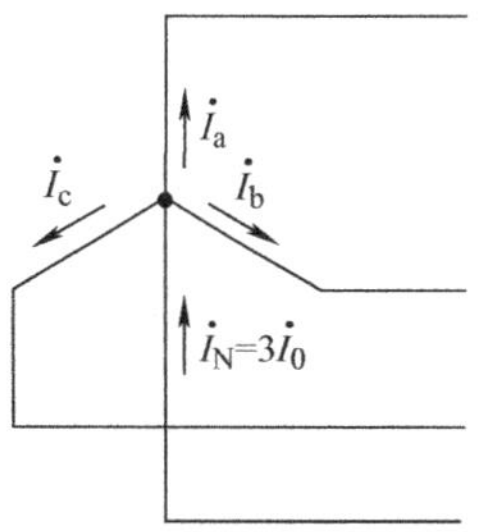

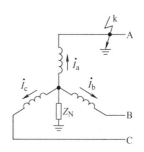

图 8-1　YN 接线中的零序电流路径

二、对称分量法在不对称短路计算中的应用

下面以图 8-2 所示简单电力系统发生单相接地故障为例，研究对称分量法在不对称短路计算中的应用。

图 8-2 所示电力系统中，一台三相对称的发电机接于空载输电线路上，发电机的中性点经过渡阻抗 Z_N 接地。当在线路某处发生单相（例如 a 相）接地故障时，短路点将出现三相不对称的相电压，即 $\dot{U}_a = 0$、$\dot{U}_b \neq 0$ 和 $\dot{U}_c \neq 0$，如图 8-3a 所示。短路点处的三相不对称电压可用一组不对称的电动势源来代替，如图 8-3b 所示。应用对称分量法将这组不对称电动势源分解成正序、负序和零序三组对称的电动势源，如图 8-3c 所示。由于系统是线性对称的，因此图 8-3c 所示系统的各序分量具有独立性，可以将故障网络拆分成三个独立的序网，即正序、负序和零序网络，如图 8-3d、e、f 所示。

图 8-2　简单系统的单相接地短路

在图 8-3d 所示的正序网络中，只有正序电动势（包括发电机的电动势和故障点的正序分量电动势）在作用，网络中只有正序电流，各元件的阻抗是正序阻抗；在图 8-3e 所示的负序网络中，只有故障点的负序分量电动势在作用（因为三相对称的发电机只产生正序电动势），网络中只有负序电流，各元件的阻抗是负序阻抗；在图 8-3f 所示的零序网络中，只有故障点的零序分量电动势在作用，网络中只有零序电流，各元件的阻抗是零序阻抗。

对每一个序网，由于三相是对称的，故只需分析一相即可。以 a 相为例，在正序网络中，a 相的电压方程为

$$\dot{E}_a - \dot{I}_{a1}(Z_{G1} + Z_{L1}) - (\dot{I}_{a1} + \dot{I}_{b1} + \dot{I}_{c1})Z_N = \dot{U}_{a1}$$

由于 $\dot{I}_{a1} + \dot{I}_{b1} + \dot{I}_{c1} = 0$，正序电流不流进中性线，中性点接地阻抗 Z_N 上的正序电压降为零，也就是说，Z_N 在正序网络中不起作用。因此，正序网络的电压方程可写成

$$\dot{E}_a - \dot{I}_{a1}(Z_{G1} + Z_{L1}) = \dot{U}_{a1}$$

在负序网络中，也有 $\dot{I}_{a2} + \dot{I}_{b2} + \dot{I}_{c2} = 0$，且发电机电动势为零，因此，负序网络的电压方程为

$$0 - \dot{I}_{a2}(Z_{G2} + Z_{L2}) = \dot{U}_{a2}$$

在零序网络中，由于 $\dot{I}_{a0} + \dot{I}_{b0} + \dot{I}_{c0} = 3\dot{I}_{a0}$，在中性点接地阻抗 Z_N 中将有流过 3 倍的零序电流通过，计及发电机的零序电动势为零，所以零序网络的电压方程为

$$0 - \dot{I}_{a0}(Z_{G0} + Z_{L0}) - 3\dot{I}_{a0}Z_N = \dot{U}_{a0}$$

或写成

$$0 - \dot{I}_{a0}(Z_{G0} + Z_{L0} + 3Z_N) = \dot{U}_{a0}$$

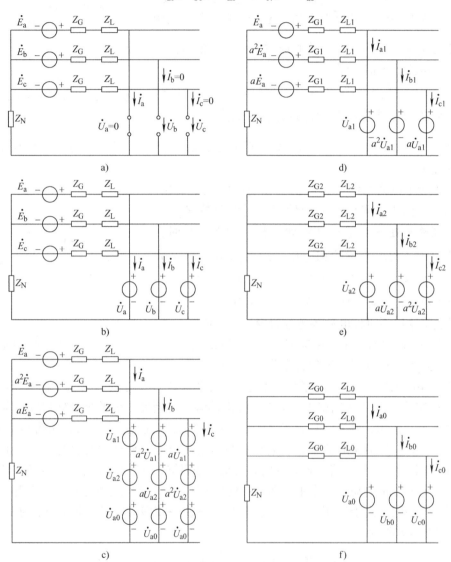

图 8-3　利用对称分量法分析电力系统的不对称短路

根据以上所得的各序电压方程式，可以绘出各序的一相等值网络，如图 8-4 所示。必须注意，在一相的零序网络中，在中性点接地阻抗 Z_N 上的电压降是由 3 倍的一相零序电流产生的，为了在一相等值网络中把这一压降表示出来，应将其阻抗扩大 3 倍变为 $3Z_N$ 串在电路中。

实际的电力系统接线复杂，发电机数目也很多，绘出一相等值网络后，分别将各序网从故障口用戴维南定理进一步简化，可得到图 8-5 的等值网络。

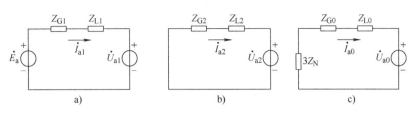

图 8-4　各序网络的一相等值网络

a) 正序　b) 负序　c) 零序

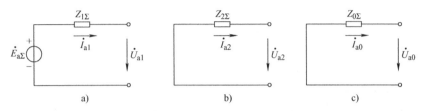

图 8-5　各序网等值网络

a) 正序　b) 负序　c) 零序

根据图 8-5，可列出各序网络的电压方程为

$$
\left.
\begin{aligned}
\dot{U}_{a1} &= \dot{E}_{a\Sigma} - \dot{I}_{a1} Z_{1\Sigma} \\
\dot{U}_{a2} &= - \dot{I}_{a2} Z_{2\Sigma} \\
\dot{U}_{a0} &= - \dot{I}_{a0} Z_{0\Sigma}
\end{aligned}
\right\}
\tag{8-9}
$$

式中，$\dot{U}_{a1}$、$\dot{U}_{a2}$、$\dot{U}_{a0}$ 为短路点电压的正序、负序和零序分量；$\dot{I}_{a1}$、$\dot{I}_{a2}$、$\dot{I}_{a0}$ 为短路点的正序、负序和零序电流；$Z_{1\Sigma}$、$Z_{2\Sigma}$、$Z_{0\Sigma}$ 分别为正序、负序和零序网络对短路点的等值阻抗；$\dot{E}_{a\Sigma}$ 为正序网络中发电机的等值电动势，其值等于短路点在短路前的 a 相电压 $\dot{U}_{ka(0)}$。

式(8-9) 的方程式对各种不对称短路故障均适用，它说明了系统发生不对称短路故障时各序电流和电压之间的相互关系，表示了不对称故障的共性，我们称它为短路计算的三个基本电压方程。该方程组共有 6 个未知数，但只有三个方程式，因此还需要根据不对称短路故障的类型得到三个针对该故障的边界条件才能求解。

第二节　电力系统各元件的序阻抗

一、序阻抗的基本概念

在应用对称分量法分析和计算电力系统的不对称故障时，必须首先确定各元件的序阻抗。所谓元件的序阻抗，即为该元件中流过某一序电流时所产生的相应序电压与序电流的比值。

电力系统的元件可分为静止元件和旋转元件两大类，它们的序阻抗各有特点。静止元件如输电线路、变压器、电抗器等；旋转元件如发电机、电动机等。

下面以一静止的三相电路元件为例来说明序阻抗的概念。如图8-6所示，各相线路的自阻抗分别为Z_{aa}、Z_{bb}、Z_{cc}；相间的互阻抗分别为Z_{ab}、Z_{bc}、Z_{ac}。当电路中通过不对称的三相电流时，三相的电压降为

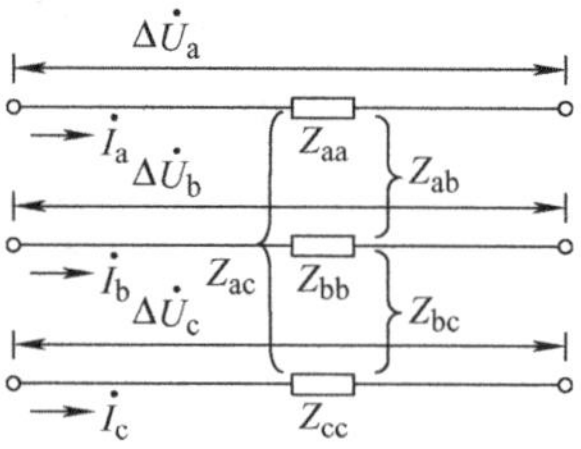

图8-6 静止三相电路元件

$$\begin{pmatrix} \Delta \dot{U}_a \\ \Delta \dot{U}_b \\ \Delta \dot{U}_c \end{pmatrix} = \begin{pmatrix} Z_{aa} & Z_{ab} & Z_{ac} \\ Z_{ba} & Z_{bb} & Z_{bc} \\ Z_{ca} & Z_{cb} & Z_{cc} \end{pmatrix} \begin{pmatrix} \dot{I}_a \\ \dot{I}_b \\ \dot{I}_c \end{pmatrix} \tag{8-10}$$

或简写为

$$\Delta \boldsymbol{U}_{abc} = \boldsymbol{Z}_{abc} \boldsymbol{I}_{abc} \tag{8-11}$$

将式(8-11)中的三相电压降和三相电流用式(8-5)、式(8-7)变化为对称分量，得

$$\Delta \boldsymbol{U}_{120} = \boldsymbol{T}^{-1} \boldsymbol{Z}_{abc} \boldsymbol{T} \boldsymbol{I}_{120} = \boldsymbol{Z}_{120} \boldsymbol{I}_{120} \tag{8-12}$$

式中，$\boldsymbol{Z}_{120}$称为序阻抗矩阵，$\boldsymbol{Z}_{120} = \boldsymbol{T}^{-1} \boldsymbol{Z}_{abc} \boldsymbol{T}$。

当元件结构参数完全对称，即$Z_{aa} = Z_{bb} = Z_{cc} = Z_s$，$Z_{ab} = Z_{bc} = Z_{ac} = Z_m$时

$$\boldsymbol{Z}_{120} = \begin{pmatrix} Z_s - Z_m & 0 & 0 \\ 0 & Z_s - Z_m & 0 \\ 0 & 0 & Z_s + 2Z_m \end{pmatrix} = \begin{pmatrix} Z_1 & 0 & 0 \\ 0 & Z_2 & 0 \\ 0 & 0 & Z_0 \end{pmatrix} \tag{8-13}$$

将式(8-13)代入式(8-12)中，展开得

$$\left. \begin{aligned} \Delta \dot{U}_{a1} &= Z_1 \dot{I}_{a1} \\ \Delta \dot{U}_{a2} &= Z_2 \dot{I}_{a2} \\ \Delta \dot{U}_{a0} &= Z_0 \dot{I}_{a0} \end{aligned} \right\} \tag{8-14}$$

由式(8-14)表明，在三相参数对称的线性电路中，各序对称分量之间的电流、电压关系可以是相互独立的。即当电路中流过某一序分量的电流时，只产生同一序分量的电压降。反之，当电路施加某一序分量的电压时，电路中也只产生同一序分量的电流。这样就可以分别对正序、负序和零序分量进行独立计算。

若三相参数不对称时，序阻抗矩阵$\boldsymbol{Z}_{120}$的非对角元素不全为零，各序对称分量将不具有独立性，这时就不能按序进行独立计算了。因此，对称分量法只适用于由三相对称元件组成的线性电力系统。

根据以上分析可知，元件的序阻抗是指元件三相参数对称时，元件两端某一序的电压降与通过该元件的同一序电流的比值，即

$$\left. \begin{aligned} Z_1 &= \frac{\Delta \dot{U}_{a1}}{\dot{I}_{a1}} \\ Z_2 &= \frac{\Delta \dot{U}_{a2}}{\dot{I}_{a2}} \\ Z_0 &= \frac{\Delta \dot{U}_{a0}}{\dot{I}_{a0}} \end{aligned} \right\} \tag{8-15}$$

式中，Z_1、Z_2 和 Z_0 分别称为该元件的正序阻抗、负序阻抗和零序阻抗。

由以上分析可得如下结论：电力系统中任何静止元件只要三相对称，当通入正序和负序电流时，由于任意两相对第三相的电磁感应关系相同，所以正序阻抗和负序阻抗相等。对于旋转元件，通入各序电流时，所产生的电磁关系则完全不同：正序电流产生的旋转磁场与转子旋转方向相同；负序电流产生的旋转磁场与转子旋转方向相反；而零序电流产生的旋转磁场与转子位置无关。因此，旋转元件的正序、负序和零序阻抗互不相等。

下面将详细讨论电力系统中几种元件的序阻抗。

二、同步发电机的序电抗

1. 正序电抗

同步发电机在正常对称运行时，只有正序电流存在，相应的发电机参数就是正序参数。稳态运行时的同步电抗 X_d、X_q 和暂态过程中用的 X'_d、X''_d 和 X''_q 都属于正序电抗。

2. 负序电抗

同步发电机的负序电抗是指负序电压的基频分量与流入定子绕组的负序电流基频分量的比值。当发电机定子绕组中通过负序电流时，产生的负序旋转磁场方向与转子旋转方向相反，因此，其相对于转子绕组的相对速度为两倍同步转速。负序电抗取决于定子负序旋转磁场所遇到的磁阻（或磁导）。由于转子纵、横轴不对称，随着负序旋转磁场与转子间的相对位置不同，负序磁场所遇到的磁阻也不同，负序电抗也就不同。在实用计算时，可取 X''_d 和 X''_q 的算术均值，即

$$X_2 = \frac{1}{2}(X''_d + X''_q) \tag{8-16}$$

在近似计算中，对于汽轮发电机和有阻尼绕组的水轮发电机，通常取 $X_2 = 1.22X''_d$；对于没有阻尼绕组的水轮发电机，通常取 $X_2 = 1.45X'_d$。

3. 零序电抗

同步发电机的零序电抗是指加在发电机端的零序电压基频分量与流入定子绕组的零序电流基频分量的比值。当零序电流通过三相绕组时，由于三相电流同相位，而定子三相绕组在空间相差120°电角度，因此零序电流产生的合成磁场为零。故零序电抗主要由定子绕组的零序漏磁通决定，这些漏磁通较正序电流的要小些，其减小的程度与绕组的结构型式有关。基于上述原因，同步发电机的零序电抗数值具有较大的变动范围，一般取 $X_0 = (0.15 \sim 0.6)X''_d$。

同步发电机的负序和零序电抗平均值见表8-1。

表8-1 同步发电机的负序和零序电抗平均值

电机类型	汽轮发电机	有阻尼绕组的水轮发电机	无阻尼绕组的水轮发电机	同步调相机和大型同步电动机
X_2	0.16	0.25	0.45	0.24
X_0	0.06	0.07	0.07	0.08

三、综合负荷的序电抗

电力系统中的负荷主要是工业负荷，而大多数工业负荷是异步电动机。因此，在工程计

算中，可采用异步电动机的各序电抗近似代表综合负荷的电抗。

根据《电机学》的知识可知，异步电动机的正序电抗与转差率 s 有关。电力系统发生故障时，异步电动机的暂态过程与同步电动机相似，也很复杂，所以精确计算十分困难。在工程实用计算中，异步电动机的正序电抗可近似采用次暂态电抗 X'' 或略去不计。

当电动机端施加基频负序电压时，流入定子绕组的负序电流将产生一个与转子旋转方向相反的负序旋转磁场，它对电动机产生制动性的转矩。若转子相对于正序旋转磁场的转差率为 s，则转子相对于负序磁场的转差率为 $2-s$。因此，异步电动机的负序电抗也是转差率 s 的函数，精确计算也很困难。在实用简化计算中，常取 $X_2 = 0.2$；如果计及降压变压器和线路的电抗，则常取 $X_2 = 0.35$。

异步电动机的三相绕组通常接成三角形或不接地星形，零序电流不能流通，所以在零序网络中一般不包括负荷。

四、变压器的零序电抗及其等效电路

1. 变压器零序励磁电抗与铁心结构的关系

变压器的电抗由励磁电抗和漏抗组成。漏抗反映了一、二次侧绕组间磁耦合的紧密情况，其数值取决于漏磁通路径的磁导。漏磁通的路径与所通电流的序别无关，因此变压器的正序、负序和零序的等值漏抗相等。

变压器励磁电抗的数值取决于主磁通路径的磁导。由于变压器通以负序电流时主磁通的路径与通以正序电流时完全相同，因此负序励磁电抗与正序相同。由此可见，变压器的正、负序等效电路及参数完全相同。

变压器的零序励磁电抗的数值取决于零序主磁通路径的磁导，对于不同铁心结构的变压器，零序主磁通的路径是不一样的。

对于由三个单相变压器组成的三相变压器组及三相五柱式或壳式变压器，零序主磁通与正序主磁通一样，都能以铁心为回路，因磁导很大，零序励磁电流很小，故零序励磁电抗的数值很大，在短路计算中可当作 $X_{m0} = \infty$。对于三相三柱式变压器，零序主磁通不能在铁心内形成闭合回路，只能通过充油空间及油箱壁形成闭合回路，因磁导小，励磁电流很大，所以零序励磁电抗要比正序励磁电抗小得多，在短路计算中，应视为有限值，其值一般用实验方法确定，大致是 $X_{m0} = 0.3 \sim 1$。虽然这时 X_{m0} 为有限值，但仍比绕组的漏抗大很多。

2. 双绕组变压器的零序电抗及等效电路

变压器的零序电抗与变压器铁心的结构、绕组接线方式及中性点是否接地等因素有关。下面就各类变压器分别加以讨论。

当零序电压施加在变压器绕组的三角形侧或不接地的星形侧时，无论另一侧绕组的接地方式如何，变压器中都没有零序电流流过。此时变压器的零序电抗为无穷大。

当零序电压施加在变压器绕组的接地星形侧时，零序电流经中性点流入大地构成回路，而变压器另一侧零序电流的流通情况则因该侧绕组的接线方式而异。

（1）YN，d 接线　当在 YN 侧（Ⅰ侧）施加零序电压时，零序电流由 YN 侧绕组中性点入地形成回路，从而在 d 侧（Ⅱ侧）的三个绕组中感应出三个零序电动势，它们的大小相等、相位相同，结果在三角形绕组中引起零序环流 $\dot{I}_{0\text{Ⅱ}}$，而不可能流到绕组外面的线路上

去，如图 8-7a 所示。这种情况下由于 II 侧绕组每相感应的电动势与该相绕组漏抗上的压降相平衡，因此其零序等效电路相当于将 II 侧绕组通过漏抗短路，而其端点与外电路断开，如图 8-7b 所示。

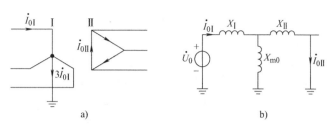

图 8-7　YN，d 接线变压器的零序等效电路
a）接线图　b）等效电路图

由图 8-7b 所示的等效电路，可求出其零序等值电抗为

$$X_0 = X_\mathrm{I} + X_\mathrm{II} /\!/ X_\mathrm{m0} \approx X_\mathrm{I} + X_\mathrm{II} = X_1 \tag{8-17}$$

式中，X_I、X_II 分别为变压器一、二次侧绕组的漏抗；X_m0 为变压器的零序励磁电抗，且认为 $X_\mathrm{m0} \gg X_\mathrm{II}$；$X_1$ 为变压器的正序电抗。若 $X_\mathrm{m0} = \infty$，则 $X_0 = X_\mathrm{I} + X_\mathrm{II} = X_1$。

（2）YN，y 接线　当在 YN 侧（I 侧）有零序电流 $\dot{I}_{0\mathrm{I}}$ 流过时，y 侧（II 侧）各相绕组中将感应出零序电动势。但由于 II 侧中性点不接地，没有零序电流通路，所以 II 侧没有零序电流，如图 8-8a 所示。这种情况下，变压器相当于空载，其零序等效电路如图 8-8b 所示。

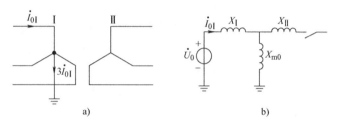

图 8-8　YN，y 接线变压器的零序等效电路
a）接线图　b）等效电路图

由图 8-8b 所示的等效电路，可得其零序等值电抗为

$$X_0 = X_\mathrm{I} + X_\mathrm{m0} \tag{8-18}$$

若 $X_\mathrm{m0} = \infty$，则 $X_0 = X_\mathrm{I} + X_\mathrm{m0} = \infty$。

（3）YN，yn 接线　当在 YN 侧（I 侧）有零序电流 $\dot{I}_{0\mathrm{I}}$ 流过时，yn 侧（II 侧）各相绕组中将感应出零序电动势。如果与 II 侧相连的电路中还有其他接地中性点，则 II 侧绕组中将有零序电流流通，如图 8-9a 所示。在其等效电路中将包含外电路电抗，如图 8-9b 所示。如果与 II 侧绕组回路中没有其他接地中性点，则 II 侧绕组中便没有零序电流，其零序等效电路与 YN，yn 接线变压器相同。

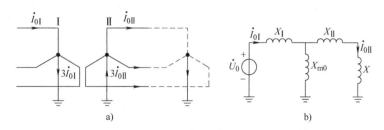

图 8-9　YN，yn 接线变压器的零序等效电路
a）接线图　b）等效电路图

这种情况下，变压器的零序电抗不能单独求出，需要与外电路零序电抗一并考虑。当 $X_\mathrm{m0} = \infty$ 时，其零序等值电抗为

$$X_0 = X_{\mathrm{I}} + X_{\mathrm{II}} = X_1 \qquad (8\text{-}19)$$

在各种接线方式的双绕组变压器中，从 YN 侧看进去的变压器零序等效电路可用图 8-10 所示的通用电路来等效。图中，Ⅱ侧绕组为△联结时，K_Δ 闭合，K_0 断开；Ⅱ侧绕组为 yn 联结时，K_Δ 断开，K_0 闭合；Ⅱ侧绕组为 y 联结时，K_Δ、K_0 均断开。

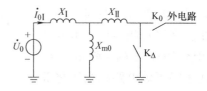

图 8-10 双绕组变压器的通用零序等效电路

3. 三绕组变压器的零序电抗及等效电路

在三绕组变压器中，为了消除三次谐波磁通的影响，使变压器的电动势接近正弦波，一般总有一个绕组接成三角形，使三次谐波电流在三角形绕组中环流，并使零序励磁电抗 X_{m0} 较大，可以认为 $X_{\mathrm{m0}} = \infty$。和双绕组变压器相同，这里仅讨论零序电压加在Ⅰ侧绕组为星形接地（YN 接线）的情况。

（1）YN，d，d 接线　其零序电流回路及零序等效电路如图 8-11a 所示。Ⅱ侧和Ⅲ侧绕组各自成为零序电流的闭合回路。在等效电路中，Ⅱ侧绕组的电抗和Ⅲ侧绕组的电抗相并联。此时变压器的零序电抗为

$$X_0 = X_{\mathrm{I}} + X_{\mathrm{II}} /\!/ X_{\mathrm{III}} \qquad (8\text{-}20)$$

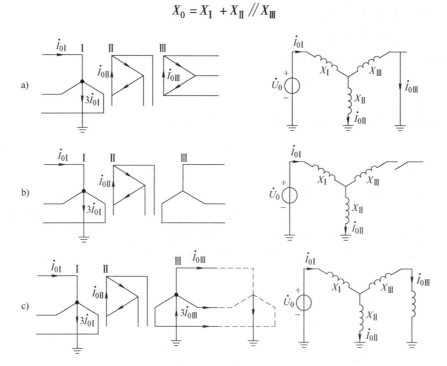

图 8-11 三绕组变压器的零序等效电路

a）YN，d，d 接线　b）YN，d，y 接线　c）YN，d，yn 接线

（2）YN，d，y 接线　其零序电流回路及零序等效电路如图 8-11b 所示。Ⅲ侧绕组中没有零序电流流通，因此，变压器的零序电抗为

$$X_0 = X_{\mathrm{I}} + X_{\mathrm{II}} = X_{\mathrm{I}\text{-}\mathrm{II}} \qquad (8\text{-}21)$$

（3）YN，d，yn 接线　其零序电流回路及零序等效电路如图 8-11c 所示。Ⅱ侧绕组成为

零序电流的闭合回路，Ⅲ侧绕组中能否有零序电流流通取决于外电路中是否有接地的中性点。这种情况下，变压器的零序电抗不能单独求出，需要与外电路零序电抗一并考虑。

需要说明的是，双绕组变压器零序等效电路中的 $X_Ⅰ$、$X_Ⅱ$ 是绕组漏抗；而三绕组变压器零序等效电路中的电抗 $X_Ⅰ$、$X_Ⅱ$ 和 $X_Ⅲ$ 与正序情况一样，是各绕组的等效电抗，不是漏抗。

关于自耦变压器的零序电抗及等效电路，此处不再讨论，可参考相关书籍。

五、输电线的零序阻抗及其等效电路

输电线路发生不对称故障时的正序阻抗与其对称运行时的等效阻抗相同，由于输电线路为静止元件，其负序阻抗和正序阻抗相等，等效电路也完全相同。当输电线路流过零序电流时，由于三相电流大小、相位相同，因此，必须借助大地或架空地线来构成零序电流回路。这样，架空输电线路的零序阻抗与电流在地中的分布等因素有关，精确计算是很困难的。

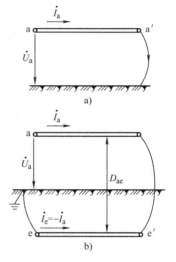

图 8-12 单个"导线-地"回路

1. "导线-地"回路的自阻抗和互阻抗

（1）单个"导线-地"回路的自阻抗 单个"导线-地"回路如图 8-12a 所示，半径为 r_a 的导线 aa′与大地平行，导线中流过的电流 $\dot{i}_a$ 经大地返回。卡尔逊根据电磁波的理论证明，这种"导线-地"回路中的大地可以用一根半径为 r_e 的虚拟导线 ee′来代替，如图 8-12b 所示。图中 D_{ae} 为实际导线至虚拟导线之间的距离。由这一等值的导线模型出发，"导线-地"回路的参数可按普通双导线的计算公式来确定。

经推导可得，"导线-地"回路单位长度的自阻抗为

$$Z_{aa} = R_a + R_e + j0.1445\lg\frac{D_g}{r_{sa}} = R_a + 0.05 + j0.1445\lg\frac{D_g}{r_{sa}} \tag{8-22}$$

式中，R_a 为导线 aa′单位长度的电阻（Ω/km）；R_e 为导线 ee′单位长度的电阻（Ω/km），$R_e = \pi^2 f \times 10^{-4}$，当 $f = 50\text{Hz}$ 时，可取 $R_e = 0.05\Omega$；D_g 为地中虚设导线的等值深度（m），$D_g = \frac{D_{ae}^2}{r_{se}} = 660\sqrt{\rho/f}$，其中的 ρ 为土壤电阻率（Ω·m）；r_{sa} 和 r_{se} 分别为导线 aa′和地中虚设导线 ee′的等值半径（已计入了内电感）（m）。

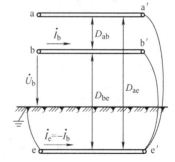

图 8-13 两个平行的"导线-地"回路

（2）两个"导线-地"回路间的互阻抗 两根平行导线都以大地为回路时，也可以用一根虚拟的导线 ee′来代替地中电流的返回导线，这样就形成了两个平行的"导线-地"回路，如图 8-13 所示。

当在 be 回路中流过电流 $\dot{i}_b$ 时，会在 ae 回路产生电压，这正是因为两回路之间存在着互阻抗的缘故。

经推导可得，两回路之间单位长度的互阻抗为

$$Z_{ab} = R_e + j0.1445\lg\frac{D_g}{D_{ab}} = 0.05 + j0.1445\lg\frac{D_g}{D_{ab}} \tag{8-23}$$

式中，D_{ab} 为两根导线之间的距离。

2. 三相输电线路的零序阻抗

图 8-14 所示为以大地为回路的三相输电线路，地中电流返回路径仍用一根虚拟导线表示。这样就形成了三个平行的"导线-地"回路。若每相导线的半径都是 r，每相导线单位长度的电阻为 R_1，在完全换位下，三个"导线-地"回路的自阻抗相等，回路间的互阻抗相等，即 $Z_{aa} = Z_{bb} = Z_{cc} = Z_s$，$Z_{ab} = Z_{bc} = Z_{ac} = Z_m$。当输电线路中通以三相零序电流时，在 a 相回路单位长度上产生的电压降为

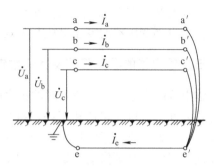

图 8-14　以大地为回路的三相输电线路

$$\dot{U}_{a0} = Z_s \dot{I}_{a0} + Z_m \dot{I}_{b0} + Z_m \dot{I}_{c0} = (Z_s + 2Z_m)\dot{I}_{a0} \tag{8-24}$$

因此，三相输电线路每相单位长度的等值零序阻抗为

$$Z_0 = \frac{\dot{U}_{a0}}{\dot{I}_{a0}} = Z_s + 2Z_m \tag{8-25}$$

式(8-25) 与式(8-13) 的结果相同。

将 Z_s、Z_m 的表达式(8-22) 和式(8-23) 代入式(8-25)，并注意到用三相导线的几何均距 D_m 代替式(8-23) 中的 D_{ab}，便可得

$$Z_0 = Z_s + 2Z_m = R_1 + 0.15 + j0.4335\lg\frac{D_g}{\sqrt[3]{r_s D_m^2}} \tag{8-26}$$

式中，r_s 为导线的等值半径（已计入了内电感）（m）。

当上述三相线路通以正序（或负序）电流时，在 a 相回路单位长度上产生的电压降为

$$\dot{U}_{a1} = \dot{I}_{a1}Z_s + \dot{I}_{b1}Z_m + \dot{I}_{c1}Z_m = (Z_s - Z_m)\dot{I}_{a1}$$

则可得输电线路单位长度的正（负）序阻抗为

$$Z_1 = Z_2 = Z_s - Z_m = R_1 + j0.1445\lg\frac{D_m}{r_s} \tag{8-27}$$

式(8-27) 与第二章中的式(2-5) 所得的结果完全相同，只是表达形式不同。

比较式(8-27) 和式(8-26) 可以看到，输电线路的零序阻抗比正（负）序阻抗大。这是因为三相零序电流同相位，各相间的互感磁通是相互加强的，故零序阻抗要大于正序阻抗。

3. 平行架设的双回输电线路的零序阻抗

图 8-15 所示为一平行双回线。在完全换位下，当两线路通过正（负）序电流时，由于每回线三相电流之和等于零，因此两回线路之间的正（负）序互阻抗为零。由此可知，每回线路的正（负）序阻抗与单回线时的阻抗完全相同。但是，当线路通过

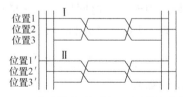

图 8-15　完全换位的平行双回线路示意图

零序电流时，因每回线的三相零序电流之和不为零，并且双回线路都以同一大地作为零序电流的返回路径，因此两回线路之间将存在着零序互阻抗，从而使每回线路的零序阻抗都要增大。

图 8-16a 所示为两端共母线的双回输电线路。设两回线路各自单独存在时的单位长度零序阻抗分别为 Z_{I0} 和 Z_{II0}，两回路之间单位长度上的零序互阻抗为 Z_{I-II0}，则线路 I 和线路 II 的电压降可分别表示为

$$\left.\begin{array}{l} \Delta \dot{U}_{I0} = \dot{I}_{I0} Z_{I0} + \dot{I}_{II0} Z_{(I-II)0} = \dot{I}_{I0} \left(Z_{I0} - Z_{(I-II)0} \right) + \left(\dot{I}_{I0} + \dot{I}_{II0} \right) Z_{(I-II)0} \\ \Delta \dot{U}_{II0} = \dot{I}_{II0} Z_{II0} + \dot{I}_{I0} Z_{(I-II)0} = \dot{I}_{II0} \left(Z_{II0} - Z_{(I-II)0} \right) + \left(\dot{I}_{I0} + \dot{I}_{II0} \right) Z_{(I-II)0} \end{array}\right\} \quad (8\text{-}28)$$

根据式(8-28)，可以绘出平行双回输电线路的零序等效电路，如图 8-16b 所示。

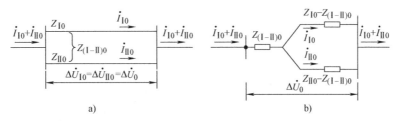

图 8-16 平行双回输电线路的零序等效电路

如果双回路完全相同，即 $Z_{I0} = Z_{II0}$，则零序等值网络的阻抗为

$$Z_0' = Z_{(I-II)0} + (Z_{I0} - Z_{(I-II)0}) /\!/ (Z_{II0} - Z_{(I-II)0}) = \frac{1}{2}(Z_{I0} + Z_{I-II0}) \quad (8\text{-}29)$$

因此，考虑了两回线之间的零序互阻抗后，每一回线路的零序阻抗为

$$Z_0 = 2Z_0' = Z_{I0} + Z_{(I-II)0} \quad (8\text{-}30)$$

可见，平行双回输电线路中每回线路的零序阻抗较单回线时增大了。

在以上各式中，Z_{I0} 和 Z_{II0} 的值按式(8-26)计算，Z_{I-II0} 的值可用式(8-23)计算，但要用线路 I 和线路 II 之间的几何平均距离 D_{I-II} 代替式(8-23)中的 D_{ab}。此外，考虑到两回线之间的互阻抗压降是由 3 倍的一相零序电流产生的，因此有

$$Z_{(I-II)0} = 3 \left(R_e + j0.1445 \lg \frac{D_g}{D_{I-II}} \right) = 0.15 + j0.4335 \lg \frac{D_g}{D_{I-II}} \quad (8\text{-}31)$$

其中，两回线路之间的几何平均距离 D_{I-II} 等于线路 I 中每一导线至线路 II 中每一导线的所有 9 个轴间距离连乘积的 9 次方根，即

$$D_{I-II} = \sqrt[9]{D_{11'} D_{12'} D_{13'} D_{22'} D_{23'} D_{21'} D_{33'} D_{31'} D_{32'}} \quad (8\text{-}32)$$

4. 有架空地线时输电线路的零序阻抗

图 8-17 所示为有架空地线的单回输电线路零序电流的通路。线路中通过三相零序电流时，它的一部分电流 $\dot{I}_e$ 经大地返回，另一部分电流 $\dot{I}_g$ 经架空地线返回，即 $\dot{I}_e + \dot{I}_g = 3\dot{I}_0$，可得 $\frac{1}{3}\dot{I}_e + \frac{1}{3}\dot{I}_g = \dot{I}_0$，或者写成 $\dot{I}_{e0} + \dot{I}_{g0} = \dot{I}_0$，其中 $\dot{I}_{e0} = \frac{1}{3}\dot{I}_e$，$\dot{I}_{g0} = \frac{1}{3}\dot{I}_g$。

这样，架空地线的影响可以按平行架设的输电线路来处理，不同的是架空地线中的零序

电流的方向与输电线路零序电流的方向相反。据此，可以作出有架空地线的单回输电线路一相表示的示意图，如图 8-18a 所示。

根据图 8-18a，可列出其零序电压方程为

$$\left.\begin{aligned}\Delta\dot{U}_0 &= \dot{I}_0 Z_0 - \dot{I}_{g0} Z_{gm0} \\ 0 &= \dot{I}_{g0} Z_{g0} - \dot{I}_0 Z_{gm0}\end{aligned}\right\} \quad (8\text{-}33)$$

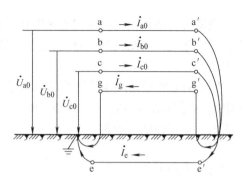

图 8-17 有架空地线的单回输电线路

式中，Z_0 为无架空地线时输电线路的零序阻抗；Z_{g0} 为架空地线–大地回路的自阻抗；Z_{gm0} 为架空地线与输电线路之间的互阻抗。

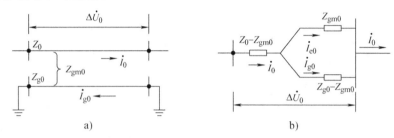

图 8-18 具有架空地线的单回输电线路的零序等效电路

由式（8-33）可以解出

$$\Delta\dot{U}_0 = \left(Z_0 - \frac{Z_{gm0}^2}{Z_{g0}} \right) \dot{I}_0 \quad (8\text{-}34)$$

由此可得出有架空地线的单回输电线路的零序等值阻抗为

$$Z_{0(g)} = Z_0 - \frac{Z_{gm0}^2}{Z_{g0}} = (Z_0 - Z_{gm0}) + \left(Z_{gm0} - \frac{Z_{gm0}^2}{Z_{g0}} \right) = (Z_0 - Z_{gm0}) + \frac{Z_{gm0}(Z_{g0} - Z_{gm0})}{Z_{gm0} + (Z_{g0} - Z_{gm0})} \quad (8\text{-}35)$$

根据式（8-34）和式（8-35），可以绘出其零序等效电路，如图 8-18b 所示。

由式（8-35）可见，$|Z_{0(g)}| < |Z_0|$。这是由于架空地线中的零序电流与输电线路的零序电流方向相反，其互感磁通是相互抵消的，从而导致输电线路的等值零序阻抗减小。

在以上各式中，Z_{g0} 可用式（8-22）计算，但由于 $\dot{I}_{g0} = \frac{1}{3}\dot{I}_g$，因此在一相表示的等效电路中，其阻抗应扩大 3 倍，即

$$Z_{g0} = 3R_g + 0.15 + j0.4335 \lg \frac{D_g}{r_{sg}} \quad (8\text{-}36)$$

式中，R_g 为架空地线单位长度的电阻；r_{sg} 为架空地线的等值半径。

参照式（8-31），可得 Z_{gm0} 的计算公式为

$$Z_{gm0} = 0.15 + j0.4335 \lg \frac{D_g}{D_{L-g}} \quad (8\text{-}37)$$

式中，D_{L-g} 为架空地线与三相导线之间的几何平均距离，$D_{L-g} = \sqrt[3]{D_{ag} D_{bg} D_{cg}}$。

在实用短路计算中，可忽略电阻，架空线路各序电抗的平均值可采用表 8-2 所列数据。

表 8-2　线路各序电抗的平均值　　　　　　　　　　（单位：Ω/km）

架空线路种类		正（负）序电抗	零序电抗	备注
无架空地线	单回线	$x_1 = x_2 = 0.4$	$x_0 = 3.5x_1 = 1.4$	
	双回线		$x_0 = 5.5x_1 = 2.2$	每回路数值
有钢质的架空地线	单回线		$x_0 = 3x_1 = 1.2$	
	双回线		$x_0 = 5x_1 = 2$	每回路数值
有良导体的架空地线	单回线		$x_0 = 2x_1 = 0.8$	
	双回线		$x_0 = 3x_1 = 1.2$	每回路数值

对于电缆线路的零序阻抗，一般通过实测或产品手册确定。在近似估算中，可取 $r_0 = 10r_1$，$x_0 = (3.5 \sim 4.6)x_1$。

第三节　电力系统各序网络的制定

应用对称分量法分析计算不对称故障时，首先必须作出电力系统各序网络图。因此需要根据电力系统的接线图、中性点接地情况等原始资料，在故障点分别施加各序电压，然后从故障点出发，逐步查明各序电流流通的情况，并将序电流能够流通的元件用相应的序参数表示在该序等效电路中。下面根据以上原则，结合图 8-19 来说明各序网络的绘制方法。

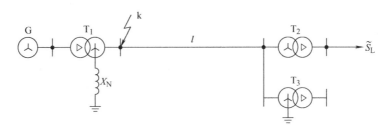

图 8-19　某电力系统接线图

一、正序网络

正序网络就是通常计算三相对称短路时所用的等值网络。除中性点接地阻抗、空载线路、空载变压器外，电力系统各元件均应包括在正序网络中，并用相应的正序参数和等效电路表示。所有的同步发电机和调相机，以及用等值电源表示的综合负荷，都等效为正序网络的电源（一般用次暂态或暂态参数表示）。此外，还需在短路点和大地之间（故障端口）引入代替故障条件的不对称电压源中的正序分量 $\dot{U}_{k1}$。正序网络中的短路点用 k_1 表示，零电位点用 N_1 表示。

图 8-20a 为图 8-19 所示电力系统在 k 点发生不对称短路时的正序网络。从故障口看正序网络，它是一个有源网络，可用戴维南定理化简成右图的形式。

二、负序网络

负序电流能流通的元件与正序电流的相同，所以同一电力系统的负序网络与正序网络基本相同，但发电机的负序电动势为零。因此，把正序网络中各元件的参数都用负序参数代替，电源电动势短接，并在故障口处引入不对称电压源中的负序分量 $\dot{U}_{k2}$，便得到负序网络，如图 8-20b 所示。负序网络中的短路点用 k_2 表示，零电位点用 N_2 表示。从故障端口看负序网络，它是一个无源网络，用戴维南定理可化简成右图的形式。

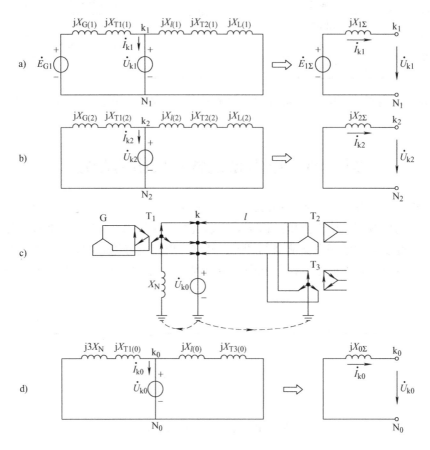

图 8-20　电力系统各序网络图的绘制
a) 正序网络　b) 负序网络　c) 零序电流通路　d) 零序网络

三、零序网络

零序网络的结构一般与正序网络有很大不同。这是因为零序电流的流通情况与短路点的位置、变压器绕组的接线方式以及中性点是否接地有关。在零序网络中，凡是零序电流流过的元件，均用零序参数表示，其中发电机也无零序电动势，故障口施加不对称电压源中的零序分量 $\dot{U}_{k0}$。零序网络中的短路点用 k_0 表示，零电位点用 N_0 表示。

由于三相零序电流大小相等、相位相同，因此，它实际上是一个流经三相电路的单相电流，经过大地或与地连接的其他导体，再返回三相电路中，其通过的路径与正序电流完全不同。在绘制零序网络时，为了更清楚地看到零序电流的流通情况，可以作出系统的三线图，在短路处将三相连在一起，接上一个零序电动势源，并从短路点开始逐个查明零序电流可能流通的路径，然后，对有零序电流流通的各个元件，按照它们的零序参数形成相应的零序等值网络，而没有零序电流流通的元件，则应统统舍去。

值得注意的是，对于那些有零序电流通过的、连在发电机或变压器中性点的元件，因在其中通过的电流为一相零序电流的 3 倍，而零序网络表示的是一相等效电路，为了使零序网络中在这一元件上的压降与实际值相等，就必须将该元件的阻抗扩大 3 倍而串接在与之相连的流过同一零序电流的支路中。此外，当平行线路中有零序电流通过时，在制定零序网络时应计及零序互感的影响。

图 8-20c 画出了图 8-19 所示系统在 k 点发生不对称接地短路时的三相零序电流通路图，图中箭头表示零序电流流通的方向。由图可见，系统中至少要有两个接地点，方能形成零序电流的通路；此外，空载线路和空载变压器也可能有零序电流流通。图 8-20d 所示是图 8-19 所示系统的零序网络。从故障端口看零序网络，它是一个无源网络，也可以利用戴维南定理等效为右图的形式。

【例 8-1】　试绘制图 8-21 所示系统在 k 点发生单相接地短路时的零序网络图，并写出零序电抗表达式。

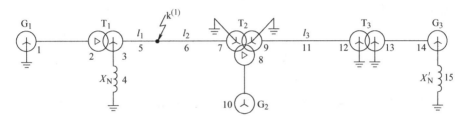

图 8-21　例 8-1 系统接线图

解：在 k 点施加零序电压，查明零序电流通过的路径，如图 8-22a 所示，相应的零序网络如图 8-22b 所示。根据戴维南定理，可求得其零序电抗为

$$X_{0\Sigma} = (X_2 + X_3 + 3X_4 + X_5) /\!/ [X_6 + X_7 + X_8 /\!/ (X_9 + X_{11} + X_{12} + X_{13} + X_{14} + 3X_{15})]$$

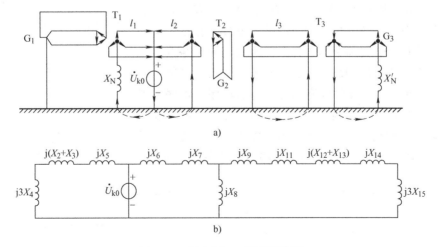

图 8-22　制定例 8-1 零序网络图

a) 零序电流通路　b) 零序网络图

第四节 简单不对称短路的分析计算

简单不对称短路包括单相接地短路、两相短路和两相接地短路。前面已经得出短路计算的三个基本电压方程，即

$$\left.\begin{array}{l} \dot{U}_{a1} = \dot{E}_{a1\Sigma} - \dot{I}_{a1} Z_{1\Sigma} \\ \dot{U}_{a2} = - \dot{I}_{a2} Z_{2\Sigma} \\ \dot{U}_{a0} = - \dot{I}_{a0} Z_{0\Sigma} \end{array}\right\} \tag{8-38}$$

这 3 个方程中包含了 6 个未知数，因此还需要根据不对称短路故障处的边界条件再建立 3 个方程才能求解。下面以 a 相作为特殊相对各种简单不对称短路进行具体分析。

一、单相接地短路

如果电力系统中某一点发生了 a 相接地短路，如图 8-23 所示，短路点的边界条件为

$$\left.\begin{array}{l} \dot{U}_a = 0 \\ \dot{I}_b = \dot{I}_c = 0 \end{array}\right\} \tag{8-39}$$

利用对称分量的公式，将式(8-39) 转换成用序分量表示的边界条件为

$$\left.\begin{array}{l} \dot{U}_{a1} + \dot{U}_{a2} + \dot{U}_{a0} = 0 \\ \dot{I}_{a1} = \dot{I}_{a2} = \dot{I}_{a0} \end{array}\right\} \tag{8-40}$$

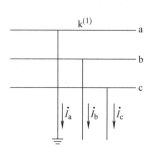

图 8-23 a 相接地短路

将式(8-38) 和式(8-40) 联立求解，就可以求出短路点的各序电流和各序电压，但通常采用复合序网法进行求解。

所谓复合序网，是指根据边界条件所确定的短路点各序量之间的关系，由各序网络互相连接起来所构成的网络。由式(8-40) 可见，由于各序电流相等，所以正序、负序、零序网络应互相串联；同时因各个序量电压之和等于零，故三个序网串联后应短接。这就决定了单相接地短路时的复合序网如图 8-24 所示。由复合序网可得短路点的各序电流为

$$\dot{I}_{a1} = \dot{I}_{a2} = \dot{I}_{a0} = \frac{\dot{E}_{a1\Sigma}}{Z_{1\Sigma} + Z_{2\Sigma} + Z_{0\Sigma}} \tag{8-41}$$

若不计元件电阻，则式(8-41) 变为

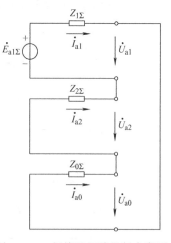

图 8-24 a 相接地短路的复合序网

$$\dot{I}_{a1} = \dot{I}_{a2} = \dot{I}_{a0} = \frac{\dot{E}_{a1\Sigma}}{j(X_{1\Sigma} + X_{2\Sigma} + X_{0\Sigma})} \tag{8-42}$$

短路点的各序电压为

$$
\left.\begin{aligned}
\dot{U}_{a2} &= -j\,\dot{I}_{a2}X_{2\Sigma} = -j\,\dot{I}_{a1}X_{2\Sigma} \\
\dot{U}_{a0} &= -j\,\dot{I}_{a0}X_{0\Sigma} = -j\,\dot{I}_{a1}X_{0\Sigma} \\
\dot{U}_{a1} &= \dot{E}_{a1\Sigma} - j\,\dot{I}_{a1}X_{1\Sigma} = j\,\dot{I}_{a1}\,(X_{2\Sigma} + X_{0\Sigma})
\end{aligned}\right\}
\tag{8-43}
$$

短路点的故障相电流为

$$
\dot{I}_a = \dot{I}_{a1} + \dot{I}_{a2} + \dot{I}_{a0} = 3\dot{I}_{a1} \tag{8-44}
$$

则单相接地短路电流为

$$
I_k^{(1)} = |\dot{I}_a| = |3\dot{I}_{a1}| = \frac{3E_{a1\Sigma}}{X_{1\Sigma} + X_{2\Sigma} + X_{0\Sigma}} \tag{8-45}
$$

在电力系统中，通常 $X_{1\Sigma} \approx X_{2\Sigma}$，由式(8-45) 可以看出，当 $X_{0\Sigma} < X_{1\Sigma}$ 时，单相短路电流将大于同一地点的三相短路电流；反之，则单相短路电流小于三相短路电流。

短路点非故障相对地电压为

$$
\left.\begin{aligned}
\dot{U}_b &= a^2\,\dot{U}_{a1} + a\dot{U}_{a2} + \dot{U}_{a0} = j\,\dot{I}_{a1}\left[(a^2 - a)X_{2\Sigma} + (a^2 - 1)X_{0\Sigma}\right] \\
\dot{U}_c &= a\,\dot{U}_{a1} + a^2\dot{U}_{a2} + \dot{U}_{a0} = j\,\dot{I}_{a1}\left[(a - a^2)X_{2\Sigma} + (a - 1)X_{0\Sigma}\right]
\end{aligned}\right\}
\tag{8-46}
$$

图 8-25 画出了不计电阻情况下，a 相接地短路时短路点的电压和电流相量图。图中以正序电流 $\dot{I}_{a1}$ 为参考相量，$\dot{I}_{a2}$、$\dot{I}_{a0}$ 与 $\dot{I}_{a1}$ 大小相等、方向相同，$\dot{U}_{a1}$ 超前 $\dot{I}_{a1}$ 90°，而 $\dot{U}_{a2}$ 和 $\dot{U}_{a0}$ 均滞后 $\dot{I}_{a1}$ 90°。两个非故障相电压 $\dot{U}_b$ 和 $\dot{U}_c$ 的幅值总是相等，夹角为 θ_U，它的大小与比值 $X_{0\Sigma}/X_{2\Sigma}$ 有关，当 $X_{0\Sigma}/X_{2\Sigma}$ 由 0 变到 ∞ 时，θ_U 由 180°变到 60°，即 60°$\leqslant \theta_U \leqslant$180°。图中示出的是 $X_{0\Sigma} > X_{2\Sigma}$ 的情况，此时 $\theta_U < 120°$。

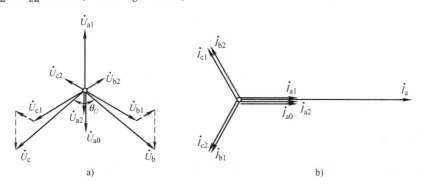

图 8-25　a 相接地短路时短路点的电压和电流相量图
a) 电压相量图　b) 电流相量图

实际电力系统中，接地点往往产生电弧，这就相当于短路点经过渡阻抗接地，如图 8-26 所示。此时，短路点的边界条件为

$$
\left.\begin{aligned}
\dot{U}_a &= \dot{I}_a Z_f \\
\dot{I}_b &= \dot{I}_c = 0
\end{aligned}\right\}
\tag{8-47}
$$

电力系统分析

将式(8-47)转换成用序分量表示的边界条件为

$$\left.\begin{array}{c}\dot{U}_{a1} + \dot{U}_{a2} + \dot{U}_{a0} = \dot{I}_a Z_f = 3\dot{I}_{a1} Z_f \\ \dot{I}_{a1} = \dot{I}_{a2} = \dot{I}_{a0}\end{array}\right\} \quad (8\text{-}48)$$

根据式(8-48)可得其复合序网如图8-27所示。

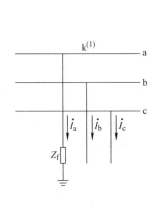

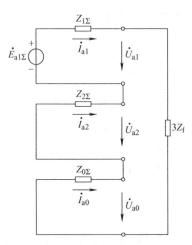

图8-26 a相经过渡阻抗接地　　图8-27 a相经过渡阻抗接地短路的复合序网

由复合序网可得短路点的各序电流为

$$\dot{I}_{a1} = \dot{I}_{a2} = \dot{I}_{a0} = \frac{\dot{E}_{a1\Sigma}}{Z_{1\Sigma} + Z_{2\Sigma} + Z_{0\Sigma} + 3Z_f} \quad (8\text{-}49)$$

短路点的各序电压为

$$\left.\begin{array}{l}\dot{U}_{a2} = -\dot{I}_{a2} Z_{2\Sigma} = -\dot{I}_{a1} Z_{2\Sigma} \\ \dot{U}_{a0} = -\dot{I}_{a0} Z_{0\Sigma} = -\dot{I}_{a1} Z_{0\Sigma} \\ \dot{U}_{a1} = \dot{E}_{a1\Sigma} - \dot{I}_{a1} Z_{1\Sigma} = \dot{I}_{a1}(Z_{2\Sigma} + Z_{0\Sigma} + 3Z_f)\end{array}\right\} \quad (8\text{-}50)$$

求出各序分量后，其他各相电气量就可以方便地求出。

二、两相短路

如果电力系统中某一点发生了b、c两相短路，如图8-28所示，短路点的边界条件为

$$\left.\begin{array}{l}\dot{I}_a = 0 \\ \dot{I}_b = -\dot{I}_c \\ \dot{U}_b = \dot{U}_c\end{array}\right\} \quad (8\text{-}51)$$

图8-28 b、c两相短路

将式(8-51)转换成用序分量表示的边界条件为

$$\left.\begin{array}{l} \dot{I}_{a0} = 0 \\ \dot{I}_{a1} = -\dot{I}_{a2} \\ \dot{U}_{a1} = \dot{U}_{a2} \end{array}\right\} \tag{8-52}$$

由式(8-52)可知，由于 $\dot{I}_{a0} = 0$，说明复合序网中不包含零序网络；又因 $\dot{I}_{a1} = -\dot{I}_{a2}$、

$\dot{U}_{a1} = \dot{U}_{a2}$，所以两相短路的复合序网是由正序网和负序网并联而成的，如图8-29所示。

根据复合序网，可得两相短路时短路点的
各序电流为

$$\dot{I}_{a1} = -\dot{I}_{a2} = \frac{\dot{E}_{a1\Sigma}}{Z_{1\Sigma} + Z_{2\Sigma}} \tag{8-53}$$

若不计元件电阻，则式(8-53)变为

$$\dot{I}_{a1} = -\dot{I}_{a2} = \frac{\dot{E}_{a1\Sigma}}{j(X_{1\Sigma} + X_{2\Sigma})} \tag{8-54}$$

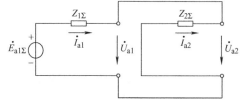

图8-29　b、c 两相短路的复合序网

短路点的各序电压为

$$\dot{U}_{a1} = \dot{U}_{a2} = -j\dot{I}_{a2}X_{2\Sigma} = j\dot{I}_{a1}X_{2\Sigma} \tag{8-55}$$

短路点的故障相电流为

$$\left.\begin{array}{l} \dot{I}_{b} = a^2\dot{I}_{a1} + a\dot{I}_{a2} = (a^2 - a)\dot{I}_{a1} = -j\sqrt{3}\,\dot{I}_{a1} \\ \dot{I}_{c} = a\dot{I}_{a1} + a^2\dot{I}_{a2} = (a - a^2)\dot{I}_{a1} = j\sqrt{3}\,\dot{I}_{a1} \end{array}\right\} \tag{8-56}$$

则两相短路电流为

$$I_{k}^{(2)} = |\dot{I}_{b}| = |\dot{I}_{c}| = \sqrt{3}I_{a1} = \sqrt{3}\frac{E_{a1\Sigma}}{X_{1\Sigma} + X_{2\Sigma}} \tag{8-57}$$

当在远离发电机的地方发生两相短路时，可以认为整个系统的 $X_{1\Sigma} = X_{2\Sigma}$，由式(8-57)可得

$$I_{k}^{(2)} = \sqrt{3}\frac{E_{a1\Sigma}}{X_{1\Sigma} + X_{2\Sigma}} = \frac{\sqrt{3}}{2}\frac{E_{a1\Sigma}}{X_{1\Sigma}} = \frac{\sqrt{3}}{2}I_{k}^{(3)} \tag{8-58}$$

式(8-58)表明，两相短路电流大约为同一地点三相短路电流的 $\sqrt{3}/2$ 倍。因此，一般来说，电力系统中的两相短路电流小于三相短路电流。

短路点各相电压为

$$\left.\begin{array}{l} \dot{U}_{a} = \dot{U}_{a1} + \dot{U}_{a2} = 2\dot{U}_{a1} = j2\dot{I}_{a1}X_{2\Sigma} \\ \dot{U}_{b} = a^2\dot{U}_{a1} + a\dot{U}_{a2} = -\dot{U}_{a1} = -\frac{1}{2}\dot{U}_{a} \\ \dot{U}_{c} = aU_{a1} + a^2\dot{U}_{a2} = -\dot{U}_{a1} = -\frac{1}{2}\dot{U}_{a} \end{array}\right\} \tag{8-59}$$

当 $X_{1\Sigma} = X_{2\Sigma}$ 时，由式(8-54)和式(8-59)可得，$\dot{U}_{a} = \dot{E}_{a1\Sigma}$，$\dot{U}_{b} = \dot{U}_{c} = -\frac{1}{2}\dot{E}_{a1\Sigma}$，说明两相短路时短路点的非故障相电压约等于故障前的电压，故障相电压的幅值约降低一半。

图 8-30 画出了以正序电流 $\dot{I}_{a1}$ 为参考相量、不计电阻情况下，b、c 两相短路时短路点的电压和电流相量图。

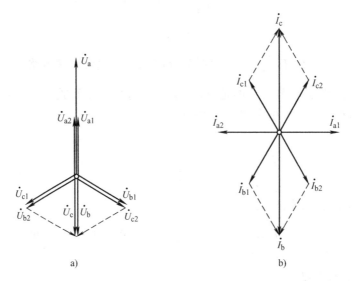

图 8-30 b、c 两相短路时短路点的电压和电流相量图

a) 电压相量图 b) 电流相量图

如果在短路点 b、c 两相经过渡阻抗短路，如图 8-31 所示，则短路点的边界条件为

$$\left.\begin{array}{l} \dot{I}_a = 0 \\[6pt] \dot{I}_b = -\dot{I}_c \\[6pt] \dot{U}_b - \dot{U}_c = \dot{I}_b Z_f \end{array}\right\} \tag{8-60}$$

转化成序分量形式为

$$\left.\begin{array}{l} \dot{I}_{a0} = 0 \\[6pt] \dot{I}_{a1} = -\dot{I}_{a2} \\[6pt] \dot{U}_{a1} - \dot{U}_{a2} = \dot{I}_{a1} Z_f \end{array}\right\} \tag{8-61}$$

相应的复合序网如图 8-32 所示。

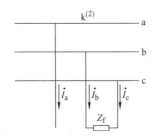

图 8-31 b、c 两相经过渡阻抗短路

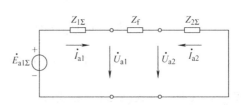

图 8-32 b、c 两相经过渡阻抗短路时的复合序网

由复合序网可得短路点的各序电流为

$$\dot{I}_{a1} = - \dot{I}_{a2} = \frac{\dot{E}_{a1\Sigma}}{Z_{1\Sigma} + Z_{2\Sigma} + Z_f} \tag{8-62}$$

短路点的各序电压为

$$\left. \begin{aligned} \dot{U}_{a2} &= - \dot{I}_{a2} Z_{2\Sigma} = \dot{I}_{a1} Z_{2\Sigma} \\ \dot{U}_{a1} &= \dot{E}_{a1\Sigma} - \dot{I}_{a1} Z_{1\Sigma} = \dot{I}_{a1} (Z_{2\Sigma} + Z_f) \end{aligned} \right\} \tag{8-63}$$

三、两相接地短路

如果电力系统中某一点发生了 b、c 两相接地短路，如图 8-33 所示，短路点的边界条件为

$$\left. \begin{aligned} \dot{I}_a &= 0 \\ \dot{U}_b &= \dot{U}_c = 0 \end{aligned} \right\} \tag{8-64}$$

将式(8-64)转换成用序分量表示的边界条件为

$$\left. \begin{aligned} \dot{I}_{a1} + \dot{I}_{a2} + \dot{I}_{a0} &= 0 \\ \dot{U}_{a1} &= \dot{U}_{a2} = \dot{U}_{a0} \end{aligned} \right\} \tag{8-65}$$

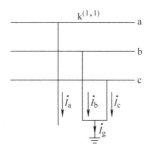

图 8-33　b、c 两相接地短路

根据式(8-65)可作出两相接地短路的复合序网，如图 8-34 所示，它是由正序、负序和零序网络并联而成的。

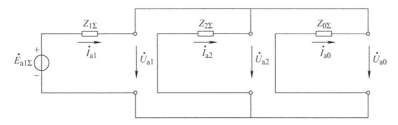

图 8-34　b、c 两相接地短路的复合序网

根据复合序网，可得两相接地短路时短路点的各序电流为

$$\left. \begin{aligned} \dot{I}_{a1} &= \frac{\dot{E}_{a1\Sigma}}{Z_{1\Sigma} + Z_{2\Sigma}/\!/Z_{0\Sigma}} \approx \frac{\dot{E}_{a1\Sigma}}{j(X_{1\Sigma} + X_{2\Sigma}/\!/X_{0\Sigma})} \\ \dot{I}_{a2} &= - \dot{I}_{a1} \frac{Z_{0\Sigma}}{Z_{2\Sigma} + Z_{0\Sigma}} \approx - \dot{I}_{a1} \frac{X_{0\Sigma}}{X_{2\Sigma} + X_{0\Sigma}} \\ \dot{I}_{a0} &= - \dot{I}_{a1} \frac{Z_{2\Sigma}}{Z_{2\Sigma} + Z_{0\Sigma}} \approx - \dot{I}_{a1} \frac{X_{2\Sigma}}{X_{2\Sigma} + X_{0\Sigma}} \end{aligned} \right\} \tag{8-66}$$

短路点的各序电压为

$$\dot{U}_{a1} = \dot{U}_{a2} = \dot{U}_{a0} = j \dot{I}_{a1} (X_{2\Sigma}/\!/X_{0\Sigma}) \tag{8-67}$$

短路点的故障相电流为

$$
\left.
\begin{aligned}
\dot{I}_{\mathrm{b}} &= a^2 \dot{I}_{\mathrm{a1}} + a \dot{I}_{\mathrm{a2}} + \dot{I}_{\mathrm{a0}} = \dot{I}_{\mathrm{a1}} \left(a^2 - \frac{X_{2\Sigma} + a X_{0\Sigma}}{X_{2\Sigma} + X_{0\Sigma}} \right) \\
\dot{I}_{\mathrm{c}} &= a \dot{I}_{\mathrm{a1}} + a^2 \dot{I}_{\mathrm{a2}} + \dot{I}_{\mathrm{a0}} = \dot{I}_{\mathrm{a1}} \left(a - \frac{X_{2\Sigma} + a^2 X_{0\Sigma}}{X_{2\Sigma} + X_{0\Sigma}} \right)
\end{aligned}
\right\}
\tag{8-68}
$$

则两相接地短路电流为

$$
I_{\mathrm{k}}^{(1,1)} = |\dot{I}_{\mathrm{b}}| = |\dot{I}_{\mathrm{c}}| = \sqrt{3} \sqrt{1 - \frac{X_{2\Sigma} X_{0\Sigma}}{(X_{2\Sigma} + X_{0\Sigma})^2}} I_{\mathrm{a1}}
\tag{8-69}
$$

两相接地短路时，流入地中的电流为

$$
\dot{I}_{\mathrm{g}} = \dot{I}_{\mathrm{b}} + \dot{I}_{\mathrm{c}} = 3 \dot{I}_{\mathrm{a0}} = -3 \dot{I}_{\mathrm{a1}} \frac{X_{2\Sigma}}{X_{2\Sigma} + X_{0\Sigma}}
\tag{8-70}
$$

短路点非故障相电压为

$$
\dot{U}_{\mathrm{a}} = \dot{U}_{\mathrm{a1}} + \dot{U}_{\mathrm{a2}} + \dot{U}_{\mathrm{a0}} = 3 \dot{U}_{\mathrm{a1}} = \mathrm{j}3 \dot{I}_{\mathrm{a1}} (X_{2\Sigma} /\!/ X_{0\Sigma})
\tag{8-71}
$$

图 8-35 画出了以正序电流 $\dot{I}_{\mathrm{a1}}$ 为参考相量、不计电阻情况下，b、c 两相接地短路时短路点的电压和电流相量图。两个非故障相电流 $\dot{I}_{\mathrm{b}}$ 和 $\dot{I}_{\mathrm{c}}$ 的幅值总是相等，夹角为 θ_I，它的大小与比值 $X_{0\Sigma}/X_{2\Sigma}$ 有关，当 $X_{0\Sigma}/X_{2\Sigma}$ 由 0 变到 ∞ 时，θ_I 由 60° 变到 180°，即 $60° \leqslant \theta_I \leqslant 180°$。图中示出的是 $X_{0\Sigma} < X_{2\Sigma}$ 的情况，此时 $\theta_I < 120°$。

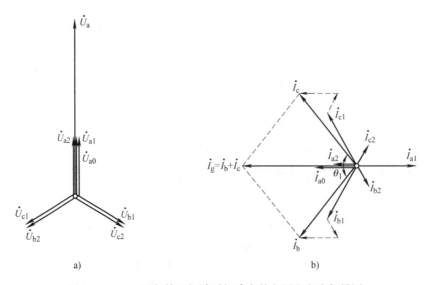

图 8-35 b、c 两相接地短路时短路点的电压和电流相量图
a) 电压相量图 b) 电流相量图

如果在短路点 b、c 两相短路后又经过渡阻抗接地，如图 8-36 所示，则短路点的边界条件为

$$\left.\begin{array}{l} \dot{I}_\mathrm{a} = 0 \\[2mm] \dot{U}_\mathrm{b} = \dot{U}_\mathrm{c} = (\dot{I}_\mathrm{b} + \dot{I}_\mathrm{c})Z_\mathrm{g} \end{array}\right\} \qquad (8\text{-}72)$$

转化成序分量形式为

$$\left.\begin{array}{l} \dot{I}_\mathrm{a} = \dot{I}_\mathrm{a1} + \dot{I}_\mathrm{a2} + \dot{I}_\mathrm{a0} = 0 \\[2mm] \dot{U}_\mathrm{a1} = \dot{U}_\mathrm{a2} = \dot{U}_\mathrm{a0} - 3\dot{I}_\mathrm{a0}Z_\mathrm{g} \end{array}\right\} \qquad (8\text{-}73)$$

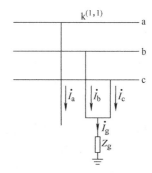

图 8-36　b、c 两相经过渡阻抗接地短路

由式(8-73)可知，两相接地短路经过渡阻抗接地时复合序网如图 8-37 所示。

由复合序网可求得短路点的各序电流和各序电压，其形式与式(8-66)和式(8-67)相同，只需将式中的 $Z_{0\Sigma}$ 换成 $Z_{0\Sigma} + 3Z_\mathrm{g}$ 即可。

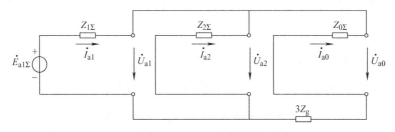

图 8-37　b、c 两相经过渡阻抗接地短路时的复合序网

四、几点结论

综合以上的分析计算，可得出以下结论。

1. 基准相的选择

应用对称分量法进行不对称故障计算时，需要选择一个基准相。在简单不对称故障的计算中，一般选故障时三相中的特殊相作为基准相。所谓特殊相，是指故障点处与另外两相情况不同的那一相。如果故障只涉及一相，则故障相就是特殊相；如果故障涉及两相，则非故障相才是特殊相。选特殊相作为基准相进行计算时，不论故障发生在哪些相别，对同一类型的故障，均可使以序分量表示的边界条件形式不变，因而对应的复合序网形式也一样，且复合序网最简单。

2. 复合序网的类型

从以上讨论的三种不对称短路的复合序网图可以看出：单相接地短路时的复合序网是按三个序电流相等、三个序电压之和等于零的边界条件，将三个独立的基本序网相串联而成的，所以称这种故障为串联型故障；而两相接地短路（或两相短路）时的复合序网是按三个（或两个）序电压相等、三个（或两个）序电流之和等于零的边界条件，将三个（或两个）独立的基本序网相并联而成的，所以称这种故障为并联型故障。

3. 正序等效定则及其应用

（1）正序等效定则　观察以上各种不对称短路时的正序电流计算式(8-42)、式(8-54)和式(8-66)可知，正序分量电流可统一表示为如下形式

$$\dot{I}_{k1}^{(n)} = \frac{\dot{E}_{1\Sigma}}{j(X_{1\Sigma} + X_{\Delta}^{(n)})} \qquad (8-74)$$

式中，$X_{\Delta}^{(n)}$ 为与短路类型有关的附加电抗。

式(8-74) 表明，在简单不对称短路的情况下，短路点的正序分量电流，与在短路点每相中接入附加电抗 $X_{\Delta}^{(n)}$ 而发生三相短路时的电流相等。这一法则称为正序等效定则，对应的等值网络称为正序增广网络，如图 8-38 所示。

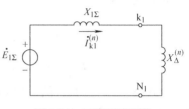

图 8-38　正序增广网络

注意，正序等效定则从表面上看似乎比较简单，却阐明了一个重要概念：不对称短路可以转化为对称短路来计算，它是复杂电力系统不对称短路分析和计算的重要依据。

由前面的分析还可以看出，短路点故障相电流的绝对值总是与短路点的正序电流成正比，即

$$I_{k}^{(n)} = m^{(n)} I_{k1}^{(n)} \qquad (8-75)$$

式中，$m^{(n)}$ 为比例系数，其值随短路类型而异。

各种短路情况下的附加电抗 $X_{\Delta}^{(n)}$ 和比例系数 $m^{(n)}$ 见表 8-3。

表 8-3　各种短路时的 $X_{\Delta}^{(n)}$ 和 $m^{(n)}$ 值

短路类型	$X_{\Delta}^{(n)}$	$m^{(n)}$	短路类型	$X_{\Delta}^{(n)}$	$m^{(n)}$
三相短路	0	1	单相接地短路	$X_{2\Sigma} + X_{0\Sigma}$	3
两相短路	$X_{2\Sigma}$	$\sqrt{3}$	两相接地短路	$\dfrac{X_{2\Sigma} X_{0\Sigma}}{X_{2\Sigma} + X_{0\Sigma}}$	$\sqrt{3}\sqrt{1 - \dfrac{X_{2\Sigma} X_{0\Sigma}}{(X_{2\Sigma} + X_{0\Sigma})^2}}$

（2）正序等效定则在不对称短路计算中的应用　根据正序等效定则，可以将不对称短路计算转化为对称短路来计算，其步骤如下：

1）制定系统对短路点的正序、负序和零序等值网络，并求出各序等值电抗。

2）根据不同的短路类型计算出相应的附加电抗 $X_{\Delta}^{(n)}$，并将它接入短路点。

3）像计算三相短路一样，计算出短路点的正序分量电流。

4）根据各序电流间的关系求出短路点的负序、零序电流及各序电压。

5）应用对称分量法的公式，将短路点的各序电流、电压逐相合成，求出短路点的各相电流及各相电压。

在实用计算中，在第三步求出短路点的正序分量电流后，也可利用式(8-75) 直接求取短路点故障相电流的绝对值。

（3）不对称短路时运算曲线的应用　在不对称短路的实用计算中，假定正序等效定则不仅适用于计算稳态短路电流，而且也适用于计算短路暂态过程中任一时刻的短路电流周期分量有效值。也就是假定不对称短路时正序电流的变化规律，与在短路点每相接入附加电抗 $X_{\Delta}^{(n)}$ 而发生三相短路时短路电流周期分量的变化规律相同。因此，可以借助三相短路的运算曲线来确定不对称短路过程中任意时刻的正序电流。其步骤如下：

1）忽略电阻，制定电力系统对短路点的各序等值网络，并求出各序等值电抗。

2）根据不同的短路类型计算出相应的附加电抗 $X_\Delta^{(n)}$，则不对称短路时的计算电抗为

$$X_{\mathrm{js}i}^{(n)} = X_{ik}\frac{S_{\mathrm{N}\Sigma i}}{S_\mathrm{B}} = \frac{X_{k\Sigma}}{C_i}\times\frac{S_{\mathrm{N}\Sigma i}}{S_\mathrm{B}} = \frac{X_{1\Sigma}+X_\Delta^{(n)}}{C_i}\times\frac{S_{\mathrm{N}\Sigma i}}{S_\mathrm{B}} \tag{8-76}$$

式中，$S_{\mathrm{N}\Sigma i}$ 是按个别变化法计算时，第 i 个等值电源支路中所有发电机的额定功率之和；C_i 是三相短路时第 i 个等值电源支路的电流分布系数；$X_{\mathrm{js}i}^{(n)}$ 为第 i 个等值电源支路到短路点的计算电抗。

3）查相应的运算曲线，求得第 i 个等值电源支路在某指定时刻短路电流正序分量的标幺值 $I_{1ti*}^{(n)}$。

4）对于系统中的无限大容量电源 S，应单独计算。先求出无限大容量电源对短路点的转移电抗，即

$$X_{kS}^{(n)} = \frac{X_{1\Sigma}+X_\Delta^{(n)}}{C_S} \tag{8-77}$$

式中，C_S 是三相短路时无限大容量电源的电流分布系数。

则无限大容量电源供给短路点的正序电流为

$$I_{1tS}^{(n)} = \frac{I_\mathrm{B}}{X_{kS}^{(n)}} \tag{8-78}$$

式中，I_B 为归算到短路点电压级的基准电流。

5）在不对称短路点，故障相电流周期分量有效值的绝对值为

$$I_{kt}^{(n)} = m^{(n)}\left(\sum_{i=1}^{n}I_{1ti*}^{(n)}\frac{S_{\mathrm{N}i}}{\sqrt{3}\,U_{\mathrm{av}}} + \frac{1}{X_{kS}^{(n)}}\frac{S_\mathrm{B}}{\sqrt{3}\,U_{\mathrm{av}}}\right) \tag{8-79}$$

通过以上分析可见，在短路电流计算中，至关重要的是先求出短路点的正序电流。

【例8-2】　如图 8-39 所示电力系统，各元件参数已标于图中，当 k 点发生 b 相接地短路，b、c 两相短路，a、b 两相接地短路时，试分别计算故障点的各相电流和各相电压。

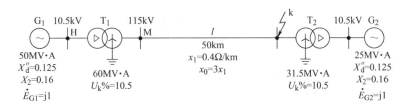

图 8-39　例 8-2 系统接线图

解：（1）计算各元件电抗标幺值　取 $S_\mathrm{B} = 100\mathrm{MV\cdot A}$，$U_\mathrm{B} = U_{\mathrm{av}}$，则各元件电抗标幺值为

发电机 G_1 $\qquad X_1 = 0.125\times\frac{100}{50} = 0.25$，$X_2 = 0.16\times\frac{100}{50} = 0.32$

发电机 G_2 $\qquad X_1 = 0.125\times\frac{100}{25} = 0.5$，$X_2 = 0.16\times\frac{100}{25} = 0.64$

变压器 T_1 $\qquad X_1 = X_2 = X_0 = \frac{10.5}{100}\times\frac{100}{60} = 0.175$

变压器 T_2 $\qquad X_1 = X_2 = X_0 = \dfrac{10.5}{100} \times \dfrac{100}{31.5} = 0.333$

线路 l $\qquad X_1 = X_2 = 0.4 \times 50 \times \dfrac{100}{115^2} = 0.151$

$$X_0 = 3X_1 = 3 \times 0.151 = 0.453$$

（2）作各序等值网络 如图 8-40 所示，则各序网的等值参数为

$$X_{1\Sigma} = (0.25 + 0.175 + 0.151) /\!/ (0.333 + 0.5) = 0.576 /\!/ 0.833 = 0.341$$

$$X_{2\Sigma} = (0.32 + 0.175 + 0.151) /\!/ (0.333 + 0.64) = 0.646 /\!/ 0.973 = 0.388$$

$$X_{0\Sigma} = (0.175 + 0.453) /\!/ 0.333 = 0.628 /\!/ 0.333 = 0.218$$

$$\dot{E}_{1\Sigma} = \frac{\dot{E}_{G1} \times 0.833 + \dot{E}_{G2} \times 0.576}{0.576 + 0.833} = \text{j}1$$

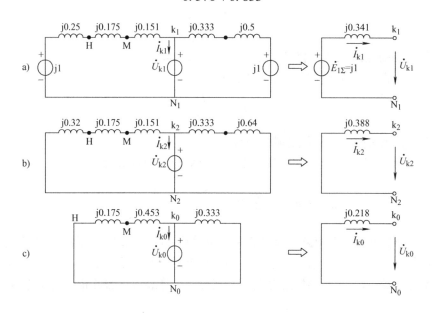

图 8-40　例 8-2 各序等值网络

a）正序　b）负序　c）零序

（3）b 相接地短路 选 b 相为基准相,其复合序网为三个基本序网串联,如图 8-41 所示。

1）故障点的各序电流为

$$\dot{I}_{b1} = \dot{I}_{b2} = \dot{I}_{b0} = \frac{\dot{E}_{b1\Sigma}}{\text{j}(X_{1\Sigma} + X_{2\Sigma} + X_{0\Sigma})}$$

$$= \frac{\text{j}1}{\text{j}(0.341 + 0.388 + 0.218)} = 1.056$$

2）故障点的各序电压为

$$\dot{U}_{b1} = \dot{E}_{b1\Sigma} - \text{j}\,\dot{I}_{b1}X_{1\Sigma} = \text{j}1 - 1.056 \times \text{j}0.341 = \text{j}0.64$$

$$\dot{U}_{b2} = -\text{j}\,\dot{I}_{b2}X_{2\Sigma} = -1.056 \times \text{j}0.388 = -\text{j}0.41$$

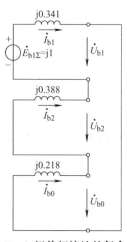

图 8-41　b 相单相接地的复合序网

$$\dot{U}_{b0} = -j\,\dot{I}_{b0}X_{0\Sigma} = -1.056 \times j0.218 = -j0.23$$

3）短路点的各相电流为

$$\dot{I}_b = 3\dot{I}_{b1} = 3 \times 1.056 = 3.168, \quad \dot{I}_c = \dot{I}_a = 0$$

4）短路点的各相电压为

$$\dot{U}_b = 0$$

$$\dot{U}_c = a^2\,\dot{U}_{b1} + a\,\dot{U}_{b2} + \dot{U}_{b0} = e^{j240°} \times j0.64 - e^{j120°} \times j0.41 - j0.23 = 0.972e^{-j20.78°}$$

$$\dot{U}_a = a\,\dot{U}_{b1} + a^2\,\dot{U}_{b2} + \dot{U}_{b0} = e^{j120°} \times j0.64 - e^{j240°} \times j0.41 - j0.23 = 0.972e^{-j159.22°}$$

（4）b、c 两相短路　选 a 相为基准相，其复合序
网为正序、负序网络并联，如图 8-42 所示。

1）故障点的各序电流为

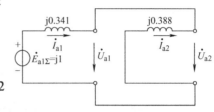

$$\dot{I}_{a1} = -\dot{I}_{a2} = \frac{\dot{E}_{a1\Sigma}}{j(X_{1\Sigma} + X_{2\Sigma})} = \frac{j1}{j(0.341 + 0.388)} = 1.372$$

2）故障点的各序电压为

图 8-42　b、c 两相短路的复合序网

$$\dot{U}_{a1} = \dot{U}_{a2} = j\,\dot{I}_{a1}X_{2\Sigma} = 1.372 \times j0.388 = j0.532$$

3）短路点的各相电流为

$$\dot{I}_a = 0$$

$$\dot{I}_b = a^2\,\dot{I}_{a1} + a\,\dot{I}_{a2} = -j\sqrt{3}\,\dot{I}_{a1} = -j\sqrt{3} \times 1.372 = -j2.376$$

$$\dot{I}_c = a\,\dot{I}_{a1} + a^2\,\dot{I}_{a2} = j\sqrt{3}\,\dot{I}_{a1} = j\sqrt{3} \times 1.372 = j2.376$$

4）短路点的各相电压为

$$\dot{U}_a = \dot{U}_{a1} + \dot{U}_{a2} = 2\dot{U}_{a1} = 2 \times j0.532 = j1.064$$

$$\dot{U}_b = a^2\dot{U}_{a1} + a\dot{U}_{a2} = -\dot{U}_{a1} = -j0.532$$

$$\dot{U}_c = a\dot{U}_{a1} + a^2\dot{U}_{a2} = -\dot{U}_{a1} = -j0.532$$

（5）a、b 两相接地短路　选 c 相为基准相，其复合序网为三个基本序网并联，如图 8-43
所示。

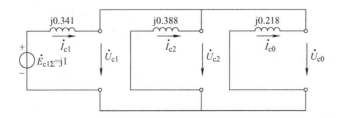

图 8-43　b、c 两相接地短路的复合序网

1）故障点的各序电流为

$$\dot{I}_{c1} = \frac{\dot{E}_{c1\Sigma}}{j(X_{1\Sigma} + X_{2\Sigma} /\!/ X_{0\Sigma})} = \frac{j1}{j(0.341 + 0.388 /\!/ 0.218)} = 2.081$$

$$\dot{I}_{c2} = -\dot{I}_{c1} \frac{X_{0\Sigma}}{X_{2\Sigma} + X_{0\Sigma}} = -2.081 \times \frac{0.218}{0.388 + 0.218} = -0.749$$

$$\dot{I}_{c0} = -\dot{I}_{c1} \frac{X_{2\Sigma}}{X_{2\Sigma} + X_{0\Sigma}} = -2.081 \times \frac{0.388}{0.388 + 0.218} = -1.332$$

2）故障点的各序电压为

$$\dot{U}_{c1} = \dot{U}_{c2} = \dot{U}_{c0} = j\dot{I}_{c1}(X_{2\Sigma} /\!/ X_{0\Sigma}) = 2.081 \times j(0.388 /\!/ 0.218) = j0.29$$

3）短路点的各相电流为

$$\dot{I}_c = 0$$

$$\dot{I}_a = a^2 \dot{I}_{c1} + a \dot{I}_{c2} + \dot{I}_{c0} = 2.081e^{j240°} - 0.749e^{j120°} - 1.332 = 3.162e^{-j129.19°}$$

$$\dot{I}_b = a \dot{I}_{c1} + a^2 \dot{I}_{c2} + \dot{I}_{c0} = 2.081e^{j120°} - 0.749e^{j240°} - 1.332 = 3.162e^{j129.19°}$$

4）短路点的各相电压为

$$\dot{U}_c = 3\dot{U}_{c1} = 3 \times j0.29 = j0.87$$

$$\dot{U}_a = \dot{U}_b = 0$$

【例8-3】 试用正序等效定则计算【例8-2】所示电力系统（见图8-39）中，在k点发生b相接地短路，b、c两相短路，a、b两相接地短路时，故障点故障相的短路电流。

解： 由【例8-2】可知：$X_{1\Sigma} = 0.341$，$X_{2\Sigma} = 0.388$，$X_{0\Sigma} = 0.218$

（1）对于b相接地短路

$$X_\Delta^{(1)} = X_{2\Sigma} + X_{0\Sigma} = 0.388 + 0.218 = 0.606, \quad m^{(1)} = 3$$

因此

$$\dot{I}_{b1}^{(1)} = \frac{\dot{E}_{b1\Sigma}}{j(X_{1\Sigma} + X_\Delta^{(1)})} = \frac{j1}{j(0.341 + 0.606)} = 1.056$$

$$I_k^{(1)} = m^{(1)} I_{b1}^{(1)} = 3 \times 1.056 = 3.168$$

（2）对于b、c两相短路

$$X_\Delta^{(2)} = X_{2\Sigma} = 0.388, \quad m^{(2)} = \sqrt{3}$$

因此

$$\dot{I}_{a1}^{(2)} = -\frac{\dot{E}_{b1\Sigma}}{j(X_{1\Sigma} + X_\Delta^{(2)})} = -\frac{j1}{j(0.341 + 0.388)} = -1.372$$

$$I_k^{(2)} = m^{(2)} I_{a1} = \sqrt{3} \times 1.372 = 2.376$$

（3）对于a、b两相接地短路

$$X_\Delta^{(1,1)} = X_{2\Sigma} /\!/ X_{0\Sigma} = 0.388 /\!/ 0.218 = 0.1396$$

$$m^{(1,1)} = \sqrt{3} \sqrt{1 - \frac{X_{2\Sigma} X_{0\Sigma}}{(X_{2\Sigma} + X_{0\Sigma})^2}} = \sqrt{3} \times \sqrt{1 - \frac{0.388 \times 0.218}{(0.388 + 0.218)^2}} = 1.52$$

因此
$$\dot{I}_{c1}^{(1,1)} = \frac{\dot{E}_{c1\Sigma}}{j(X_{1\Sigma} + X_{\Delta}^{(1,1)})} = \frac{j1}{j(0.341 + 0.1396)} = 2.081$$

$$I_{k}^{(1,1)} = m^{(1,1)}I_{c1} = 1.52 \times 2.081 = 3.163$$

本例题的计算结果和【例 8-2】中的计算结果完全相同。

第五节 不对称短路时网络中电流和电压的分布计算

在电力系统的设计和运行中，特别是在继电保护的整定计算中，除了要计算故障点处的电压和电流外，还需要计算网络中各支路的电流和各节点的电压，为此，需要讨论故障时网络中电流和电压的分布计算。需要注意的是，非故障处的电流、电压不满足边界条件方程。

一、电流的分布计算

1. 按照逆着网络简化的顺序求电流分布

这种方法的步骤是：先求出故障点处的各序电流，再将短路点的各序电流按照各序网络的结构和参数分配到各支路中去（即按照逆着网络简化的顺序，在网络还原过程中逐步算出各支路的各序电流），最后再将同一支路的各序电流按对称分量法合成，即可求得该支路的各相电流。

2. 利用电流分布系数求电流分布

由第七章第三节可知，电流分布系数是指所有电源电动势都相等时，各支路电流与短路总电流的比值，即 $C_i = \dot{I}_i / \dot{I}_k$。因此，用电流分布系数求各支路电流的步骤如下：

1）先求出短路点处的各序电流 $\dot{I}_{k1}$、$\dot{I}_{k2}$、$\dot{I}_{k0}$。

2）由各序网求出各支路的各序电流分布系数 C_{i1}、C_{i2}、C_{i0}，则各支路的各序电流分别为 $\dot{I}_{i1} = C_{i1}\dot{I}_{k1}$、$\dot{I}_{i2} = C_{i2}\dot{I}_{k2}$、$\dot{I}_{i0} = C_{i0}\dot{I}_{k0}$。

3）将各支路的各序电流按对称分量法合成，即可求得该支路的各相电流 $\dot{I}_{ia}$、$\dot{I}_{ib}$、$\dot{I}_{ic}$。

由于电流分布系数只与网络结构和参数有关，因此，在同一运行方式下，网络中同一点发生短路时，各个序网的电流分布系数都是确定的，且与故障类型无关。所以，只要把各支路的各序电流分布系数计算出来以后，将其与不同类型故障下短路点相应的序电流相乘，即可求出不同类型故障情况下的该支路相应的序电流。

但需要注意，根据电流分布系数的定义，只有当网络中各电源电动势相等时才能用此方法。对于负序和零序网络，由于电源电动势为零，因此可以直接应用分布系数法。对于正序网络，如果电源电动势相等，也可以直接应用分布系数法；但如果电源电动势不相等，则需根据叠加原理，将正序网络分解成仅有电源电动势作用下的正常运行状态和仅在短路点有电流源作用下的故障附加状态两部分。正常运行状态网络的支路电流是负荷电流（已知），而故障附加状态是一个电源电动势等于零的网络，依然可以用电流分布系数求出各支路的故障分量电流。最后，将这两种状态下的支路电流叠加，即可求出电源电动势不相等时各支路的正序电流。

二、电压的分布计算

我们知道，在对称三相短路中，网络中某点的电压等于短路点的电压加上该点与短路点之间阻抗上的压降。这一关系式在不对称短路计算中同样适用，不同的是某点的各序电压要按各序网分别计算。因此，求网络中各节点电压的步骤如下（以图8-44为例）：

1）先求出短路点处的各序电流 $\dot{I}_{k1}$、$\dot{I}_{k2}$、$\dot{I}_{k0}$。

2）根据复合序网求出短路点的各序电压 $\dot{U}_{k1}$、$\dot{U}_{k2}$、$\dot{U}_{k0}$。

3）按求电流分布计算的方法，求出待求母线 M 到短路点 k 之间有关线路的各序电流分量。

4）根据各序网络图，分别按下式求 M 点的各序电压

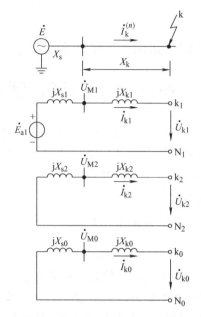

图8-44 不对称短路时电压的分布计算

$$\left.\begin{array}{l} \dot{U}_{M1} = \dot{U}_{k1} + j \dot{I}_{k1} X_{k1} \\ \dot{U}_{M2} = \dot{U}_{k2} + j \dot{I}_{k2} X_{k2} \\ \dot{U}_{M0} = \dot{U}_{k0} + j \dot{I}_{k0} X_{k0} \end{array}\right\} \qquad (8\text{-}80)$$

式中，X_{k1}、X_{k2}、X_{k0} 分别为待求母线 M 到短路点 k 之间的各序电抗。

当 M 点离短路点较远时，为了简便，式（8-80）也可表示为

$$\left.\begin{array}{l} \dot{U}_{M1} = \dot{E}_{a1} - j \dot{I}_{k1} X_{s1} \\ \dot{U}_{M2} = - j \dot{I}_{k2} X_{s2} \\ \dot{U}_{M0} = - j \dot{I}_{k0} X_{s0} \end{array}\right\} \qquad (8\text{-}81)$$

式中，X_{s1}、X_{s2}、X_{s0} 分别为电源的各序内电抗，也称为等值的系统序电抗。

5）将 M 点各序电压按对称分量法合成，即可求得 M 点的各相电压 $\dot{U}_{Ma}$、$\dot{U}_{Mb}$、$\dot{U}_{Mc}$。

图8-45 示出了一个单电源系统在 k 点发生各种不对称短路时各序电压的分布情况（$Z_f = 0$）。图中的各序电压是用其绝对值表示的。由图8-45 可得出各序电压分布规律如下：

1）越靠近电源，正序电压数值越高；越靠近短路点，正序电压的数值越低。发电机端的正序电压最高，等于电源电动势。

2）短路点的负序和零序电压最高，离短路点越远，负序和零序电压的数值越低。在发电机中性点上的负序电压为零，在变压器接地中性点上的零序电压为零。

3）在不同短路类型下，各序电压的分布情况不同。

网络中各点电压的不对称程度主要由负序分量决定，负序分量越大，电压就越不对称。由图8-45 可以看出，单相接地短路时电压的不对称程度要比其他类型的不对称短路时小一些。不管发生何种不对称短路，短路点的电压最不对称，电压的不对称程度将随着离短路点

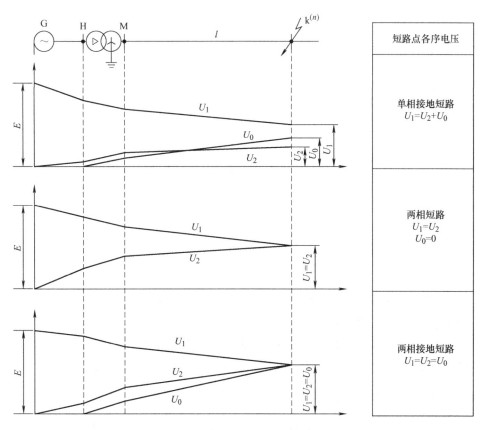

图 8-45 不对称短路时各序电压的分布

距离的增大而逐渐减小。

应当指出，上述求网络中各序电流和电压分布计算的方法，只适用于与短路点有直接电气联系的网络。在通过变压器联系的两部分网络中，正、负序对称分量经过变压器后可能会产生相位移动，这取决于变压器绕组的联结组标号。

三、对称分量经变压器后的相位变换

对称分量经变压器后，不仅数值大小要发生变化，而且相位也可能发生变化，其大小的变化由变压器电压比决定，相位的变化则与变压器的联结组标号有关。现以变压器的两种常用的接线方式 Y，yn0 和 YN，d11 为例来分析对称分量经变压器后的相位变化。

1. 对称分量经 Y，yn0 接线变压器后的相位变化

图 8-46a 表示 Y，yn0 接线变压器。若在绕组 I 侧施加正序电压，则 II 侧绕组的相电压与 I 侧绕组的相电压相位相同，如图 8-46b 所示。两侧负序电压也有相同的相位关系，如图 8-46c 所示。若假设变压器的电压比标幺值等于 1，则两侧相电压的正序分量或负序分量的标幺值分别相等，且相位相同，即

$$\dot{U}_{a1} = \dot{U}_{A1} ; \quad \dot{U}_{a2} = \dot{U}_{A2}$$

对于两侧相电流的正序或负序分量，也存在上述关系。

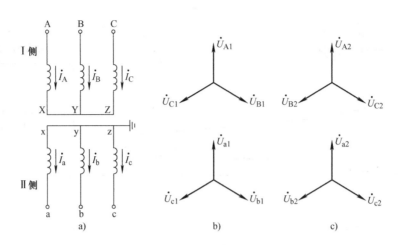

图 8-46　Y，yn0 接线变压器两侧正、负序电压相量关系
a) 接线图　b) 正序分量　c) 负序分量

如果变压器接成 YN，yn0 形式，而又存在零序电流的通路时，则变压器两侧的零序电流（或零序电压）也是同相位的。

因此，电压和电流的各序分量经过 Y，yn0 接线的变压器时，不发生相位移动。

2. 对称分量经 YN，d11（或 Y，d11）接线变压器后的相位变化

图 8-47 表示 YN，d11 接线变压器，其中 $\dot{U}_A$、$\dot{U}_B$、$\dot{U}_C$ 为变压器 YN 侧的相电压（各相对地电压），$\dot{I}_A$、$\dot{I}_B$、$\dot{I}_C$ 为 YN 侧的线电流；$\dot{U}_a$、$\dot{U}_b$、$\dot{U}_c$ 为变压器 d 侧的相电压，$\dot{I}_a$、$\dot{I}_b$、$\dot{I}_c$ 为 d 侧的线电流，$\dot{I}_\alpha$、$\dot{I}_\beta$、$\dot{I}_\gamma$ 为 d 侧各绕组中的电流。

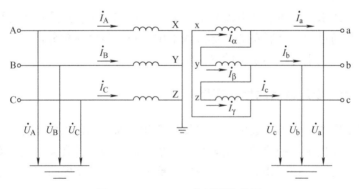

图 8-47　YN，d11 变压器接线图

如果令变压器的电压比 $K = \dfrac{U_{AB}}{U_{ab}} = \dfrac{\sqrt{3}\,W_Y}{W_\Delta}$（$W_Y$、$W_\Delta$ 分别为 YN 侧和 d 侧绕组的匝数），则变压器两侧相电压之比 $\dfrac{U_{AX}}{U_{ax}} = \dfrac{K}{\sqrt{3}} = \dfrac{W_Y}{W_\Delta}$；线电流之比 $\dfrac{I_A}{I_a} = \dfrac{\sqrt{3}}{K} = \dfrac{W_\Delta}{W_Y}$。采用标幺值计算时（$K_* = 1$），由图 8-47 可列出两侧线电流之间的关系为

$$\left. \begin{array}{l} \dot{I}_a = \dot{I}_\alpha - \dot{I}_\beta = \dfrac{1}{\sqrt{3}}(\dot{I}_A - \dot{I}_B) \\[2mm] \dot{I}_b = \dot{I}_\beta - \dot{I}_\gamma = \dfrac{1}{\sqrt{3}}(\dot{I}_B - \dot{I}_C) \\[2mm] \dot{I}_c = \dot{I}_\gamma - \dot{I}_\alpha = \dfrac{1}{\sqrt{3}}(\dot{I}_C - \dot{I}_A) \end{array} \right\} \tag{8-82}$$

当在 YN 侧通以正序分量电流时，d 侧的正序电流为

$$\dot{I}_{a1} = \frac{1}{\sqrt{3}}(\dot{I}_{A1} - \dot{I}_{B1}) = \dot{I}_{A1} e^{j30°} \tag{8-83}$$

同理，可得出 d 侧的负序电流为

$$\dot{I}_{a2} = \frac{1}{\sqrt{3}}(\dot{I}_{A2} - \dot{I}_{B2}) = \dot{I}_{A2} e^{-j30°} \tag{8-84}$$

而 d 侧的零序电流 $\dot{I}_{a0} = \dfrac{1}{\sqrt{3}}(\dot{I}_{A0} - \dot{I}_{B0}) = 0$。说明 YN 侧的零序电流不能传到 d 侧的线电流中，只能在 d 侧绕组中形成环流。

因此，可得 YN，d11 接线变压器两侧序分量电流之间的相位关系为

$$\left. \begin{array}{l} \dot{I}_{a1} = \dot{I}_{A1} e^{j30°} \\[2mm] \dot{I}_{a2} = \dot{I}_{A2} e^{-j30°} \end{array} \right\} \tag{8-85}$$

B 相、C 相的序分量电流也有同样的关系式。

由此可以看出，YN，d11 接线变压器 d 侧的正序电流超前 YN 侧正序电流 30°，与 YN，d11 接线相符；d 侧的负序电流落后 YN 侧负序电流 30°，如图 8-48 所示。

对于两侧的三相电压，当变压器处于空载状态，且 $K_* = 1$ 时，有如下关系

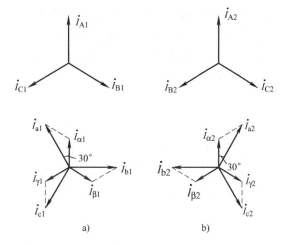

图 8-48　YN，d11 接线变压器两侧序分量电流之间的相位关系
a）正序　b）负序

$$\left. \begin{array}{l} \dot{U}_A = \dfrac{1}{\sqrt{3}} (\dot{U}_a - \dot{U}_c) \\[2mm] \dot{U}_B = \dfrac{1}{\sqrt{3}} (\dot{U}_b - \dot{U}_a) \\[2mm] \dot{U}_C = \dfrac{1}{\sqrt{3}} (\dot{U}_c - \dot{U}_b) \end{array} \right\} \tag{8-86}$$

从而可得出

$$\left. \begin{array}{l} \dot{U}_{A1} = \dfrac{1}{\sqrt{3}} (\dot{U}_{a1} - \dot{U}_{c1}) = \dot{U}_{a1} e^{-j30°} \\[2mm] \dot{U}_{A2} = \dfrac{1}{\sqrt{3}} (\dot{U}_{a2} - \dot{U}_{c2}) = \dot{U}_{a2} e^{j30°} \end{array} \right\} \tag{8-87}$$

式(8-87) 可以改写成如下形式

$$\left.\begin{array}{l} \dot{U}_{a1} = \dot{U}_{A1} e^{j30°} \\ \dot{U}_{a2} = \dot{U}_{A2} e^{-j30°} \end{array}\right\} \quad (8-88)$$

对于零序分量电压来说，由于 d 侧无零序电流，因此 $\dot{I}_{a0} = 0$，$\dot{U}_{a0} = 0$。

B 相、C 相的序分量电压也有同样的关系。

图 8-49 示出了 YN，d11 接线变压器两侧序分量电压之间的相位关系。可见，当变压器空载时，两侧序分量电压之间的相位关系与序分量电流之间的关系完全相同，即 d 侧的正序电压超前 YN 侧正序电压 30°，与 YN，d11 接线相符；d 侧的负序电压落后 YN 侧负序电压 30°。

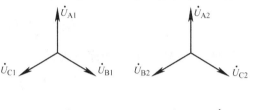

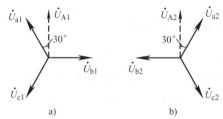

图 8-49　YN，d11 接线变压器两侧序
分量电压之间的相位关系
a) 正序　b) 负序

上述变压器两侧序分量电压之间的关系式是在变压器空载状态下获得的，当变压器中有电流通过时，应计入该电流在变压器阻抗上的压降。若电流的方向由变压器低压侧流向高压侧，则式(8-88) 改写为

$$\left.\begin{array}{l} \dot{U}_{a1} = (\dot{U}_{A1} + j \dot{I}_{A1} X_{T1}) e^{j30°} \\ \dot{U}_{a2} = (\dot{U}_{A2} + j \dot{I}_{A2} X_{T2}) e^{-j30°} \end{array}\right\} \quad (8-89)$$

式中，X_{T1}、X_{T2} 为变压器归算到高压侧的正序、负序电抗（正、负序电抗相等）。

若电流的方向由变压器高压侧流向低压侧，则式(8-87) 改写为

$$\left.\begin{array}{l} \dot{U}_{A1} = (\dot{U}_{a1} + j \dot{I}_{a1} X_{T1}) e^{-j30°} \\ \dot{U}_{A2} = (\dot{U}_{a2} + j \dot{I}_{a2} X_{T2}) e^{j30°} \end{array}\right\} \quad (8-90)$$

式中，X_{T1}、X_{T2} 为变压器归算到低压侧的正序、负序电抗（正、负序电抗相等）。

总之，对 YN，d11 接线变压器，当序分量电压或电流由 YN 侧转换到 d 侧时，正序分量要逆时针旋转 30°（与 YN，d11 接线相符），而负序分量要顺时针旋转 30°。

对于 YN，d11 接线的变压器，当接地故障发生在 YN 侧时，YN 侧零序电流和电压都存在，而 d 侧的引出线上零序电流和零序电压均为零，因为零序电流在 d 侧绕组内自成环流，即零序电压都降落在 d 侧绕组的漏抗上了。对于 Y，d11 接线的变压器，由于 Y 侧中性点不接地，因此，无论哪一侧发生接地故障，零序电流均为零。

以上的分析方法可以推广到各种联结组标号的变压器，并有以下结论：当序分量电压或电流经过变压器时，正序分量相位移动的角度与变压器的联结组标号相符（看钟点数的位置）；负序分量相位移动的角度则与正序相反。

【例 8-4】　在【例 8-2】所示的网络中，变压器 T_1 为 YN，d11 接线，当 k 点发生 a、b 两相接地短路时，试求 M 侧支路中的各相电流、M 母线上的各相电压及变压器 T_1 低压侧 H 点的各相电流和电压。

解： 由【例8-2】知，k 点发生 a、b 两相接地短路时，短路点的各序电流为：$\dot{I}_{k1} = 2.081$，$\dot{I}_{k2} = -0.749$，$\dot{I}_{k0} = -1.332$；各序电压为：$\dot{U}_{k1} = \dot{U}_{k2} = \dot{U}_{k0} = j0.29$。

（1）求 M 侧支路中的各序及各相电流

由图 8-40 中的正序、负序、零序网络可知，M 侧支路中的各序电流为

$$\dot{I}_{M1} = \frac{0.833}{0.576 + 0.833}\dot{I}_{k1} = \frac{0.833}{1.409} \times 2.081 = 1.23$$

$$\dot{I}_{M2} = \frac{0.973}{0.646 + 0.973}\dot{I}_{k2} = \frac{0.973}{1.619} \times (-0.749) = -0.45$$

$$\dot{I}_{M0} = \frac{0.333}{0.628 + 0.333}\dot{I}_{k0} = \frac{0.333}{0.961} \times (-1.332) = -0.462$$

因此，M 侧支路中的各相电流为

$$\dot{I}_{Mc} = \dot{I}_{M1} + \dot{I}_{M2} + \dot{I}_{M0} = 1.23 - 0.45 - 0.462 = 0.318$$

$$\dot{I}_{Ma} = a^2\dot{I}_{M1} + a\dot{I}_{M2} + \dot{I}_{M0} = 1.23e^{j240°} - 0.45e^{j120°} - 0.462 = 1.686e^{-j120.35°}$$

$$\dot{I}_{Mb} = a\dot{I}_{M1} + a^2\dot{I}_{M2} + \dot{I}_{M0} = 1.23e^{j120°} - 0.45e^{j240°} - 0.462 = 1.686e^{j120.35°}$$

（2）求 M 母线上的各序及各相电压

$$\dot{U}_{M1} = \dot{U}_{k1} + j\dot{I}_{M1}X_{l1} = j0.29 + 1.23 \times j0.151 = j0.476$$

$$\dot{U}_{M2} = \dot{U}_{k2} + j\dot{I}_{M2}X_{l2} = j0.29 - 0.45 \times j0.151 = j0.222$$

$$\dot{U}_{M0} = \dot{U}_{k0} + j\dot{I}_{M0}X_{l0} = j0.29 - 0.462 \times j0.453 = j0.081$$

$$\dot{U}_{Mc} = \dot{U}_{M1} + \dot{U}_{M2} + \dot{U}_{M0} = j0.476 + j0.222 + j0.081 = j0.779$$

$$\dot{U}_{Ma} = a^2\dot{U}_{M1} + a\dot{U}_{M2} + \dot{U}_{M0} = j0.476e^{j240°} + j0.222e^{j120°} + j0.081 = 0.347e^{-j50.62°}$$

$$\dot{U}_{Mb} = a\dot{U}_{M1} + a^2\dot{U}_{M2} + \dot{U}_{M0} = j0.476e^{j120°} + j0.222e^{j240°} + j0.081 = 0.347e^{-j129.38°}$$

（3）求 H 点的各序及各相电流

$$\dot{I}_{H1} = \dot{I}_{M1}e^{j30°} = 1.23e^{j30°}$$

$$\dot{I}_{H2} = \dot{I}_{M2}e^{-j30°} = -0.45e^{-j30°}$$

$$\dot{I}_{Hc} = \dot{I}_{H1} + \dot{I}_{H2} = 1.23e^{j30°} - 0.45e^{-j30°} = 1.078e^{j51.22°}$$

$$\dot{I}_{Ha} = a^2\dot{I}_{H1} + a\dot{I}_{H2} = e^{j240°} \times 1.23e^{j30°} - e^{j120°} \times 0.45e^{-j30°} = -j1.68$$

$$\dot{I}_{Hb} = a\dot{I}_{H1} + a^2\dot{I}_{H2} = e^{j120°} \times 1.23e^{j30°} - e^{j240°} \times 0.45e^{-j30°} = 1.078e^{j128.78°}$$

（4）求 H 点的各序及各相电压

$$\dot{U}_{H1} = (\dot{E}_{G1} - j\dot{I}_{M1}X_{G1})e^{j30°} = (j1 - 1.23 \times j0.25)e^{j30°} = 0.693e^{j120°}$$

$$\dot{U}_{H2} = (0 - j\dot{I}_{M2}X_{G2})e^{-j30°} = (0 + 0.45 \times j0.32)e^{-j30°} = 0.144e^{j60°}$$

$$\dot{U}_{Hc} = \dot{U}_{H1} + \dot{U}_{H2} = 0.693e^{j120°} + 0.144e^{j60°} = 0.775e^{j110.77°}$$

$$\dot{U}_{Ha} = a^2\dot{U}_{H1} + a\dot{U}_{H2} = e^{j240°} \times 0.693e^{j120°} + e^{j120°} \times 0.144e^{j60°} = 0.549$$

$$\dot{U}_{Hb} = a\dot{U}_{H1} + a^2\dot{U}_{H2} = e^{j120°} \times 0.693e^{j120°} + e^{j240°} \times 0.144e^{j60°} = 0.775e^{-j110.77°}$$

第六节　非全相运行的分析计算

一、概述

电力系统在运行过程中，除了可能发生前述的各种短路故障（横向故障）外，还可能出现非全相运行状况（纵向故障）。所谓非全相运行，是指运行中的三相系统一相或两相断开的情况。造成非全相运行的原因很多，例如某一线路单相接地短路后，故障相断路器跳闸；一相或两相导线断线；分相检修线路或开关设备；断路器合闸过程中三相触头不同时接通；装有电容器串联补偿的线路上，电容器一相或两相击穿；三相参数不平衡等。电力系统在非全相运行时，一般情况下不会产生危险的大电流和高电压，但是系统中会产生负序和零序分量。负序电流的存在对发电机转子有危害，且会影响发电机的出力；零序电流的出现会对附近的通信线路产生干扰。此外，负序和零序电流也可能会引起某些继电保护装置误动作。因此，需要对非全相运行进行分析计算。

纵向故障同横向不对称故障一样，也只是在故障口出现了某种不对称状态，系统其余部分参数还是三相对称的，因此，同样可以用对称分量法来进行分析计算。

电力系统发生一相或两相断线时，可在断口处用一组不对称的电动势源来代替实际存在的不对称状态，然后将这组不对称电动势源分解成正序、负序和零序分量，如图 8-50 所示。

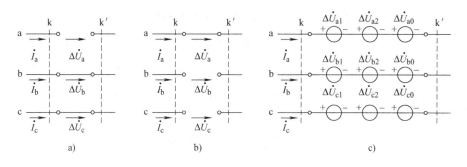

图 8-50　非全相运行及故障处各序分量

a）单相断线　b）两相断线　c）断口处的序分量

以 a 相为基准相，应用对称分量法和叠加原理，可以将故障网络分解成三个独立的正序、负序和零序网络，如图 8-51 所示。

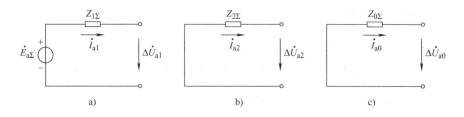

图 8-51　非全相运行各序等值网络

a）正序　b）负序　c）零序

根据图 8-51，可列出各序网络的电压方程为

$$
\left.
\begin{aligned}
\Delta \dot{U}_{a1} &= \dot{E}_{a\Sigma} - \dot{I}_{a1} Z_{1\Sigma} \\
\Delta \dot{U}_{a2} &= - \dot{I}_{a2} Z_{2\Sigma} \\
\Delta \dot{U}_{a0} &= - \dot{I}_{a0} Z_{0\Sigma}
\end{aligned}
\right\}
\tag{8-91}
$$

式中，$\Delta \dot{U}_{a1}$、$\Delta \dot{U}_{a2}$、$\Delta \dot{U}_{a0}$ 为故障端口 k、k′两端的正序、负序和零序电压；$\dot{I}_{a1}$、$\dot{I}_{a2}$、$\dot{I}_{a0}$ 为流过端口的正序、负序和零序电流；$Z_{1\Sigma}$、$Z_{2\Sigma}$、$Z_{0\Sigma}$ 分别为正序、负序和零序网络从故障端口看进去的等值阻抗；$\dot{E}_{a\Sigma}$ 为正序网络从故障端口看进去的发电机的等值电动势，其值等于故障口 k、k′的开路电压。

式 (8-91) 的方程式共有 6 个未知数，还需要根据非全相运行的边界条件列出另外三个方程才能求解。

二、单相断线

对于 a 相断线，由图 8-50a 可以看出，其故障处的边界条件为

$$
\left.
\begin{aligned}
\dot{I}_a &= 0 \\
\Delta \dot{U}_b &= \Delta \dot{U}_c = 0
\end{aligned}
\right\}
\tag{8-92}
$$

将式(8-92) 转换成用序分量表示，得

$$
\left.
\begin{aligned}
\dot{I}_{a1} + \dot{I}_{a2} + \dot{I}_{a0} &= 0 \\
\Delta \dot{U}_{a1} = \Delta \dot{U}_{a2} &= \Delta \dot{U}_{a0}
\end{aligned}
\right\}
\tag{8-93}
$$

这些边界条件与两相接地短路的边界条件相似，因此复合序网及序电流、序电压的计算公式也与两相接地短路相似，但物理意义不同。其复合序网如图 8-52 所示，断口处的各序分量为

$$
\left.
\begin{aligned}
\dot{I}_{a1} &= \frac{\dot{E}_{a1\Sigma}}{Z_{1\Sigma} + Z_{2\Sigma} /\!/ Z_{0\Sigma}} \approx \frac{\dot{E}_{a1\Sigma}}{\mathrm{j}(X_{1\Sigma} + X_{2\Sigma} /\!/ X_{0\Sigma})} \\
\dot{I}_{a2} &= - \dot{I}_{a1} \frac{Z_{0\Sigma}}{Z_{2\Sigma} + Z_{0\Sigma}} \approx - \dot{I}_{a1} \frac{X_{0\Sigma}}{X_{2\Sigma} + X_{0\Sigma}} \\
\dot{I}_{a0} &= - \dot{I}_{a1} \frac{Z_{2\Sigma}}{Z_{2\Sigma} + Z_{0\Sigma}} \approx - \dot{I}_{a1} \frac{X_{2\Sigma}}{X_{2\Sigma} + X_{0\Sigma}}
\end{aligned}
\right\}
\tag{8-94}
$$

$$
\Delta \dot{U}_{a1} = \Delta \dot{U}_{a2} = \Delta \dot{U}_{a0} = \mathrm{j}\,\dot{I}_{a1}(X_{2\Sigma} /\!/ X_{0\Sigma})
\tag{8-95}
$$

各序分量求出来以后，应用对称分量法的公式，将断口处的各序电流、电压逐相合成，即可求出断口处的各相电流及各相电压。

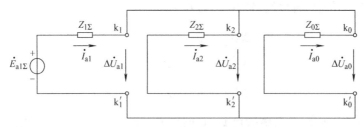

图 8-52　a 相断线的复合序网

三、两相断线

对于 b、c 两相断线，由图 8-50b 可以看出，其故障处的边界条件为

$$\left.\begin{array}{l} \Delta \dot{U}_{\mathrm{a}} = 0 \\[2mm] \dot{I}_{\mathrm{b}} = \dot{I}_{\mathrm{c}} = 0 \end{array}\right\} \tag{8-96}$$

将式(8-96) 转换成用序分量表示，得

$$\left.\begin{array}{l} \Delta \dot{U}_{\mathrm{a}1} + \Delta \dot{U}_{\mathrm{a}2} + \Delta \dot{U}_{\mathrm{a}0} = 0 \\[2mm] \dot{I}_{\mathrm{a}1} = \dot{I}_{\mathrm{a}2} = \dot{I}_{\mathrm{a}0} \end{array}\right\} \tag{8-97}$$

这些边界条件与单相接地短路的边界条件相似，因此复合序网及序电流、序电压的计算公式也与单相接地短路相似，但物理意义不同。其复合序网如图 8-53 所示，断口处的各序分量为

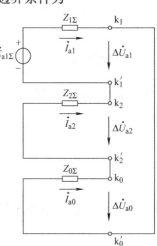

图 8-53　b、c 两相断线的复合序网

$$\dot{I}_{\mathrm{a}1} = \dot{I}_{\mathrm{a}2} = \dot{I}_{\mathrm{a}0} = \frac{\dot{E}_{\mathrm{a}1\Sigma}}{Z_{1\Sigma} + Z_{2\Sigma} + Z_{0\Sigma}} \approx \frac{\dot{E}_{\mathrm{a}1\Sigma}}{\mathrm{j}(X_{1\Sigma} + X_{2\Sigma} + X_{0\Sigma})} \tag{8-98}$$

$$\left.\begin{array}{l} \Delta \dot{U}_{\mathrm{a}2} = -\mathrm{j}\,\dot{I}_{\mathrm{a}2} X_{2\Sigma} = -\mathrm{j}\,\dot{I}_{\mathrm{a}1} X_{2\Sigma} \\[2mm] \Delta \dot{U}_{\mathrm{a}0} = -\mathrm{j}\,\dot{I}_{\mathrm{a}0} X_{0\Sigma} = -\mathrm{j}\,\dot{I}_{\mathrm{a}1} X_{0\Sigma} \\[2mm] \Delta \dot{U}_{\mathrm{a}1} = \dot{E}_{\mathrm{a}1\Sigma} - \mathrm{j}\,\dot{I}_{\mathrm{a}1} X_{1\Sigma} = \mathrm{j}\,\dot{I}_{\mathrm{a}1}(X_{2\Sigma} + X_{0\Sigma}) \end{array}\right\} \tag{8-99}$$

将断口处的序分量合成，即可求出断口处的各相电流及各相电压。

四、纵向不对称故障与横向不对称故障的对比分析

通过前面的分析可以看到，纵向不对称故障的基本序网方程式(8-91) 与横向不对称故障的基本序网方程式(8-38) 在形式上完全相同，且单相断线与两相接地短路、两相断线与单相接地短路具有相似的复合序网及序电流、序电压表达式，但各自表示的电气量却有实质上的区别。在横向不对称故障的分析计算中，是在短路处用一组不对称的电动势源并联在短路点与大地之间，因此各序等值网络中的序电压是短路点和大地之间的电压；而在纵向不对

称故障的分析计算中，是在断口处用一组不对称的电动势源串联在电路中，因此各序等值网络中的序电压是故障端口 k、k′ 的电压降。

应当注意，式(8-91) 与式(8-38) 中的 $\dot{E}_{a\Sigma}$、$Z_{1\Sigma}$、$Z_{2\Sigma}$、$Z_{0\Sigma}$ 虽然都是从故障口向各序网络看进去的戴维南等值参数，但由于两种故障口有区别，因此它们的值完全不同，尤其是短路故障时的等值电动势远大于断线故障时的等值电动势，故一般短路故障要比断线故障严重得多。不难发现，对两电源、无分支的网络中发生的纵向不对称故障，$\dot{E}_{a\Sigma}$、$Z_{1\Sigma}$、$Z_{2\Sigma}$、$Z_{0\Sigma}$ 的值与故障口的位置无关。

【例 8-5】 如图 8-54 所示的电力系统，各元件参数已标于图中，当在线路 l_2 首端发生 a 相断线时，试求断开相的断口电压和非故障相中的电流。(不考虑两回平行线路间的零序互感)

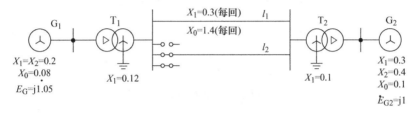

图 8-54 例 8-5 系统接线图

解： 各序等值网络及连接成的复合序网如图 8-55 所示。

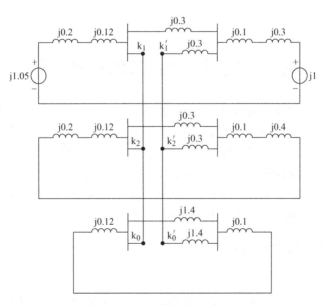

图 8-55 a 相断线复合序网

故障端口的开路电压为 l_2 断开时 l_1 上的全线电压降，即

$$\dot{E}_{a1\Sigma} = \frac{j1.05 - j1}{j(0.2 + 0.12 + 0.3 + 0.1 + 0.3)} \times j0.3 = j0.0147$$

故障端口的各序等值电抗为

$$X_{1\Sigma} = 0.3 + \frac{0.3 \times (0.2 + 0.12 + 0.1 + 0.3)}{0.3 + 0.2 + 0.12 + 0.1 + 0.3} = 0.512$$

$$X_{2\Sigma} = 0.3 + \frac{0.3 \times (0.2 + 0.12 + 0.1 + 0.4)}{0.3 + 0.2 + 0.12 + 0.1 + 0.4} = 0.52$$

$$X_{0\Sigma} = 1.4 + \frac{1.4 \times (0.12 + 0.1)}{1.4 + 0.12 + 0.1} = 1.59$$

故障口的各序电流及各序电压为

$$\dot{I}_{a1} = \frac{\dot{E}_{a1\Sigma}}{j(X_{1\Sigma} + X_{2\Sigma}/\!/X_{0\Sigma})} = \frac{j0.0147}{j(0.512 + 0.52/\!/1.59)} = 0.016$$

$$\dot{I}_{a2} = -\dot{I}_{a1}\frac{X_{0\Sigma}}{X_{2\Sigma} + X_{0\Sigma}} = -0.016 \times \frac{1.59}{0.52 + 1.59} = -0.012$$

$$\dot{I}_{a0} = -\dot{I}_{a1}\frac{X_{2\Sigma}}{X_{2\Sigma} + X_{0\Sigma}} = -0.016 \times \frac{0.52}{0.52 + 1.59} = -0.004$$

$$\Delta\dot{U}_{a1} = \Delta\dot{U}_{a2} = \Delta\dot{U}_{a0} = j\dot{I}_{a1}(X_{2\Sigma}/\!/X_{0\Sigma}) = 0.016 \times j(0.52/\!/1.59) = j0.006$$

故障相的断口电压为

$$\Delta\dot{U}_a = 3\Delta\dot{U}_{a1} = 3 \times j0.006 = j0.018$$

非故障相电流为

$$\dot{I}_b = a^2\dot{I}_{a1} + a\dot{I}_{a2} + \dot{I}_{a0} = 0.016e^{j240°} - 0.012e^{j120°} - 0.004 = 0.025e^{-j104.04°}$$

$$\dot{I}_c = a\dot{I}_{a1} + a^2\dot{I}_{a2} + \dot{I}_{a0} = 0.016e^{j120°} - 0.012e^{j240°} - 0.004 = 0.025e^{j104.04°}$$

第七节　电力系统不对称故障的计算机算法与仿真

在电力系统规划、设计和运行过程中，往往需要进行大量的不对称故障计算，以得到当前系统发生故障时，运行在各种不同状态下的参数值。对于复杂电力系统的不对称故障计算，目前已有很多专门的计算机程序，但它们只能计算故障开始瞬间（$t=0$ 时）电流和电压的周期分量，而不涉及这些量的变化过程的计算。下面简要介绍简单不对称故障计算机算法的主要步骤，并通过一个电力系统实例对各种不对称故障进行仿真分析，从而进一步说明利用 MATLAB/Simulink 进行电力系统仿真分析的优越性。

一、简单不对称故障计算机算法

1. 各序网络的电压方程式

电力系统故障时，在各序故障处形成的端口，称为故障口。引入故障口的概念，目的是便于将纵向、横向故障统一起来进行分析，并将故障口的两个节点统一记为 f 和 k。应当指出，对于纵向故障，构成故障口的两个节点 f 和 k 都是独立节点；对于横向故障，只有节点 f 是独立节点，而节点 k 却是零电位点（参考节点），且通常习惯以编号 "0" 来表示。因此，简单不对称故障（无论是横向故障还是纵向故障）都可以从故障口把各序网络看成是某种等值的两端（单口）网络，如图 8-56 所示。正序网络是有源两端网络，负序和零序网络都是无源两端网络。

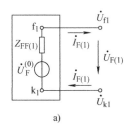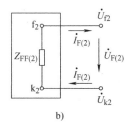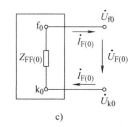

a)　　　　　　　　　　b)　　　　　　　　　　c)

图 8-56　单口序网

a) 正序　b) 负序　c) 零序

简单不对称故障的计算步骤与对称故障的计算步骤一致,先计算出故障口的电流,再计算出网络中各节点的电压,最后由节点电压即可确定支路电流。与对称故障计算不同的是,要按三个序网分别进行计算。

根据图 8-56,可写出故障时各序网的故障口电流、口电压与 f、k 节点电流、电压之间的关系为

$$\dot{I}_{F(s)} = \dot{I}_{f(s)}^{(f)} = -\dot{I}_{k(s)}^{(f)} \quad (s=1,2,0) \tag{8-100}$$

$$\dot{U}_{F(s)} = \dot{U}_{F(s)}^{(0)} + \dot{U}_{F(s)}^{(f)} = \dot{U}_{F(s)}^{(0)} + \dot{U}_{f(s)}^{(f)} - U_{k(s)}^{(f)} \quad (s=1,2,0) \tag{8-101}$$

式中,$\dot{I}_{F(s)}$、$\dot{U}_{F(s)}$ 分别为故障口的各序电流与各序电压;$\dot{I}_{f(s)}^{(f)}$、$\dot{I}_{k(s)}^{(f)}$ 分别为各序网故障口节点电流的故障分量;$\dot{U}_{F(s)}^{(0)}$ 为各序网故障口的开路电压;$\dot{U}_{f(s)}^{(f)}$、$U_{k(s)}^{(f)}$ 分别为各序网故障口节点电压的故障分量。

显然,$\dot{U}_{F(2)}^{(0)}$ 和 $\dot{U}_{F(0)}^{(0)}$ 均为零。因此,只要求出故障情况下故障口节点的序电流和序电压,便可利用式(8-100) 和式(8-101) 计算出故障口的序电流和序电压。

由阻抗型节点电压方程可知,故障情况下各序网的节点电压可表示为

$$U_{B(s)} = Z_{B(s)} I_{B(s)} \tag{8-102}$$

式中,$U_{B(s)}$ 为各序网的节点电压列向量;$Z_{B(s)}$ 为故障情况下各序网的节点阻抗矩阵;$I_{B(s)}$ 为故障情况下各序网的节点注入电流列向量。

根据叠加原理可知,$I_{B(s)}$ 可分解为两部分,即

$$I_{B(s)} = I_{B(s)}^{(0)} + I_{B(s)}^{(f)} \tag{8-103}$$

式中,$I_{B(s)}^{(0)}$ 为各序网节点注入电流的正常分量;$I_{B(s)}^{(f)}$ 为各序网节点注入电流的故障分量。

各序网节点注入电流的正常分量,是指系统发生故障前,由各独立序网内部电源电动势所引起的节点注入电流,由于负序和零序均为无源网络,所以 $I_{B(2)}^{(0)}$ 与 $I_{B(0)}^{(0)}$ 均为零,只有正序网络有 $I_{B(1)}^{(0)}$ 存在。而各序网节点注入电流的故障分量,是指系统在故障情况下,由于故障引起的节点注入电流,显然只有故障口节点才有故障电流注入,其值可由式(8-100) 求得,而其余节点均无故障电流注入。

将式(8-103) 代入式(8-102) 可得

$$U_{B(s)} = Z_{B(s)} I_{B(s)} = Z_{B(s)} I_{B(s)}^{(0)} + Z_{B(s)} I_{B(s)}^{(f)} = U_{B(s)}^{(0)} + U_{B(s)}^{(f)} \tag{8-104}$$

其中

$$U_{B(s)}^{(f)} = Z_{B(s)} I_{B(s)}^{(f)} \tag{8-105}$$

称为各序网节点电压的故障分量。

$$U_{B(s)}^{(0)} = Z_{B(s)} I_{B(s)}^{(0)} \tag{8-106}$$

称为各序网节点电压的正常分量，显然 $U_{B(2)}^{(0)} = U_{B(0)}^{(0)} = 0$，故有 $\dot{U}_{F(2)}^{(0)} = \dot{U}_{F(0)}^{(0)} = 0$。而

$$U_{B(1)}^{(0)} = Z_{B(1)} I_{B(1)}^{(0)} \tag{8-107}$$

根据式(8-107)，可得正序网故障口 f、k 节点电压的正常分量为

$$\dot{U}_{f(1)}^{(0)} = [Z_{f1(1)} Z_{f2(1)} \cdots Z_{fn(1)}] [\dot{I}_{1(1)}^{(0)} \ \dot{I}_{2(1)}^{(0)} \cdots \dot{I}_{n(1)}^{(0)}]^{T} = \sum^{ni=1} Z_{fi(1)} \dot{I}_{i(1)}^{(0)}$$

$$\dot{U}_{k(1)}^{(0)} = [Z_{k1(1)} Z_{k2(1)} \cdots Z_{kn(1)}] [\dot{I}_{1(1)}^{(0)} \ \dot{I}_{2(1)}^{(0)} \cdots \dot{I}_{n(1)}^{(0)}]^{T} = \sum^{ni=1} Z_{ki(1)} \dot{I}_{i(1)}^{(0)}$$

因此

$$\dot{U}_{F(1)}^{(0)} = \dot{U}_{f(1)}^{(0)} - U_{k(1)}^{(0)} = \sum_{i=1}^{n} (Z_{fi(1)} - Z_{ki(1)}) \dot{I}_{i(1)}^{(0)} \tag{8-108}$$

由于发生故障时可以看作是在故障口的节点 f 和节点 k 分别注入了电流 $-\dot{I}_{F(s)}$ 和 $\dot{I}_{F(s)}$，而其余节点注入电流为零，因此，可得故障口节点电压的故障分量为

$$\dot{U}_{f(s)}^{(f)} = (-Z_{ff(s)} + Z_{fk(s)}) \dot{I}_{F(s)} ; \dot{U}_{k(s)}^{(f)} = (-Z_{kf(s)} + Z_{kk(s)}) \dot{I}_{F(s)}$$

则各序网故障口电压的故障分量为

$$\dot{U}_{F(s)}^{(f)} = \dot{U}_{f(s)}^{(f)} - \dot{U}_{k(s)}^{(f)} = -(Z_{ff(s)} + Z_{kk(s)} - 2Z_{fk(s)}) \dot{I}_{F(s)} = -Z_{FF(s)} \dot{I}_{F(s)} \tag{8-109}$$

其中

$$Z_{FF(s)} = Z_{ff(s)} + Z_{kk(s)} - 2Z_{fk(s)} \tag{8-110}$$

称为各序网的口阻抗，即从序网故障口看进去的等值阻抗。

将以上求得的故障口电压的正常分量和故障分量相加，即可得到各序网的故障口电压为

$$\left.\begin{array}{l} \dot{U}_{F(1)} = \dot{U}_{F(1)}^{(0)} + \dot{U}_{F(1)}^{(f)} = \dot{U}_{F}^{(0)} - Z_{FF(1)} \dot{I}_{F(1)} \\[2mm] \dot{U}_{F(2)} = \dot{U}_{F(2)}^{(0)} + \dot{U}_{F(2)}^{(f)} = -Z_{FF(2)} \dot{I}_{F(2)} \\[2mm] \dot{U}_{F(0)} = \dot{U}_{F(0)}^{(0)} + \dot{U}_{F(0)}^{(f)} = -Z_{FF(0)} \dot{I}_{F(0)} \end{array}\right\} \tag{8-111}$$

式(8-111)就是各序网故障口的电压方程式，也可以由图 8-56 根据戴维南定理直接写出，它们与故障类型无关。

将式(8-108)和式(8-109)代入式(8-111)，可得

$$\left.\begin{array}{l} \dot{U}_{F(1)} = \sum_{i=1}^{n} (Z_{fi(1)} - Z_{ki(1)}) \dot{I}_{i(1)}^{(0)} - (Z_{ff(1)} + Z_{kk(1)} - 2Z_{fk(1)}) \dot{I}_{F(1)} \\[3mm] \dot{U}_{F(2)} = -(Z_{ff(2)} + Z_{kk(2)} - 2Z_{fk(2)}) \dot{I}_{F(2)} \\[3mm] \dot{U}_{F(0)} = -(Z_{ff(0)} + Z_{kk(0)} - 2Z_{fk(0)}) \dot{I}_{F(0)} \end{array}\right\} \tag{8-112}$$

需要指出，对于纵向故障，可以直接使用上述公式；对于横向故障，节点 k 为参考节点，所以上述各公式中，凡是下标包含 k 的量全为零。因此，对于横向故障来说，由式(8-110)，可得各序网的口阻抗为

$$Z_{FF(s)} = Z_{ff(s)} \tag{8-113}$$

由式（8-112）可得各序网的故障口电压方程为

$$
\left.
\begin{aligned}
\dot{U}_{F(1)} &= \sum_{i=1}^{n} Z_{fi(1)} \dot{I}_{i(1)}^{(0)} - Z_{ff(1)} \dot{I}_{F(1)} \\
\dot{U}_{F(2)} &= - Z_{ff(2)} \dot{I}_{F(2)} \\
\dot{U}_{F(0)} &= - Z_{ff(0)} \dot{I}_{F(0)}
\end{aligned}
\right\}
\tag{8-114}
$$

为了求解不对称故障，还需列出三个反映故障口边界条件的方程式。其分析方法与本章第四节类似，不同的是，由于采用了计算机计算，可以将故障处的情况考虑得略微复杂一些，这里不再详细分析。

2. 简单不对称故障的计算通式

仿照式（8-74），无论是发生横向还是纵向简单不对称故障，故障口正序电流可表示为

$$
\dot{I}_{F(1)} = \frac{\dot{U}_F^{(0)}}{Z_{FF(1)} + Z_\Delta}
\tag{8-115}
$$

故障口的负序和零序电流分别为

$$
\left.
\begin{aligned}
\dot{I}_{F(2)} &= K_2 \dot{I}_{F(1)} \\
\dot{I}_{F(0)} &= K_0 \dot{I}_{F(1)}
\end{aligned}
\right\}
\tag{8-116}
$$

各种不对称故障的附加阻抗 Z_Δ 和系数 K_2、K_0 的计算公式见表8-4。

表8-4　各种不对称故障 Z_Δ、K_2 和 K_0

故障类型	Z_Δ	K_2	K_0
单相接地短路	$Z_{FF(2)} + Z_{FF(0)} + 3Z_f$	1	1
两相接地短路	$Z_f + \dfrac{(Z_{FF(2)} + Z_f)(Z_{FF(0)} + 2Z_f + 3Z_g)}{Z_{FF(2)} + Z_{FF(0)} + 2Z_f + 3Z_g}$	$-\dfrac{Z_{FF(0)} + Z_f + 3Z_g}{Z_{FF(2)} + Z_{FF(0)} + 2Z_f + 3Z_g}$	$-\dfrac{Z_{FF(2)} + Z_f}{Z_{FF(2)} + Z_{FF(0)} + 2Z_f + 3Z_g}$
两相短路	$Z_{FF(2)} + 2Z_f$	-1	0
单相断线	$Z_f + \dfrac{(Z_{FF(2)} + Z_f)(Z_{FF(0)} + 2Z_f)}{Z_{FF(2)} + Z_{FF(0)} + 2Z_f}$	$-\dfrac{Z_{FF(0)} + Z_f}{Z_{FF(2)} + Z_{FF(0)} + 2Z_f}$	$-\dfrac{Z_{FF(2)} + Z_f}{Z_{FF(2)} + Z_{FF(0)} + 2Z_f}$
两相断线	$Z_{FF(2)} + Z_{FF(0)} + 3Z_f$	1	1

注：两相接地短路时既有相间过渡阻抗 Z_f，又有接地过渡阻抗 Z_g。两相短路按两相接地短路时 $Z_g = \infty$ 的特例来处理；单相断线与 $Z_g = 0$ 时的两相接地短路相似。

横向故障时，短路点为 f，且

$$
\dot{U}_{F(1)}^{(0)} = \dot{U}_{f(1)}^{(0)}, \quad Z_{FF(s)} = Z_{ff(s)} \qquad (s = 1, 2, 0)
\tag{8-117}
$$

纵向故障时，故障口为节点 f 和 k，且

$$\dot{U}_{\mathrm{F}(1)}^{(0)} = \dot{U}_{\mathrm{f}(1)}^{(0)} - \dot{U}_{\mathrm{k}(1)}^{(0)} \tag{8-118}$$

$$Z_{\mathrm{FF}(s)} = Z_{\mathrm{ff}(s)} + Z_{\mathrm{kk}(s)} - 2Z_{\mathrm{fk}(s)} \qquad (s=1,2,0) \tag{8-119}$$

3. 简单不对称故障计算的步骤及框图

这里仅介绍按照前述原理并使用节点导纳矩阵进行简单不对称故障计算的方法。主要计算步骤如下：

（1）输入数据　原始数据包括发电机参数（次暂态电抗及负序电抗）；线路的正序和零序参数（包括有互感线路的互感参数）；变压器参数及节点负荷参数。在简化短路电流计算中，一般只计线路和变压器的电抗，而不计电阻及线路电容、节点负荷等，因此可使输入数据有所减少。

故障信息数据包括故障线路两侧的节点号（或为故障节点号）、故障地点、故障类型、故障点过渡阻抗 Z_{f}、Z_{g} 等。同时还要输入所需计算结果的信息，如需要计算哪些节点和哪些支路的电压或电流等。

（2）潮流计算　对故障前的系统进行潮流计算，求出各节点的电压，从而得到故障口节点的正常电压 $\dot{U}_{\mathrm{f}(1)}^{(0)}$、$\dot{U}_{\mathrm{k}(1)}^{(0)}$。在简化的横向故障计算中，若假定各节点电压标幺值为 1，也可省去潮流计算。

（3）形成各序网的节点导纳矩阵　利用输入的各元件正、负、零序参数，根据故障类型建立系统在故障情况下的各序网络及其节点导纳矩阵。三个序网的节点各序导纳矩阵形成后，对它们进行三角分解，为计算故障点的自阻抗和互阻抗做好准备。

（4）求各序网络故障口的自阻抗 $Z_{\mathrm{FF}(s)}$ 及正序网络故障口的开路电压 $\dot{U}_{\mathrm{F}(1)}^{(0)}$　对横向故障，序网故障点的自阻抗就是各序网节点阻抗矩阵中故障节点的自阻抗元素，即 $Z_{\mathrm{FF}(s)} = Z_{\mathrm{ff}(s)}$。在应用节点导纳矩阵进行计算时，只需在故障节点注入一单位电流（其余节点电流均为零），就可利用三角分解后的导纳矩阵求出各节点电压。求得的故障节点的电压值就是故障点 f 的自阻抗 $Z_{\mathrm{ff}(s)}$，其他节点的电压值就是故障节点 f 对其他各节点 i 的互阻抗 $Z_{\mathrm{if}(s)}$。对纵向故障，需按同样方法求出另一故障点 k 的自阻抗 $Z_{\mathrm{kk}(s)}$ 及故障点 k 对其他各节点 i 的互阻抗 $Z_{\mathrm{ik}(s)}$，则故障口的自阻抗 $Z_{\mathrm{FF}(s)} = Z_{\mathrm{ff}(s)} + Z_{\mathrm{kk}(s)} - 2Z_{\mathrm{fk}(s)}$。

对于横向故障，正序网络故障节点的开路电压 $\dot{U}_{\mathrm{F}(1)}^{(0)}$ 就是故障前该节点的电压，即 $\dot{U}_{\mathrm{F}(1)}^{(0)} = \dot{U}_{\mathrm{f}(1)}^{(0)}$，可从上述潮流计算的结果得到。但在简化的横向故障计算中，通常假定系统中各发电机的次暂态电动势 E'' 的幅值和相位相同，且不考虑负荷等接地支路的影响，此时 $\dot{U}_{\mathrm{F}(1)}^{(0)} = E''$，或取其标幺值为 1。而对于纵向故障，常常根据计算要求，计及电源电动势不等以及考虑负荷（或者只考虑其中之一），此时 $\dot{U}_{\mathrm{F}(1)}^{(0)}$ 是故障点开路时节点 f 和 k 的电压差，应按式(8-108)求出。

（5）按照故障类型计算故障点的各序电流　如上所述，横向故障包括单相接地短路、两相接地短路和两相短路，纵向故障包括单相断线和两相断线，可根据表 8-4 中各种不对称故障时的 Z_{Δ}、K_2、K_0 值代入式(8-115) 和式(8-116)计算出故障点的各序电流。

（6）计算网络各节点序电压　故障口的各序电流求出后，根据式(8-104)，则可求得网络内任意节点 m 的各序电压为

$$
\left.\begin{array}{l}
\dot{U}_{m(1)} = \displaystyle\sum_{i=1}^{n} Z_{mi(1)} \, \dot{I}_{i(1)}^{(0)} - \left(Z_{mf(1)} - Z_{mk(1)} \right) \dot{I}_{F(1)} \\[3mm]
\dot{U}_{m(2)} = - \left(Z_{mf(2)} - Z_{mk(2)} \right) \dot{I}_{F(2)} \\[3mm]
\dot{U}_{m(0)} = - \left(Z_{mf(0)} - Z_{mk(0)} \right) \dot{I}_{F(0)}
\end{array}\right\} \tag{8-120}
$$

或简记为

$$
\dot{U}_{m(s)} = \dot{U}_{m(s)}^{(0)} + \dot{U}_{m(s)}^{(f)} \tag{8-121}
$$

其中

$$
\dot{U}_{m(s)}^{(f)} = - \left(Z_{mf(s)} - Z_{mk(s)} \right) \dot{I}_{F(s)} \tag{8-122}
$$

称为节点 m 各节点电压的故障分量。

$$
\dot{U}_{m(s)}^{(0)} = \sum_{i=1}^{n} Z_{mi(s)} \, \dot{I}_{i(s)}^{(0)} \tag{8-123}
$$

称为节点 m 各节点电压的正常分量。显然 $U_{m(2)}^{(0)} = U_{m(0)}^{(0)} = 0$，而

$$
\dot{U}_{m(1)}^{(0)} = \sum_{i=1}^{n} Z_{mi(1)} \, \dot{I}_{i(1)}^{(0)} \tag{8-124}
$$

应当指出，对于纵向故障，可以直接使用上述各公式进行计算；而对于横向故障，式(8-120) 中凡是下标包含 k 的量全为零，即改为

$$
\left.\begin{array}{l}
\dot{U}_{m(1)} = \displaystyle\sum_{i=1}^{n} Z_{mi(1)} \, \dot{I}_{i(1)}^{(0)} - Z_{mf(1)} \, \dot{I}_{F(1)} \\[3mm]
\dot{U}_{m(2)} = - Z_{mf(2)} \, \dot{I}_{F(2)} \\[3mm]
\dot{U}_{m(0)} = - Z_{mf(0)} \, \dot{I}_{F(0)}
\end{array}\right\} \tag{8-125}
$$

（7）计算网络各支路序电流　求出各节点序电压后，在不考虑零序互感的情况下，可按下式求出网络中任一支路的序电流为

$$
\dot{I}_{ij(s)} = \frac{\dot{U}_{i(s)} - \dot{U}_{j(s)}}{z_{ij(s)}} \tag{8-126}
$$

将 $\dot{U}_{i(s)} = \dot{U}_{i(s)}^{(0)} + \dot{U}_{i(s)}^{(f)}$ 和 $\dot{U}_{j(s)} = \dot{U}_{j(s)}^{(0)} + \dot{U}_{j(s)}^{(f)}$ 代入式(8-126)，得

$$
\dot{I}_{ij(s)} = \frac{\dot{U}_{i(s)} - \dot{U}_{j(s)}}{z_{ij(s)}} = \frac{\dot{U}_{i(s)}^{(0)} - \dot{U}_{j(s)}^{(0)}}{z_{ij(s)}} + \frac{\dot{U}_{i(s)}^{(f)} - \dot{U}_{j(s)}^{(f)}}{z_{ij(s)}} = \dot{I}_{ij(s)}^{(0)} + \dot{I}_{ij(s)}^{(f)} \tag{8-127}
$$

式中，$z_{ij(s)}$ 为 $i-j$ 支路的序阻抗；$\dot{I}_{ij(s)}^{(0)}$ 为 $i-j$ 支路各序电流的正常分量；$\dot{I}_{ij(s)}^{(f)}$ 为 $i-j$ 支路各序电流的故障分量。

显然，$\dot{I}_{ij(2)}^{(0)}$ 和 $\dot{I}_{ij(0)}^{(0)}$ 均为零。在简化的横向故障计算中，若假定故障前各节点电压相等，则 $\dot{I}_{ij(1)}^{(0)} = 0$，即支路中的各序电流只有故障分量。

根据式(8-122)，可得

$$
\dot{I}_{ij(s)}^{(f)} = \frac{\dot{U}_{i(s)}^{(f)} - \dot{U}_{j(s)}^{(f)}}{z_{ij(s)}} = \frac{Z_{jf(s)} - Z_{fk(s)} + Z_{ik(s)} - Z_{if(s)}}{z_{ij(s)}} \, \dot{I}_{F(s)} \tag{8-128}
$$

应当指出，对于纵向故障，可以直接使用上述各公式进行计算；而对于横向故障，式（8-128）中凡是下标包含 k 的量全为零，即改为

$$\dot{I}_{ij(s)}^{(f)} = \frac{\dot{U}_{i(s)}^{(f)} - \dot{U}_{j(s)}^{(f)}}{z_{ij(s)}} = \frac{Z_{jf(s)} - Z_{if(s)}}{z_{ij(s)}} \dot{I}_{F(s)} \qquad (8-129)$$

若零序网络中 i–j 支路和 p–q 支路间有互感，则上述求任一支路零序电流的公式不能使用，这里不再讨论，可参考相关书籍。

（8）求指定节点的各相电压和指定支路的各相电流　根据上述求出的各节点序电压和任一支路序电流，利用对称分量法的公式，即可得到指定节点的各相电压和指定支路的各相电流。但此时还应考虑经过 YN，d 接线变压器时正、负序电流和电压的相位变化。

如果使用节点阻抗矩阵计算简单不对称故障，求节点电压和支路电流的公式不变，只需将步骤（3）改为用支路追加法形成各序网的节点阻抗矩阵即可。支路追加法的原理这里也不再介绍，可参考相关书籍。

简单不对称故障计算的框图如图 8-57 所示。

二、简单不对称故障的 MATLAB 仿真

某 220kV 电力系统为双电源供电系统，其中发电机输出电压为 13.8kV，经变压器升压到 220kV 电压等级后通过两条输电线路送入无穷大系统。两条线路的长度分别为 150km 和 200km。下面对在 200km 长线路始端发生各种不对称短路故障的情况进行仿真分析。

1. 搭建仿真电路图及参数设置

在 200km 长的线路始端连接一个故障发生器，模拟系统发生短路故障。在同一点连接一个测量元件，测量短路点的电压和电流。该电力系统的仿真模型如图 8-58 所示。

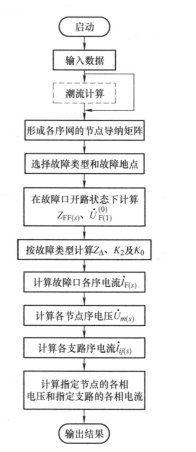

图 8-57　简单不对称故障计算的框图

在图 8-58 中，发电机采用简化同步发电机模型，额定视在功率为 50MV·A，电压为 13.8kV，频率为 50Hz，和简化同步发电机模块输入端口相连的常数模块机械功率（Pm）为 0.8p.u.，发电机内部电压源电压（E）为 1.05p.u.；无穷大功率电源额定电压为 220kV，频率为 50Hz，采用 Yg 接法，其他参数保持默认值不变；变压器额定容量为 500MV·A，高压侧额定电压为 220kV，低压侧电压为 13.8kV，采用 D，yn1 接线，其他参数需根据变压器的技术数据计算求出；输电线路长度分别为 150km 和 200km，其他参数保持默认值不变；负荷 Load1 ~ Load3 为无功功率负荷，负荷大小为 200Mvar，负荷 Load4 为有功功率负荷，负荷大小为 200MW。仿真参数选择 ode23t 算法，仿真起始时间为 0s，终止时间为 0.2s，其他参数采用默认设置。在三相线路故障模块中设置 0.04s 时刻发生故障。

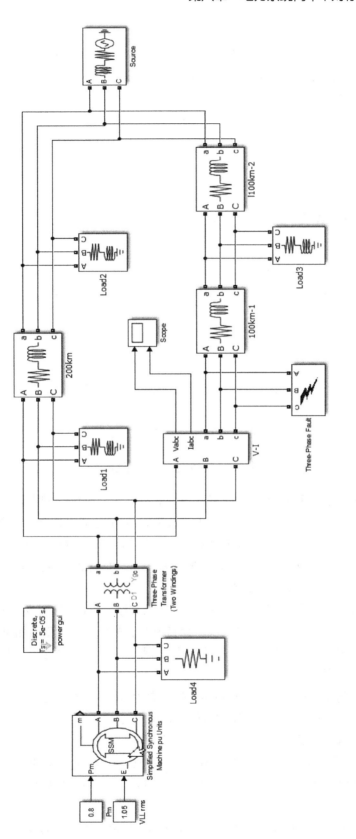

图 8-58 双电源供电系统的仿真模型

2. 仿真结果分析

（1）单相接地短路仿真分析　设置三相短路元件参数为 A 相接地短路，得到线路单相接地短路时，短路点的短路电压、电流波形如图 8-59 所示。

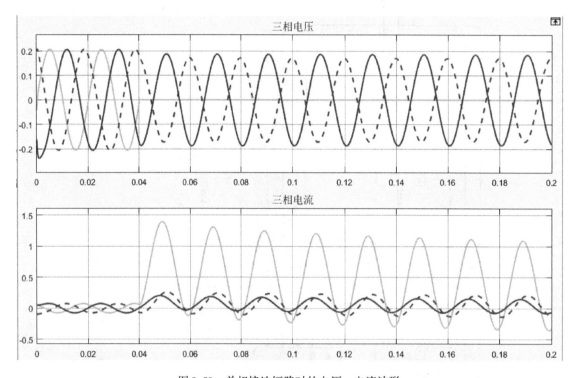

图 8-59　单相接地短路时的电压、电流波形

在 0~0.04s 时线路工作在稳定状态，三相电压、电流对称。在 0.04s 时发生 A 相接地短路，A 相电压基本为 0，B、C 相电压相对减小；故障相 A 相电流迅速上升为短路电流，B、C 相电流也相对增大；三相电压、电流不再对称，说明单相接地短路为不对称短路。

（2）两相短路仿真分析　改变三相短路元件参数为 B、C 两相相间短路，得到线路两相短路时，短路点的短路电压、电流波形如图 8-60 所示。

在 0~0.04s 时系统工作在稳定状态，三相电压、电流对称。在 0.04s 时发生 B、C 两相短路，B、C 两相电压相等且减小，A 相电压基本保持不变；故障相 B、C 两相电流迅速上升为短路电流幅值基本相等，相位相反，A 相电流基本保持不变；三相电压、电流不再对称，说明两相短路为不对称短路。

（3）两相接地短路仿真分析　改变三相短路元件参数为 B、C 两相接地短路，得到线路两相接地短路时，短路点的短路电压、电流波形如图 8-61 所示。

在 0~0.04s 时线路工作在稳定状态，三相电压、电流对称。在 0.04s 时发生 B、C 两相接地短路，B、C 两相电压基本为 0，A 相电压相对减小；故障相 B、C 两相电流迅速上升为短路电流，A 相电流也相对增大；三相电压、电流不再对称，说明两相接地短路为不对称短路。

从以上的仿真结果可知，单相接地短路、两相短路和两相接地短路时的波形图与实际理

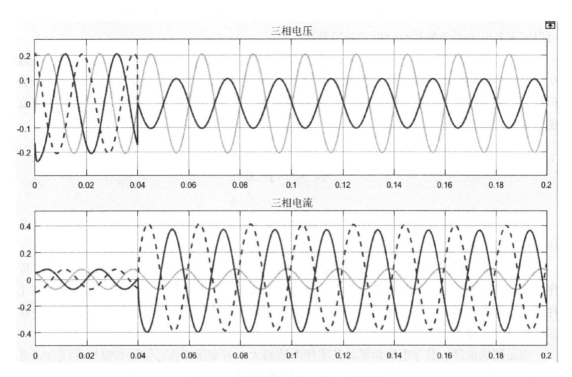

图 8-60　两相短路时的电压、电流波形

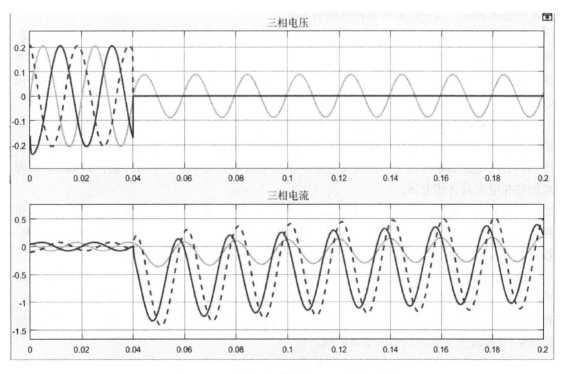

图 8-61　两相接地短路时的电压、电流波形

论分析相符。改变系统中元件的相关参数，就能得到电力系统不同工况时的仿真结果，从而可以实现对电力系统的运行分析和故障判断。

由此说明，MATLAB/Simulink 软件具有强大的仿真功能，其建模过程简便直观、高效快捷，这种模块化的建模仿真分析方法避免了繁杂冗长的编程过程，且仿真结果逼近系统实际行为，是进行电力系统仿真和系统研究的有力工具，为电气工作者提供了一种简便、直观、有效的仿真研究手段。

本 章 小 结

对称分量法是分析电力系统不对称故障的有效方法。在三相参数对称的线性电路中，各序对称分量具有独立性。

应用对称分量法分析和计算电力系统的不对称故障时，必须先计算各元件的序阻抗。负序电抗和零序电抗的计算是本章的重点。电力系统各元件序电抗的大小与各序电流通过该元件时产生的磁场情况有关。静止元件的正序电抗和负序电抗相等，旋转元件的正序、负序和零序电抗互不相等。

变压器的正序、负序电抗相等，其零序电抗的大小与变压器铁心结构和绕组接线方式有关。输电线路的零序电抗大于正序电抗，是因为各相间的互感磁通是相互加强的；架空地线的存在又使输电线路的零序电抗有所减小，是因为架空地线中的零序电流与输电线路中的零序电流方向相反，其互感磁通是相互抵消的。

制定各序网络时，应包含各序电流通过的所有元件。负序网络与正序网络的结构相同，但是为无源网络。制定零序网络时，应从故障点开始，逐个查明零序电动势源所能形成的零序电流通路。零序网络也是无源网络，在一相零序网络中，中性点的接地阻抗须以其 3 倍值表示。

分析不对称故障的有效方法是：针对不同的故障类型，列出反映故障点电压和电流关系的边界条件，并用基准相以序分量表示的边界条件组成复合序网，然后根据复合序网求得基准相的各序电流和各序电压，最后按对称分量法将故障点的序分量逐项合成，即可求出故障点的各相电流及各相电压。

根据正序电流的表达式，可以归纳出正序等效定则，即在简单不对称短路的情况下，短路点的正序分量电流，与在短路点每相中接入附加电抗 $X_\Delta^{(n)}$ 而发生三相短路时的电流相等。按正序等效定则得到的等效电路（正序增广网络），其实质就是复合序网。

电力系统中发生不对称故障时，除了要计算故障点处的电压和电流外，还需要计算网络中各支路的电流和各节点的电压。为此，应先确定电流和电压的各序分量在网络中的分布，再将各序分量按对称分量法合成，即可求得各相电流或电压值。但应注意正序、负序分量经过 YN，d 接线变压器后的相位变换问题。

电力系统的简单不对称故障分为两种类型，即横向故障（短路故障）和纵向故障（断线故障）。它们的分析、计算的原理和方法相同，但需注意，横向故障和纵向故障的故障端口是不同的，相关公式中各电气量的含义也完全不同。

思考题与习题

8-1　什么是对称分量法？a、b、c 分量与正序、负序、零序分量具有怎样的关系？

8-2　如何应用对称分量法分析不对称短路故障？

8-3　变压器的零序电抗主要和哪些因素有关？

8-4　输电线路的正序、负序、零序电抗各有什么特点？架空地线对线路的零序电抗有何影响？

8-5　制定各序网络的步骤是什么？

8-6　试简述电力系统简单不对称故障分析与计算的步骤。

8-7　各种简单不对称短路故障的边界条件分别是什么？复合序网分别是怎样连接的？

8-8　什么是正序等效定则？各种简单故障的附加电抗分别是什么？故障相电流与正序电流的关系如何？

8-9　电力系统发生不对称故障时，电流和电压在网络中的分布如何计算？各序电压的分布情况怎样？

8-10　正序和负序分量经 YN，d11 联结和 Y，yn0 联结变压器后相位应如何变换？

8-11　纵向不对称故障与横向不对称故障有何异同点？

8-12　已知某一不平衡的三相系统的 $\dot{I}_a = 1$，$\dot{I}_b = e^{-j90°}$，$\dot{I}_c = 2e^{j135°}$，试求其正序、负序及零序电流。

8-13　试画出图 8-62 所示电力系统 k 点发生接地短路时的正序、负序和零序等值网络。

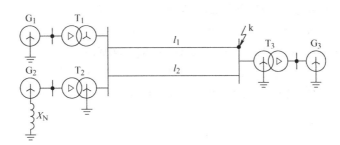

图 8-62　习题 8-13 附图

8-14　试画出图 8-63 所示电力系统 k 点发生接地短路时的零序等值网络。

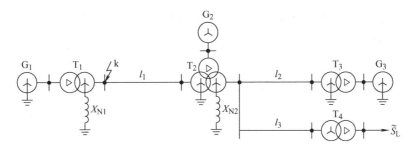

图 8-63　习题 8-14 附图

8-15 如图 8-64 所示电力系统，试分别作出 k 点发生短路故障和断线故障时的零序等值网络，并写出零序电抗表达式。

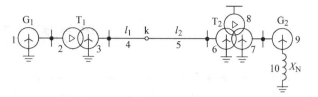

图 8-64 习题 8-15 附图

8-16 如图 8-65 所示系统，各元件参数已标于图中，当在 k 点发生 a 相接地短路，a、b 两相短路，a、c 两相接地短路时，试分别计算故障点的各相电流和各相电压。

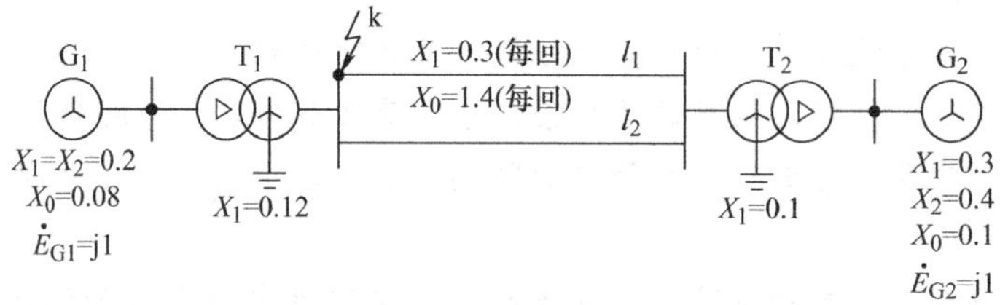

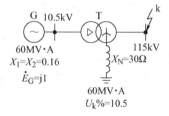

图 8-65 习题 8-16 附图

8-17 试用正序等效定则分别计算图 8-66 所示系统中 k 点发生单相接地短路、两相短路和两相接地短路时的短路点故障相短路电流的标幺值（取 $S_B = 60MV \cdot A$，$U_B = U_{av}$）。

8-18 在图 8-67 所示电力系统中，变压器 T_1 采用 YN，d11 接线，在距母线 20km 处的线路上发生 b、c 两相接地短路，求两侧支路的各相电流、M 母线上的各相电压、变压器 T_1 低压侧的各相电流及各相电压。系统中各元件参数如下：发电机 G_1 为 $S_N = 30MV \cdot A$，$X_d'' = X_2 = 0.13$，G_2 为 $S_N = 60MV \cdot A$，$X_d'' = X_2 = 0.125$；变压器 T_1 为 $S_N = 31.5MV \cdot A$，$U_k\% = 10.5$，T_2 为 $S_N = 60MV \cdot A$，$U_k\% = 10.5$；电力线路 l 长度为 80km，$x_1 = 0.4\Omega/km$，$x_0 = 3.5x_1$。

图 8-66 习题 8-17 附图

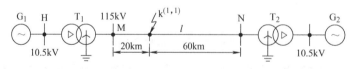

图 8-67 习题 8-18 附图

8-19 如图 8-68 所示的电力系统，当在线路首端发生 a 相断线时，试求断开相的断口电压和非故障相中的电流。

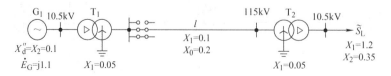

图 8-68 习题 8-19 附图

第九章
电力系统的稳定性

本章简要介绍电力系统稳定性的基本概念，推导出适合电力系统稳定性分析计算用的同步发电机转子运动方程和功角特性方程，重点介绍电力系统稳定性的分析方法和提高电力系统稳定性的措施。

第一节 概 述

电力系统的稳定性是指当电力系统受到某种干扰后，凭借系统本身固有的能力和控制设备的作用，经过一定时间后又恢复到原来的稳定运行状态或过渡到一个新的稳定运行状态的能力。保证电力系统运行的稳定是电力系统正常运行的必要条件，只有在保持电力系统稳定的条件下，电力系统才能不间断地向用户提供可靠而优质的电能。

电力系统中有大量并联运行的同步发电机，电力系统正常运行的一个重要标志，是系统中的同步发电机都处于同步运行状态。所谓同步运行状态是指所有并联运行的同步发电机都能保持相同的角速度运行。由电机学知识可知，同步发电机的转速取决于作用在转子上的转矩，当转矩发生变化时，转速也将相应地发生变化。正常运行时，原动机输入的机械功率与发电机输出的电磁功率保持平衡，从而保证了发电机以恒定的同步转速运行。对于电力系统中并联运行的所有发电机组来说，这种功率的平衡状况是相对的、暂时的。由于电力系统的负荷随时都在变化，甚至还有可能发生偶然事故，因此随时会打破这种功率平衡状态，发电机将因输入、输出功率的不平衡而发生转速的变化。电力系统的电能生产正是在这种功率平衡不断遭到破坏，同时又不断恢复的过程中进行的。

电力系统的稳定性按其遭受到干扰的大小，可分为静态稳定性和暂态稳定性。

电力系统静态稳定性是指电力系统在运行中受到小干扰后，能够自动恢复到原来运行状态的能力。小干扰一般是指正常运行时负荷或参数的正常变动，如个别电动机的接入或切除，负荷的随机增减，架空线路因风吹摆动引起线间距离（影响线路电抗）的微小变化等。在小干扰作用下，系统中各状态量（电压、电流、功率）的变化很小，因此可以将描述系统特性的微分方程线性化进行分析。其研究结果不是确定允许参数对原始运行状态的偏移值，而是确定运行参数变化的性质，得出系统稳定或不稳定的结论。通常采用小干扰法进行分析研究。

电力系统的暂态稳定性是指电力系统在运行中受到大干扰后，能够恢复到原来运行状态或达到一个新的稳定运行状态的能力。大干扰包括大负荷的突然变化，大容量重要输电设备（发电机、变压器、输电线路等）的投入或切除，系统中发生各种短路和断线故障等。在大干扰作用下，系统中的状态变量变化较大，所以必须考虑系统元件的非线性特性，从系统的机电暂态过程来分析和研究其暂态稳定性。

电力系统的稳定性一旦遭到破坏，将会造成大量用户供电中断，甚至导致整个系统崩溃，给国民经济带来不可估量的损失，后果极为严重。因此，分析电力系统运行稳定性的规律，研究提高稳定性的措施，对保证电力系统安全可靠运行具有极其重要的意义。

第二节 机组的机电特性

要分析和研究电力系统的运行稳定性，首先要对系统中各旋转元件的机电特性有所了解。下面讨论同步发电机组的转子运动方程和功角特性方程。

一、同步发电机组的转子运动方程

从力学中可知，旋转体的转速变化取决于作用在轴上的转矩平衡情况，根据旋转物体的力学定律，同步发电机组的转子运动状态可表示为

$$\Delta M = J\alpha = J\frac{\mathrm{d}\Omega}{\mathrm{d}t} \tag{9-1}$$

式中，J 为转子的转动惯量（$\mathrm{kg \cdot m^2}$）；α 为转子的机械角加速度（$\mathrm{rad/s^2}$）；Ω 为转子的机械角速度（$\mathrm{rad/s}$）；ΔM 为作用在转子轴上的不平衡转矩，或称净加速转矩（$\mathrm{N \cdot m}$），等于原动机的机械转矩 M_T 和发电机电磁转矩 M_e 之差，即 $\Delta M = M_T - M_e$。

式(9-1) 为同步发电机组转子运动的机械转矩方程式，在电力系统稳定性分析中，常用惯性时间常数和电角速度来描述转子的运动。因此，还需对式(9-1) 做一些变换。

当转子以额定转速（即同步转速）Ω_N 旋转时，其旋转动能为

$$W_k = \frac{1}{2}J\Omega_N^2 \tag{9-2}$$

由式(9-2) 可得

$$J = \frac{2W_k}{\Omega_N^2}$$

代入式(9-1) 中得

$$\Delta M = \frac{2W_k}{\Omega_N^2} \times \frac{\mathrm{d}\Omega}{\mathrm{d}t} \tag{9-3}$$

采用标幺值时，取转矩的基准值 $M_B = S_B/\Omega_N$，则可得

$$\Delta M_* = \frac{2W_k}{S_B\Omega_N} \times \frac{\mathrm{d}\Omega}{\mathrm{d}t} = \frac{T_J}{\Omega_N} \times \frac{\mathrm{d}\Omega}{\mathrm{d}t} \tag{9-4}$$

式中，T_J 称为发电机组的惯性时间常数（s），$T_J = \frac{2W_k}{S_B}$。

当发电机极对数为 p 时，电角速度 ω 与机械角速度 Ω 之间的关系为

$$\omega = p\Omega; \quad \omega_N = p\Omega_N$$

式(9-4) 可改写为

$$\Delta M_* = \frac{T_J}{\omega_N} \times \frac{\mathrm{d}\omega}{\mathrm{d}t} \tag{9-5}$$

下面讨论同步发电机组惯性时间常数 T_J 的物理意义。

式(9-5) 可改写为

$$\Delta M_* = \frac{T_J}{\omega_N} \times \frac{d\omega}{dt} = T_J \frac{d\omega_*}{dt} \tag{9-6}$$

对式(9-6) 两边积分得

$$\int_0^t \Delta M_* \, dt = \int_0^1 T_J d\omega_*$$

当给发电机转子施加额定转矩时，即 $\Delta M = M_N$ 或 $\Delta M_* = 1$，可求发电机转速从 $\omega_* = 0$（静止状态）到 $\omega_* = 1$（额定状态）所需的时间，即由

$$\int_0^t 1 dt = T_J \int_0^1 d\omega_*$$

得
$$t = T_J \tag{9-7}$$

由式(9-7) 可见，惯性时间常数 T_J 的物理意义是：当给发电机转子施加额定转矩后，其转子从静止状态达到额定转速所需的时间（s）。

通常制造厂家提供的发电机组的数据是飞轮转矩 GD^2，它和 T_J 之间的关系为

$$T_J = \frac{2.74 GD^2 n_N^2}{1000 S_N} \tag{9-8}$$

式中，GD^2 为发电机组的飞轮转矩（$t \cdot m^2$）；n_N 为发电机组的额定转速（r/min）；S_N 为发电机组的额定容量（$kV \cdot A$）。

下面导出用电角度表示的转子运动方程式。图9-1 所示的角度关系中，空间固定参考轴是静止不动的，同步参考轴以同步角速度 ω_N 在空间旋转，转子 q 轴以电角速度 ω 在空间旋转。在电力系统稳定性分析中，常采用转子 q 轴与同步参考轴之间的夹角 δ 来反映转子的空间位置，作为状态变量。由图9-1 可得出转子的相对角速度为

$$\frac{d\delta}{dt} = \omega - \omega_N \tag{9-9}$$

将式(9-9) 两边对 t 求导得

$$\frac{d^2\delta}{dt^2} = \frac{d\omega}{dt} \tag{9-10}$$

将式(9-10) 代入式(9-5) 得

$$\Delta M_* = \frac{T_J}{\omega_N} \times \frac{d^2\delta}{dt^2} \tag{9-11}$$

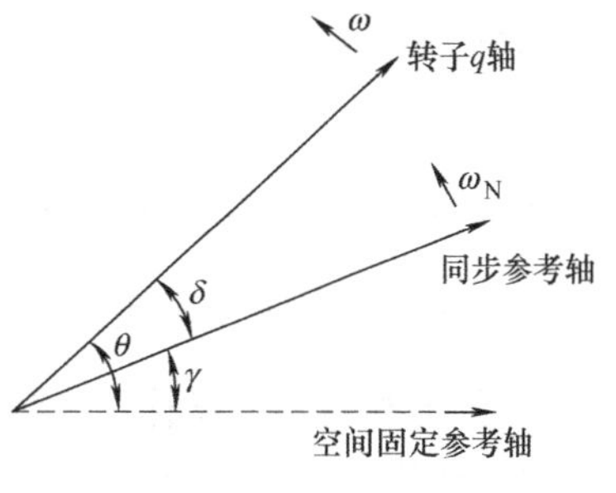

图9-1　同步发电机组转子的相对角度

正常运行时，发电机转子转速的变化很小（基本为同步转速），即 $\omega = \omega_N$，则 $\omega_* = 1$。又由于 $\Delta M_* \omega_* = \Delta P_*$，则 $\Delta M_* = \Delta P_*$，即可近似认为不平衡转矩的标幺值等于功率的标幺值。

这时，式(9-11) 又可表示为

$$\Delta P_* = \frac{T_J}{\omega_N} \times \frac{d^2\delta}{dt^2} = P_{T*} - P_{e*} \tag{9-12}$$

式中，ΔP_* 为不平衡功率标幺值，P_{T*} 为原动机输入机械功率标幺值；P_{e*} 为发电机输出电磁功率标幺值。

式(9-12) 就是分析系统稳定问题常用的同步发电机组转子运动方程式。它可以描述电

力系统受扰动后发电机间或发电机与系统间的相对运动，也是用来判断电力系统受扰动后能否保持稳定性的最直接根据。

由上面给出的转子运动方程式可以看出，发电机组转子的运动状态决定于作用在其轴上的不平衡转矩（或功率）。不平衡转矩（或功率）中原动机的机械转矩（或功率）取决于本台发电机的原动机及其调速系统的特性，在近似分析较短时间内的暂态过程时，可以认为原动机的机械转矩（或功率）保持不变；发电机的电磁转矩（或功率）与本台发电机的电磁特性、转子运动特性、负荷特性、网络结构等有关，是电力系统稳定分析和计算中最为复杂的部分。因此，电力系统稳定计算的主要任务就是对发电机输出的电磁转矩（或功率）进行描述和计算。

二、同步发电机的功角特性方程

同步发电机的功角特性是指发电机的电磁功率与功率角 δ 的关系，功角特性是研究电力系统稳定性的基础。发电机本身的结构和运行状态不同，其功角特性方程的表示形式也不同。发电机的功角特性可用空载电动势和同步电抗表示，还可用暂态电动势和暂态电抗表示，又可用次暂态电动势和次暂态电抗表示。本书主要以隐极式发电机为例，介绍不考虑发电机励磁调节的作用，即保持 E_q 恒定不变时的功角特性。

图 9-2a 所示为一简单电力系统，由一台等值发电机经升压变压器和高压输电线路与无穷大容量系统并联运行（通常称为单机—无穷大系统）。为便于分析，忽略系统中各元件电阻和导纳，仅考虑其电抗。

隐极式发电机的转子是对称的，它的直轴和交轴同步电抗相等，即 $X_d = X_q$，该系统的等效电路如图 9-2b 所示。电力系统正常运行时，发电机可用空载电动势和同步电抗来表示，系统的总电抗为

$$X_{d\Sigma} = X_d + X_{T1} + \frac{1}{2}X_l + X_{T2}$$

根据等效电路，可写出定子绕组电压方程为

$$\dot{E}_q = \dot{U} + \mathrm{j}\,\dot{I}\,X_{d\Sigma} \tag{9-13}$$

由式(9-13) 可作出隐极式发电机正常运行时的相量图，如图 9-2c 所示。图中，$\dot{U}$ 为无穷大母线电压，$\dot{I}$ 为发电机负荷电流，$\dot{E}_q$ 为空载电动势，φ 为 $\dot{U}$ 和 $\dot{I}$ 之间的相位角，δ 为 $\dot{E}_q$ 和 $\dot{U}$ 之间的相位角，又称功率角。

发电机输出的电磁功率为

$$P_e = \mathrm{Re}(\dot{E}_q \overset{*}{I}) = E_q I \cos(\delta + \varphi) = E_q I \cos\delta\cos\varphi - E_q I \sin\delta\sin\varphi \tag{9-14}$$

由图 9-2 的相量图可得

$$E_q \sin\delta = I X_{d\Sigma}\cos\varphi \quad \text{和} \quad E_q \cos\delta = U + I X_{d\Sigma}\sin\varphi$$

即

$$\left.\begin{array}{l} I\cos\varphi = \dfrac{E_q \sin\delta}{X_{d\Sigma}} \\[3mm] I\sin\varphi = \dfrac{E_q \cos\delta - U}{X_{d\Sigma}} \end{array}\right\} \tag{9-15}$$

将式(9-15) 代入式(9-14)，经整理后得

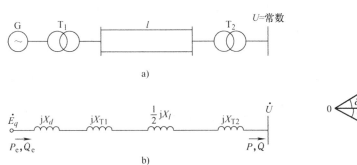
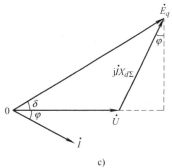

图 9-2　单机—无穷大的简单电力系统

a) 系统接线图　b) 等效电路图　c) 相量图

$$P_e = \frac{E_q U}{X_{d\Sigma}} \sin\delta \tag{9-16}$$

当忽略元件电阻时，线路损耗为零，则发电机送到无穷大系统的功率与发电机的输出功率相等，即 $P = P_e$。

式(9-16) 即为隐极式发电机的功角特性方程，当 E_q 和 U 为定值时，可以作出以隐极式发电机为电源的简单电力系统的功角特性曲线，如图 9-3 所示，该曲线为一正弦曲线。

功角特性曲线上的最大值，称为功率极限。功率极限可由 $dP/d\delta = 0$ 的条件求出。对于无调节励磁的隐极式发电机，E_q 为常数，由式(9-6) 可知，功率极限为 $P_m = \dfrac{E_q U}{X_{d\Sigma}}$，出现在功率角 $\delta = 90°$ 处。

该功角特性曲线多运用于电力系统正常运行或系统遭受小干扰后稳态运行稳定性的分析和计算。

在计算功角特性时，发电机的电动势 E_q 可根据图 9-2c 来求，即

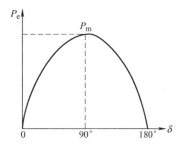

图 9-3　隐极式发电机的功角特性曲线

$$E_q = \sqrt{(U + IX_{d\Sigma}\sin\varphi)^2 + (IX_{d\Sigma}\cos\varphi)^2} \tag{9-17}$$

将 $P = UI\cos\varphi$ 和 $Q = UI\sin\varphi$ 代入式(9-17) 得

$$E_q = \sqrt{\left(U + \frac{QX_{d\Sigma}}{U}\right)^2 + \left(\frac{PX_{d\Sigma}}{U}\right)^2} \tag{9-18}$$

需要指出，现代电力系统中的发电机通常都装有不同型式的自动调节励磁系统，它对改变发电机的功角特性能起到显著作用。当不调节发电机的励磁电流而要保持空载电动势 E_q 不变时，随着发电机输出有功功率的增加，功角 δ 也要增大，因而发电机端电压 U_G 便要下降。发电机装设的自动调节励磁系统，通常是按照发电机端电压 U_G 的变化而调节励磁电流的。当发电机输出的有功功率增加，功角 δ 增大，U_G 降低时，自动调节励磁系统会自动调节发电机的励磁电流，以维持发电机的端电压 U_G 不变。但在实际电力系统中，发电机所采用的自动调节励磁系统并不能完全保持发电机端电压 U_G 不变，而只能保持发电机内某一个电动势（如 E_q'、E' 等）不变。因此，在分析装有自动调节励磁系统发电机组的稳定性时，可首先分析其暂态电动势或端电压是否保持恒定不变，再进一步推导其功角特性方程。

在研究电力系统稳定性时，功角 δ 是一个很重要的参数，它具有双重的物理意义：

1）它是送电端发电机空载电动势 $\dot{E}_q$ 与受电端系统母线电压 $\dot{U}$ 之间的相位角（电气量含义）。

2）若将受电端无穷大系统看成一个内阻抗为零的等效发电机，则 δ 可看成是送电端和受电端两个发电机转子之间的相对位置角（机械量含义）。

因此，可以将转子运动方程看成是联络电气量与机械量的桥梁。

第三节　电力系统的静态稳定性

电力系统的静态稳定性是指电力系统受到瞬时性小干扰后，能够自动恢复到原来运行状态的能力。实际上，电力系统几乎时时刻刻都受到小的干扰。因此，电力系统的静态稳定问题，实际上就是确定系统某个运行方式能否保持的问题。

一、简单电力系统的静态稳定性

简单电力系统如图9-4所示，假设发电机为隐极机，则在小扰动下，发电机的功角特性方程为

$$P_e = \frac{E_q U}{X_{d\Sigma}}\sin\delta \tag{9-19}$$

由此可得该系统的功角特性曲线，如图9-5所示。

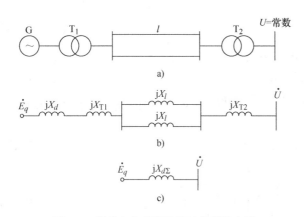

图9-4　简单电力系统接线及其等效电路

a）系统接线图　b）等效电路图　c）简化电路图

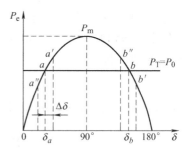

图9-5　简单电力系统的功角特性

假定原动机输出的机械功率 P_T 不变，并忽略发电机的功率损耗。在稳态运行情况下，发电机向无穷大系统输送的有功功率 P_e 等于原动机的机械功率 P_T，设此时 $P_T = P_0$。由图9-5可见，在功角特性曲线上有 a、b 两个功率平衡点，对应的功角分别为 δ_a 和 δ_b。下面进一步分析这两点受到微小干扰后的运行特性。

假设发电机运行在 a 点，若此时系统受到一个小干扰使发电机的功角增加一个微小增量 $\Delta\delta$ 时，则发电机输出的电磁功率也相应地增加，运行点由原来的 a 点到达 a' 点。由于原动机的机械功率不变，这样在 a' 点电磁功率将大于原动机的机械功率，在转子上产生了制动

性的不平衡转矩。在此不平衡转矩作用下，发电机转子将减速，功角 δ 将减小，运行点向原始的 a 点运动。当 δ 减小到 δ_a 时，虽然原动机机械功率与电磁功率相平衡，但由于转子的惯性作用，功角 δ 将继续减小，一直到 a 点下方某点时才能停止减小。在该点处，原动机机械功率大于发电机的电磁功率，发电机转子将加速，使 δ 增大。由于在运动过程中存在阻尼作用，经过一系列衰减振荡后，运行点又回到原来的 a 点，其过程如图9-6a中的实线所示。同样，如果小干扰使功角减小一个微小增量 $\Delta\delta$ 时，则发电机输出的电磁功率也相应地减少，运行点为 a'' 点。这时输出的电磁功率将小于输入的机械功率，转子将加速，δ 将增加。同样经过一系列衰减振荡后又恢复到 a 点运行其过程如图9-6a中的虚线所示。由以上分析可知，a 点是静态稳定运行点。

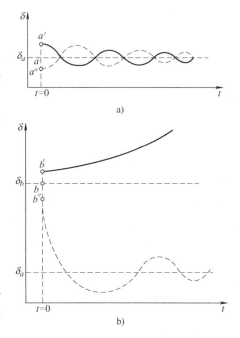

图9-6　受小扰动后的功角变化特性
a）运行点 a　b）运行点 b

发电机运行在 b 点的情况完全不同。在小干扰作用下使功角增加 $\Delta\delta$ 后，发电机输出的电磁功率不是增加而是减少，运行点为 b' 点。此时原动机的机械功率大于发电机的电磁功率，转子将加速，δ 将进一步增大。而功角增大时，与之对应的电磁功率将进一步减小，发电机转速继续增加，这样继续下去，运行点再也回不到 b 点，如图9-6b中实线所示。这样发电机与无穷大系统之间便不能继续保持同步运行，即失去了稳定。如果在 b 点运行时小干扰使功角减小 $\Delta\delta$，运行点到达 b'' 点，此时电磁功率大于机械功率，转子将减速，δ 将减小，一直减小到 δ_a，转子又获得加速，经过一系列的振荡后在 a 点达到新的平衡，也不会再回到 b 点如图9-6b中虚线所示。由此得出 b 点不是静态稳定运行点。

进一步分析简单电力系统的功角特性可知：在曲线上升部分的任何一点对小干扰的响应都与 a 点相同，都是静态稳定的；曲线下降部分的任何一点对小干扰的响应都与 b 点相同，都是静态不稳定的。

在功角特性曲线上升部分，电磁功率增量 ΔP_e 与功角增量 $\Delta\delta$ 的符号相同，即 $\Delta P_e/\Delta\delta > 0$，或写成 $dP_e/d\delta > 0$；在功角特性曲线下降部分，电磁功率增量 ΔP_e 与功角增量 $\Delta\delta$ 的符号相反，即 $\Delta P_e/\Delta\delta < 0$，或写成 $dP_e/d\delta < 0$。由此可得出一个重要结论：凡是满足 $dP_e/d\delta > 0$ 的运行点都是静态稳定的，而 $dP_e/d\delta < 0$ 的运行点都是静态不稳定的。

综上所述，可得出简单电力系统静态稳定的实用判据为

$$\frac{dP_e}{d\delta} > 0 \tag{9-20}$$

导数 $\dfrac{dP_e}{d\delta}$ 称为整步功率系数，其大小可以表明发电机维持同步运行的能力，即保持静态稳定的程度。

由此判据可知，对于简单电力系统，当 $\delta < 90°$ 时，$dP_e/d\delta > 0$，在此范围的所有点都是

稳定的，但 δ 越接近 $90°$，其值越小，稳定程度越低。当 $\delta = 90°$ 时，$\mathrm{d}P_e/\mathrm{d}\delta = 0$，是静态稳定的临界点，称为静态稳定极限。它与功角特性曲线的最大值（即功率极限 P_m）相对应。

实际运行中，电力系统不允许运行在静态稳定极限附近，因为运行情况受到干扰或稍有变动就有可能失去稳定，所以要求运行点离稳定极限有一定距离，即要保持一定的稳定储备。其静态稳定储备系数的定义为

$$K_p = \frac{P_m - P_0}{P_0} \times 100\% \qquad (9\text{-}21)$$

式中，P_m 为静态稳定的功率极限；P_0 为某一运行方式下的输送功率。通常可认为，K_p 值的大小表示了电力系统由功角特性所确定的静态稳定度。K_p 越大，稳定程度越高，但输送功率却受到更大的限制；反之，K_p 越小，则稳定程度越低，降低了系统运行的可靠性。根据我国现行的《电力系统安全稳定导则》中的规定，系统在正常运行方式下 K_p 应不小于 15%，在事故后的运行方式和特殊情况下 K_p 应不小于 10%。

最后还需指出，电力系统在运行中随时都将受到各种原因引起的小干扰，如果电力系统的运行状态不具有静态稳定的能力，则电力系统是不能运行的。

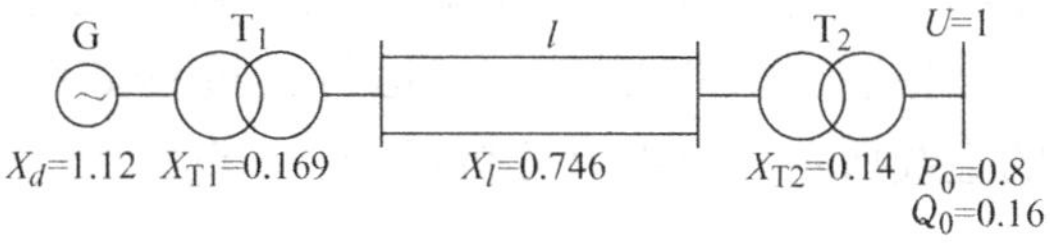

【例 9-1】 如图 9-7 所示的电力系统，各元件标幺值参数已标于图中，试计算当 E_q 为常数时此系统的静态稳定功率极限及静态稳定储备系数。

图 9-7 【例 9-1】电力系统接线图

解：$X_{d\Sigma} = X_d + X_{T1} + \frac{1}{2}X_l + X_{T2} = 1.12 + 0.169 + \frac{1}{2} \times 0.746 + 0.14 = 1.802$

$$E_q = \sqrt{\left(U + \frac{Q_0 X_{d\Sigma}}{U}\right)^2 + \left(\frac{P_0 X_{d\Sigma}}{U}\right)^2} = \sqrt{\left(1 + \frac{0.16 \times 1.802}{1}\right)^2 + \left(\frac{0.8 \times 1.802}{1}\right)^2} = 1.933$$

则静态稳定功率极限为

$$P_m = \frac{E_q U}{X_{d\Sigma}} = \frac{1.933 \times 1}{1.802} = 1.073$$

因此，静态稳定储备系数为

$$K_p = \frac{P_m - P_0}{P_0} \times 100\% = \frac{1.073 - 0.8}{0.8} \times 100\% = 34.13\%$$

二、用小干扰法分析简单电力系统的静态稳定性

前面介绍的分析电力系统静态稳定的实用判据，只能从物理概念上作定性分析，当需要对电力系统的静态稳定性作较严格的计算时，可采用小干扰法。

小干扰法的基本原理是根据李雅普诺夫对一般运动稳定性的理论，以线性化分析为基础的分析方法。

李雅普诺夫理论认为，任何一个动力学系统都可以用多元函数 $\varphi(x_1, x_2, x_3, \cdots)$ 来表示。当系统因受到某种微小干扰使其参数发生变化时，则函数变为 $\varphi(x_1 + \Delta x_1, x_2 + \Delta x_2, x_3 + \Delta x_3, \cdots)$，若所有参数的微小增量在微小干扰消失后能趋近于零，即 $\lim_{t \to \infty} \Delta x \to 0$，则该系统可认为是稳定的。

电力系统实质上是一个动力学系统。对电力系统而言，当在正常运行情况下系统受到微小干扰后，将使功角、电压、功率等电气量产生偏移，若扰动消失后这些偏移量能衰减到零，则认为该电力系统是稳定的，反之，则该系统是不稳定的。

用小干扰法分析电力系统静态稳定的步骤如下：

（1）列出电力系统遭受小干扰后的运动状态方程（该方程就是包含各参数微小增量的转子运动方程和功角特性方程，是一组非线性微分方程）；

（2）将以上微分方程线性化处理，得到近似的线性微分方程组；

（3）求解线性化的微分方程，写出其特征方程式，并求出特征方程的特征值（根）；

（4）根据微分方程的解或特征根方程的根来判断系统是否稳定。

如果特征方程有正实根时（只要有一个正实根），微分方程的解中必定有某个或某些分量将随时间的增大按指数规律不断增大。就电力系统而言，就是功角的变化量 $\Delta\delta$ 将随时间的增大而增大，系统便不稳定，且失去稳定的过程是非周期性的，如图9-8a 所示。

如果特征方程只有负实根时，微分方程的解中所有分量都将随时间的增大按指数规律不断减小。就电力系统而言，就是功角的变化量 $\Delta\delta$ 将随时间的增大而减小，则系统是静态稳定的，如图9-8b 所示。

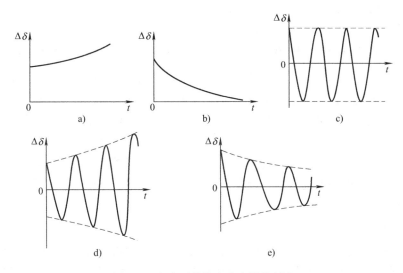

图9-8　电力系统静态稳定性的判定

a）特征方程有正实根时　b）特征方程只有负实根时　c）特征方程只有共轭虚根时
d）特征方程有实部为正值的共轭复根时　e）特征方程只有实部为负值的共轭复根时

如果特征方程只有共轭虚根时，微分方程的解中所有分量都将随时间的增大而不断等幅地交变。就电力系统而言，就是功角的变化量 $\Delta\delta$ 将随时间的增大而不断等幅振荡，这是一种静态稳定的临界状态，如图9-8c 所示。

如果特征方程有实部为正值的共轭复根时（只要有一对共轭复根），微分方程的解中必定有某个或某些分量将随时间的增大而不断地交变，且交变的幅值又按指数规律不断增大。就电力系统而言，就是功角的变化量 $\Delta\delta$ 将随时间的增大而不断增幅振荡，即发生所谓"自发振荡"现象，系统也是静态不稳定的，且失去稳定的过程是周期性的，如图9-8d 所示。

如果特征方程只有实部为负值的共轭复根时，微分方程的解中所有分量都将随时间的增大而不断地交变，且交变的幅值又按指数规律不断减小。就电力系统而言，就是功角的变化量 $\Delta\delta$ 将随时间的增大而不断减幅振荡，即发生衰减振荡现象，系统也是静态稳定的，如图9-8e 所示。

综上所述，如果特征根位于复数平面上虚轴的左侧，系统就是静态稳定的；反之，特征根中只要有一个根位于复数平面虚轴的右侧，系统就不能保持静态稳定，如图9-9 所示。

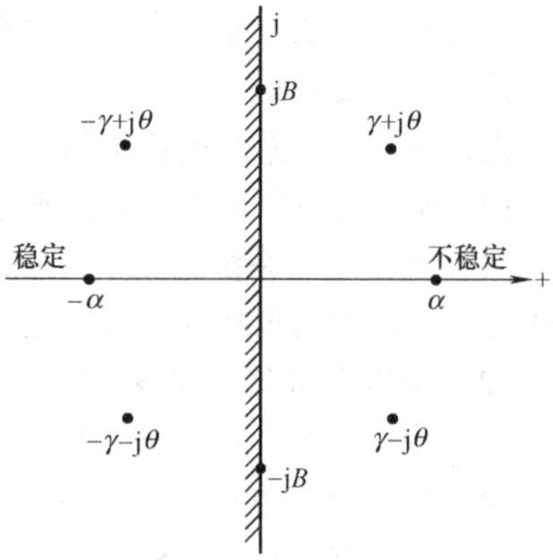

图9-9　复数平面上的静态稳定区

三、提高电力系统静态稳定性的措施

通过对电力系统静态稳定性的分析可知，发电机可能输送的功率极限越大，则系统的静态稳定性越高。从前面介绍的单机无穷大系统的情况来看，减少发电机与系统之间的总电抗 $X_{d\Sigma}$ 就可以提高发电机的功率极限。从物理意义上讲，这就是加强了发电机与无穷大系统之间的电气联系，即缩短了"电气距离"。缩短"电气距离"就是减小各元件的阻抗，主要是电抗。以下介绍的几种提高静态稳定性措施，都是直接或间接地减小电抗的措施。

1. 发电机采用自动调节励磁装置

当发电机没有装自动调节励磁装置时，空载电动势 E_q 为常数，发电机的电抗为同步电抗 X_d。在现代电力系统中，为了改善发电机的运行特性，大多数发电机都装有自动调节励磁装置。当发电机装设比例型励磁调节器时，发电机可看作具有 E_q' 为常数的功角特性，这也相当于将发电机的电抗从同步电抗 X_d 减小为次暂态电抗 X_d'（$X_d' < X_d$）。如果采用按运行状态变量的导数调节励磁，甚至可以维持发电机的端电压为常数，这就相当于将发电机的电抗减小到零。因此发电机装设先进的励磁调节器，就相当于缩短了发电机与系统间的电气距离，从而提高了系统的静态稳定性。装设自动调节励磁装置价格低廉，效果显著，是提高静态稳定性的首选措施。

2. 减小线路电抗

线路电抗在系统总电抗中所占比例较大，因此，减小线路电抗对提高电力系统的功率极限和静态稳定性有重要作用。在第二章中已经介绍，高压输电线路采用分裂导线不仅可以避免产生电晕，同时还可以减小线路的电抗。分裂根数越多，分裂间距越大，线路的电抗值越小。

3. 采用串联电容器补偿

在输电线路上串联电容器可以补偿线路的电抗，其作用除了可以降低线路的电压降落并用于调压外，还可以通过减少线路的电抗来提高电力系统的静态稳定性。当采用串联电容补偿用来提高系统的稳定性时，其补偿度需通过稳定计算来确定。

一般来说，补偿度越大，对提高电力系统的静态稳定性越有利，但补偿度的增大受到许多条件的限制。补偿度一般取 $0.2 \sim 0.5$ 之间为宜。

串联电容器一般采用集中补偿，当线路两侧都有电源时，串联电容器一般设置在中间变电所内；当只有一侧有电源时，串联电容器一般设置在末端变电所内以避免产生过大的短路电流。

4. 提高线路的额定电压等级

从简单电力系统的功角特性可知，提高线路的额定电压可提高功率极限，从而可提高静态稳定的水平。从另一方面看，提高线路的额定电压也可等值地看作是减小线路电抗，因为当采用统一的基准值计算各元件的电抗标幺值时，线路电抗标幺值与其电压二次方成反比。但电压等级越高，投资越大，因此，一定的输送距离和输送功率，应有其对应的经济上合理的额定电压等级。

5. 改善系统结构

改善系统结构的核心是加强主系统的联系，消除薄弱环节。例如增加输电线路的回路数以减小线路电抗。另外，当输电线路通过的地区原来有电力系统时，将这些中间电力系统与输电线路连接起来也是有利的。这样可以使长距离输电线路的中间点电压得以维持，相当于将输电线路分成两段，缩小了"电气距离"，中间系统还可与输电线交换功率，互为备用。

第四节　电力系统的暂态稳定性

一、概述

电力系统的暂态稳定性是指电力系统在运行中受到大干扰后，能够恢复到原来运行状态或达到一个新的稳定运行状态的能力。电力系统遭受到大干扰后，由于发电机转子上机械转矩与电磁转矩不平衡，使各发电机转子间相对位置发生变化，即各发电机电动势间相对相位角发生变化，从而引起系统中电流、电压和发电机电磁功率的变化。所以，由大干扰引起的电力系统暂态过程，是一个由电磁暂态过程和发电机组转子机械运动暂态过程交织在一起的复杂过程。精确确定表征系统运行状态的电磁参数和机械运动参数是十分困难的，对于解决一般的工程实际问题也是不必要的。通常，暂态稳定分析计算的目的在于确定系统在给定的大干扰下发电机能否保持继续同步运行。因此在暂态稳定分析计算中只需考虑对转子机械运动起主要影响的因素即可，而对于影响不大的因素加以忽略或作近似考虑。

暂态稳定性分析计算的基本假设有以下几点：

1）忽略发电机定子电流的非周期分量。定子电流的非周期分量衰减的时间常数很小，通常只有百分之几秒，因此它对发电机即电力系统的机电暂态过程影响很小，可忽略不计。

2）忽略暂态过程中发电机的附加损耗。这些附加损耗对转子的加速运动有一定的制动作用，但其数值不大，忽略后会使计算结果略偏保守，但不影响系统受大干扰后是否能保持稳定的结论。

3）当发生不对称短路时，不计负序和零序分量电流对机组转子运动的影响。负序电流产生的磁场与同步速度的旋转方向相反，其产生的电磁转矩以两倍同步转速反向旋转，其平均值接近零，可略去其对发电机机电暂态过程的影响。而零序电流一般不流进发电机，即使流进发电机由于其合成磁场为零，对转子的运动也无影响。该假设可使不对称故障时暂态稳定性的计算大大简化。

4）不考虑频率变化对电力系统参数的影响。在一般暂态过程中，发电机的转速偏离同步转速不多，所以可不考虑频率变化的影响，各元件参数值都可按额定频率计算。

5）不考虑原动机自动调速系统的作用。由于原动机调速器一般需要在发电机转速变化后才能起调节作用，加上调速器本身的惯性较大，所以，在一般的暂态稳定计算中，假定原动机输入的机械功率恒定不变。

6）发电机参数用暂态电动势和暂态电抗表示。在暂态稳定分析过程中，发电机的空载电动势 $\dot{E}_q$ 是变化的，若计算中采用 $\dot{E}_q$ 和 X_d 作为发电机的等值参数，将会带来较大误差。由于磁链守恒关系，发电机励磁绕组的磁链不会突变，则与之成正比的交轴暂态电动势 E'_q 也保持不变，即可认为 E'_q 为常数。在简化计算中，常用暂态电动势 E' 代替交轴暂态电动势 E'_q（因为 E' 易于从等效电路中计算）。因此，暂态稳定分析中将 E' 和 X'_d 作为发电机的等值参数。

二、简单电力系统的暂态稳定性分析

如图 9-10a 所示的简单电力系统，假设短路发生在输电线路始端，下面来分析其暂态稳定性。

1. 各种运行情况下的功角特性

（1）正常运行时　系统正常运行时的等效电路如图 9-10b 所示。系统总电抗为

$$X_{\mathrm{I}} = X'_d + X_{\mathrm{T1}} + \frac{1}{2}X_l + X_{\mathrm{T2}} \quad (9\text{-}22)$$

于是，正常运行时的功角特性方程为

$$P_{\mathrm{I}} = \frac{E'U}{X_{\mathrm{I}}}\sin\delta \quad (9\text{-}23)$$

（2）故障时　电力系统发生短路故障时的等效电路应该用复合序网表示。按照正序等效定则，可以将复合序网画成如图 9-10c 所示的正序增广网络。其中附加电抗 $X_\Delta^{(n)}$ 与故障类型有关，见表 8-3。这时，系统总电抗（利用星-三角变换公式）为

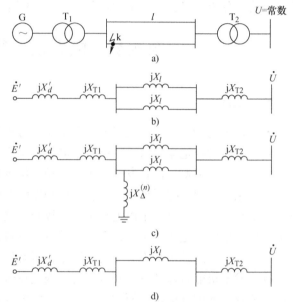

图 9-10　简单电力系统及其等效电路

a）系统图　b）正常运行时　c）故障时　d）故障切除后

$$X_{\mathrm{II}} = (X'_d + X_{\mathrm{T1}}) + (\frac{1}{2}X_l + X_{\mathrm{T2}}) + \frac{(X'_d + X_{\mathrm{T1}})(\frac{1}{2}X_l + X_{\mathrm{T2}})}{X_\Delta^{(n)}} = X_{\mathrm{I}} + \frac{(X'_d + X_{\mathrm{T1}})(\frac{1}{2}X_l + X_{\mathrm{T2}})}{X_\Delta^{(n)}}$$

$$(9\text{-}24)$$

于是，故障情况下的功角特性方程式为

$$P_{\mathrm{II}} = \frac{E'U}{X_{\mathrm{II}}}\sin\delta \quad (9\text{-}25)$$

（3）故障切除后　短路故障发生后，线路的继电保护装置将迅速断开故障线路两侧的断路器，切除一回故障线路，等效电路如图 9-10d 所示。此时系统总电抗为

$$X_{\mathrm{III}} = X'_d + X_{\mathrm{T1}} + X_l + X_{\mathrm{T2}} \quad (9\text{-}26)$$

于是，故障切除后的功角特性方程式为

$$P_{\text{III}} = \frac{E'U}{X_{\text{III}}}\sin\delta \tag{9-27}$$

图 9-11 中画出了发电机在正常运行（Ⅰ）、故障时（Ⅱ）和故障切除后（Ⅲ）三种状态下的功角特性曲线。比较以上三种运行方式下的电抗，有 $X_{\text{I}} < X_{\text{III}} < X_{\text{II}}$，因而 $P_{\text{I}} > P_{\text{III}} > P_{\text{II}}$。

2. 大干扰后发电机转子的运动情况

由图 9-11 可见，正常运行情况下，发电机的输出功率 P_{e} 与原动机的机械功率 P_{T} 相平衡，设此时 $P_{\text{T}} = P_0$。假设不计故障后几秒内调速器的作用，即认为原动机的机械功率始终保持 P_0。图 9-11 中的 a 点为正常运行时发电机的工作点，对应的功角为 δ_0。

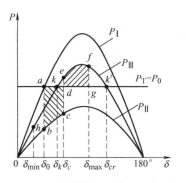

图 9-11　功角特性及等面积定则

发生短路故障时，发电机的功角特性曲线由 P_{I} 立即降为 P_{II}，由于转子的惯性，其转速不会立即变化，功角 δ_0 仍保持不变，此时运行点由 P_{I} 曲线上的 a 点跃变为 P_{II} 曲线上的 b 点，输出功率减少。到达 b 点后，由于原动机输入的机械功率大于发电机输出的电磁功率，出现一过剩功率，在转子上出现与之相应的过剩转矩。在过剩转矩作用下转子开始加速，功角 δ 开始增大，运行点沿 P_{II} 曲线由 b 点向 c 点移动。假设运行到 c 点时继电保护装置动作，切除故障线路，功角 δ_c 为切除角。此时，发电机功角特性曲线由 P_{II} 升至 P_{III}，由于功角 δ_c 不能突变，运行点由 P_{II} 曲线上的 c 点跃变为 P_{III} 曲线上的 e 点。这时发电机输出的电磁功率大于原动机输入的机械功率，在转子上将出现缺额转矩，转子转速开始减慢。但由于此时转子转速仍高于同步转速，功角 δ 将继续增大，运行点沿 P_{III} 由 e 点向 f 点移动。若运行到 f 点时转子转速减到同步转速，功角 δ 不再增大，此时的功角达到了最大值 $\delta_{\max}$（也称为最大摇摆角）。但此时发电机输出的电磁功率仍大于原动机输入的机械功率，转子仍将继续减速，功角 δ 将开始减小，运行点将沿 P_{III} 曲线由 f 点向 e、k 点运动。

到达 k 点时，电磁功率与机械功率平衡，但由于此时转速低于同步转速，功角 δ 将继续减小。越过 k 点后，机械功率又大于电磁功率，转子再次获加速，加速至同步转速时，运行点到达 h 点，此时的功角为最小值 $\delta_{\min}$（也称为最小摇摆角）。随后功角 δ 又开始增加，即开始二次振荡。如果振荡过程中无阻尼作用，振荡将一直持续下去。但实际振荡过程中总有一定的阻尼作用存在，因此振荡将逐步衰减，系统最终将停留在一个新的运行点 k 上继续同步运行。上述过程表明系统在受到大干扰后可保持暂态稳定。

如果故障切除时间比较晚，故障切除后运行点沿 P_{III} 曲线向功角增大的方向运动，若运行点到达曲线 P_{III} 上的 k' 点时转子转速仍大于同步转速，则运行点将越过 k' 点。一旦越过 k' 点后，转子立即承受加速转矩，转速开始升高，而且加速越来越快，功角 δ 进一步增大，最终导致发电机与系统失去同步。这种情况表明系统在受到大干扰后暂态不稳定。k' 点对应的功角称为临界角 δ_{cr}。

以上对简单电力系统发生短路故障后的两种暂态过程做了定性分析。由分析可知，线路故障切除的快慢对电力系统的暂态稳定有较大的影响。因此，快速切除故障是提高系统暂态稳定的有效措施。为了确切判断系统在某个运行方式下受到某种干扰后能否保持暂态稳定，下面利用能量平衡关系，对简单电力系统的暂态稳定做定量分析，并确定出极限切除角。

三、等面积定则

从前面的分析可知，在功角从 δ_0 变化到 δ_c 的过程中，原动机输入的机械功率大于发电机输出的电磁功率，即原动机输入的能量大于发电机输出的能量，多余的能量将使发电机转速升高并转化为转子的动能而存储在转子中；而当功角由 δ_c 变到 δ_{max} 时，原动机输入的能量小于发电机输出的能量，不足部分的功率将由存储在转子中的动能来补充。

转子由 δ_0 变化到 δ_c 的过程中，过剩转矩做的功为

$$W_a = \int_{\delta_0}^{\delta_c} \Delta M \mathrm{d}\delta = \int_{\delta_0}^{\delta_c} \frac{\Delta P}{\omega} \mathrm{d}\delta \tag{9-28}$$

当用标幺值计算时，因发电机转子转速偏离同步转速不大，$\omega \approx 1$，于是有

$$W_a = \int_{\delta_0}^{\delta_c} \Delta P \mathrm{d}\delta = \int_{\delta_0}^{\delta_c} (P_{\mathrm{T}} - P_{\mathrm{II}}) \mathrm{d}\delta = A_{abcda} \tag{9-29}$$

式中，A_{abcda} 代表图 9-11 中 abcda 所包围的面积，表示加速过程中转子所存储的动能，该面积称为加速面积。

当转子由 δ_c 变化到 δ_{max} 的过程中，过剩转矩所做的功为

$$W_b = \int_{\delta_c}^{\delta_{max}} \Delta M \mathrm{d}\delta = \int_{\delta_c}^{\delta_{max}} \Delta P \mathrm{d}\delta = \int_{\delta_c}^{\delta_{max}} (P_{\mathrm{T}} - P_{\mathrm{III}}) \mathrm{d}\delta = A_{edgfe} \tag{9-30}$$

由于 $P_{\mathrm{T}} - P_{\mathrm{III}} < 0$，式(9-30)积分为负值，意味着转子存储的动能减小了，即转子减速了，因此图 9-11 中 edgfe 所包围的面积 A_{edgfe} 表示减速过程中转子消耗的动能，该面积称为减速面积。

当功角达到 δ_{max} 时，转子转速重新达到同步转速，说明在加速期间转子所存储的动能已全部消耗完，即

$$W_a + W_b = \int_{\delta_0}^{\delta_c} (P_{\mathrm{T}} - P_{\mathrm{II}}) \mathrm{d}\delta + \int_{\delta_c}^{\delta_{max}} (P_{\mathrm{T}} - P_{\mathrm{III}}) \mathrm{d}\delta = 0 \tag{9-31}$$

在绝对值上存在如下关系

$$|A_{abcda}| = |A_{edgfe}| \tag{9-32}$$

即加速面积和减速面积相等，这就是等面积定则。

从图 9-11 可以看出，在给定的计算条件下，当切除角 δ_c 一定时，有一个最大可能的减速面积 $A_{edk'fe}$。如果最大可能的减速面积小于加速面积，系统就要失去同步。减速面积的大小与故障切除角 δ_c 有直接的关系，δ_c 越小，减速面积越大，加速面积越小，因此适当减小 δ_c，能使原来不稳定的系统变成稳定的系统。如果在某一切除角时，最大可能的减速面积刚好等于加速面积，则系统处于稳定的极限情况，大于该角度切除故障，系统将失去稳定。这个角度称为极限切除角 δ_{cm}。

利用上述等面积定则，可以方便地确定出极限切除角 δ_{cm}。由图 9-11 可得

$$\int_{\delta_0}^{\delta_{cm}} (P_{\mathrm{T}} - P_{\mathrm{II}}) \mathrm{d}\delta + \int_{\delta_{cm}}^{\delta_{cr}} (P_{\mathrm{T}} - P_{\mathrm{III}}) \mathrm{d}\delta = 0$$

即

$$\int_{\delta_0}^{\delta_{cm}} (P_0 - P_{\mathrm{II.max}} \sin\delta) \mathrm{d}\delta + \int_{\delta_{cm}}^{\delta_{cr}} (P_0 - P_{\mathrm{III.max}} \sin\delta) \mathrm{d}\delta = 0 \tag{9-33}$$

求出式(9-33)的积分，并经整理后得

$$\delta_{cm} = \cos^{-1} \frac{P_0(\delta_{cr} - \delta_0) + P_{\mathrm{III.max}} \cos\delta_{cr} - P_{\mathrm{II.max}} \cos\delta_0}{P_{\mathrm{III.max}} - P_{\mathrm{II.max}}} \tag{9-34}$$

式中，所有角度都是用弧度表示的，其中 $\delta_0 = \sin^{-1}\dfrac{P_0}{P_{\mathrm{I.max}}}$，$\delta_{cr} = \pi - \sin^{-1}\dfrac{P_0}{P_{\mathrm{III.max}}}$。

为保持系统稳定，要求实际切除角 $\delta_c < \delta_{cm}$。但是，在实际工程中需要知道的是，为保证系统稳定必须在多长时间内切除故障，也就是要求出与极限切除角 δ_{cm} 相对应的极限切除时间 t_{cm}。要解决这个问题，可通过求解故障时发电机组转子运动方程来确定功角随时间变化的曲线 $\delta(t)$，再从此曲线上找到对应于极限切除角 δ_{cm} 的时间，即为极限切除时间 t_{cm}。若继电保护和断路器切除故障的实际时间 $t_c < t_{cm}$，系统是暂态稳定的；反之是不稳定的。

四、提高电力系统暂态稳定性的措施

从电力系统暂态稳定性的分析中已知，只要减速面积大于加速面积，系统就能维持暂态稳定。因此，设法增大减速面积，减小加速面积，是改善和提高电力系统暂态稳定的总原则。

在提高电力系统静态稳定性的措施中指出，只要电力系统具有较高的功率极限，系统就具有较高的静态稳定性，上一节围绕增大功角特性幅值提出了提高静态稳定性的几条措施。不难理解，当发电机受到的干扰一定时，功角特性曲线的幅值越大，它的减速面积也会越大。由此看来，凡是有利于静态稳定的措施，同样也有利于暂态稳定性。

下面从增大减速面积和减小加速面积方面考虑，介绍几种提高暂态稳定性的常用措施。

1. 快速切除故障

快速切除故障是提高电力系统暂态稳定性最根本、最有效的措施，同时又是最简单易行的措施。因为快速切除故障既可以增加减速面积，又可以减小加速面积，从而提高了发电机之间并列运行的稳定性。另一方面，快速切除故障还可使负荷中电动机的端电压迅速回升，有利于电动机的自起动，因而也提高了负荷的稳定性。切除故障时间等于继电保护动作时间和断路器动作时间的总和，因此，为减小故障切除时间，要选用新型快速动作的继电保护装置和快速动作的断路器。

2. 采用自动重合闸装置

电力系统的故障特别是高压输电线路的故障大多数是短路故障，而这些短路故障大多是瞬时性的。故障线路切除后通过自动重合闸装置将断路器重新合上，大多数情况下可以恢复正常运行，成功率可达90%以上。因此，采用自动重合闸装置不仅可以提高供电的可靠性，而且可以大大提高系统的暂态稳定性。图9-12a 所示为一双回输电线路的电力系统，当在一回线路上发生瞬时性短路故障时，线路上有无自动重合闸装置对系统暂态稳定的影响是不同的。若无自动重合闸装置，系统不能保持暂态稳定（见图9-12b）；当装设自动重合闸装置后，如图9-12c

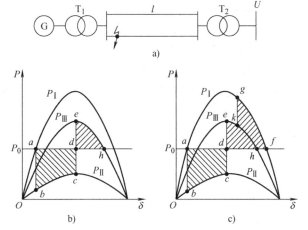

图9-12 自动重合闸装置对系统稳定性的影响

a）系统图 b）无重合闸装置 c）有重合闸装置

所示，运行点到 k 点时若自动重合闸成功，则运行点将从曲线 $P_{Ⅲ}$ 的 k 点跃升到曲线 $P_{Ⅰ}$ 的 g 点，增加了减速面积 $kgfhk$，使得减速面积有可能大于加速面积，从而保持电力系统的暂态稳定性。重合闸动作时间越短，对稳定越有利。

3. 对发电机实施强行励磁

发电机都备有强行励磁装置，以保证当系统发生故障而使发电机端电压低于 85% ~ 90% 额定电压时，迅速大幅度地增加发电机的励磁电流，使发电机的电动势和端电压增加，从而增加发电机输出的电磁功率，因此强行励磁对提高发电机并列运行的暂态稳定性是有利的。强行励磁的效果与强励磁倍数（最大可能的励磁电压与发电机在额定条件下运行时的励磁电压之比）和强行励磁速度有关。强励磁倍数越大，强行励磁速度越快，效果就越好。

4. 快速关闭汽门

电力系统受到大的干扰后，发电机输出的电磁功率会突然变化，而原动机的输出功率因机械惯性几乎不变，因而在发电机轴上出现过剩功率，使得发电机产生剧烈的相对运动，甚至使系统稳定性遭到破坏。若汽轮机有快速调节汽门装置，当系统故障时该装置可根据故障情况快速关闭或关小汽门，使得原动机的机械功率迅速减小，以增大可能的减速面积，保持系统的暂态稳定性。为了减小转子的振荡幅度，可以在功角开始减小时重新开放汽门。图 9-13 为汽轮机快速关闭汽门对系统暂态稳定性的影响，由图可以看出，当运行点到达 c 点时切除故障，运行点立即从 $P_{Ⅱ}$ 转移到 $P_{Ⅲ}$ 上的 e 点。与此同时，调节系统快速关小汽门，使机械功率 P_T 减小到 P_T'，使减速面积增大，从而提高了系统的暂态稳定性。

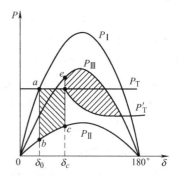

图 9-13　快速关闭汽门的作用

5. 采用电气制动

电气制动就是当电力系统中发生短路故障时，在送电端发电机附近迅速投入制动电阻以消耗发电机的有功功率，从而减少发电机转子上的过剩功率，抑制发电机转子加速，便可提高电力系统的暂态稳定性。电气制动的接线图如图 9-14a 所示，正常运行时断路器 QF 是断开的，当短路故障发生后，立即闭合 QF 而投入制动电阻 R。这样就可以消耗发电机组中过剩的有功功率，从而限制发电机组的加速。

电气制动的作用也可用等面积定则的基本原理来解释。图 9-14b 和图 9-14c 中比较了有无电气制动两

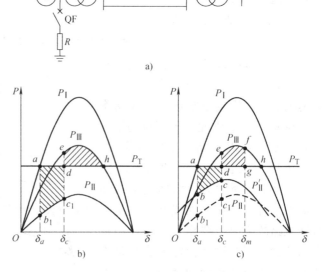

图 9-14　电气制动的作用

a）系统接线图　b）无电气制动　c）有电气制动

种情况下对暂态稳定的影响。图中假设故障发生后瞬时投入制动电阻，且切除故障线路的同时切除制动电阻。图 9-14c 中，P_{II} 是无电气制动时故障后的功角特性曲线，P'_{II} 是有电气制动时故障后的功角特性曲线。P'_{II} 也相当于简单电力系统并联电阻后的功角特性曲线，是将 P_{II} 向上移一个距离，向左移一个相位角而得到的。由图 9-14c 可见，若故障切除角 δ_c 不变，由于采取了电气制动，减少了加速面积 bb_1c_1cb，使原来不能保证暂态稳定的系统得到了保证。

6. 变压器中性点经小电阻接地

变压器中性点经小电阻接地的作用相当于接地短路故障时的电气制动。图 9-15 所示为变压器中性点经小电阻接地的系统中发生单相接地短路时的情况。当发生接地短路故障时，短路电流的零序分量将流过变压器的中性点，在小电阻 R 上将产生有功功率损耗。当故障发生在送电端时，由于送电端发电厂要额外供给这部分有功功率损耗，使发电机受到的加速作用减缓，起到了一定的制动作用，因而提高了系统的暂态稳定性。变压器中性点接小电阻反映在正序增广网络中，相当于加大了附加阻抗，减小了系统总阻抗，提高了电磁功率，这种情况对应于故障期间的功率特性 P_{II} 升高，从而提高了功率极限，有利于提高系统的暂态稳定性。

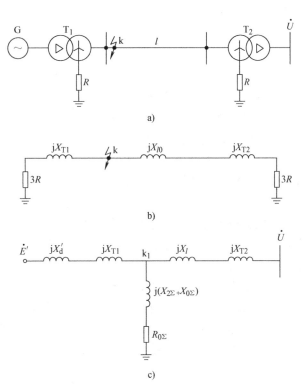

图 9-15　变压器中性点经小电阻接地
a）系统接线图　b）零序网络　c）正序增广网络

7. 强行串联电容器补偿

强行串联电容器补偿是对已装有串联补偿电容器的双回输电线路，在切除故障线路的同时切除另一回线路上的部分电容器组，以增大串联补偿电容器的容抗，从而能部分甚至全部补偿由于切除故障线路而增加的感抗。

8. 设置中间开关站

对于双回输电线路，当故障切除一回路时，线路阻抗将增大一倍，使故障后的功率极限下降很多。这种情况对暂态稳定和故障后的静态稳定都是不利的。如果在线路中间设置开关站（见图 9-16），相当于把线路分成几段，故障时仅切除一段线路，则线路阻抗增加较少，对系统稳定是有利的。这种情况适用于输电线路较长且经过地区没有变电所的情况。

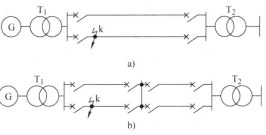

图 9-16　输电线路设置开关站
a）没有开关站　b）有开关站

9. 连锁切机

连锁切机就是在某一回线路发生故障时，在切除故障线路的同时连锁切除送端发电厂的部分发电机。图9-17所示是在切除故障的同时切除一台发电机的情况，图中 P_{III} 变为 P'_{III}，是因为切机后系统总阻抗较之前略大，致使切机后输出的电磁功率减少了。故障切除后原动机的机械功率将大幅度减小，由 P_{T} 变为 P'_{T}，使减速面积大大增加，有利于提高系统的暂态稳定性。

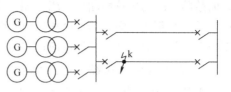

需要指出，这种措施仅对系统备用容量充足的情况才适用。如果备用容量不足，切机后必然会引起系统有功和无功的不平衡，从而导致系统频率和电压的下降，严重时甚至会引起频率崩溃和电压崩溃，最终导致系统失去稳定。为了防止这种情况发生，在切除部分发电机后，可以切除系统中部分负荷，以保证整个系统的暂态稳定性。

若上述措施仍不能使系统保持暂态稳定，可以有计划地手动或自动断开系统中某些预先设置的断路器，将系统分解成几个独立的、各自保持同步运

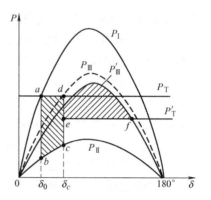

图9-17　连锁切机对暂态稳定的作用

行的部分。这些预先选择的点称为解列点。解列点的选择应尽量做到解列后的每个独立部分的电源和负荷基本平衡，从而使各部分频率和电压接近正常值。这样，各个部分可以继续稳定运行，保证对负荷的供电，但这时各独立部分相互之间不再保持同步。这种把系统分解为几个部分的解列措施是应急的临时措施，一旦将各部分的运行参数调整好后，应尽快将各独立部分重新并列，恢复系统的正常运行方式。

本 章 小 结

本章阐述了电力系统稳定性的基本概念以及分析电力系统稳定性的基本方法。

电力系统的稳定性通常分为静态稳定性和暂态稳定性。电力系统静态稳定性主要研究的是电力系统受到小干扰后，能否继续稳定运行的问题；电力系统的暂态稳定性主要研究的是电力系统受到大干扰后，能否继续保持同步运行的问题。其实质都是研究电力系统受到各种干扰后，发电机组的机电暂态过程。

通过对简单电力系统功角特性曲线的分析，得到电力系统静态稳定的实用判据为 $\mathrm{d}P_e/\mathrm{d}\delta > 0$。提高电力系统静态稳定性措施的核心是缩短"电气距离"，从而提高功率极限。常用的措施有装设自动调节励磁装置、减小线路电抗、采用串联电容器补偿、提高线路电压等级及改善系统结构等。

对于简单电力系统的暂态稳定性，可用等面积定则分析和判断系统受到大扰动时能否保持稳定。等面积定则描述了发电机转子加速和减速过程中能量转化的平衡关系。应用等面积定则，可以确定出极限切除角 δ_{cm}，要使电力系统保持暂态稳定，必须在极限切除角之前切除故障，即加速面积小于减速面积。提高电力系统暂态稳定措施的核心是减少故障时的不平

衡功率，也就是尽可能减小加速面积、增大减速面积。常用的措施有快速切除故障、采用自动重合闸装置、对发电机实施强行励磁、快速关闭气门、采用电气制动、变压器中性点经小电阻接地、强行串联电容器补偿、设置中间开关站和连锁切机等。

思考题与习题

9-1 什么叫电力系统的稳定性？如何分类？研究的主要内容是什么？

9-2 什么是简单电力系统？简单电力系统的功角 δ 有怎样的含义？

9-3 写出 E_q 为常数时隐极机的功角特性方程。其功角特性曲线为何形状？什么叫功率极限？怎样求取功率极限？

9-4 简单电力系统静态稳定性的实用判据是什么？

9-5 简单电力系统的静态稳定储备系数和整步功率系数指的是什么？

9-6 提高电力系统静态稳定性的措施有哪些？

9-7 试述等面积定则的基本含义。

9-8 如何利用等面积定则分析简单系统的暂态稳定性？

9-9 什么叫极限切除角？

9-10 提高电力系统暂态稳定性的措施有哪些？

9-11 简单电力系统如图 9-4a 所示，发电机经升压变压器和双回线路向系统送电，各元件参数标幺值如下：网络参数为 $X_d=0.92$，$X_{T1}=0.125$，$X_{T2}=0.103$，$X_l=1.098$（单回线）；运行参数为 $P_0=1$，$\cos\varphi_0=0.9$，$U=1$。试计算该系统的静态稳定储备系数。

附　　录

附录 A　潮流计算程序清单

A-1　牛顿–拉夫逊法潮流计算程序

```
% 本程序是用牛顿 – 拉夫逊法进行潮流计算
n = input('请输入节点数:n =');
nl = input('请输入支路数:nl =');
isb = input('请输入平衡母线节点号:isb =');
pr = input('请输入误差精度:pr =');
B1 = input('请输入由各支路参数形成的矩阵:B1 =');
B2 = input('请输入各节点参数形成的矩阵:B2 =');
X = input('请输入由节点号及其对地阻抗形成的矩阵:X =');
Y = zeros(n); e = zeros(1,n); f = zeros(1,n); V = zeros(1,n);
O = zeros(1,n); S1 = zeros(nl);
for i = 1:nl
    if B1(i,6) == 0
        p = B1(i,1); q = B1(i,2);
    else p = B1(i,2); q = B1(i,1);
    end
    Y(p,q) = Y(p,q) - 1./(B1(i,3) * B1(i,5));
    Y(q,p) = Y(p,q);
    Y(q,q) = Y(q,q) + 1./(B1(i,3) * B1(i,5)^2) + B1(i,4)./2;
    Y(p,p) = Y(p,p) + 1./B1(i,3) + B1(i,4)./2;
end
% 求导纳矩阵
disp('导纳矩阵 Y =');
disp(Y);
G = real(Y); B = imag(Y);
for i = 1:n
    e(i) = real(B2(i,3));
    f(i) = imag(B2(i,3));
    V(i) = B2(i,4);
end
for i = 1:n
    S(i) = B2(i,1) - B2(i,2);
    B(i,i) = B(i,i) + B2(i,5);
end
P = real(S); Q = imag(S);
ICT1 = 0; IT2 = 1; N0 = 2 * n; N = N0 + 1; a = 0;
while IT2 ~= 0
    IT2 = 0; a = a + 1;
```

```
        for i = 1 : n
           if i ~ = isb
               C(i) = 0;
               D(i) = 0;
               for j1 = 1 : n
                   C(i) = C(i) + G(i,j1) * e(j1) - B(i,j1) * f(j1);
                   D(i) = D(i) + G(i,j1) * f(j1) + B(i,j1) * e(j1);
               end
               P1 = C(i) * e(i) + f(i) * D(i);
               Q1 = f(i) * C(i) - D(i) * e(i);
               V2 = e(i)^2 + f(i)^2;
if B2(i,6) ~ = 3
   DP = P(i) - P1;
   DQ = Q(i) - Q1;
   for j1 = 1 : n
       if j1 ~ = isb&j1 ~ = i
           X1 = - G(i,j1) * e(i) - B(i,j1) * f(i);
           X2 = B(i,j1) * e(i) - G(i,j1) * f(i);
           X3 = X2;
           X4 = - X1;
           p = 2 * i - 1; q = 2 * j1 - 1; J(p,q) = X3; J(p,N) = DQ;
           m = p + 1;
           J(m,q) = X1; J(m,N) = DP; q = q + 1; J(p,q) = X4; J(m,q) = X2;
       elseif j1 = = i&j1 ~ = isb
           X1 = - C(i) - G(i,i) * e(i) - B(i,i) * f(i);
           X2 = - D(i) + B(i,i) * e(i) - G(i,i) * f(i);
           X3 = D(i) + B(i,i) * e(i) - G(i,i) * f(i);
           X4 = - C(i) + G(i,i) * e(i) + B(i,i) * f(i);
           p = 2 * i - 1; q = 2 * j1 - 1; J(p,q) = X3; J(p,N) = DQ; m = p + 1;
           J(m,q) = X1; J(m,N) = DP; q = q + 1; J(p,q) = X4; J(m,q) = X2;
       end
   end
else
   DP = P(i) - P1;
   DV = V(i)^2 - V2;
   for j1 = 1 : n
       if j1 ~ = isb&j1 ~ = i
           X1 = - G(i,j1) * e(i) - B(i,j1) * f(i);
           X2 = B(i,j1) * e(i) - G(i,j1) * f(i);
           X5 = 0;
           X6 = 0;
           p = 2 * i - 1; q = 2 * j1 - 1; J(p,q) = X5; J(p,N) = DV; m = p + 1;
           J(m,q) = X1; J(m,N) = DP; q = q + 1; J(p,q) = X6; J(m,q) = X2;
       elseif j1 = = i&j1 ~ = isb
           X1 = - C(i) - G(i,i) * e(i) - B(i,i) * f(i);
           X2 = - D(i) + B(i,i) * e(i) - G(i,i) * f(i);
           X5 = - 2 * e(i);
           X6 = - 2 * f(i);
           p = 2 * i - 1; q = 2 * j1 - 1; J(p,q) = X5; J(p,N) = DV;
```

```
            m = p + 1;
            J(m,q) = X1;J(m,N) = DP;q = q + 1;J(p,q) = X6;
            J(m,q) = X2;
                end
            end
        end
    end
end
% 求雅可比矩阵
for k = 3:N0
    k1 = k + 1;N1 = N;
    for k2 = k1:N1
        J(k,k2) = J(k,k2)./J(k,k);
    end
    J(k,k) = 1;
    if k ~= 3;
        k4 = k - 1;
        for k3 = 3:k4
            for k2 = k1:N1
                J(k3,k2) = J(k3,k2) - J(k3,k) * J(k,k2);
            end
            J(k3,k) = 0;
        end
        if k == N0,break;end
        for k3 = k1:N0
            for k2 = k1:N1
                J(k3,k2) = J(k3,k2) - J(k3,k) * J(k,k2);
            end
            J(k3,k) = 0;
        end
    else
        for k3 = k1:N0
            for k2 = k1:N1
                J(k3,k2) = J(k3,k2) - J(k3,k) * J(k,k2);
            end
            J(k3,k) = 0;
        end
    end
end
for k = 3:2:N0 - 1
    L = (k + 1)./2;
    e(L) = e(L) - J(k,N);
    k1 = k + 1;
    f(L) = f(L) - J(k1,N);
end
for k = 3:N0
    DET = abs(J(k,N));
    if DET > = pr
        IT2 = IT2 + 1;
```

```
        end
    end
    ICT2(a) = IT2;
    ICT1 = ICT1 + 1;
end
%用高斯消去法解"w = - J * V"
disp('迭代次数');
disp(ICT1);
disp('没有达到精度要求的个数');
disp(ICT2);
for k = 1:n
    V(k) = sqrt(e(k)^2 + f(k)^2);
    O(k) = atan(f(k)./e(k)) * 180/pi;
    E(k) = e(k) + f(k) * j;
end
disp('各节点的实际电压标幺值 E(节点号从小到大排列)为:');
disp(E);
disp('各节点的电压大小 V(节点号从小到大排列)为:');
disp(V);
disp('各节点的电压相位角 O(节点号从小到大排列)为:');
disp(O);
for p = 1:n
    C(p) = 0;
    for q = 1:n
        C(p) = C(p) + conj(Y(p,q)) * conj(E(q));
    end
    S(p) = E(p) * C(p);
end
disp('各节点的功率 S(节点号从小到大排列)为:');
disp(S);
disp('各条支路的首端功率 Si(顺序同输入 B1 时一样)为:');
for i = 1:nl
    if B1(i,6) ==0
        p = B1(i,1);q = B1(i,2);
    else p = B1(i,2);q = B1(i,1);
    end
Si(p,q) = E(p) * (conj(E(p)) * conj(B1(i,4)./2) + (conj(E(p) * B1(i,5)) - conj(E(q))) * conj
(1./(B1(i,3) * B1(i,5))));
    disp(Si(p,q));
end
disp ('各条支路的末端功率 Sj(顺序同输入 B1 时一样)为:');
for i = 1:nl
    if B1(i,6) ==0
        p = B1(i,1);q = B1(i,2);
    else p = B1(i,2);q = B1(i,1);
    end
Sj(q,p) = E(q) * (conj(E(q)) * conj(B1(i,4)./2) + (conj(E(q)./B1(i,5)) - conj(E(p))) * conj
(1./(B1(i,3) * B1(i,5))));
    disp(Sj(q,p));
```

```
end
disp('各条支路的功率损耗 DS(顺序同输入 B1 时一样)为:');
Ps = 0;
for i = 1:nl
    if B1(i,6) == 0
        p = B1(i,1);q = B1(i,2);
    else p = B1(i,2);q = B1(i,1);
    end
    DS(i) = Si(p,q) + Sj(q,p);
    disp(DS(i));
    Ps = Ps + DS(i);
end
disp('系统的总网损为:');
disp(Ps);
for i = 1:ICT1
    Cs(i) = i;
end
disp('每次迭代后各节点的电压值');
plot(Cs,Dy(:,2),'r-*',Cs,Dy(:,3),'m->',Cs,Dy(:,4),'g-d',Cs,Dy(:,5),'b-o','LineWidth',
1.5),xlabel('迭代次数'),ylabel('电压'),title('电压迭代次数曲线');legend('节点2','节点3','节点4','节
点5')
```

A-2 P-Q 分解法潮流计算程序

```
%本程序是用 P-Q 分解法进行潮流计算
close;
clear all;
n = input('请输入节点数:n =');
nl = input('请输入支路数:nl =');
isb = input('请输入平衡母线节点号:isb =');
pr = input('请输入误差精度:pr =');
B1 = input('请输入由各支路参数形成的矩阵:B1 =');
B2 = input('请输入由各节点参数形成的矩阵:B2 =');
X = input('请输入由节点号及其对地阻抗形成的矩阵:X =');
na = input('请输入 P-Q 节点数 na =');
Y = zeros(n);YI = zeros(n);e = zeros(1,n);f = zeros(1,n);V = zeros(1,n);
O = zeros(1,n);
for i = 1:nl
    if B1(i,6) == 0
        p = B1(i,1);q = B1(i,2);
    else p = B1(i,2);q = B1(i,1);
    end
    Y(p,q) = Y(p,q) - 1./(B1(i,3) * B1(i,5));
    YI(p,q) = YI(p,q) - 1./(B1(i,3));
    Y(q,p) = Y(p,q);
    YI(q,p) = YI(p,q);
    Y(q,q) = Y(q,q) + 1./(B1(i,3) * B1(i,5)^2) + B1(i,4)./2;
    YI(q,q) = YI(q,q) + 1./(B1(i,3));
    Y(p,p) = Y(p,p) + 1./(B1(i,3)) + B1(i,4)./2;
    YI(p,p) = YI(p,p) + 1./(B1(i,3));
```

```
end
G = real(Y); B = imag(YI); BI = imag(Y);
for i = 1:n
        S(i) = B2(i,1) - B2(i,2);
        BI(i,i) = BI(i,i) + B2(i,5);
end
P = real(S); Q = imag(S);
for i = 1:n
        e(i) = real(B2(i,3));
        f(i) = imag(B2(i,3));
        V(i) = B2(i,4);
end
for i = 1:n
        if B2(i,6) == 2
        V(i) = sqrt(e(i)^2 + f(i)^2);
        O(i) = atan(f(i)./e(i));
        end
end
for i = 2:n
        if i == n
                B(i,i) = 1./B(i,i);
        else
                IC1 = i + 1;
                for j1 = IC1:n
                        B(i,j1) = B(i,j1)./B(i,i);
                end
                B(i,i) = 1./B(i,i);
                for k = i + 1:n
                        for j1 = i + 1:n
                                B(k,j1) = B(k,j1) - B(k,i) * B(i,j1);
                        end
                end
        end
end
p = 0; q = 0;
for i = 1:n
        if B2(i,6) == 2
                p = p + 1; k = 0;
                for j1 = 1:n
                        if B2(j1,6) == 2
                                k = k + 1;
                                A(p,k) = BI(i,j1);
                        end
                end
        end
end
for i = 1:na
        if i == na
                A(i,i) = 1./A(i,i);
```

```
        else
            k = i + 1;
            for j1 = k : na
                A(i,j1) = A(i,j1) ./ A(i,i) ;
            end
            A(i,i) = 1. / A(i,i) ;
            for k = i + 1 : na
                for j1 = i + 1 : na
                    A(k,j1) = A(k,j1) - A(k,i) * A(i,j1) ;
                end
            end
        end
    end
ICT2 = 1 ; ICT1 = 0 ; kp = 1 ; kq = 1 ; K = 1 ; DET = 0 ; ICT3 = 1 ;
while ICT2 ~ = 0 | ICT3 ~ = 0
    ICT2 = 0 ; ICT3 = 0 ;
    for i = 1 : n
        if i ~ = isb
            C(i) = 0 ;
            for k = 1 : n
                C(i) = C(i) + V(k) * (G(i,k) * cos(O(i) - O(k)) + BI(i,k) * sin(O(i) - O(k))) ;
            end
            DP1(i) = P(i) - V(i) * C(i) ;
            DP(i) = DP1(i) ./ V(i) ;
            DET = abs(DP1(i)) ;
            if DET > = pr
                ICT2 = ICT2 + 1 ;
            end
        end
    end
    Np(k) = ICT2 ;
    if ICT2 ~ = 0
        for i = 2 : n
            DP(i) = B(i,i) * DP(i) ;
            if i ~ = n
                IC1 = i + 1 ;
                for k = IC1 : n
                    DP(k) = DP(k) - B(k,i) * DP(i) ;
                end
            else
                for LZ = 3 : i
                    L = i + 3 - LZ ;
                    IC4 = L - 1 ;
                    for MZ = 2 : IC4
                        I = IC4 + 2 - MZ ;
                        DP(I) = DP(I) - B(I,L) * DP(L) ;
                    end
                end
            end
        end
```

```
          end
          for i = 2:n
                O(i) = O(i) - DP(i);
          end
          kq = 1;L = 0;
          for i = 1:n
                if B2(i,6) == 2
                     C(i) = 0;L = L + 1;
                     for k = 1:n
                          C(i) = C(i) + V(k) * (G(i,k) * sin(O(i) - O(k)) - BI(i,k) * cos(O(i) - O(k)));
                     end
                     DQ1(i) = Q(i) - V(i) * C(i);
                     DQ(L) = DQ1(i)./V(i);
                     DET = abs(DQ1(i));
                if DET > = pr
                     ICT3 = ICT3 + 1;
                end
           end
      end
else
      kp = 0;
      if kq ~ = 0;
           L = 0;
           for i = 1:n
                if B2(i,6) == 2
                     C(i) = 0;L = L + 1;
                     for k = 1:n
                          C(i) = C(i) + V(k) * (G(i,k) * sin(O(i) - O(k)) - BI(i,k) * cos(O(i) - O(k)));
                     end
                     DQ1(i) = Q(i) - V(i) * C(i);
                     DQ(L) = DQ1(i)./V(i);
                     DET = abs(DQ1(i));
                end
           end
      end
end
Nq(K) = ICT3;
if ICT3 ~ = 0
      L = 0;
      for i = 1:na
           DQ(i) = A(i,i) * DQ(i);
           if i == na
                for LZ = 2:i
                     L = i + 2 - LZ;
                     IC4 = L - 1;
                     for MZ = 1:IC4
                          I = IC4 + 1 - MZ;
                          DQ(I) = DQ(I) - A(I,L) * DQ(L);
                     end
```

```
                            end
                    else
                        IC1 = i + 1;
                        for k = IC1 : na
                            DQ(k) = DQ(k) - A(k,i) * DQ(i);
                        end
                    end
                end
                L = 0;
                for i = 1 : n
                    if B2(i,6) == 2
                        L = L + 1;
                        V(i) = V(i) - DQ(L);
                    end
                end
                kp = 1;
                K = K + 1;
            else
                kq = 0;
                if kp ~= 0
                    K = K + 1;
                end
            end
        for i = 1 : n
            Dy(K - 1,i) = V(i);
        end
    end
disp('迭代次数');
disp(K);
disp('每次没有达到精度要求的有功功率个数为:');
disp(Np);
disp('每次没有达到精度要求的有功功率个数为:');
disp(Nq);
for k = 1 : n
    E(k) = V(k) * cos(O(k)) + V(k) * sin(O(k)) * j;
    O(k) = O(k) * 180. / pi;
end
disp('各节点的电压标幺值 E 为(节点号从小到大排列)为:');
disp(E);
disp('各节点的电压 V 大小(节点号从小到大排列)为:');
disp(V);
disp('各节点的电压相位角 O (节点号从小到大排列)为:');
disp(O);
for p = 1 : n
    C(p) = 0;
    for q = 1 : n
        C(p) = C(p) + conj(Y(p,q)) * conj(E(q));
    end
    S(p) = E(p) * C(p);
```

```
end
disp('各节点的功率 S(节点号从小到大排列)为:');
disp(S);
disp('各条支路的首端功率 Si(顺序同输入 B1 时一样)为:');
for i = 1:nl
        if B1(i,6) == 0
                p = B1(i,1);q = B1(i,2);
        else
                p = B1(i,2);q = B1(i,1);
        end
        Si(p,q) = E(p) * (conj(E(p)) * conj(B1(i,4)./2) + (conj(E(p) * B1(i,5)) - conj(E(q))) *
                conj(1./(B1(i,3) * B1(i,5))));
        disp(Si(p,q));
end
disp('各条支路的末端功率 Sj(顺序同输入 B1 时一样)为:');
for i = 1:nl
        if B1(i,6) == 0
                p = B1(i,1);q = B1(i,2);
        else
                p = B1(i,2);q = B1(i,1);
        end
        Sj(q,p) = E(q) * (conj(E(q)) * conj(B1(i,4)./2) + (conj(E(q)./B1(i,5)) - conj(E(p))) *
                conj(1./(B1(i,3) * B1(i,5))));
        disp(Sj(q,p));
end
disp('各条支路的功率损耗 DS(顺序同输入 B1 时一样)为:');
Ps = 0;
for i = 1:nl
        if B1(i,6) == 0
                p = B1(i,1);q = B1(i,2);
        else
                p = B1(i,2);q = B1(i,1);
        end
        DS(i) = Si(p,q) + Sj(q,p);
        disp(DS(i));
        Ps = Ps + DS(i);
end
disp('系统的总网损为:');
disp(Ps);
for i = 1:K
Cs(i) = i;
for j = 1:n
Dy(K,j) = Dy(K-1,j);
end
end
disp('每次迭代后各节点的电压值');
plot(Cs,Dy(:,2),'r-*',Cs,Dy(:,3),'m->',Cs,Dy(:,4),'g-d',Cs,Dy(:,5),'b-o','LineWidth',
1.5),xlabel('迭代次数'),ylabel('电压'),title('电压迭代次数曲线');legend('节点2','节点3','节点4',
'节点5')
```

附录 B 短路电流周期分量计算曲线数字表

表 B-1 汽轮发电机计算曲线数字表

X_c	t/s										
	0	0.01	0.06	0.1	0.2	0.4	0.5	0.6	1	2	4
0.12	8.963	8.603	7.186	6.400	5.220	4.252	4.006	3.821	3.344	2.795	2.512
0.14	7.718	7.467	6.441	5.839	4.878	4.040	3.829	3.673	3.280	2.808	2.526
0.16	6.763	6.545	5.660	5.146	4.336	3.649	3.481	3.359	3.060	2.706	2.490
0.18	6.020	5.844	5.122	4.697	4.016	3.429	3.288	3.186	2.944	2.659	2.476
0.20	5.432	5.280	4.661	4.297	3.715	3.217	3.099	3.016	2.825	2.607	2.462
0.22	4.938	4.813	4.296	3.988	3.487	3.052	2.951	2.882	2.729	2.561	2.444
0.24	4.526	4.421	3.984	3.721	3.286	2.904	2.816	2.758	2.638	2.515	2.425
0.26	4.178	4.088	3.714	3.486	3.106	2.769	2.693	2.644	2.551	2.467	2.404
0.28	3.872	3.705	3.472	3.274	2.939	2.641	2.575	2.534	2.464	2.415	2.378
0.30	3.603	3.536	3.255	3.081	2.785	2.520	2.463	2.429	2.379	2.360	2.347
0.32	3.368	3.310	3.063	2.909	2.646	2.410	2.360	2.332	2.299	2.306	2.316
0.34	3.159	3.108	2.891	2.754	2.519	2.308	2.264	2.241	2.222	2.252	2.283
0.36	2.975	2.930	2.736	2.614	2.403	2.213	2.175	2.156	2.149	2.109	2.250
0.38	2.811	2.770	2.597	2.487	2.297	2.126	2.093	2.077	2.081	2.148	2.217
0.40	2.664	2.628	2.471	2.372	2.199	2.045	2.017	2.004	2.017	2.099	2.184
0.42	2.531	2.499	2.357	2.267	2.110	1.970	1.946	1.936	1.956	2.052	2.151
0.44	2.411	2.382	2.253	2.170	2.027	1.900	1.879	1.872	1.899	2.006	2.119
0.46	2.302	2.275	2.157	2.082	1.950	1.835	1.817	1.812	1.845	1.963	2.088
0.48	2.203	2.178	2.069	2.000	1.879	1.774	1.759	1.756	1.794	1.921	2.057
0.50	2.111	2.088	1.988	1.924	1.813	1.717	1.704	1.703	1.746	1.880	2.027
0.55	1.913	1.894	1.810	1.757	1.665	1.589	1.581	1.583	1.635	1.785	1.953
0.60	1.748	1.732	1.662	1.617	1.539	1.478	1.474	1.479	1.538	1.699	1.884
0.65	1.610	1.596	1.535	1.497	1.431	1.382	1.381	1.388	1.452	1.621	1.819
0.70	1.492	1.479	1.426	1.393	1.336	1.297	1.298	1.307	1.375	1.549	1.734
0.75	1.390	1.379	1.332	1.302	1.253	1.221	1.225	1.235	1.305	1.484	1.596
0.80	1.301	1.291	1.249	1.223	1.179	1.154	1.159	1.171	1.243	1.424	1.474
0.85	1.222	1.214	1.176	1.152	1.114	1.094	1.100	1.112	1.186	1.358	1.370
0.90	1.153	1.145	1.110	1.089	1.055	1.039	1.047	1.060	1.134	1.279	1.279
0.95	1.091	1.084	1.052	1.032	1.002	0.990	0.998	0.012	1.087	1.200	1.200
1.00	1.035	1.028	0.999	0.981	0.954	0.945	0.954	0.968	1.043	1.129	1.129
1.05	0.985	0.979	0.952	0.935	0.910	0.904	0.914	0.928	1.003	1.067	1.067
1.10	0.940	0.934	0.908	0.893	0.870	0.866	0.876	0.891	0.966	1.011	1.011
1.15	0.898	0.892	0.869	0.854	0.833	0.832	0.842	0.857	0.932	0.961	0.961
1.20	0.860	0.855	0.832	0.819	0.800	0.800	0.811	0.825	0.898	0.915	0.915
1.25	0.825	0.820	0.799	0.786	0.769	0.770	0.781	0.796	0.864	0.874	0.874
1.30	0.793	0.788	0.768	0.756	0.740	0.743	0.754	0.769	0.831	0.836	0.836
1.35	0.763	0.758	0.739	0.728	0.713	0.717	0.728	0.743	0.800	0.802	0.802
1.40	0.735	0.731	0.713	0.703	0.688	0.693	0.705	0.720	0.769	0.770	0.770
1.45	0.710	0.705	0.688	0.678	0.665	0.671	0.682	0.697	0.740	0.740	0.740

X_c	t/s										
	0	0.01	0.06	0.1	0.2	0.4	0.5	0.6	1	2	4
1.50	0.686	0.682	0.665	0.656	0.644	0.650	0.662	0.676	0.713	0.713	0.713
1.55	0.663	0.659	0.644	0.635	0.623	0.630	0.642	0.657	0.687	0.687	0.687
1.60	0.642	0.639	0.623	0.615	0.604	0.612	0.624	0.638	0.664	0.664	0.664
1.65	0.622	0.619	0.605	0.596	0.586	0.594	0.606	0.621	0.642	0.642	0.642
1.75	0.586	0.583	0.570	0.562	0.554	0.562	0.574	0.589	0.602	0.602	0.602
1.80	0.570	0.567	0.554	0.547	0.539	0.548	0.559	0.573	0.584	0.584	0.584
1.85	0.554	0.551	0.539	0.532	0.524	0.534	0.545	0.559	0.566	0.566	0.566
1.90	0.540	0.537	0.525	0.518	0.511	0.521	0.532	0.544	0.550	0.550	0.550
1.95	0.526	0.523	0.511	0.505	0.498	0.508	0.520	0.530	0.535	0.535	0.535
2.00	0.512	0.510	0.498	0.492	0.486	0.496	0.508	0.517	0.521	0.521	0.521
2.05	0.500	0.497	0.486	0.480	0.474	0.485	0.496	0.504	0.507	0.507	0.507
2.10	0.488	0.485	0.475	0.469	0.463	0.474	0.485	0.492	0.494	0.494	0.494
2.15	0.476	0.474	0.464	0.458	0.453	0.463	0.474	0.481	0.482	0.482	0.482
2.20	0.465	0.463	0.453	0.448	0.443	0.453	0.464	0.470	0.470	0.470	0.470
2.25	0.455	0.453	0.443	0.438	0.433	0.444	0.454	0.459	0.459	0.459	0.459
2.30	0.445	0.443	0.433	0.428	0.424	0.435	0.444	0.448	0.448	0.448	0.448
2.35	0.435	0.433	0.424	0.419	0.415	0.426	0.435	0.438	0.438	0.438	0.438
2.40	0.426	0.424	0.415	0.411	0.407	0.418	0.426	0.428	0.428	0.428	0.428
2.45	0.417	0.415	0.407	0.402	0.399	0.410	0.417	0.419	0.419	0.419	0.419
2.50	0.409	0.407	0.399	0.394	0.391	0.402	0.409	0.410	0.410	0.410	0.410
2.55	0.400	0.399	0.391	0.387	0.383	0.394	0.401	0.402	0.402	0.402	0.402
2.60	0.392	0.391	0.383	0.379	0.376	0.387	0.393	0.393	0.393	0.393	0.393
2.65	0.385	0.384	0.376	0.372	0.369	0.380	0.385	0.386	0.386	0.386	0.386
2.70	0.377	0.377	0.369	0.365	0.362	0.373	0.378	0.378	0.378	0.378	0.378
2.75	0.370	0.370	0.362	0.359	0.356	0.367	0.371	0.371	0.371	0.371	0.371
2.80	0.363	0.363	0.356	0.352	0.350	0.361	0.364	0.364	0.364	0.364	0.364
2.85	0.357	0.356	0.350	0.346	0.344	0.354	0.357	0.357	0.357	0.357	0.357
2.90	0.350	0.350	0.344	0.340	0.338	0.348	0.351	0.351	0.351	0.351	0.351
2.95	0.344	0.344	0.338	0.335	0.333	0.343	0.344	0.344	0.344	0.344	0.344
3.00	0.338	0.338	0.332	0.329	0.327	0.337	0.338	0.338	0.338	0.338	0.338
3.05	0.332	0.332	0.327	0.324	0.322	0.331	0.332	0.332	0.332	0.332	0.332
3.10	0.327	0.326	0.322	0.319	0.317	0.326	0.327	0.327	0.327	0.327	0.327
3.15	0.321	0.321	0.317	0.314	0.312	0.321	0.321	0.321	0.321	0.321	0.321
3.20	0.316	0.316	0.312	0.309	0.307	0.316	0.316	0.316	0.316	0.316	0.316
3.25	0.311	0.311	0.307	0.304	0.303	0.311	0.311	0.311	0.311	0.311	0.311
3.30	0.306	0.306	0.302	0.300	0.298	0.306	0.306	0.306	0.306	0.306	0.306
3.35	0.301	0.301	0.298	0.295	0.294	0.301	0.301	0.301	0.301	0.301	0.301
3.40	0.297	0.297	0.293	0.291	0.290	0.297	0.297	0.297	0.297	0.297	0.297
3.45	0.292	0.292	0.289	0.287	0.286	0.292	0.292	0.292	0.292	0.292	0.292

表 B-2　水轮发电机计算曲线数字表

X_c	t/s										
	0	0.01	0.06	0.1	0.2	0.4	0.5	0.6	1	2	4
0.18	6.127	5.695	4.623	4.331	4.100	3.933	3.867	3.807	3.605	3.300	3.081
0.20	5.526	5.184	4.297	4.045	3.856	3.754	3.716	3.681	3.563	3.378	3.234
0.22	5.055	4.767	4.026	3.806	3.633	3.556	3.531	3.508	3.430	3.302	3.191
0.24	4.647	4.402	3.764	3.575	3.433	3.378	3.363	3.348	3.300	3.220	3.151
0.26	4.290	4.083	3.538	3.375	3.253	3.216	3.208	3.200	3.174	3.133	3.098
0.28	3.993	3.816	3.343	3.200	3.096	3.073	3.070	3.067	3.060	3.049	3.043
0.30	3.727	3.574	3.163	3.039	2.950	2.938	2.941	2.943	2.952	2.970	2.993
0.32	3.494	3.360	3.001	0.892	2.817	2.815	2.822	2.828	2.851	2.895	2.943
0.34	3.285	3.168	2.851	2.755	2.692	2.699	2.709	2.719	2.754	2.820	2.891
0.36	3.095	2.991	2.712	2.627	2.574	2.589	2.602	2.614	2.660	2.745	2.837
0.38	2.922	2.831	2.583	2.508	2.464	2.484	2.500	2.515	2.569	2.671	2.782
0.40	2.767	2.685	2.464	2.398	3.361	2.388	2.405	2.422	2.484	2.600	2.728
0.42	2.627	2.554	2.356	2.297	2.267	2.297	2.317	2.336	2.404	2.532	2.675
0.44	2.500	2.434	2.256	2.204	2.179	2.214	2.235	2.255	2.329	2.467	2.624
0.46	2.385	2.325	2.164	2.117	2.098	2.136	2.158	2.180	2.258	2.406	2.575
0.48	2.280	2.225	2.079	2.038	2.023	2.064	2.087	2.110	2.192	2.348	2.527
0.50	2.183	2.134	2.001	1.964	1.953	1.996	2.021	2.044	2.130	2.293	2.482
0.52	2.095	2.050	1.928	1.895	1.887	1.933	1.958	1.983	2.071	2.241	2.438
0.54	2.013	1.972	1.861	1.831	1.826	1.874	1.900	1.925	2.015	2.191	2.396
0.56	1.938	1.899	1.798	1.771	1.769	1.818	1.845	1.870	1.963	2.143	2.355
0.60	1.802	1.770	1.683	1.662	1.665	1.717	1.744	1.770	1.866	2.054	2.263
0.65	1.658	1.630	1.559	1.543	1.550	1.605	1.633	1.660	1.759	1.950	2.137
0.70	1.534	1.511	1.452	1.440	1.451	1.507	1.535	1.562	1.663	1.846	1.964
0.75	1.428	1.408	1.358	1.349	1.363	1.420	1.449	1.476	1.578	1.741	1.794
0.80	1.336	1.318	1.276	1.270	1.286	1.343	1.372	1.400	1.498	1.620	1.642
0.85	1.254	1.239	1.203	1.199	1.217	1.274	1.303	1.331	1.423	1.507	1.513
0.90	1.182	1.169	1.138	1.135	1.155	1.212	1.241	1.268	1.352	1.403	1.403
0.95	1.118	1.106	1.080	1.078	1.099	1.156	1.185	1.210	1.282	1.308	1.308
1.00	1.061	1.050	1.027	1.027	1.048	1.105	1.132	1.156	1.211	1.225	1.225
1.05	1.009	0.999	0.979	0.980	1.002	1.058	1.084	1.105	1.146	1.152	1.152
1.10	0.962	0.953	0.936	0.937	0.959	1.015	1.038	1.057	1.085	1.087	1.087
1.15	0.919	0.911	0.896	0.898	0.920	0.974	0.995	1.011	1.029	1.029	1.029
1.20	0.880	0.872	0.859	0.862	0.885	0.936	0.955	0.966	0.977	0.977	0.977
1.25	0.843	0.837	0.825	0.829	0.852	0.900	0.916	0.923	0.930	0.930	0.930
1.30	0.810	0.804	0.794	0.798	0.821	0.866	0.878	0.884	0.888	0.888	0.888
1.35	0.780	0.774	0.765	0.769	0.792	0.834	0.843	0.847	0.849	0.849	0.849
1.40	0.751	0.746	0.738	0.743	0.766	0.803	0.810	0.812	0.813	0.813	0.813
1.45	0.725	0.720	0.713	0.718	0.740	0.774	0.778	0.780	0.780	0.780	0.780

X_c	t/s										
	0	0.01	0.06	0.1	0.2	0.4	0.5	0.6	1	2	4
1.50	0.700	0.696	0.690	0.695	0.717	0.746	0.749	0.750	0.750	0.750	0.750
1.55	0.677	0.673	0.668	0.673	0.694	0.719	0.722	0.722	0.722	0.722	0.722
1.60	0.655	0.652	0.647	0.652	0.673	0.694	0.696	0.696	0.696	0.696	0.696
1.65	0.635	0.632	0.628	0.633	0.653	0.671	0.672	0.672	0.672	0.672	0.672
1.70	0.616	0.613	0.610	0.615	0.634	0.649	0.649	0.649	0.649	0.649	0.649
1.75	0.598	0.595	0.592	0.598	0.616	0.628	0.628	0.628	0.628	0.628	0.628
1.80	0.581	0.578	0.576	0.582	0.599	0.608	0.608	0.608	0.608	0.608	0.608
1.85	0.565	0.563	0.561	0.566	0.582	0.590	0.590	0.590	0.590	0.590	0.590
1.90	0.550	0.548	0.546	0.552	0.566	0.572	0.572	0.S72	0.572	0.572	0.572
1.95	0.536	0.533	0.532	0.538	0.551	0.556	0.556	0.556	0.556	0.556	0.556
2.00	0.522	0.520	0.519	0.524	0.537	0.540	0.540	0.540	0.540	0.540	0.540
2.05	0.509	0.507	0.507	0.512	0.523	0.525	0.525	0.525	0.525	0.525	0.525
2.10	0.497	0.495	0.495	0.500	0.510	0.512	0.512	0.512	0.512	0.512	0.512
2.15	0.485	0.483	0.483	0.488	0.497	0.498	0.498	0.498	0.498	0.498	0.498
2.20	0.474	0.472	0.472	0.477	0.485	0.486	0.486	0.486	0.486	0.486	0.486
2.25	0.463	0.462	0.462	0.466	0.473	0.474	0.474	0.474	0.474	0.474	0.474
2.30	0.453	0.452	0.452	0.456	0.462	0.462	0.462	0.462	0.462	0.462	0.462
2.35	0.443	0.442	0.442	0.446	0.452	0.452	0.452	0.452	0.452	0.452	0.452
2.40	0.434	0.433	0.433	0.436	0.441	0.441	0.441	0.441	0.441	0.441	0.411
2.45	0.425	0.424	0.424	0.427	0.431	0.431	0.431	0.431	0.431	0.431	0.431
2.50	0.416	0.415	0.415	0.419	0.422	0.422	0.422	0.422	0.422	0.422	0.422
2.55	0.408	0.407	0.407	0.410	0.413	0.413	0.413	0.413	0.413	0.413	0.413
2.60	0.400	0.399	0.399	0.402	0.404	0.404	0.404	0.404	0.404	0.404	0.404
2.65	0.392	0.391	0.392	0.394	0.396	0.396	0.396	0.396	0.396	0.396	0.396
2.70	0.385	0.384	0.384	0.387	0.388	0.388	0.388	0.388	0.388	0.388	0.388
2.75	0.378	0.377	0.377	0.379	0.380	0.380	0.380	0.380	0.380	0.380	0.380
2.80	0.371	0.370	0.370	0.372	0.373	0.373	0.373	0.373	0.373	0.373	0.373
2.85	0.364	0.363	0.364	0.365	0.366	0.366	0.366	0.366	0.366	0.366	0.366
2.90	0.358	0.357	0.357	0.359	0.359	0.359	0.359	0.359	0.359	0.359	0.359
2.95	0.351	0.351	0.351	0.352	0.353	0.353	0.353	0.353	0.353	0.353	0.353
3.00	0.345	0.345	0.345	0.346	0.346	0.346	0.346	0.346	0.346	0.346	0.346
3.05	0.339	0.339	0.339	0.340	0.340	0.340	0.340	0.340	0.340	0.340	0.340
3.10	0.334	0.333	0.333	0.334	0.334	0.334	0.334	0.334	0.334	0.334	0.334
3.15	0.328	0.328	0.328	0.329	0.329	0.329	0.329	0.329	0.329	0.329	0.329
3.20	0.323	0.322	0.322	0.323	0.323	0.323	0.323	0.323	0.323	0.323	0.323
3.25	0.317	0.317	0.317	0.318	0.318	0.318	0.318	0.318	0.318	0.318	0.318
3.30	0.312	0.312	0.312	0.313	0.313	0.313	0.313	0.313	0.313	0.313	0.313
3.35	0.307	0.307	0.307	0.308	0.308	0.308	0.308	0.308	0.308	0.308	0.308
3.40	0.303	0.302	0.302	0.303	0.303	0.303	0.303	0.303	0.303	0.303	0.303
3.45	0.298	0.298	0.298	0.298	0.298	0.298	0.298	0.298	0.298	0.298	0.298

参 考 文 献

[1] 何仰赞，温增银．电力系统分析：上、下册［M］．4 版．武汉：华中科技大学出版社，2016.

[2] 于永源，杨绮雯．电力系统分析［M］．3 版．北京：中国电力出版社，2007.

[3] 孟祥萍，高嬐．电力系统分析［M］．2 版．北京：高等教育出版社，2010.

[4] 韩祯祥．电力系统分析［M］．5 版．杭州：浙江大学出版社，2011.

[5] 李光琦．电力系统暂态分析［M］．3 版．北京：中国电力出版社，2007.

[6] 王晓茹，高仕斌．电力系统分析［M］．北京：高等教育出版社，2011.

[7] 陈珩．电力系统稳态分析［M］．4 版．北京：中国电力出版社，2015.

[8] 苏小林，闫晓霞．电力系统分析［M］．北京：中国电力出版社，2007.

[9] 杨淑英．电力系统概论［M］．2 版．北京：中国电力出版社，2013.

[10] 纪建伟，黄丽华，等．电力系统分析［M］．北京：中国电力出版社，2012.

[11] 韦钢．电力系统分析基础［M］．北京：中国电力出版社，2006.

[12] 李林川．电力系统基础［M］．北京：科学出版社，2009.

[13] 刘学军，辛涛，等．电力系统分析［M］．北京：机械工业出版社，2013.

[14] 张家安．电力系统分析［M］．北京：机械工业出版社，2013.

[15] 吴俊勇，等．电力系统分析［M］．北京：清华大学出版社，2012.

[16] 夏道止．电力系统分析［M］．2 版．北京：中国电力出版社，2011.

[17] 杨以涵．电力系统基础［M］．北京：中国电力出版社，2007.

[18] 刘万顺，黄少锋，等．电力系统故障分析［M］．3 版．北京：中国电力出版社，2010.

[19] 刘天琪，邱晓燕．电力系统分析理论［M］．2 版．北京：科学出版社，2011.

[20] 孙丽华．电力工程基础［M］．3 版．北京：机械工业出版社，2016.

[21] 鞠萍．电力工程［M］．2 版．北京：机械工业出版社，2014.

[22] 于群，曹娜．MATLAB/Simulink 电力系统建模与仿真［M］．北京：机械工业出版社，2011.

[23] 王忠礼，等．MATLAB 应用技术——在电气工程与自动化专业中的应用［M］．北京：清华大学出版社，2007.

[24] 王晶，等．电力系统的 MATLAB/SIMULINK 仿真与应用［M］．西安：西安电子科技大学出版社，2008.